U0022132

大 雅 叢 刊

中國農村復興聯合委員會史料彙編

黃
俊
傑
著
／
三
民
書
局
印
行

國立中央圖書館出版品預行編目資料

中國農村復興聯合委員會史料彙編／
黃俊傑著·初版.--臺北市：三民，
民80
　　　面；　　公分.--（大雅叢刊）
參考書目：面
ISBN 957-14-1795-5（精裝）
ISBN 957-14-1796-3（平裝）

1.中國農村復興聯合委員會-歷史-
　民國38-　　　年(1949-)
　430.61　　　　　　　　　80001475

© 中國農村復興聯合
委員會史料彙編

著　　者　黃俊傑
發行人　劉振強
出版者　三民書局股份有限公司
印刷所　三民書局股份有限公司
　　　　地址／臺北市重慶南路一段六十一號
　　　　郵撥／○○○九九九八一─五號
初　版　中華民國八十年六月
編　號　S 43002①
基本定價　玖元柒角捌分

行政院新聞局登記證

編號 S 43002①
三民書局

中國農村復興聯合委員會
史料彙編

序

在光復後中華民國台灣地區的發展經驗中，中國農村復興聯合委員會是一個具有歷史地位的機構。農復會在光復初期，積極協助政府，推動農業技術革新、土地改革及耕者有其田政策，進行農漁會改組，創新作物品種及畜牧改良，從事水利工程的興修，奠定了戰後台灣農業與農村復興的基礎。由於農業的發展，才有一九六○年代以後的工業起飛。因此，農復會的這一段歷史，是瞭解戰後台灣經驗的一個重要關鍵。

國立台灣大學歷史系黃俊傑教授，有心於現代農業史的研究，最近幾年來，他致力於農復會與台灣農業史的研究，著有成績。黃教授現在所出版的《中國農村復興聯合委員會史料彙編》，以及他的研究專著《農復會與台灣經驗 (1949－1979)》這兩部書，是探討戰後台灣經驗不可或缺的作品。我們閱讀這兩部書的初稿時，我們在數十年前在農復會服務時的種種情景，彷彿一一帶回眼前。當年在鄉下考察，與農民研究問題的種種往事，當年在農復會與中美專家、政府官員、農民領袖討論農村建設的各項問題的情景，完全在眼前重現。我們很高興看到黃教授為這個時代留下詳實的歷史見證，我們也很幸運有機會親身參與。

黃教授關於農復會歷史的研究，以及這兩部書的撰寫，也有一段因緣。大約一九八五年的某一天，黃教授有一次來交通銀行森中的辦公室，無意間提到農復會與光復後台灣農業的發展史。森中當時就建議黃教授可以抽空對曾為農復會工作過的同仁，進行口述歷史研究。後來，黃教授在一九八六年去美國華盛頓大學教書，森中也因工作繁忙，此議就不了了之。後來，黃教授在一九八七年返國後，我們再次提到這個研究構想，於是，森中就與彥士商量，並與徐元智先生紀念基金會黃董事長少

谷先生、李董事國鼎兄、徐董事有庠兄及傅秘書長安明兄討論，得到他
們四位的鼎力支持。由徐元智先生紀念基金會提供研究計劃的經費，以
兩年為期，由黃教授進行研究。

　　現在，黃教授的研究如期完成，成果十分可觀。他的研究成果包括
史料彙編與研究論著兩大部份，同時出版。我們很高興能先閱讀這兩部
書的初稿，特別向國內外關心中華民國台灣地區農業發展經驗的朋友們
推介。我們也相信這兩部書的出版，將為我國的現代史留下可靠的資料，
使我們對台灣經驗的研究有更為深刻的了解。是為序。

蔣彥士

謝森中

自　序

　　《中國農村復興聯合委員會史料彙編》這部史料選集，所蒐集的是關於「中國農村復興聯合委員會」（簡稱：農復會，1948，10，1—1979，3，16)的各項第一手史料，在這部史料選集付梓之際，我願對這部書編輯的緣起及其取材範圍與原則略作說明。

　　戰後四十多年來台灣地區社會文化的變遷，是所謂「台灣經驗」中最引人注目的一個部份。戰後台灣的社會結構從以農業爲主的社會，在不到三十年的時間裡轉化爲一個以工商業爲主的社會。經濟發展則從光復初期的管制經濟，經由五〇年代初期以降的計劃經濟，到現在的自由市場經濟。社會經濟結構的轉型，也帶來文化的鉅變。今日台灣的文化生活百病叢生，滿目瘡痍，舊的價值系統早已日薄崦嵫，而新的文化則尚未建立，在滔滔世情之中，民生多艱，百草不芳，闇昧惑亂，載浮載沉。在中國文化史上，這是很令人驚心動魄的一章。戰後台灣四十多年來的歷史巨變，其原因固然不止一端，其影響亦至爲複雜，未可一概而論，但是對這一段「台灣經驗」的觀察，則必自戰後台灣的土地改革、農業發展以及農村變貌始。

　　不論從哪一個角度來看，戰後台灣的農業、農村和農民，所走過的歷史軌跡，都與「中國農村復興聯合委員會」的政策設計與計劃推動，具有直接或間接的關係。農復會三十年的歷史，正是思考戰後台灣史的重要策略點之一。所以，近十年來，我平日讀書，頗有心於農復會相關史料之蒐集，上至正式的官方文書《中國農村復興聯合委員會工作報告》，下至私人函牘、未刊公文檔案、私人回憶錄，皆在蒐羅之列。數年以還，銖積黍累，所蒐集的史料已頗爲可觀。於是，最近兩年來乃進一步以農

復會歷史爲主題，對農復會諸前輩及工作人員，有系統地進行口述歷史
訪問工作，整理了十餘萬字的口述歷史訪問記錄，以補文獻資料之不足，
庶幾官私兼顧，文獻並觀，通識大體而不遺錙銖。

　　接著，我想就編集這部史料選集的過程中，從龐雜的史料中抉擇史
料時，所依據的三項基本原則，略作說明：

　　第一是代表性原則：現代史資料浩如煙海，選擇史料如在滄海中求
其一瓢，必須取其在歷史發展中具有代表性意義者。本書從三十年來所
出版的《中國農村復興聯合委員會工作報告》中，選取史料，多半本此
原則，取其在戰後台灣農業史中具有代表意義的資料，庶幾以小窺大，
從點滴觀潮流也。

　　第二是重要性原則：本書收錄近兩年來編者對農復會人員所做之口
述歷史訪問記錄，即本乎此一原則。農復會成立於一九四八年十月一日，
正是近代中國歷史風狂雨驟的時段，不到一年農復會就隨著歷史變局而
播遷台灣，三十年來台灣農業史的許多重大事件，現存官方文字資料未
必能窮其原委，所以，以口述歷史訪問記錄加以補充，亦所以爲國家存
文獻之意也。在這一批口述歷史資料中，張憲秋先生及謝森中先生的部
份，尤爲精詳，特具價值，從他們的口述歷史記錄中獲益者當不止編者
一人而已。

　　第三是珍貴性原則：在編者蒐集資料過程中，無意間發現幾件史料，
彌足珍貴，頗具價值，皆原件收錄，以備有心於這一段農史者之參考。
其中較爲珍貴的是農復會第一任美籍委員貝克（John Earl Baker,
1948－1952 在任）寫給他兒子的家書，打字原稿長達三十餘頁，曾刊於
Chinese-American Economic Cooperation, January 1952, Vol.1,
No.1，這份刊物是戰後初期的油印刊物，印刷份數不多，數十年後的今
日存世尤少（似僅台北的農委會圖書館及美國國會圖書館各收藏部份卷

期)，這件家書敍述農復會創辦時在大陸及遷台初期史事，極具參考價值。
另外，光復初期農復會派員組團來台灣調查台灣農會所完成但未公開刊
印的若干報告，以及胡適之先生與沈宗瀚先生，爲促成台大與加州大學
農學院的合作，而寫的幾封信，亦具有史料價值，皆一併收入。

　　在這部史料選集編集期間，我得到許多前輩和朋友的協助與支持，
其中蔣彥士先生、謝森中先生、傅安明先生的協助，對我的研究工作助
益最大。張憲秋先生遠居北美，針對我所提出的口述歷史問題，不辭辛
勞一一筆答。李登輝先生、李國鼎先生、馬保之先生、楊繼曾先生、邱
茂英先生、陳人龍先生、歐世璜先生、王友釗先生、朱海帆先生、李崇
道先生、畢林士先生（Bruce H. Billings）、張訓舜先生等參與農復會
工作的前輩，接受我的口述歷史訪問，爲這一段歷史留下最珍貴的史料，
我衷心感謝。徐元智先生紀念基金會提供經費，使資料蒐集工作得以順
利展開，張秀霞小姐協助打字及校對工作，均此敬申謝意。

　　「路曼曼其脩遠兮，吾將上下而求索」（《楚辭‧離騷》），「盈天地間
皆史料也」，史學工作者蒐集史料，誠如秋風之掃落葉，求備不易，抉擇
尤難。本書率爾刊佈，實本乎爲桑梓存文獻之微意，敬盼學界及農界先
進君子，憫其意而匡其所不逮，片言隻語之敎示，皆我師也。

　　　　　　　　　　　　　　　　黃俊傑　　謹序
　　　　　　　　　　　　　　　一九九一年二月二十八日
　　　　　　　　　　　　　　　於國立台灣大學歷史學系

中國農村復興聯合委員會
史料彙編
目　次

凡　例

一、本書選擇史料以與農復會直接相關之史料為主，間接相關之史料為輔，並旁及戰後台灣農業史相關史料。

二、本書選錄各條史料均加以編號，並以簡單標題略示該條史料要旨，例如：[1:1－1]，即表示係第一章第一節之第一條史料。各條史料凡出自《中國農村復興聯合委員會工作報告》或其他已刊書稿者，均標明頁碼；凡編者進行口述歷史記錄所得者，均標明受訪者姓名及訪問日期，以存其真；凡未正式刊印之公文、調查報告、或私人函件等，均註明係未刊本。

三、本書用以編輯之架構，基本上以農復會三十年來之主要工作為範圍，涵蓋農業制度、農業經濟、農業技術、農村社會、外島農業、國際交流等領域，其細目見本書目錄。

四、本書選錄史料，均依原件，不作改動，以存其真。凡有所刪節，均以逗點示之；原件如有錯字，亦依原文照錄，再以括號另行註明。

五、鑒於「戰後台灣經驗」之特殊性及其重要性，本書特闢第八章，蒐羅農復會人士及會外人士之各種自述，以擴大歷史視野。

六、本書史料之出處、及口述歷史訪問記錄之受訪人及訪問日期等資料，均詳載於書末〈引用書目〉之中，以備參考。

第一章　近代中國農業問題與農復會的創立

第一節　近代中國農業問題概觀

[1:1-1]　抗戰勝利、農業復員：

　　一、接收日偽機構與重建：民國三十五年五月政府勝利還都；但奉派赴各省接收日偽機構之人員則於民國三十四年年尾或民國三十五年年初已紛紛出發。日本所遺最重要之農業資產在台灣，次在東北與華北。趙連芳先生奉派率同人員接收台灣農林漁牧機構，其事蹟為在台會友所熟悉。沈宗瀚先生奉派率團接收華北與東北各省日本所遺農業機構，並編入中農所。唯因蘇聯軍隊進入東北，政府軍政人員接收工作橫受阻撓，安全堪虞，沈先生本人乃未能前往，僅派中農所當時任技士之大豆專家王金陵先生接收公主嶺農事試驗場。沈先生與其他接收同仁均留駐北平完成接收日人戰時建設之華北農事試驗場及該場所屬華北各省所屬分場及種子原原種圃與原種圃，其農業部份一律改為中央農業實驗所北平分所及其工作站。畜牧部份則由中央畜牧實驗所接收。中農所於是在華北各省及重慶北碚（天生橋）均有直屬分所及工作據點。西南、西北各省維持戰時合作關係，東南、華中、華南各省恢復戰前與各省農改所合作關係。中畜所與全國菸產改進處在南京建築新址，維持四川舊址，接收北平舊華北農事試驗場畜牧部份。中央林業試驗所亦在南京建築所址，

仍維持四川舊址。全國棉產改進所復員南京後改稱處。在此階段中，湯
惠蓀先生出任地政部次長，馬保之先生出任農林部農業局長，章元羲先
生任水利部司長，蔣彥士先生任中農所新設立之雜糧特作系主任，金陽
鎬先生任中農所麥作系主任，歐世璜先生任中農所病蟲害系技正兼全國
棉改處棉病股長暨全國菸改處菸病組長。朱海帆、龔弼先生分任土壤肥
料及稻作系技正。劉廷蔚先生與憲秋均任中農所技正，則隨沈先生接收
北平日偽機構後留駐北平分所。其後農林部在上海新設中央水產試驗所，
由劉廷蔚先生任副所長，所長為林紹文博士。至此農、林、漁、牧均有
屬於中央之試驗所。

　　二、農業推廣委員會之擴充：復員後擴充最速者為戰時在後方創設
之農業推廣委員會（農推會）。復員後乃擴充至戰時淪陷各省。至民國三
十七年時，已設立推廣繁殖站九處，繁殖改良種子、種苗與種畜。在十
五省內各設駐省代表一人，擔任省農林處或農改所推廣部門之主任或職
員，並在十四省四八五縣內設立縣推廣所，此為我國首次在縣級駐設推
廣人員。唯戰後財政困難，交通待復，農民除保甲外，尚無有效之組織，
故辦理推廣較舉辦試驗困難百倍，與今日台灣管道通暢之農業推廣不可
同日而語也。推廣農推會業務，以毛雝與馬聯芳先生貢獻最大。

　　三、國際善後救濟機構：第二次大戰尚未結束前，中、美、英、蘇
聯盟國已會議戰後遭破壞地區之善後救濟事宜。民國三十二年十一月聯
合國善後救濟總署（聯總）成立，我國蔣廷黻先生當選為遠東區委員會
主席。民國三十三年四月行政院成立善後救濟調查委員會，派蔣廷黻先
生任主任委員，準備資料向聯總提出善後需要計劃。民國三十四年一月
任蔣先生為善後救濟總署（行總）署長，鄭道儒先生為副署長。行總負
責於停戰之後統籌接受聯總援華物資，並計劃其分配運用。大戰停止後，
行總與農林部合辦三個機構，一為農墾機械管理處，負責援華農墾機械

之分配使用；二爲漁業管理處，負責援華漁船及漁業器材之分配使用；三爲中國農業機械公司，負責援華製造農具及其他農業器材之機械。另在農林部內部組織農業復員委員會，接受及分配援華其他農業物資如種子、病蟲害藥械、家畜、獸醫藥品器材、肥料及農產加工器材等。上述物資凡用以補助有關機關者，由機關洽領；配給農民使用者，由農推會負責運配。當時馬保之先生任農林部農業司長兼農林部上海辦事處主任（援華物資多在上海卸貨由辦事處提運倉儲管理），又兼行總農墾機械處長，對當時聯總援華農業物資之分配運用，最具權威與貢獻。唯聯總與行總之物資與工作僅爲戰後緊急短期善後救濟，爲長期復興則由聯合國另設糧農組織（FAO），美援則設立美援總署與駐各國分署。

　　四、中美農業技術合作團：勝利當年十月，我國鑒於擬訂長期農業復興計劃之重要，向美國提出農林事業技術合作之建議。磋商結果，同意合組一中美農業技術合作團，協助我國戰後農業復興建設方案。該團於三十五年六月開始在華工作，團員中美各十人，中國方面由鄒秉文先生任團長，沈宗瀚先生任副團長，馬保之先生任團員兼秘書，其他團員包括農林漁牧與農經專家。美方團員留華四個月，全團乘飛機在十四省考察達十一個星期，然後開會檢討，參閱我方預爲準備之基本資料，及草擬報告書共五星期。報告書確認如能依照各區資源特性擇用適當科技，農業必可大量增產。改正土地租佃關係、農貸、及農產品儲運，必能進一步促進增產並提高農戶收益。報告書對我國農林漁牧技術改進途徑，出口農畜林業產品增產改進方法，租佃農貸運銷制度改良，均有簡要切實之建議。該團認爲執行此一全面農業改進方案，需要一強有力之農業行政系統，負責規劃推行。報告書中對農業行政、教育研究、推廣、金融及管制機構之組織功能及職掌有專章列論，並作有力建議。關於已有農業機構及其業務，該團原則上贊同其擴大加強，但強調均須有確能勝

任之專才主持其事，否則寧缺毋濫，以免徒設機構，虛耗經費。至於推行方案所需增加之經費，考慮由我國政府核撥一部分，同時請美國政府補助。該報告於民國三十六年五月公佈，適值美國國會開始討論改進農村之援華方案。

（張憲秋，〈政府播遷台灣前中國農業改進之重要階段〉，《中華農學會成立七十週年紀念專集》，頁87－90。）

[1:1－2] 大陸農村問題：

　　我是抗戰時期在大陸接受大學教育的。大陸農村很大，所以國民政府建都南京之後的十多年間，致力從事各項交通建設。民國初年、民國十幾年的局勢很亂，十五、十六年之前東征西討，在東西交通完成，建都南京之後十多年，大陸突飛猛進。我一九四五年由中央大學農學院研究院畢業，那時大陸的農村建設有幾條途徑：那時有各個大學的農學院，有中央農業實驗所，從事稻、麥、棉花、桐油等主要作物（Keycrops）的研究。中央農業實驗所在各個縣設有工作站，從事技術改良。另外，北方又有兩個方案，一個是鄉村建設運動（Rural Reconstruction Movement），簡稱鄉建運動，另外一個是平民教育會，簡稱平教會。最主要那時農村的毛病在貧、愚、私、弱四個大字。對於貧，就要生產，要注重生產面，愚，則要辦教育，對於私，就要提倡公民訓練，公民教育(平民教育)，弱，則是鄉村建設。那時所做的很多農村工作都是由這四個面去支持。但基本上就是生產力太低，技術不行，生產力低、貧窮、沒有六年、九年的教育可言，鄉村建設是儘量做，樣樣都做，卻沒有基礎，效果都不大。要做的事太多，而沒有錢、預算也沒有，所以那時有人注重生產面，注重技術改良生產，晏陽初先生則很注重所謂當地倡導；由於很多農村的發展都是由上而下，晏陽初先生便要推動由下向上的活

動，鼓勵當地的農民，由地方自己發動農村建設工作。

（1988 年 10 月謝森中先生第一次訪問記錄）

[1:1－3]　　近代中國農業問題：

我於一九三七年六月畢業於南京金陵大學農學院農藝系，立即進入南京實業部中央農業實驗所(以下簡稱中農所)。因中日戰起，九月即隨中農所遷移後方，派駐貴州貴陽，除仍管試驗外，常奉派下鄉推廣棉花與小麥。一九四〇年正月至一九四三年十二月在美留學。一九四四年二月返抵重慶，回中農所任技正。一九四五年八月日本投降。年底，隨沈宗瀚所長與其他同仁共十四人，赴北平接收華北地區日偽農業機構。完畢後，派駐中農所北平分所(日本在戰時所建華北農事試驗場)。一九四八年十月一日隨沈先生轉入農復會任農業組技正。以下為上述經歷後半段尚能記憶之事。

(1)國內外背景：

戰時報紙頁數甚少，雜誌亦少，我國尚無無線電。故對軍政大事及國際政治勢態，並無深切認識。所尚能記憶者限切身有關，與當時報紙大字標題，茶餘飯後眾人所談大事。

甲) 國共戰爭，自始對國軍不利：

我等於一九四五年年底到達北平後，即知蘇聯已據英美俄雅爾達密約先遣軍隊進入我國東北，繳械日軍，接管日本在東北所有武器彈藥。然後援引中共軍政人員，阻撓國府軍政人員進入東北。國軍佔領瀋陽長春等若干大城，但共軍漸控制大局。國府所派工礦接收人員無法順利接收。一九四六年元月經濟部所派接收煤礦之高級技術人員張莘夫等八人

爲共軍所殺。消息傳來，平津震動。沈宗瀚先生當時爲農林部華北區接收特派員（我等隨同前往者爲接收專門委員），亦爲東北區特派員。原定於華北區事畢後，另率一團，赴東北接收，部份團員於一月底已抵北平待命。張莘夫慘案發生後，即奉農林部令沈先生暫緩前往東北。東北團中有一位中農所主辦大豆研究之技士，尚無家室，自請單獨前往，接收日本管理多年，改良大豆卓著成績之公主嶺農事試驗場（在遼寧西北，接近長春市）。沈先生報部並私函錢天鶴次長奉准後，派其前往接收，並隨帶任場長之令，居然順利接收。

一九四六年間，留美多年已獲博士學位者及戰時由美租借法案派赴美國研習人員大批返國。加入北平分所任系主任與技正者頗多。一時人才濟濟。興旺之氣，沖淡了軍事失利之氣氛。

一九四七年尾，共軍開始襲擊三條通往北平鐵路沿線（北平至綏遠，至東北，至漢口）。北平近郊（分所在西郊）安謐，但分所開始遭遇同仁出差赴分支場（石家莊棉花試驗場，昌黎園藝試驗場，與軍糧城墾區工作站）之安全問題。幸同仁中（日管時雇用者）多河北籍人，能繞道而行，完成任務後安返北平。

一九四八年國軍在東北作大城保衛戰已近尾聲，華北各省已成主要戰場。我於該年七月奉派赴南京代表北平分所洽商當時聯合國善後救濟總署援華物資與計劃。於九月初承沈先生囑於十月一日隨其轉入農復會。乃於九月下旬返北平與北平分所同仁告別南下。時北平仍安謐，但與各分支場之間，已無法保持經常連絡，幸薪俸與經費撥匯尚通。年尾東北全失，原在東北之共軍入關，北平亦失。後此中農所與北平分所之間失去聯絡。我爲分所三百餘同仁中唯一及時離開者。以後軍事急轉直下。農復會十月一日在南京成立，十二月即遷往廣州。

一九四九年四、五月間，國軍放棄南京、上海、武漢等重鎮。農復

會於九月遷往台北。中共於十月一日在南京成立政府。距農復會在南京成立整一年。

乙) 美國態度撲朔迷離：

　　當蘇俄助中共攫取東北時，國內報紙不時登載美國發表譴責蘇聯之言論。我等讀報輒以為慰。但歷久乃知並無作用。一九四五年尾美國特使馬歇爾將軍即來華，自薦調處國共糾紛。組織許多三人小組（國、共、美各一人）在各地區就地排解糾紛。美援軍器彈藥運抵中國者均存之倉庫，須由美軍簽發。據傳因欲強迫和談，簽發彈藥甚少。我國抗日戰爭時期，美國曾軍援步槍。國共和談期間，國軍一半槍枝乃有槍無彈。馬歇爾將軍飛行各地視察小組工作，並與國共雙方領袖會商，報上幾乎每日均有其行蹤。馬氏於一九四七年初返美。行前宣佈調處失敗。我等讀報後預感事態不妙。馬氏調處之一年間，共軍在東北穩佔優勢，盡獲日軍庫藏軍火，並得在關內從容佈置。馬氏返美數月後，美政府宣佈撤銷一九四五年尾曾承諾之五億美元貸款。我等所感到者為國內貨幣貶值加速。薪給不時調整，仍不能追隨物價，生活日苦。

　　美國經援中國之協定於一九四八年七月始簽字，數目不大，並附帶美方有隨時停止權利之申明。經濟合作署（ECA, 後 ICA, 再改 AID）首任中國分署署長賴普漢同時抵華，當時報上大登。但其時東北已危在旦夕，華北戰事已劣轉，通貨澎漲已至極端。政府八月發行金圓券，以代法幣。十月農復會在金圓券又開始貶值聲中成立。十二月即遷廣州。用金元券發薪，但同仁領薪後立即向銀樓兌換港幣。一九四九年一月蔣公已宣告引退矣。一九四九年十月一日中共成立政府後，美國對我國之態度似更冷淡。該年夏，蔣公已居台北，國府行政院亦已遷台北辦公。美官方雖仍宣佈支持蔣總統以台灣為反攻基地，但除一批肥料運抵台灣，

用以開辦肥料換穀外，似乎別無其他美援物資到達台灣。該年十一月美
經合分署署長奉調返國。非但署長職務，交由農復會美籍穆懿爾委員兼
代，其秘書長與總務長亦奉調返美，職務亦由農復會執行長（當時蔣彥
士先生任副執行長）格蘭特先生與總務長斯溫先生兼代，該署美籍人員
紛紛返國。據聞美內部已決定不復關心台灣之前途命運。此為中美關係
之最低點。雙方經濟關係賴農復會半根線勉強維持。事實上農復會美籍
同仁，包括美籍華裔秘書小姐，均已奉命作隨時撤退之準備。幸農復會
美籍人員無一人離台，對農業援台份內工作，仍積極推行，並計劃下年
度工作。縱然如此，我等華籍同仁難免各懷前途未卜之感。

　　天下事有不可逆料者。一九五〇年夏北韓南侵，漢城陷落。美國對
華政策向居下風之保守派大譁，民意亦張。杜魯門總統乃派第七艦隊弋
巡台灣海峽，第十三航空隊協防台灣。八月重新宣佈經援台灣計劃。十
月間中共以「抗美援朝軍」赴韓參戰，與以美軍為主力麥克阿瑟將軍統
帥之聯合國軍隊正式作戰。從此美國頌揚中共，醜化國府之自由派論調
漸寢。美軍經援台認真執行。經合署另派分署長及一應人員來台，直至
一九六五年六月三十日圓滿結束。

　　丙）美國農業援華部份，自始至終，甚為友善積極：

　　與一九四六至一九五〇年上半年間美援曖昧消極之情況，宛若兩個
秉性完全不同之兄弟。農復會成立之背景與經過，文獻完整，無須重述。
僅願就所以不同之原因，加以測度。猜想當時美國國務院，國會與學院
派中國通教授中，所謂「自由」派得勢，控制對華政策。原本立論已對
國府不利，史迪威事件與馬歇爾調處失敗後，捧毛抑蔣之論調益張。測
度當時此輩心理，不惜大陸陷共，中止美援，放棄台灣。但保守派國會
議員，為周以德、諾蘭議員等，以改善數億大陸農民民生為題，在不能

掌握美援全局之餘，提出農業援華條款。此一題目，符合美國歷史精神與民族個性。杜魯門總統勉予支持。「自由」派議員與國務院人員亦姑予同意。彼等或以爲將農業援台經費限於總額十分之一。以此箋箋數，在旣無軍援，架空美援之情況下，台灣終將落入中共之手。所派農復會美籍委員穆懿爾博士，則與周以德參議員早年均爲山西銘賢大學農科教授，與中華民國感情深厚。故農復會美方領袖與國會保守派關係密切。美國「自由」派人員對中共之表態，未獲中共之感激，更未料到中共以「抗美援朝」軍援北韓與麥克阿瑟將軍統帥之盟軍作戰。軍經援台，乃去而復返。台灣一九六五年即經濟自足，進而發展至今日之地位，又豈彼等自由派所能逆料。中華民國國運，在台灣延續茁壯，農復會於一九四九年十一月至一九五〇年八月以半根線勉維美援於不斷，在歷史上有特殊地位。

丁）國府在軍事節節失利，美援曖昧消極聲中，仍能忍辱負重，作基本政治建設，對維持國運，至爲重要：

A）一九四六年尾，立法院與國民大會先後通過「中華民國憲法草案」。一九四七年元旦國府公佈「中華民國憲法」。同年春季國民大會選出蔣公爲行憲後第一任總統，李宗仁當選爲副總統。總統提名立法院通過行憲後第一屆內閣。原有各部外，增設水利、地政與衛生等三部。

B）台灣光復後，修建戰時損毀之基本設施與工廠，支費浩繁。而糖米生產銳減(因水利破壞，與缺乏肥料)，美援遲遲不至。政府在經濟萬般拮据中，撥款助台省修建。一九四六至一九四九年，台灣亦發生貨幣貶值，物價上揚，愈來愈烈。一九四九年政府以中央銀行自大陸運台之金銀外幣爲保證，發行新台幣。

大陸上之金圓券，慘遭貶值無止境之命運，新台幣則屹立至今，亦政府母亡救子之苦心也。其次，一九四九年春，行政院自南京遷移廣州之時，亦台省開始實施三七五減租之時。同年早春，農復會中美委員與蔣彥士先生首次自廣州飛台視察後，派遣湯惠蓀先生與我於四月來台作進一步視察商談，返廣州後向委員會提出建議，由委員會通過四項補助台灣之首批計劃：a.三七五減租，b.稻田良種繁殖制度之重建，c.補助低收入農民興建堆肥舍（化肥缺少）d.補助產麻鄉鎮農會興建黃麻倉庫，浸水池，與打包機（糖米用麻袋原料）。該年秋農復會遷台後更通過大批計劃，不及備述。一九五一年，台灣糖米生產恢復戰前水準，並恢復出口。美援物資亦絡續運到，新台幣幣值隨趨穩定。以後台灣發展，賴此一轉機。一九四九年山窮水盡疑無路，一九五〇年柳暗花明又一村。自助天助，誠非虛語也。

　　一九四八年中國大陸之農村，主要仍為自古相傳之農業。當時中國並非缺少農業專才，已有各門各項之農業科技人才。因大學農學院在一九二〇年以前已開始作育英才，並進行作物育種等試驗。國府成立後中農所於一九三二年，中棉所於一九三四年開始試驗研究，故一九四八年時大陸已育成許多主要作物之改良品種，適應不同地區種植。亦已完成肥料之要素試驗和病蟲害防除試驗。各地區主要作物已有肥料使用量與重要病蟲害用藥之建議。但除改良品種祗要點滴在農村，即能自行擴散外，其餘種種均尚無法普及。主要原因為戰亂不息，農業科技智識，農用物資與農貸通達農民之管道未遑建立。茲簡述如下：

⑴民國雖於一九一二年即成立，前十六年為北洋軍閥（即清朝晚年已出任軍事要職之軍人）把持。除壓制革命黨人外，軍閥派系之間，內戰不息。對農業建設，無可足述。幸大學培育早期人才，並開始用新法

試驗。

(2)蔣公於一九二八年北伐成功，建立國府。但曾參加北伐之若干將領（雖參加北伐，但非　國父孫中山領導之嫡系），仍把持防區，並不輸誠服從中央。尤以未參加北伐之共產黨軍，開始作亂。國軍乃又陷入長期剿匪之戰。同時，日軍開始侵佔東三省，製造僞滿州國。以至一九三七年引發中日八年戰爭。一九四五年日本向盟軍投降後。又繼以國共戰事。故中國之農業機構係在烽火不熄，經費拮据中長成。

(3)一九二八年國府成立後至一九三七年政府因中日戰爭西遷重慶之十年中，具體之農業建設爲一九三二年在南京成立中央農業實驗所，由副所長（部長兼所長，不到所辦公）錢天鶴先生一手創辦，羅致沈宗瀚，趙連芳，湯惠蓀，馬保之，盧守耕，劉淦芝，劉廷蔚及許多未來台灣之前輩。其他較年輕一輩後來在農復會工作者如蔣彥士，金陽鎬，歐世璜，龔弼，朱海帆諸先生與我，當時均爲中農所技士或技佐。當時尚無農林部，僅在工商部（後改爲實業部，戰時改爲經濟部）內設農業司，畜牧司與林墾署。中農所當時除農業外，包括畜牧，林業與農經。一九三四年在中農所旁設立中央棉產改進所，一九三五年增設全國稻麥改進所。與中農所合作，進行稻，麥，棉三大作物之試驗研究。但中國當時尚無農業推廣機構。

(4)一九四〇年在戰時重慶，農林始自經濟部劃出，成立農林部。錢天鶴先生於一九三八年出任經濟部農業司長。農林部成立後任常務次長。因歷任部長均爲軍事上將，錢先生負實際運籌戰時農業之責，長達六年，至一九四七年在南京時政府改組，由青年黨領袖左舜生先生任農林部長，錢先生始離開農林部。在錢先生運籌之下，畜牧，林業與農經在重慶時自中農所分出，各自成立實驗所，經濟則爲研究所。尤其重要者爲一九四五年設立中央農業推廣委員會，中國方有農業推廣機

構。農推會，在後方各省設立推廣繁殖站，負責繁殖改良品種種子與推廣。一九四六年政府還都南京後，農推會與推廣繁殖站之業務在各淪陷日軍之各省建立。但不久戰事即惡化。推廣工作，未及深入農村，大陸即陷共。

(5)雖然肥料與農藥使用，對主要作物而言，均已有根據試驗所作建議，但因推廣系統尚無全國性之設置，僅賴各試驗機構與大學農學院在有限範圍內辦理，故不能普及農村。更基本之限制為農村交通尚未發達。化肥與農藥多賴進口，到岸價格加以內陸運輸成本，到達農村時，其總成本已非絕大多數農民所能負擔。國內有民營硫酸錏廠，規模不大，產品供沿海種植棉花菸草與果樹之農民購用。一般農民，當時仍以使用有機肥料為主。

(6)農貸在中日戰爭以前，已由中國銀行，上海銀行與中國農民銀行等在沿海各省貸放。對象主要為農民不能自用及不能在一般市場出售之加工用農產品，如棉花與煙葉等。銀行本身並無足夠分支行與人員辦理直接貸放。一般透過紡織業與製煙業之收購系統辦理生產貸款，亦可謂預付價款。農業試驗機構亦透過此一系統推廣改良棉種菸種，肥料與病蟲害防治。在此範圍內，農、工、金融建立良好關係。但面積最大之糧食作物，因到處可售，農民亦自家食用，農貸回收較無把握，辦理甚少。銀行直接貸放予農民之另一困難為除保甲外，農民尚無經濟性組織。合作事業雖已推動，但尚未到達有效服務農民之階段。銀行無法遍設分支行，雇用足夠人員，以辦理大量，而每筆微小的貸款。總括言之，一九四八年時，農民主要仍須向私人借貸。

(7)土地改革：「平均地權」為 國父孫中山先生民生主義重點之一。最早實施者係陳故副總統於一九四〇年（中日戰爭期間）任湖北省主席時在該省十四縣（其他縣為日軍佔據）實施二五減租。可惜陳誠先生於

一九四三年調任滇緬遠征軍總司令後，已見成效之減租工作，未能繼續。日本投降後，一九四六年政府修正公佈「土地法」與細則。並於一九四七年成立地政部。中農所前農經系主任湯惠蓀先生出任次長。同年秋季，召開首屆全國地政會議。籌備擇區推行二五減租。但因政府復員南京後，頃即受到國共戰爭與貨幣貶值之夾擊，除若干地區小規模試辦外，未能全面推行。湯先生於一九四八年十月加入農復會，初任技正，農復會遷台後成立土地組，湯先生任組長。

(8)水利建設：早期水利建設，我不甚清楚。但知因黃河下游災害頻仍，並影響淮河亦多災。故河南早年已設立水利專科學校，南京亦設立河海工程專門學校。黃河成災歷史原因至深且廣，迄無改善作為。淮河經張謇在民間領導，鹽墾與植棉，治標以利生產。復主張導淮入海與入江並重以治本（疏浚淮河與長江之間各小河，使部份雨季淮河之水入長江），此項計劃，於國府成立後始由導淮委員會予以執行。沈宗瀚先生〈抗戰時期的糧食生產與分配〉一文中，曾謂一九三七年以前在國府全國經濟委員會之水利部門輔導各省政府完成十三個灌溉計劃，受益農田約六百萬市畝(合四十萬公頃)。戰時一九四一年在後方成立全國水利委員會繼續在陝西、甘肅、四川等三省完成若干水利工程，灌溉面積共約三百萬市畝（合二十萬公頃）國府資源委員會於一九四四年邀請美國防洪局（Bureau of Reclamation）總工程師薩凡奇博士（大壩專家）來華視察長江三峽興建一系列水壩，以達防洪，發電，灌溉多目標利益之可行性。為我國首次欲興建大型水利工程之意圖。當時中日戰爭，尚未結束，但在盟軍強大壓力之下，日本已現勢竭。資源委員會主管全國工礦事業之發展（孫前院長，李資政國鼎，張前部長光世，與台電與石油公司歷任總經理均為前資委會職員），當時已計劃戰後全國工礦發展。故曾派遣我國工程師達四十餘人赴美隨薩凡

奇博士設計規劃三峽水利之興建。惜工作尙未完成，大陸已陷共。抗戰勝利後，一九四七年水利部始在南京成立。

(9)農業環境資料：至一九四八年時，已粗具規模。(甲)丁文江，翁文灝，曾世英三位先生所著《中國分省新圖》於一九三三年八月由上海申報館出版，一九三五年三版，一九三九年四版，該圖爲中國地圖首次用顏色表示等高線者，當時中國已有相當完整之等高線資料。(乙)中農所於一九三三年開始全國二十四省一千二百餘縣之農情報告。特約農情報告員四千五百餘人。報告項目包括農作物面積，產量，牲畜頭數，糧食消費，農村金融，租佃，地價，田賦等。年有年報。每月在該所刊物《農報》中分區摘要刊出。(丙)南京金陵大學農業經濟系於一九二九至一九三三年間，實地調查二十二省農業資源因素與土地利用實況。於一九三七年出版《中國土地利用》三大冊：文字，統計與圖表，依資源與利用情況，分中國二十二省爲八大農區。(丁)中央地質調查所於一九三三至一九三六年間聘美國土壤分類專家梭頗(James Thorp)博士來華，訓練並率同我國人員進行各省土壤普查(Reconnaissance Survey)。一九三九年在重慶出版報告。中國乃有依照國際土壤分類法之土壤分類，在各省之分佈，與土壤分類圖。(戊)中央氣象局於一九四四年在重慶出版《中國之氣溫》與《中國之雨量》兩巨冊。內容包括全國各氣象測候站自成立開始紀錄，至所在地爲日軍佔領或因戰事中止紀錄各年之平均每日氣溫，最高最低氣溫，平均每日雨量，每月雨日，相對濕度，風向風速等紀錄。以上五種基本資料均在戰前及戰時完成。全國主要農區之地形(等高線)，氣象，土壤，土地利用，與生產分佈實況之資料，均已齊備。使凡注意上述資料之農業科技人員，對中國農業生產面的意識，了解並非學會做農業試驗研究之田間與試驗室方法便是農業改良。

⑽總結: 從以上九節,可知自一九一二年民國成立以來,前十六年爲北洋軍閥所浪費。一九二八年北伐成功以後,不幸仍戰爭不息。在中日戰起政府西遷(一九三七年)重慶之前,僅農作物之試驗研究,奠下良好之基礎,並集中一批優秀之農業科技人才。農林部,畜牧與林業試驗所,農業推廣委員會,全國水利委員會等均於政府西遷後在抗戰高潮中誕生。地政部與水利部則於抗戰勝利,還都南京(一九四六年)始成立。但復員之後,立即發生國共戰爭,遍地烽火,故有效之農業推廣,農貸,農用物資供應等各項制度,均無時間得以建立。試驗研究成果雖多,但除改良品種之種子經大學、中農所、各省農改所等點滴推廣後,能自行擴散外,餘均尚難普及農村。我如此寫,前輩與同仁或認爲過於消極自薄。因當年諸前輩確曾各盡最大之努力,在極度艱難中,完成許多工作,忠實記錄成就。但中國幅員實在太大,農民實在太多。如將各項成就全部投影於廣大之中國地圖上,可見各種成就,尚在東鱗西爪之階段,而尚未到達縱深廣向滲入農村之階段。但該數十年艱難時光,在農業人員身上,並未虛擲。尤其在後方曾深入農村辦理推廣或調查者,對「農業改良」已獲得現實之觀念。對土地改革,建設農村交通水利,認識自然環境因素,與建立管道,使農業智識,農貸,農用物資能普遍通達農民,必須建立制度,已獲得身歷其境之了解。彼等經歷列強侵略,軍閥內亂,日本強佔,共黨竊國之創痛。刻骨銘心,嘆起步過晚,各項戰時與戰後所採行動,時間上已不及生效。然亦胸懷磨厲以須,吾刃將斬之志,亟待環境安定,便當勇往直前,返回失去之時光。自廣州駛高雄舟行途中,爲彼等一生志願凝聚之重要時刻。

(1989 年 6 月張憲秋先生訪問記錄)

第二節　農復會的創立及其早期工作

[1:2-1]　杜魯門先生致蔣介石先生:

Exchange of letters between President Harry S. Truman and President Chiang Kai-shek relating to the formation of a China-United States agricultural mission, 1946

THE WHITE HOUSE

WASHINGTON　　　　　June 17, 1946

My dear President Chiang:

I am happy to inform you that in response to the request of the National Government of the Republic of China. This Government is sending to China a group of eight agricultural specialists under the leadership of Dean C. B. Hutchison to work jointly with agricultural leaders appointed by the Government of China on problems relating to the development of China's agriculture. This mission will be ready to leave for China the latter part of June. A list of its members is attached.

I am pleased that this arrangement is to be carried out because it is my firm belief that any plan for cooperation in economic development between our two countries should include agriculture, the major source of income for such a great proportion of China's population. In the experience of the United States, agricultural improvement has been found so importment in promoting security, producing industrial raw materials, providing markets for industrial products, and raising the level of living that we believe a successful national development cannot be assured unless the development of agriculture proceeds simultaneously with the development of other elements in the national economy.

While we hope that our agriculturists on this mission may be able to render substantial service toward the betterment of China's farming, we also are aware that our own agriculture is already indebted to your country for valuable agricultural material which has been introduced into the United States. Moreover, we still have much to learn from Chinese agriculture.

A higher level of living for the whole of China's population, which can hardly be achieved without a strong development of agriculture, is the necessary foundation for the achievement of the results that will benefit both of our countries, including an expansion of complementary trade and the development of China's industrial program.

It is in this spirit of sharing in an endeavor of great potential value to our two countries that the American members of this mission are visiting your country. I shall receive with interest the report of this group.

I am asking General of the Army George C. Marshall to deliver this letter in person. I wish to convey with it an expression of my warm personal regards to you and the continuing interest of our people in the welfare of your country.

Very sincerely yours,

[Signed]　Harry S. Truman

His Excellency

Generalissimo Chiang Kai-shek.

President of the National Government of the Republic of China.

Nanking, China

（黃俊傑編著，《沈宗瀚先生年譜》，台北：東昇出版事業有限公司，1981，頁367-369。）

[1:2-2]　蔣介石先生致杜魯門先生：

[TRANSLATION]

THE NATIONAL GOVERNMENT OF THE
REPUBLIC OF CHINA

July 31, 1946

Nanking, China

My Dear President Truman,

It gives me great pleasure to acknowledge receipt of your letter of June 17, 1946, delivered in person by General of the Army of the United States, George C. Marshall. We are very appreciative of the splendid response you have made to the request of this Government for the despatch of an agricultural technical mission to this country.

We have been for centuries primarily an agricultural nation. The farmer is traditionally regarded with affection and respect. During recent times, unfortunately, our agricultural technique has fallen behind due to delay in the adoption and application of new scientific methods. I am keenly conscious of the fact that unless and until Chinese agriculture is modernized, Chinese industry cannot develop, as long as industry remains undeveloped, the general economy of the country cannot greatly improve. For this reason, I heartily agree with you that any plan for cooperation in economic development between our two countries should include agriculture.

I feel highly complimented by your statement that China has contributed some valuable material to your agriculture. I sincerely hope that, through your cooperation, we shall be able to make further significant contributions to this field, for the benefit of mankind.

I congratulate you upon the happy selection that you have made of the personnel constituting your mission. On our part, we have chosen a corresponding number of man of high quality and long experience to work in conjunction with your mission. Already the spirit of cooperation between the two groups is evident. It is my firm belief that the two groups working together will succeed in evolving plans and projects which will prove beneficial to China as well as helpful to the development of economic and trade relations between our two countries.

We are now actively taking up the work of national recon-struction. Agricultural improvement being the foundation of such reconstruction, I assure you that the work of your mission will receive my continued attention and support.

I avail myself of this opportunity to convey to you my warmest regards and highest esteem.

Very sincerely yours,

(Singed) Chiang Kai-shek

His Excellency, Mr. Harry S. Turman
President of the United States of America,
Washington, D. C., U. S. A.

（黃俊傑編著，《沈宗瀚先生年譜》，台北：東昇出版事業有限公司，1981，頁370－372。）

[1:2-3]　農復會設立的背景：

第二次大戰以後，在中國所引起之各種複雜問題，如共產主義、工業復員以及政治制度等，雖均要求首先解決，然若干有識之士均瞭解不問其他問題如何急切，社會福利乃解決目前一切問題之基本，而改進農業尤爲促進社會福利之要件，否則一切經濟政治等問題之解決均將落空。因此，戰後仍有若干設施致力於農業改進工作，其中最足稱道者爲中美

農業技術合作團對於中國各項有關農業問題之調查與研究。

　　民國三十四年十月，中國國民政府向美國政府建議農林事業之技術合作，結果兩國政府同意合組一中美農業技術合作團，以設計一中國農業改進之方案並建議完成此方案所需之各種機構，合作團曾對歷年輸出佔重要地位之外銷農產品特加注意，並曾對農業教育，農業研究，農業推廣之機構及事業，農業生產，加工運銷，以及與農民生活及水土利用有關之各項經濟與技術問題，加以研究。在留華三月期間，合作團對於中國農業及其重要問題獲有一相當確切之認識。其結論為中國農業生產如能應用現代化科學知識以改良土壤，作物，牲畜及農具等可以大量增加，並相信目前農村之貧乏可由改進地租，農貸，及農產品之銷售等予以減輕，而增加農民收入。合作團充分了解為解決此一深遠之農業問題，需要一綜合而縝密之方案，並需要一強有力之農業行政系統以推行此一方案。該團所作十項建議，除純屬於農業技術部份外，並包含外匯率之調整、農貸利率及運費之減低，出口農產品之獎勵與標準化，農業研究機關及農業機構之調整，建立農業銀行制度、並節制人口之過度增加等項。合作團報告書公布於三十六年五月，在美國國會討論經濟援華時為一極具價值之參考資料。合作團不僅供給可靠之材料，並貢獻有關農業之寶貴意見，此項意見對於此後本會之產生貢獻甚大。

　　此外有助於本會之產生者，尚有下述若干因素。二次大戰期間，美國農業部曾與拉丁美洲各國順利完成一文化交換方案，此方案乃中美技術合作團重要背景之一。另一因素為對於中國技術協助觀念之改變，由於以往協助多數屬於救濟性質，故當經濟合作總署展開工作之際，發現自助人助之原則，在中國農村應用最為適宜。因經濟合作方案之目標在以經濟建設抵抗共產主義，經濟合作中國方案可由解決不安定之農村問題入手，有效阻止共產主義之蔓延。

最後促成一九四八年援華法案內本會之產生者爲中華平民教育運動倡導者晏陽初氏。因國務卿馬歇爾之建議，晏氏提出一備忘錄，建議成立一聯合委員會，並於援華經濟款項內撥出百分之十作推行農村復興方案經費。三十七年四月三日美國國會特於援華法案中列入一中美合作復興中國農村專條，即後此〔疑係「此後」之誤〕所稱之八十屆國會第四七二號法案之第四〇七款援華法案。

（《中國農村復興聯合委員會工作報告》37／10／1—39／2／15，頁 1－2。）

[1:2-4]　中國農村復興聯合委員會（農復會）之成立：

我國早年致力於平民教育之晏陽初博士，鼓吹中國積弱之根本原因爲廣大農村平民不識字缺乏教育與接受智識之能力，所謂「貧弱愚私」爲其後果，自費在河北定縣辦「平教會」以識字運動卓著聲譽。晏博士留學美國，英語造詣甚深，超過一般留學生。北洋政府對平教會工作並無經費資助，而美國人敬佩晏先生工作者頗不乏人，非但經常捐輸且對其自教育著手之想法極爲推崇。戰後晏博士赴美國訪問向表贊助人士陳情，獲得若干國會議員之支持，願在議會提案援助中國發展農村。適於此時，中美農業技術合作團報告書公佈，顯然在美國會中二事被合而爲一。民國三十七年三月三十一日美國第八十一屆國會於援華法案內列入中美合作復興中國農村專條。中國農村復興聯合委員會（農復會）則於同年十月一日於南京成立，爲中美兩國政府聯合設置之機構，委員五人，中方三人，美方二人，均由兩國總統分別任命。一九四八（民國三十七）年援華法案規定以美國對華經濟援助資金總額之百分之十作爲復興農村專款。首任委員我國爲蔣夢麟、晏陽初與沈宗瀚先生，美方爲穆懿爾（Raymod　T. Moyer）與貝克（John　Earl Baker）先生。蔣夢麟

先生任主任委員。其中沈宗瀚與穆懿爾先生為前述中美農業技術合作團中美雙方之主要人物。農復會於開張前一個月由五位委員在南京會議，討論成立後之大政方針。決定(1)美援經費之運用應設法協助地方原有事業機關團體充實發展，而不宜自己設立新機構以與原有機構競爭。(2)所支援之工作計劃，應以解決農民最感迫切之問題為優先（meet farmers' felt needs），而不宜以為新的必好，從外國搬移一套新事物向農民推廣。(3)衡量各項計劃之價值，應以受益農民多寡為尺度，凡多數農民受益之計劃，應優先辦理。根據上述原則復決定工作之目標：(1)改善農民生活，(2)增加糧食及其他重要農產品之生產，(3)改進鄉村衛生，(4)加強原有中央、省、縣級政府農業機構及農民組織之工作效能。在「改善農民生活」項下，包括土地租佃關係、農民教育、農民借貸等。鑒於改善鄉村衛生工作性質不同，故另列一項，增加生產包括水利。

　　農復會之遷移：農復會在南京成立後約二個月，即因共匪禍亂日迫，全會遷赴廣州，在廣州約九個月後於三十八年秋分批播遷台灣。在南京時進入農復會工作之農學會會友除沈宗瀚先生為委員外計有錢天鶴先生任農業組長，湯惠蓀先生初任技正，地政組在台灣成立後任組長。章元羲、歐世璜、朱海帆、金陽鎬、龔弢諸先生與憲秋等均任技正。在廣州加入者有蔣彥士先生任副執行長，馬保之先生任廣西辦事處主任，劉廷蔚先生任技正。謝森中、楊玉昆、李崇道、張訓舜諸先生則在台灣加入農復會。農復會在廣州時期曾在廣東、廣西、湖南與四川成立辦事處就地展開工作。晏陽初先生主張之平民教育工作，湖南與四川二省積極推行。當該會決定遷移台灣時，鑒於當時台灣之識字率已甚高，識字運動實無必要，晏先生乃辭委員職轉往菲律賓繼續其推展平民教育之初衷。

　　（張憲秋，〈政府播遷台灣前中國農業改進之重要階段〉，《中華農學會成立七十週年紀念專集》，頁 90-92。）

[1:2-5]　農復會的設立:

依一九四八年援華法案四○七款之規定，中美兩國政府於三十七年八月四日互換文書，成立一項設置農村復興聯合委員會之協議。委員會於三十七年十月一日於南京正式成立。由美國總統任命之穆懿爾 (Dr. Raymond T. Moyer) 及貝克 (Dr. John Earl Baker) 兩美國委員及中國國民政府總統任命之蔣夢麟、晏陽初、沈宗瀚三中國委員組成之。

穆懿爾氏曾在中國從事農業工作達十五年，曾參加美國農業部所主持之中美農業合作方案，並曾任美國農業部國外農業關係處遠東組主任，中美農業技術合作團美國代表團副團長，並曾於三十七年任史蒂爾蔓氏 (Mr. Charles Stillman) 率領之中國經濟合作調查團團員。貝克氏曾任華洋義賑會總幹事及國民政府鐵道部顧問等職。晏陽初氏曾致力於中國平民教育之實驗達三十年。沈宗瀚氏曾任國民政府農林部中央農業實驗所總技師及所長前後達十七年，並曾任中美農業技術合作團中國代表團副團長，蔣夢麟氏為委員會公推之主任委員，蔣氏曾任國民政府教育部部長，國立北京大學校長、行政院秘書長、國民政府委員等職，現並為中華文化教育基金會主席，蔣氏於出任本會委員之前，任善後事業委員會主任委員。

本會之基本法包含一九四八年援華法案四○七款，以及一九四八年八月八日中國國民政府外交部及美國駐華大使之換文，此外並無其他必須遵守之規定。美國經濟合作總署曾於一九四八年十一月為本會提出一建議性之方案，內述若干方針計劃及辦法，雖該方案係經縝密訂定，但本會並未將之作為以後指南，多數未曾採納。但在本會成立初期，該建設性方案裨益仍屬不少。委員會自行制定之各項章則與辦法得隨時因應

時地需要加以修正，故本會乃一極富彈性之組織。若干問題有時亦提請華府解決，然多半爲重大決策及重大撥款問題。本會此一機構之設立，在執行委員會依照援華法案專款所定原則制定政策與計劃。該款賦予委員會之職權爲委員會受經濟合作總署署長之指導與監督，訂定並實施復興中國農村之各項方案，包括此項方案所需之研究與訓練工作（第四○七款甲項），後此之國民政府外交部與美國駐華大使換文中有更爲詳盡之規定。依該項換文，委員會之職權有如下述；制定與中國政府或其他機關合作進行之各項復興農村方案，建議兩國政府撥款或協助以推行訂定方案，委員會認爲需要時，得建議中國政府撥款或協助監督各項方案之實施。並有權建議任何方案之變更或停止。聘雇所需行政與事務人員。

　　委員會依據上列各款推進工作，其機構之大小視工作之需要而定，對於人員之聘雇亦復如是。委員會與聘雇人員之間有一了解，即會中工作不需要時，得予相當補償後即行停聘或停雇。因本會係一臨時機構，聘雇人員不能定期，故於羅致專家時甚感困難。但由於遴選人員之愼重，以及解聘時相當補償之給與，故會中同仁服務精神與效率始終不墜。委員會在用人方面尚另有因難，即標準甚高，而合格之人過少，一旦因情勢所限不能不解散時，委員會對同仁之責任異常重大。委員會人員中美合計最高不過二二九人，包括司機二十七人及信差，總會及各省辦事處在內。美籍職員僅十九人。

　　（《中國農村復興聯合委員會工作報告》，37／10／1—39／2／15，頁2。）

[1:2-6]　農復會原起與組織：

一、原起：

　　民國三十四年十月，中國國民政府向美國政府提出一項農林事業技

術合作之建議，兩國政府磋商結果，同意合組一中美農業技術合作團，以設計中國農業改進之方案，並建議完成此方案所需之機構。該團留華三月，在調查期間，對中國農業及其重要問題獲有一相當確切之認識，其結論爲中國農業生產如能應用現代科學知識改良土壤、作物、牲畜及農具等可以大量增加，並相信目前農村之貧乏可由改進地租，農貸及農產品之銷售等予以減輕。該團充份了解此一深遠之農業問題需要一綜合縝密之方案，並需要一強有力之農業行政系統以推行此一方案。該團報告公佈於三十六年五月，在美國國會討論經濟援華時爲一極具價值之參考資料，對於此後本會之產生貢獻甚大。

此外，有助於本會生產〔編者按：原文「生產」疑係「產生」之誤〕之另一因素爲對於戰後中國技術協助觀念之改變，由於以往對華援助多數屬救濟性質，效果不大，故當戰後美國政府推行國際經濟合作之際，感覺在中國農村以應用自助人助之原則最爲相宜。因經濟合作方案之目標在以經濟建設抵抗共產主義，經濟合作中國方案可由解決不安定之農村問題入手，有效阻止共產主義之蔓延。

最後促成一九四八年援華法案內本會之產生者，爲中華平民教育促進會倡導人晏陽初氏。因國務卿馬歇爾氏之建議，晏氏提出一備忘錄，建議成立一聯合委員會，並於經援款內撥出百分之十作推行農村復興方案經費。三十七年三月三十一日美國國會特於援華法案中列入一中美合作復興中國農村專條，即此後所稱之八十屆國會第四七二號法案之四〇七款援華法案。

二、組織：

本會於民國三十七年十月一日成立於南京，爲中美兩國政府聯合設置之機構，由美國總統任命之穆懿爾（Dr. Raymond T. Moyer）、貝克（Dr. John Earl Baker）兩美國委員及中國總統任命之蔣夢麟、

晏陽初、沈宗瀚三中國委員組成之。其職權規定於三十七年八月四日中美兩國政府換文中者爲制定並經由中國各級政府或其他機構團體推行一綜合性之農村建設，建議兩國政府撥給爲推行該方案所需之款項並運用一九四八年援華法案第四〇七款乙項所撥經援百分之十之經費。本會推進工作即依據上列所定，其機構之大小視工作之需要而定，對於人員之聘雇亦復如是。本會員額最高時，中美合計爲二二九人，三十九年底時，共有中國籍職員一四〇人，美國籍十三人。

（《中國農村復興聯合委員會工作簡報》，37／10／1—39／2／15，頁1。）

[1:2-7]　農復會早期工作：

第一期工作設施：

自三十七年十月起至三十九年六月底期間之工作方案爲第一期工作方案。在本方案內同時推行數種不同之設施，一爲類似晏陽初氏倡導之平民教育運動，在定縣、長沙、北培等地區所試驗之綜合性設施，一爲針對農民需要，解決一般農民共同問題之設施。委員會相信在目前情況，尤其本會存在期間甚短兩前提下，以第二種設施較能收效，然後再進而解決農村其他問題。

第一種設施著重在各省設置若干綜合示範中心，以期由此中心推及全省，並由一省推及他省。示範中心之受本會補助者，有下述三區：㈠四川省第三行政督察專員區之平民教育實驗區，依平民教育運動之方式辦理。㈡浙江省杭州縣市區，依美國農業部原在該區推行之農業推廣及家事指導之方式辦理。㈢福建省龍巖縣區，依國民政府在該區推行之土地改革方案辦理。上述三區雖各以不同辦法進行，然其目的則在逐漸發展爲一項解決農村重要問題之綜合性方案。在此期內，委員會著重一種

地方自力啓發計劃，多數爲地方公私團體從辦理小規模地方事業著手，同時復著重於大規模之糧食增產計劃由灌漑、良種繁殖、畜病防治及植物病蟲害防治等工作入手。農業增產，綜合計劃，社會教育，地方自力啓發各組分負各該計劃推進之責。

　　三十七年十月十五日，委員會決定復興農村方案之目標與方針五項如次：

　　　　1.改善農民生活狀況。

　　　　2.增加糧食及重要作物之生產。

　　　　3.發展人民潛力建設地方，並進而建設國家，以奠定富強民主中國之基礎。

　　　　4.協助設立推行農村復興方案之國省縣級政府機構，並加強其原有機構之工作。

　　　　5.給與民主知識青年及有志從事建設工作之份子參加此一工作之服機會。

　　對於決定方案，委員會制定下列六項原則：

　　　　1.決定方案或計劃之性質與實施地方前，應首先考慮目前一般情勢。

　　　　2.直接並即時能增進農民福利之計劃應首先考慮，有關改進農民經濟狀況之計劃，並應予以重視。

　　　　3.文字敎育計劃輔以電化工具，應爲本方案重要部份，俾用以敎育與組織人民，發展並培養地方領袖。

　　　　4.一切復興農村之新的設計應加鼓勵，但如非能證明有一相當長時間之自助與自給，經濟補助應不加考慮。

　　　　5.計劃之在農村業已行之有效，推行簡易而費用不大者應大規模予以推廣。

　　6.對於復興農村工作具有良好基礎與經驗之人員與機構應予以
　　　優先考慮。

對於實施辦法，委員會制定下述五項方針：

　　1.委員會所定方案應與現有機構合作推行。

　　2.農村復興工作彼此關聯，一事成功可以促使他事成功，故各項
　　　工作應彼此充份聯系。

　　3.教育爲有效促進了解接受及正確運用新方法之工具，故於成
　　　人教育之推廣，應特加注意。

　　4.地方自發性應加培養，地方人力物力應爲實施計劃動員。

　　5.對各省計劃補助應視省縣地方機關有無誠意，是否能充分合
　　　作，或採取必要步驟以進行商妥計劃而定。

　　委員會根據其他機關之過去經驗，自始即瞭解若干設施應予避免或
不應辦理。第一，委員會應避免設立新機構以與地方原有事業競爭，而
應覓致適當機構以推行本會計劃，故委員會之政策爲輔導地方機構使能
繼續發展。第二，委員會並決定不從事大規模建築及工廠等事業入手。
戰後曾有若干機關耗費大量資產於建築，並大規模裝置當時認爲需要之
現代設備及機器等，委員會之決定即由此經驗而來。

　　本會主辦之浙江綜合計劃各方曾給與極高評價，此爲中華救濟會補
助計劃之延續。推行計劃各縣工作人員均爲大學畢業學生，並有良好領
袖爲之領導。地方對該項計劃之實施，助力甚大，該計劃並推行中美農
業技術合作團所建議之縣農業制度。浙江省政府對此計劃亦深感興趣，
爲推行計劃曾將原有人事重新加以調整。

　　委員會根據上述原則所決定之計劃，均經順利完成。雖似核定計劃
過於零碎，但若干經驗卻自衡量其得失中得來。在此期中，有一事足資
特別提出者，即最初在委員會工作中佔重部門之社會教育組以後並未予

以設置，其工作亦未推行。良以本會存在期間甚暫，故計劃之屬於短期性質並能確切收效者，方首先予以辦理也。

三十八年四月廿一日在舉行之國共和談破裂以後，委員會政策有一重大轉變，委員會認爲雖中國局勢逆轉，但藉社會改革與政治改革仍能有助於反共戰爭，本會可由農村復興工作中培養民氣並在西南西北各省築成一道社會防線，以防止共產主義之入侵，因此委員會乃有一項積極性方案提出。此時本會之工已限於福建，廣東，廣西，貴州，雲南，四川，陝西，甘肅，台灣九省。

由於上述軍事政治之演變，委員會乃於五月十日商定一項新的計劃。並決定下述各項。不受戰事或受戰事威脅甚小地區，委員會將集中全力辦理，易受戰事影響地區將不再推行新計劃，其已經辦理者，則仍繼續辦理，可能受戰事影響，如湖南、江西南部等地方，補助僅給予地方自發性計劃，則將來縱本會補助停止，仍能因地方力量繼續存在。本計劃分成兩階段，自三十八年五月至六月三十日爲一階段，自七月一日至三十九年二月十五日爲一階段。

在第一階段，本會僅辦理業已進行之計劃對於新計劃之核定爲數甚少，且多爲原方案中所既定者，但原方案所列各項，如成人教育，電化教育，鄉村衛生，鄉村工業，土地改革等項並未全部發展。在第二階段，委員會希望發展較大規模之教育、衛生工業、土地等事業。第一期業已辦理各項，過於零碎，且規模較小，不足以觀察其結果並獲得經驗也。

自三十八年七月一日至翌年二月十五日止之第二階段中，委員會根據農村復興專款限度，在不影響各省財政，即引起通貨膨脹範圍內，有足夠適當人員並能充份督導各項條件下開始作大規模之推進。

本期（即以後所稱之第二期）工作所循方式此時尚未能全盤決定。然委員會預計之方式不出下列二種，一爲集中全力於最能改進生活狀況

及組織人民之少數項目予以普遍推行，如土地改革，農業改良，社會敎育及鄉村衛生等。一爲於各示範中心繼續推進現方案內各項計劃，以爲目前及將來改進農村生活狀況之示範。委員會於審查計劃及其實施地點時，一方面注意其前期實施之效果，並注意有關政府及地方團體合作程度。

委員會於六月三十日前所審查計劃限於業已調查竣事或正在調查中者。各組組長及技術人員，均受命對六月三十日以後將予補助之各計劃立即加以調查。有關補助之建議必須根據詳密之計劃，委員會並計劃增置事務、執行、技術人員俾立刻展開擬予補助各計劃之調查工作。但爲擴大方案所需之人員，並未立即聘雇，直至各計劃實施時方陸續增加，同時並立即開始研究各省經濟情況，俾在不影響通貨前提下決定各該省實施範圍之大小，以及最有效之補助方法。

委員會復分別與各省有關負責人員會商復興農村方案之實施，並覓致當地人民之支持。會商事項包括下列各項：商定政府願在某區全力進行之計劃綱要，決定與實施此項計劃有關之政策人事，及發動地方力量等政府願採之各項步驟，決定本會所予人員及經費之協助，政府本身之工作等。如時機良好，委員會不待政府來請，即自行確定各項步驟，就商於政府，並在計劃組織方面等予以必要協助。

因此，第二期工作方案之基礎工作僅基於一個月之實施經驗。

第二期工作設施：

第二期方案開始於三十八年七月一日而終於三十九年二月十五日。本期方案有時亦稱爲颱風方案，以描述其活動之巨大與強勁。有時亦譬之爲一種賭博，因委員會於本期集中力量於解決若干重大問題也。雖使用經費並不甚大，但絕非浪費，而該項工作確亦能受各地人民之歡迎。此項賭博在本會所不能控制之外在條件限制下，最後終告勝利。此後證

明，亦即在杜魯門總統向國會提出第四點計劃後四月所預見者，本會之工作不僅有助於中國，在組織與政策上並可作遠東落後地區推行類似方案之模範。目前世界尚無類似機構以其全力推行大規模農村之具體方案如本會者。

本期方案尚有一點不能忽視，即本方案並非如一般所想像者為一援助方案，乃係一種協助人民自助之方案。鼓勵農民自行解決其本身所感覺之問題，此乃本會之重大貢獻。

三十八年六月二七日委員會根據第一期方案實施經驗發表一六項宣稱，列舉第二期方案之各項目標與計劃之綱要。第一項宣稱委員會願儘力協助政府負責當局推行改進農民生活狀況之各項綜合性方案。第二項宣稱廢除零星補助辦法。委員會瞭解此種零星補助辦法在中國目前情況下祇能產生若干甚為微小之直接效果。委員會將大規模致力於解決眞能在短期內促進人民福利之若干少數重要問題，並深信此項方案能夠順利完成。

第三項列舉擬予大規模推行之六種工作。一為減租，減租為土地改革重要部份。一方面應依照政府現行法令實施減租，同時應依保障佃農辦法予佃農以保障，並自本年第一季收穫時，由各省府實施。二為加強並改組各省農會組織，俾藉由農會推行一大範圍之農村復興方案，委員會極力贊助農會組織成為地方性團體或合作社團，俾達到下列目標，使地方人民參加土地改革方案之實施，並為彼等自身建立一永久之基礎，使參加人民由合作社方式獲得農貸、建設鄉村工業、購置農具及日常用品、運銷農產品；農會應同時為一地方性團體，俾可從事改進農業、衛生、成人教育等工作。三為灌溉、畜病防治，特別為牛瘟與豬霍亂豬丹毒之防治。四為良種繁殖，特別是米麥甘薯及棉。五為鄉村衛生之改進，特別是瘧疾之防治及地方衛生機關工作之改進。六為推廣公民教育及科

學知識之傳授。

第四項表明委員會為實施此方案準備所予協助之兩種方式：一為技術協助，由中美技術人員協助負責機關訂定可行計劃並協助其實施。一為經濟協助，經濟協助包括兩種：供給實施計劃特定項目內所需之經費，補助省縣實施計劃不足部份經費。

第五項指出委員會將予下列若干計劃協助。此類計劃雖尚未決定是否將予大規模推行，但因其重要，故進一步之示範工作仍須辦理。如適合地方之搾油，造紙，碾米，製糖，防除蟲害等各種實用鄉村工業。

第六項表明委員會推行方案如屬順利而經費來源並有保障時，委員會將進一步考慮增加對地方生產事業之貸款，如小規模之灌漑計劃，米之運銷合作，耕牛之合作購置等。

宣言之目標與計劃，係自過去實施結果及經驗得來，對於何者應做何者不應做若干基本原則，自始迄今未曾變過。但委員會之思想，因本會人員經常在外調，並與各方接觸，則時時在發展中。

委員會基本觀念之一為自農民及地方人民處學習，藉知彼等之需要為何，而非教導彼等何者乃彼等所需，由此觀念發展，使本會時時在農民處習得新事物，因此方案亦時時在進步中。因委員會經常在探求農民之需要情形，故委員會能針對農民需要予以最有效之協助。無論用意如何良善、計劃如何健全，如農民不感關切不加反應，結果終歸失敗。故以後演進之審查計劃目標第一項即為適應農民需要之程度。農民寧自信用合作社貸得二十元，而不願赴診療所醫治其痧眼，彼或願參加除蝗工作，而或不願為選舉權而奮鬥，委員會了解必須倡辦之計劃應為農民所最感興趣及能解決其最迫切之需要者。經由所獲之瞭解，然後始可逐漸推行其他計劃。

另一基本觀念即當推行生產計劃之際，須時加注意者為社會公道原

則。概言之，即公平分配。具體言之，即計劃之受益者為最大多數人民。因此，委員會審查新計劃時，應顧到影響人民福利程度一準則。進步乃社會動力之源，亦為社會公道要素，物質建設與社會建設蓋同其重要也。

　　（《中國農村復興聯合委員會工作報告》，37／10／1—39／2／15，頁3-4，5-8。）

[1:2-8]　農復會早期工作：

　　在廣州八個月中，本會農業計劃之執行根據兩項政策，一為充分利用各省過去工作有成績而現時人才充足之農業機構，由本會予以補助，使其舉辦各項計劃，其目的在使此類機關可以繼續不斷工作，即使本會停止補助，其事業不致中輟，此項政策本會在南京時即已有所決定。

　　二為建立良好基礎發展未來之中國農業；因此一方面補助各省農事機關建立健全之良種繁殖推廣制度，同時復舉辦殺蟲藥劑化學肥料示範及家畜病害防治等工作及四川豬種廣東蠶絲之改良，上述工作之成就雖不能達到大量糧食增產之目的，但對於農業建設基礎之建立，與將來農業問題之解決影響甚大。

　　茲將在大陸各省辦理農業改進所遭遇之各種困難，條述如下：

　　1.缺乏作物推廣制度；

　　2.缺乏健全農民組織；

　　3.農民對於現代科學方法及材料多表示懷疑而不願接受；

　　4.缺乏當地政府官吏之合作；

　　5.農業應用物資須仰賴外國輸入，例如殺蟲劑、化學肥料、血清及防疫苗、農業機械及儀器等，國內均難自製自給；

　　6.軍事情形不穩定；

　　7.經濟困難情形日漸加深。

本會在執行各項農業計劃時, 曾努力設法儘可能解決上述各種困難,
以完成各項工作。

(《中國農村復興聯合委員會工作報告》, 37／10／1－39／2／15,
頁 11－12。)

[1:2-9] 農復會早期工作:

工程之實施既如其他本會業務, 多受政治之影響。然工程進行, 尚
須受季節限制, 僅能于低水期進行之。迄三十八年二月十五日, 總計收
到計劃二百五十件, 內本會在湘、川、閩、桂、粵、台六省所核定之工
程, 計共六十一項。全面受益面積爲 6,323,300 畝。總核定之貸款額爲美
金 3,376,139.94 元。其中在大陸之五十三項中, 能全部完成者十三項。迄
三十八年十二月止, 已近完成階段者七項。其餘三十三項, 則迄本會撤
退之時, 工程完成有限, 或則尚未能動工。惟此五十三項工程之總貸款
額美金 3,209,950.94 元內, 實付貸款僅美金 1,491,957.68 元是僅核定數
百分之四十六・五而已。

就此十六月來工作結果, 所得經驗, 亦有足述者。

㈠水利工程以其直接關係農民生計, 增加生產, 應充份加以鼓勵,
自不待言。然于核定工程之先, 除工程之安全與經濟外, 尚須注意經辦
機關及當地人士之自動與合作精神。蓋後者不僅關係一工程之成敗, 是
亦爲工程完竣後, 能否修整以時, 使工程年年能得其養而不湮滅之主要
因素。

㈡本會之宗旨, 在提高大衆之生活水準, 而不爲一二特殊階級利益
著想, 于核定水利工程之先, 多注意受益面積內, 是否有大地主之存在,
及主管機構之是否能保障佃農, 並進而使佃農逐漸改爲自耕農。似此,
是灌溉工程實足以保障本會協助推進之土地改革政策。

　　㈢興辦灌溉工程，先取經濟之自流系統，後及抽水系統，爲一自然趨勢。在灌溉事業未發展地區，抉擇計劃，自屬較易。但在灌溉已相當發展地區，取捨即須愼重。一面須顧及農村經濟，復須比較農民收益，是正爲本會灌溉工程組過去一年來所注意者。

　　㈣無論何種工程，欲求完美結果，自有賴于妥善之設計。本會工作，爲協進計劃完備之工程，而不實際負責施工。然就各方所送計劃，均曾詳加審核。其有待修正者，則送回原機關改正。上項原則，本會確信不疑。故不以所送計劃之大小，而變更核准時所要求之條件也。

　　就本會在台灣工作之經驗與在大陸時較，或將獲致較佳之成果。即以合約而言，所有合約係本會與地方之水利委員會或與其他地方組織所簽定。是較在大陸時之工作更能接近民衆，雖則此地方性水利機構之技術標準未能盡達理想，尚待改進。若以工程推進情形而言，台灣省向極注意灌溉工程。就款額與工作情形而言，均較大陸爲多。而本會以能與地方水利機構訂約原因，較密切之合作，經常之視察，直接之消息，均較在大陸時易于獲致也。

　　(《中國農村復興聯合委員會工作報告》，37／10／1—39／2／15，頁38－39。)

[1:2-10]　　地方自力啓發與社會教育

　　本會在成立第四組即地方自力啓發組時，對工作進行步驟，甚爲重視。在推進本會各種事業計劃之步驟中，地方自力啓發，實爲必不可少之基石。爲加重此項原則，本會內實有成立專組之必要，從事地方自力之啓發與鼓勵，藉以推動各種工作。該組之成立，旨在協助，鼓勵並強化農村復興運動之各種企業與進行農村復興工作之私人團體。戰前此類大小團體甚多，惟其地區均限於沿海各地，戰時均經中止活動。此類團

體急需獲得外來援助以恢復其戰前之各種設施及其服務精神。政治變革，對於此類社會團體，影響不多。且此種社團往往工作效率甚高，並不受官廳繁雜手續之影響。因此，下列各種社團均經建議由本會給予補助，藉以促進農村建設工作；各種學術研究會社，公私立學校，教會及其他社團，與政府機構。本會並擬對舉凡與當地人民合作推行農村建設工作之活動，如農業增產，包括改良種子、肥料、水利、改良農業用具、病蟲害防治、農業倉儲、農場之合作經營；農村工業、包括農產加工、家庭及農村手工業，日用品販賣及鄉村道路之建築、鄉村衛生、家事改良等，予以有力之鼓勵。

迄三十八年四月中旬止，本會計收到一百九十八種請求，其中七十二處均經派員實地視察，而最後經本會核准者僅十八處，多數爲農業增產之計劃。送達該組主要計劃既均屬於農業性質，該組之任務顯然與農業生產組之各種工作互相重複，職掌因而無從劃分，後經委員會決定屬全國性農業生產計劃，應歸農業生產組處理，其他農業計劃則由第四組處理。

同年六月衛生土地兩類之工作計劃，已達分組處理之階段，而綜合計劃與地方自力啓發兩組則予取銷；蓋各地自力啓發之計劃，均由有關各組個別處理，且地方自力啓發實爲本會各種計劃進行上之基本因素，在一定地區之內，各種計劃之展開，均必須有地方機構與團體之積極參加，因此實無設立專組處理此項任務之必要。

社會教育組在公文上雖已成立，而事實上從未實現。蓋以公民教育爲其主要事業之綜合計劃組各組已將其全部任務推行無遺，而各種綜合計劃亦可由各地區辦事處發動並繼續，逐使綜合計劃組亦無存在之必要。

（《中國農村復興聯合委員會工作報告》，37／10／1—39／2／15，頁 75－76。）

[1:2-11] 農復會早期工作檢討:

本會自三十七年十月至三十九年二月之十六閱月中，獲得不少經驗與教訓，此爲其他機關循他種途徑所不易有效獲得者。本會由其任務之特殊性享有若干便利。因本會爲一中美聯合機構，其性質不僅爲建議與備諮詢，抑且須兼執行。同時握有充分經費可以使用。委員會於其推行工作之際，並享有高度之自由。委員會雖在法理上，對中國國民政府行政院負責，實際，中國籍委員授有充分權力以完成其工作。美籍委員爲執行任務，同樣亦僅於一般政策上受經濟合作總署之指導。本會之所以能成爲一積極而有力之機構者，因委員會與同仁俱係合格勝任之人員，且均能深切了解本身任務者。本會自始即常自警惕應負責善用美國納稅人所負擔之此項經費，以期無負於美國人民及政府之善意。

本會之特質「聯合」二字並不單指本會組織係由中美兩方人員合併組成而言。與此相反，委員在討論時，充份表示委員間意見之不同，僅屬於專門技術與個人見解方面，而非表示兩國間有何歧見。美國籍委員對於中國一般問題，其關心並不亞於中國籍委員。此種共同與集體思想之能成功，其故在委員面對農業科學上之共同問題，於一種極親切之文化氣氛中共同工作。

對外「聯合」之特質，使本會足以抵抗外界之影響。例如：農林水利兩部曾希望委員會中國籍委員由兩部之高級代表充任，然在總統任命發表以後，兩部部長即協同參加委員會之工作，並希望隨時獲知本會方案之進行狀況。設委員會之組成，如兩部長希望，則若干政治性問題可能因以產生，而減少對於方案之眞正努力。本會中國籍委員之能致其全力於眞正農村復興工作而不受任何阻礙者，與其所享權力關係甚大。

本會政策與工作自成立以後，曾經一相當時期不獲社會諒解。本會

旨在復興農村，故城市與商業組織不在本會協助範圍以內，此點經過相當時間方使一般了解。此類例子舉不勝舉。如四川省一紗廠請求分配該廠醫院及診所醫藥器材，本會因該廠為一企業組織，且位置又不在鄉村，故未予考慮。又如救濟工作，因本會業務不在救濟，故類此申請，亦無法接受。本會之所以能作如此決議，不受外界之影響者，「聯合」二字之特質使然也。

　　本會自開始工作，即以提高農村生活水準為基本目標，此項目標實質上迄未變過。但委員會與方案實施後不久，即了解推行農業方案，如不同時解決社會問題無由達到上述目標；並瞭解社會問題之解決遠較增產問題為困難而根本。技術問題必須與社會問題同時解決，不能分離。本會前於推行水利，農業，衛生等計劃時，發現受益較多者，為少數地主，而非多數佃農。如洞庭湖復堤工程，佃農負擔重而地主負擔輕。雖約定地主供給物料，工資，伙食，佃農供給勞力，但佃農不得飽餐，而地主負擔工資部份尚不足全部工程費用半數也。

　　因實施重大改革，時機尚未成熟，故委員會乃不能不分期逐步進行。在洞庭湖復堤工程合約中，規定復堤完工後，其佃租額應仍照舊，不得增加。在廣東，則委員會決定，如廣東省希望本會協助水利工作者，則受益田畝地主必須實行二五減租。由洞庭湖復堤工程所定辦法以至計劃推進廣東水利工程辦法乃逐漸演進發展而來。故本會對於解決問題與困難並無一成不變之型式。只須社會公道一原則不變，方法可由經驗改變。至如土地改革，本會並未計劃推行一十分徹底之方案，因委員會瞭解時機尚未成熟。但認為減租，限制押租確定租期等改革方案，在相當限度內可以實施。台灣減租頃已完成，委員會現正進一步辦理限田工作中。

　　在完成上述經濟與政治的兩重目標時，委員會極力限制自身陷入政治範圍，並於實施計劃時，將政治因素減至最低限度。本會於各省實施

計劃，政府人員，主要為省主席之合作極為重要。本會從未運用任何力量強使政府人員推行計劃。尋求合作所可運用之方法僅為商請，聯系與以往之成就。此等方法雖似平常，然確行之有效。多數地方政府人員均希望本會能在建設上予以協助，復表示願意並有決心推行本會決定計劃。有時少數政治人員不免對落伍之舊觀念讓步，彼等認為本會所推行之農業改革與社會改革並非必要之舉，故多少表示反對。本會之公平分配原則有時亦受攻擊，認為與共產黨之沒收土地無異。類此困難，本會均運用上述方法分別予以克服。

　　委員會之經常保持警覺亦為成功之一要素。當台灣省第四任主席吳國楨氏即事之際，不少地主思乘機破壞改租方案。毀棄租約及將水費轉嫁佃農等事件層出不窮。台南一地主且曾在本會主任委員及台省地政局長之前反對減租。此事極為明顯，即由於省府改組，若干不明大體之地主思有以傾覆業著成效之改租政策。委員會於獲悉此種情形後，當立即建議台灣省吳主席迅速採取行動予以制止，翌晨及此後之一週內，主席公告即遍載全省各報紙。公告重申政府貫澈改租方案之決心，其有故意違抗者，即予嚴懲。自公告以後，類似上述違法事件，甚少再據報告到會。由此可見，委員會雖採取有效行動，但並未運用政治力量。

　　（《中國農村復興聯合委員會工作報告》，37／10／1－39／2／15，頁 80－81。）

[1:2-12]　農復會初期工作結論：

　　本會一年半來工作經驗，已使吾人深切認識任何農村復興工作，欲期其推行有效與成果永久，必須同時舉辦土地改革，或先以土地改革為前導。此在土地分配不均租佃制度苛酷之中國尤為顯著，蓋在此種土地制度下，農民掙扎於衣食之不暇，遑望其能關心於土地使用與農業改良。

是以僅有使農民獲得土地或至少對於所耕土地之佃權獲得切實之保障，及將沈重之佃租負擔減輕，然後對於新的農事技術、衛生、教育及人權民主政治之思潮，方能踴躍接受。但欲使一般農村生活獲得普遍改善，亦惟有永久性之土地改革方案方能竣其全功。

（《中國農村復興聯合委員會工作報告》，37／10／1－39／2／15，頁53。）

[1:2-13]　農復會工作思想之演進：

克利夫蘭先生：

　　前奉

大函囑將本會工作基本思想，以及基於此等思想，本會在四川，廣西，台灣諸省最近演進之工作方式簡告先生，茲奉達如次：

第一期工作：

　　本期時間甚暫，僅包括自三十七年十月一日成立後之二月時間。在此期間，若干基本原則及本期工作之方式均於此期確定與發展。

　　重要之基本方針，有如下述：

　　1.由現有機構推行本會工作，而不重新設立機構。

　　2.促進地方政府推行復興農村之工作。

　　3.推行在短時間內能使農民受益並為彼等接受之工作。

　　本期所定計劃，當時考慮者有兩種不同之方式，簡述如次：

　　一為社會教育方法。此種方法通常自一地之成人識字教育開始，然後再進而組織農民成立生產合作社，再經由該項合作社進行經濟的，社會的改革。如掃除文盲，促進衛生，提高生活，建設良好政府等。此項方法雖與地方政府機關合作並受政府贊助，然大部份，係於政府機關之外，自行發展。

另一方法係自解決農民之迫切需要入手。如農業，衛生，水利及土地改革等工作，大部由政府現有機構辦理。迨初步工作開始，並獲得農民信仰後，然後再加入其他工作，最後再進而推行一鄉村建設之全面計劃，包括前述社會教育一切應辦之工作。

本會最後所採之方法為建立以縣為發展基礎之綜合計劃示範中心，以期由此中心將推行計劃擴及全省，並由其成就以激起鄰省之推行。受本會補助之示範中心，計有下述三處：

甲、四川第三區之社會教育運動中心，其工作之推進，依社會教育運動原有之方法辦理。

乙、浙江杭州區之農業推廣與家庭指導中心，其工作之推進，依該處美國農林部原已辦理之工作繼續辦理。

丙、福建龍巖之土地改革中心，其工作之推進，依國民政府之土地改革方案辦理。

雖三處工作之出發各自不同，然其目標均在發展一綜合性方案，以解決中國農村重要問題，其他中心雖亦嘗考慮，但以情勢變動，復缺乏適當機構執行，故未能在他省發展。

與上述工作同時，復推行一糧食增產計劃。如改進水利，良種之繁殖與推廣，以及畜病之防治等。此類計劃中最大之一項，為洞庭湖復堤工程。該堤保護年產米三十萬噸之農田，其部份毀於三十六年夏之洪水。

本期復同時推行一地方發展計劃。此為一小規模之農村建設綜合計劃，分由各地私人團體及政府機關辦理。

第二期工作：

此處所稱第二期開始於三十七年之十二月一日而終於三十八年之六月五日。在此期內，因中國政治軍事形勢之全面改變，本會原定計劃乃不得不施行重大修正，同時本會原有工作，亦因情況之激變，而益顯其

切要。除檢討前期各項計劃實施結果外，本會此時所能考慮之方向，僅有二途，一爲積極行動，二爲即時結束。

至六月吾等獲一共同之結論如次：

1. 初期推行計劃雖不能於短期內預見其效果，且改變現狀，但將仍予繼續，綜合示範中心發展太慢，零星補助亦不能有助於農村基本問題之解決。此類計劃需要三年至五年，而非一年二年間所能收效。吾等認爲如能就若干少數解決農民迫切需要之計劃大規模推行，仍可有助於中國局面之改進。

2. 可以改變國民政府目前之頹勢者似不外二途。一爲有效之軍事行動，固守若干地區。二爲良好政府，能解決人民需要，安定內部者。第一項軍事行動非本會範圍，對於第二項本會或能作若干貢獻。

本會因即決定建議四川、廣西兩省當局積極推行農村復興計劃，此項計劃應能促成良好政府，至少能在農村方面有積極之行動者。此一決定之原則與辦法統包括於三十八年七月二十七日本會宣言內。

本期計劃：

本會現在四川、廣西、台灣諸省推行計劃之方式即根據前述結論設立。此類計劃包括兩大目標：

1. 改善農民生活狀況，包括經濟的與教育的，吾等相信此爲安定內部之必要措施。

2. 增加農業生產，不僅能增加農民收入，並應能有助於整個社會經濟之改善。如增加糧食，衣料，建築材料，工業原料等之生產，以裕食，衣，住所需供應，並增加其出口，以裕外匯。

上述兩大目標，本會認爲僅能由迅速而大規模的協助農民解決彼等迫切需要完成。

本會鑒於龍巖土地改革之受地方人民熱烈擁護，以及廣東租佃狀況之惡劣，因決定土地改革應爲本會本期重要工作之一。本會復見目前已推行之衛生、農業、水利等工作，其成果大半爲地主所得，而非爲構成農村之多數佃農所得。如非現存之租佃狀況能有一基本之改變，則上述情形無由變更。本會復認爲實施減租，以改善佃農生活，並保障佃農最低權益，政府方面應早加實施。故當台灣省於三十八年六月實行土地改革之際，本會曾多方從旁協助，以鼓勵此種改革之進行。

本期計劃中之第二項工作，爲改善農民組織，俾能藉此組織保障土地改革及其他改進工作之推行。

組織農民與土地改革兩項工作之推行，均爲地方政府之責任，地方政府準備並有決心推行上述工作者，則本會予各該政府以協助。並同時大規模推行水利、衛生、畜病防治及良種繁殖等工作。此類工作均爲地方政府所樂於接受，且爲完成前述目標之有效方法。其餘公民教育、農貸、稅制改革等本會雖不準備即時推行，但亦認爲確屬迫切之工作。

結論

由上述各期所獲經驗，本會工作方式遂逐漸演進成一綜合性之類型。如四川、廣西、台灣所推行者是。此一類型最初並不固定，而係基於情況之變遷及實際所得經驗發展而成。

當吾等見四川、廣西、台灣諸省計劃之推行有效，吾人對於此一計劃類型之健全，及推行此一計劃之能力開始具有信心。由政府人員、農民及其他有關人士之熱烈擁護，上述信心乃益形增加，或有人認爲遺憾者，即此類計劃因各種情形之限制，且未在一較長時間內試驗，致尚未能充份達到其應有之成就。

本會工作之價值，大部份在於短時間內改進亞洲農民生活狀況之一種嘗試。

　　根據第四點計劃方式之各種研究及訓練計劃，業在世界各地分別進行，但在如此短時間內，能構成並發展如此積極，範圍如此綜合之計劃者，則尚未見。由此可見，以有限美援，益以地方人民之決心及熱誠，可以完成如許重要之工作。

穆　懿　爾　啓　三十八年十二月十日
中國農村復興聯合委員會委員

　　（《中國農村復興聯合委員會工作報告》，37／10／1－39／2／15，頁 84－86。）

[1:2-14]　對穆懿爾博士致克利夫蘭先生關於本會工作基本思想演進一函之補充：

克利夫蘭先生：

　　茲應穆懿爾博士之請，特將本會工作之基本原則，以及基於此等原則而演進之本會方針，為

先生述之。

　　第一原則為瞭解何者不應為。此一原則自另一國際合作機關之經驗得來，在本會開始計劃之前，即已詳加討論。

　　該機關曾耗去大量金錢，其結果與其所使金錢相較，極堪懷疑。由此經驗，吾等瞭解何者不應為。本會之計劃與工作異於其他機關者，即吾等開始瞭解何者不應為也。

　　一、何者不應為

　　甲、不從事巨大建築　　該等機關曾耗費大量金錢於建築，裝置最新設備等。吾等瞭解此等建築與設備不適合於中國農村，因標準太高，非中國農村所能維持也。

　　乙、不自行設立機構以與地方原有機關相競爭　　本會僅尋求經辦機關推行本會所定計劃。換言之，即吾等扶助原有地方機構繼續存在，

繼續生長，並不與之競爭，使之萎縮，而終至消滅。

　　試舉例言之。設有一血清製造所，其經費甚爲困難，工作人員待遇亦極微薄。一般所採之辦法，爲設立一新而規模完備之製造廠，以大量生產血清。本會所用之方法則爲扶植此一原有機構，並瞭解其需要。如該機構値得扶植，則吾等選之爲負責辦理本會計劃之機構。吾等予以補助，使之能繼續並改進其工作。吾等所選擇之經辦機構均爲農村原有組織，農村原有事業之一部份。吾等注射新血液於該等原已貧弱之機體，使之恢復活力。因此，吾等之工作乃眞能直透農村生活之核心者。

　　僅知何者不應爲，尙祇是消極方面，然有時消極方面較積極方面尤爲重要。蓋瞭解不應爲時，即確定了應爲範圍之一半。基於前述該一國際合作機關之試驗，吾等所獲經驗良多。

　　二、何者應爲

　　甲、自地方及農民處瞭解彼等需要，而非敎導彼等何者乃彼等所需要。因彼等所需，彼等自身瞭解最淸楚也，由此一方針，故本會工作常在進步中，常從農民處獲得新的經驗。吾等不以先入之觀念推行工作，但虛心自農民處學習。此乃本會方針所以不斷進步之一重要因素。不問吾等之意向如何良好，計劃如何健全，倘不爲農民所需要，吾等無法勉強使之實行。

　　乙、進行增產工作應不忘社會公道原則，謹記公平分配一事。分配不公已在西方引起困難。西方國家自工業革命以來，財富日趨集中，此乃分配不公有以致之。或有人以爲「中國人民皆赤貧如丐，何從而言分配。奈何於僅有飯一碗之群丐中言公平分配，彼等遲早終將餓死。」然而不然。設一丐有飯一盂，而餘丐均無，則彼等將群起爭奪，然如將之平均分配於各丐，雖最後同歸於盡，仍爲彼等所樂爲。彼等將謂「同伴，此乃公道。」故當吾人推行生產工作之際，吾等應切記另一方面，即公平

分配是也。

　　丙、尋求負責機關推行本會工作　　如無適當經辦機關，則不如終止該項計劃。本會應行推進之工作甚多，但因無適當機構辦理，故並不立即一一舉辦。因無適當機構辦理即從頭設立一新機構以推行一項計劃，此固並非難事，然當本會補助一旦終止，該機構即無法繼續。例如農貸，乃吾人應辦之一項重要工作。試思農民所受高利貸之壓力，月息四分八，在一般情形下，已屬較低之利率。畝農貸乃一極重要之農村問題，但迄今吾人對農貸尚未推行任何計劃，良以無適當辦理機關也。

　　前述何者應為與何者不應為之原則，迄今未嘗變更。然吾等之政策，則不斷因時因地而改進。

　　三、根據基本原則解決問題之方法

　　甲、由視察各省實際情形所獲經驗以改進政策，經常與地方領袖，實地耕作之農民等交換意見，由此瞭解彼等之需要與痛苦。

　　乙、比較各地需要，以發現各地之共同問題以及各該地區之特殊問題。本會循此途徑瞭解糧食為一全國性問題，並由此演進而得一全國性計劃。然此全國性計劃並非由吾人腦中原有觀念演繹而來，乃實地考察各省情形後所得之結論。

　　在南京時期，吾人有增加主要都市近區糧食生產之計劃，並由此連帶及選種、灌溉、植物病害等問題之解決。此後，吾等赴四川考察，地方人民告知吾等，四川最重要之工作為築堤。築堤愈多，生產愈增。湖南，廣東情形與四川相同，北平附近則需要增加井數，皆為充裕水源。因此，水利遂發展為中國糧食生產之最重要工作。由良好之灌溉，農民始能增加糧食生產。

　　茲復舉畜病一例，在廣東吾人知農民深以畜病為苦，四川亦然。實際，牛瘟，豬瘟以及其他畜病乃一全國性之問題。由與農民晤談間，吾

人瞭解，防治畜病較改良畜種對農民更爲需要。中國原有畜種或較西方畜種爲小，然祇須不死，仍屬有用。故在農民眼中，使其牲畜免於死亡，乃最重要者。在廣西，吾人自善後救濟總署獲得一良好之經驗。該署曾輸入澳洲牛種，以後發現該批牛隻之胃力過弱，不能消化廣西之粗草，然本地牛隻生活良好。

吾人瞭解選擇牛種繁殖，需要各種飼料。此等飼料須自國外輸入或引進，同時尙須敎導農民種植方法。故依農民之需要，使牲畜免於疾病遠較繁育良種爲重要。

丙、另一因素爲時間　　吾人必須謹記能在有限時間內獲得最大效果者方是最佳之方法。若干極具價值之計劃，因需時較長，未能予以補助。如農貸工作即需一極長時間，始能推行有效。吾人以一百萬美元之等值（地方自籌相等一百萬美元之數）在湖南從事灌漑工程之推進者，其部份理由在完工以後之第一季收穫，即可增加相當於一千二百萬美元之糧食，有如此巨大收穫之事業，世界殆無其匹。故當吾人在湖南之際，吾等深切瞭解，在有限時間，灌漑工程應爲首先推行之工作。因吾人在數月之內，即可保證農民之穀物生產增加也。僅洞庭湖復堤一項工程，即可減少全國糧食進口總數之三分之一。此項工程與本會最初所定增加都市近區糧食生產之原則全然符合，蓋湖南之米，可沿江而下，運濟華中華東各都市也。

丁、戰事刻刻變化，必須採取最迅速而最有效之辦法推行本會工作。吾人不能停在一地，並在一地工作相當時期。當我等因戰事而撤離華中移至華南後，吾等在新的環境中，重又面對新的問題，新的需要。

在各地紛雜之各種不同之需要中，吾人仍可發現其共同點，由各種繁複之活動中，吾人抽出其共同性，但未定一固執不變之原則而思普遍適用於全國。依地方需要，吾人由各項個別計劃演爲一全國性之計劃。

此一計劃依其重要性，當如下述：

㈠土地改革	㈥動植物病蟲害防治
㈡水利工程	㈦良種繁殖
㈢肥料	㈧家畜飼育
㈣農民組織	㈨鄉村衛生
㈤農貸	㈩社會教育

從上述可知土地改革爲最重要之工作，同時亦爲最難推行之工作。需費甚少，但負責執行當局須有堅強意志。其精神成果，在社會意義上，乃無可衡量者。

最易而又最能收效之工作爲水利。此項工作需要大量經費，但爲人人所歡迎，其物質收穫，在增加生產上，乃最大者。

土地改革與水利工作相輔進行，則同時具有精神與物質兩重收穫。土地改革與水利工作乃解決落後地區問題之兩把重要鑰匙。倘耕者均能有其地，而復有充份之灌漑，則和平與繁榮之基礎已經奠定，憑此基礎，技術與農業科學始能發榮滋長。

農民組織倘能有效發展，將爲推行一切農村改進及保護農民自身權益之有力機構，同時亦爲民主政治堅強之基礎。

台灣農會過去甚有成就，惟自光復以後，農會與合作社分離，若干問題因以發生，故本會乃建議合併改組，俾能充份發揮效能。當時並擬在四川小規模組織農會，但以軍事情勢演變，未能實現。

上述綜合性方案乃指導本會全國性方案之一種類型。但如只是一種類型，則不是動的、進步的與客觀的。從實際經驗中不斷學習。不斷改進，乃本會之精神、原則，亦是本會之方法，同時並可普遍應用於遠東各地者也。

但在工作進程中，吾人無法發現此種類型，僅於事後逐漸發展而成。

如土地改革，衡以美方報導，在最初本會似未嘗有何計劃。然而事實並不如此，土地改革非突然出現。當本人受命為本會委員之際，曾謁見總統並申述土地改革之需要，建議在南京附近選擇一區或一縣，作為土地改革之實驗地區。土地改革並非易事，實行之時，地方可能發生叛亂，甚或需要武力制止。故曾請示總統，為實行改革，需請求武裝協助時，政府是否能支持本人，總統當時，即立予本人同意。此為推行土地改革方案之最初種子。在委員會尚未成立，美籍委員尚未來華之前，各省均有代表來詢本會將如何服務人民。彼等請予援助，本人則請實行土地改革。彼等答復，生產第一，土地改革其次。當吾等在四川考察之際，本人曾私語穆懿爾博士，如吾等先要求土地改革，將遭遇強烈反對。故決定先行討論生產問題，土地改革稍緩，待成熟再提。

故當福建龍巖代表來會請求協助推行該區土地改革計劃時本會即派人前往實地考察該縣實施情形，並決定龍巖鄰近六縣亦同時推行土地改革。吾等作此決定，因吾人由龍巖實施結果，瞭解土地改革，真能改善佃農生活也。

推行積極性之改革恆須成熟之時機，故吾等必須逐步推進。在本會與湖南所定水利合約中，規定地租於復堤工程完竣後，不得較復堤前增加。在廣東吾等強調如需本會補助築堤，則地主必須實行「三七五」減租。最初發現土地改革之重要，請求本會協助者為福建省主席劉建緒氏。推行全省土地改革之第一人為台灣省主席陳誠氏。此後則四川，廣西，貴州先後繼起，上述乃本會土地改革方案之進展情形，實係一種演進，而非一種固定而不變之類型。

吾等推行計劃，同時必須考慮其社會價值。利用科學增加生產易，解決社會問題難。如吾人推行增產計劃，而不同時實施土地改革，則增產成果為地主所得者多，而佃農所得者少，此固大有背於本會宗旨者也。

蔣　夢　麟　啓　三十八年十二月廿三日
中國農村復興聯合委員會主任委員

（《中國農村復興聯合委員會工作報告》，37／10／1-39／2／15，

頁 86-90。）

[1:2-15]　貝克回憶錄──大陸時期工作：

At the conclusion of World War II in 1945, the victorious Allied Nations, with the exception of the United States and Russia, were in a state approaching economic collapse. Russia, never having developed on industrial economy, did not feel particularly the loss of markets and factories. All the other victors were about as badly off as the vanquished. Partly for financial reasons and partly from sentiment, the United States speedily demobilized its military forces whereas Russia not only retained hers, but also insisted upon delivery to her by the United States of Lend-Lease arms which were on order but of which it would seem Russia had no further legitimate need. The war weariness and economic demoralization in bordering countries made them immediately susceptible to the ideological offense which Russia immediately brought against them, backed by an overpowering and threatening military force.

To encourage these bordering nations in maintaining their independence General Marshall, who at this time had become Secretary of State, proposed a huge program of economic aid to these European border countries, neglecting entirely the fact that Russia was bordered also by Asiatic nations which were under a threat even more serious than their European fellows. Friends of China raised so much objection to a purely European aid program that finally they forced the passage of the China Aid Act of 1948 as a part of the Economic Cooperation Administration program.

The China Aid Act, Section 404, appropriated to the President for aid to China, a "sum not to exceed $338,000,000 "and another" sum not to exceed $125,000,000 for additional aid to China through grants, onsuch terms as the President may determine, and without regard to the provisions of the Economic Cooperation Act of 1948." A later section (Section 407) provided that "the Secretary of State after consultation with the Administrator (of ECA) is hereby authorized to conclude an agreement with China establishing a Joint Commission on Rural Reconstruction in China to be composed of two citizens of the United States appointed by the President of the United States and three citizens of China appointed by the President of China." The theory back of this was that China, being an agricultural country, could be saved from Communism only if the discontent of her farmers could be removed.

The responsibilities and powers of the Joint Commission so to be created were defined as follows: "Such Commission shall, subject to the direction and control of the Administrator (of ECA) , formulate and carry out a program for reconstruction in rural areas of China, which shall include such research and training activities as may be necessary or appropriate for such reconstruction." In other words, the Commission was charged with the duty of thinking out what was to be done and then doing it.

In order to finance such activities, paragraph (b) of the same Section (407) provided that"insofar as practicable, an amount equal to not more than 10% of funds made available under sub-section (a) of Section 404 shall be used to carry out the purposes of sub-section (a) of this Section."But while it provided that such funds might be in US dollars, it definitely pointed out that there should be used "proceeds in Chinese currency from the sale of commodities made available to China with funds authorized under sub-section (a) of Section 404."

Dr. Raymond T. Moyor, then an employee of the Department of Agriculture, had recently been a member of a Sino-American Agricultural Mission which had made a rapid survey of the possibilities of improving agricultural production in China.　Immediately prior to that task, he had been a member of the Agriculture staff of UNRRA and for several years earlier had been a teacher of agriculture at the Oberlin-in-China School, at Taiku, Shansi. With this experience, he was an obvious selection to negotiate the agreement with China, establishing the Joint Commission referred to above.

The China Aid Act was signed by President Truman April 6, 1948 and the China Mission was organized at once with Roger D. Lapham, former Mayor of San Francisco, as Chief. The negotiations by Dr. Moyer were concluded about July 1, and finalized by an exchange of letters between the American Ambassador, J. Leighton Stuart, and the Chinese Minister of Foreign Affairs, Wang Shih-chieh, on July 3, but the terms were not released to the press until August 5.

The President of China within a fortnight appointed its representative on the Commission. These were Dr. Chiang Mon-lin, Dr. Y. C. (Jimmy) Yen, and Dr. T. H. Shen. These names were given to the press immediately, and upon reading the news in the San Francisco Chronicle, I remarked that in these appointments the Chinese had set a standard which would be difficult for the American Government to match.

Dr. Chiang Mon-lin had been President of the Peking National University for several years, Minister of Education and more recently Secretary General of the Executive Yuan. In experience, scholarship, and character, his presence on such a Commission would give it vigor and standing.

Dr. Yen was a promoter par excellence and had made an international reputation as the founder of the Mass Education Movement which had gone beyond mere literacy and in various districts had attempted the solution of the problem of improving living conditions of the rural population.

Dr. T. H. Shen, for years in charge of the Agricultural Research Bureau, would bring to the Commission technical qualifications of the highest order.

The American Government delayed in making its selections, probably due to routine of screening nominations. I belive that it had been decided from an early date that Dr. Moyer would be appointed, but I did not receive my appoint ment until the afternoon of September 18. A trip to Washington was necessary in order to do the several things that are referred to as"processing"But both Moyer and myself took off from San Francisco Friday night September 26, we arrived in Shanghai about noon September 28, went on to Nanking September 29 and spent September 30 in official calls and other preliminaries.

ECA Chief of Mission Lapham and Ambassador Stuart were very pessimistic about our chances of doing much, due to deterioration in the military situation of the Chinese Government. Nevertheless, we were convened at 10:00 A.M. October 1, by a representative of the Chinese Foreign Office and the American Ambassador, both of whom made short speeches. Then, after inviting us to luncheon at the Foreign Office, they left us to organize formally.

Because of his seniority and political standing, it seemed to me that Chiang Mon-lin should be elected Chairman and I had already requested the privilege, in view of my connection with him on the Board of Trustees of the China Foundation, of nominating him. Elected unanimously, Dr. Chiang assumed the chair and made a few appropriate remarks.

The Commission next had to consider the form of organization by which it would discharge its responsibilities. This organization naturally would be adapted to the things which it would attempt to do. At the same time, what it could do would be limited somewhat by its organization. Which was chicken or which was egg and which came first? Ultimately, both organization and objectives began to take shape in the minds of the Commissioners simultaneously, much as a poet blocks out the structure of a sonnet by hitting upon a few key words which at the same time indicate his line of thought and the word structure of his verse...

[Editor'a Note: At this point Dr. Baker recounts the disscussion which took place between Dr. Chiang, Dr. Moyer, Dr. Yen, Dr. Shen and himself regarding proposed rules of procedure and form of organization of the newly established Commission. Certain differences of opinion were revealed which had to be resolved to the satisfaction of all. Because these differences of opinion may be misinterpreted, the editor of this publication has deleted this paragraph, out of fairness to those who were present at that initial meeting. Despite these differences, however, a gen-

eral agreement was finally reached to everyone's satis-
facion.]

Dr. Moyer, too, had a plan. He had brought from Washing-
ton a document which also pointed toward a form of organiza-
tion. After weeks of discussion, it was finally agreed that the
Commission would work through two main departments:

I. The Administrative Offices which would take care of
all of the"housekeeping arrangements"such as selection of per-
sonnel, office quarters and supplies, billeting of personnel, the
routine of handling funds, etc.

II. The Program Department which would have charge of
all of the projects in the field by which the major objectives of
the Commission would be approached.

Each of these Departments would be headed by a Director
who would report to the Commission.

While the major objectives were fairly clear in the minds
of the Commissioners, they had not been formulated. While
these have been revised from time to time, they have always
been directed toward"improving the living conditions of the
rural people."This was to be obtained (a) by increasing the
production of food and other important crops; (b) by develop-
ing the potential power of the people to reconstruct their own
communities and the nation; (c) by helping to build up and
strengthen appropriate services of government agencies estab-
lished to carry out measures pertaining to rural reconstruction;

(d) by offering liberal, educated youths and other constructive elements opportunities to participate in a program of service; and (e) by creating in the minds of the rural population a well-founded hope of social and economic justice.

How to approach these objective required rathersearching consideration. The political situation was deteriorating rapidly and therefore it was necessary to give first consideration to projects which would have an immediate result. Thes must be so located that results could be expected before the project passed behind the"bamboo curtain."Because of this situation, projects which would provide an increase supply of food for the great cities deserved an obvious priority. There was no time for research or for the training of future leaders. The work must begin at the village level. No time could be spared for the building of new organizations, but those already in existence must be used, and of these only those which had already proven successful under rural conditions and had shown evidence of being able to help themselves and support themselves for a reasonable length of time. It was planned to supplement the physical projects by a literacy program using audio-visual aids as a means of furthering the education and organization of the people, and the development and the selection of rural leadership.

As a beginning, four Divisions were agreed upon to work under the Program Department. These were: (1) Agricultural

Improvement; (2) Integrated Effort; (3) Social Education; (4) Encouragement of Local Initiative.

Under the first of these Divisions was included everything having to do with the increase of production. This Division later became divided into several others, such as irrigation, animal industry, farmers' organizations, and forestry, and will probably shed further splinters before JCRR winds up. Dr. T. H. Chien, for several years Vice Minister of Agriculture, accepted appointment as Chief.

The second of these Divisions was a distinct recognition of the work done by Commissioner Yen under his Mass Education Movement. His experience had been that one thing led to another and that it was necessary in a given area eventually to attempt practically all of the various phases of rural improvement. He had made a good start at Tinghsien when driven out by the Japanese. He had made another attempt in a certain prefecture of Szechwan and had been driven out by corrupt officials and landlords who could see the adverse results to themselves if he succeeded. At the moment, his efforts in the Third Prefecture of Szechwan were having encouraging results. In the province of Chekiang, a somewhat similar program was being attempted, under other auspices. These had proved themselves; they would be expanded. Others might follow.

The third Division was intended particularly to deal with

the audiovisual processes of educating the people not only in new techniques of agriculture, but also in political and social action. This Division was never organized as such for we never found a suitable head who would accept. One we considered suitable soon moved behind the"bamboo curtain."

Before the war with Japan began, some 800 local bodies were registered with the Ministry of the Interior as non-profit organizations in as many localities to improve local conditions. Many of them were purely theoretical. Many revolved around a vigorous individual who was trying to do something for his community. Nearly 400 of these still existed, and it was believed that they would make useful media for the implementation of the Commission's policies and program, that by some technical direction and an occasional small grant-in-aid, these might be made into centers of dissemination. Dr. C. M. Chang, Dean of the College of Agriculture, Nanking University, was secured as Chief. After a few months, however, it appeared that this Division Four was practically duplicating the work of the first Division and resulted in a scattering of the Commission's efforts and funds, that it would be more effective to promote a more concentrated program. Dr. Chang had been called to FAO, and foresightedly wanted to get out of China. So, the Division was dropped. Ultimately, the Divisions became nine in number, however.

Whenever it appears there is money or property to be

given away, depend upon it, the news gets about and there will be many applications. So, even before JCRR was formally organized, the Chinese appointees had received scores of applications. These ranged from requests for a few hundred dollars to proposition to turn over the whole fund to the Co-operative Bank to be used in loans for agricultural purposes. Many of these requests involved technical work, knowledge of which is confined to specialists. The details of carrying out practically all of these projects required such careful definition that obviously the Commission would need help. This was in the backs of our minds when the first four Divisions were formed and the procedure of handling of any application very soon made itself obvious.

Thus all of the applications which had been made to individual Commissioners were referred to the Divisions for screening, in line with the objectives and policies which had been adopted and communicated to the Division Chiefs. Thereafter, the Executive Office immmediately referred to the appropriate Division any application no matter to whom addressed. In a relatively short time, practically all applicants addressed their requests to the appropriate Division. In many cases, those contrary to Commission policy were rejected informally by the Division, but generally this rejection was conveyed to the applicant through the Executive Office. A few which were border-line cases were referred to the Commission for its action in the premises.

Requests which were in accordance with the adopted policies were discussed with the applicant by the Division concerned. Techniques were agreed upon and costs were estimated in detail, as well as the proper timing of payments in aid. The Division then recommended the project, its budget and schedule of payments to the Commission. In the great majority of cases, the Commission approved the project as recommended by the Division, but in many cases, the desirability or the scale of the project and its budget were questioned by the Commission and referred back to the Division. Approval by the Commission of the revised scope, budget, and schedule of payments constituted an appropriation of the sums involved. A contract was then made with the applicant, referred to as the sponsor or sponsoring agency, and when this contract had been signed by the Chairman of the Commission as well as by the sponsor, the Chief of Division concerned would approve a request for payment of the first installment of the grant-in-aid （or loan）, which when countersigned by the Executive Officer would be honored by the cashier in the Controller's office.

The function of the Commission thus was very similar to that of the British Parliament-a legislature and the creator of the executive branch of the government empowered to implement the legislation. Once a project was approved, and the first payment made, then two forms of inspection followed. The first was the duty of the Division, to see to it that the work started as originally planned, that it followed the lines as originally outlined, that unforeseen difficulties were overcome in the most suitable fashion. The other form of inspection was an audit of the accounts by an auditor attached to the Controller's office. This audit was concerned with strict compliance with the budget, reasonable costs and regular authorization of the expenditures. Much has been said in the past about corruption in Chinese Government offices. Some of this, of course, takes a personal form, but at the time of this writing-November 25, 1951-most of the irregularities in JCRR projects discovered by the auditor consisted of the use of available funds for official purposes other than those contained in the budget. For example, a certain bureau was in need of a truck. It had no immediate funds for the purchase of a truck; the project which it was carrying out contained no item in its budget for the purchase of a truck. Nevertheless, the sponsoring bureau bought a truck and used the project funds to pay for it. Obviously, if the budgets were to mean anything, they must be copmlied with strictly. Hence, this bureau was compelled to return to JCRR the cost of this truck.

In theory, at least, both the auditor and the Chief of the Division concerned would not approve a request for further payments on a project if in both technical and accounting respects everything was not in order. Naturally, there were many cases in which such an approval was given before the inspection outlined above had been made, and irregularities found later were adjusted later. But after a few months of experience, it became obvious that sponsors were observing the rules so uniformly that it was more practicable to make second payments before inspection rather than delay work. Up to date, only three cases have been detected in which there was definitely official peculation, and this out of something over 300 projects which had been sponsored. The offenders in these three cases are under prosecution at this writing.

Fully six weeks had passed before the objectives, policies and form of organization had been formulated sufficiently to make advisable absence from the Nanking Headquarters for such a time as would be required for a trip of inquiry into the field. A plane was chartered and the Commission was flown to Chungking and Chengtu, in Szechwan, and Changsha in Hunan. In the course of this trip, two days were spent in the Third Prefecture of Szechwan observing the work then in progress of the Mass Education Movement. Two days were spent in Chengtu visiting an irrigation system, the agricultural research bureau, and in discussing with the officials of the province the most urgent form of work which should be assisted by JCRR. Only one day was spent at Changsha in similar discussion. Return was made to Nanking November 30 and we were met at the airport by Premier Ong Wen-hao, who urged us to leave Nanking at the earliest possible moment because of the imminence of occupation by the Communists. Dr. Moyer and I immediately visited the American Embassy where the same advice was repeated to us. ECA Chief of Mission Lapham was in Nanking at the moment because of the reported danger and stated"it is not a question of when you will go; only where you will go."The Commission had already given some thought to this subject before it had embarked upon the inspection trip, and so preparations were made at once to evacuate Nanking and open an office in Canton. The transfer was made by chartered plane December 4.

In anticipation of a long-term occupation of Nanking, the Commission had set up offices and had rented several dwellings to house the American staff. In each case, six months rent in terms of US money had been paid in advance, of which two-thirds became a dead loss. Some eight months later, the same procedure resulted in similar losses in Canton. In both cases, the event proved that the Commission might have remained some weeks longer. The arrival of the Communists was not so imminent as reported. Nevertheless, the panic among residents of both places was such that it became increasingly difficult to get transportation out of cash city and the nervousness of the staff under such circumstances seriously interfered with the work.

Actually, the Commission was in operation on the Mainland a little more than a year and was able to put into effect considerable programs in Szechwan, Hunan, Kwangtung, Kwangsi, and certain projects in the provinces of Kiangsu and Chekiang. In Szechwan, a somewhat balanced program of seed improvement, control of animal disease, and irrigation was decided upon and continued for nearly a year. In Hunan, the principal project was the rehabilitation of dykes in the Tungting Lake area. These had been broken the year before by high water and unless restored, would reduce the production of rice by some 400,000 tons. Situated at it was at the back door of Shanghai, a great consumption area, it was obviously of first importance to restore this potential food supply. The incursion of Communists in late May, 1949. Prevented the completion of this project, but was late enough to permit furnishing of a substantial proportion. In Kwangtung, an effort to increase rice production in a simialr fashion was abandoned because the land tenure system in the Canton delta region was such that it appeared no benefits were likely to be recieved by the tenant-cultivators. However, a vaccination of draft animals on a broad scale against rinderpest was carried out to the great advantage of these same cultivators.

But work in Kwangsi was badly hampered by financial troubles. In fact, the collapse of the currency introduced a serious impediment to all of our operations on the Mainlad.

When we arrived in Shanghai in 1948, one American dollar would buy only four Chinese Yuan. By May of the following year, on two different occasions, I picked up a 500,000 Yuan note which had been thrown away as valueless. The Government found difficulty in printing banknotes fast enough to keep up with the demand during the early stages of the inflation, and when we could get them, we shipped them by the ton in chartered planes to Hunan and to Szechwan in order to shorten the period of loss of value. When the notes ar- rived at such points, an attempt was made to maintain value by buying commodities such as Kerosene, cotton yarn, coal, etc. These were sold from time to time as money was needed for payment of labor and other expenses. This action, however, resulted to a degree in raising the price of commodities, and on one occasion, a merchant who had been caught attempting to put over a"fast one"accused Commissioner Yen and myself of using JCRR funds to corner the market in some of these commodities. The fact was that the complainant himself had attempted to do this in the case of cotton yarn, and after he had done so to a certain extent, we refused to buy cotton Yarn and bought kerosene, copper wire and coal instead. Naturally, he felt sore,"holding the bag."

When the use of currency became impossible, we resorted to the device of trading cotton yarn in Hongkong for a similar quantity in Chungking. Later, it became necessary to buy silver coins and ship them in. This increase in the circulating medium also had an inflationary effect. This was especially true in Kwangsi, one of the poorest provinces in China. The increase in prices resulting thus injured several million people who needed to buy consumption goods as contrasted with the few hundred thousand who were directly benefited by our projects. Later, we attempted to balance this by shipping in cotton yarn, whereupon we found that the purchasing power of the province was so low that the importation of such a large quantity of yarn at one time had a ruinous effect upon the merchants without whose aid we could not dispose of the quantities which we needed to finance our project.

In Hunan, we imported cotton yarn but we found that the buyers made a strong bargaining point out of the fact that the brands which we had shipped there were not those which were in common demand by the consuming public. The time required to pass such cotton yarn from the wholesaler to the retailer either required an expensive financing process or sales on credit which resulted in cash by which to pay back laborers at a rate too slow for effective handling of the engineering work. In all these cases, adjustments were made which resulted finally in accomplishing a considerable part of the program in view. But we learned—the hard way— the lesson that the "destruction of the poor is their poverty," and that it is not feasible to help such poor too largely or too rapidly.

Early in August, 1949 it became manifest that our days of activity in the neighborhood of Canton were numbered. Hence, arrangements were made to charter a ship by which to transfer office fruniture, files, the staff and their personal belongings to Formosa. At about the same time, the Chairman and Commissioner Yen had sought out and seemingly convinced the Governor and higher officials of Szechwan that a vigorous enforcement of the government edict reducing land rent by 25% might make it possible to hold that empire-province against the Communists. So, while the bulk of the staff went to Formosa, Commissioner Yen and myself, whith perhaps a dozen of the staff, went to Chengtu, Szechwan. This we did on August 22, and later in the week the others set sail for Taiwan.

In October, the other Commissioners flew to Chengtu so that at meetings of the full Commission a general program for the year could be outlined. We also made a short flight to Lanchow and to Sining （Tsianghai Province）, Where the Mohammedan leader, Ma Pu-Fong, with his splendid discipline and forward-looking policies, gave promise of being able to maintain himself. At the end of these conference, the Chiefs of the Irrigation and Animal Industry Divisions and myself flew to Taiwan to perform the same functions for that island as had been accomplished at Chengtu.

On my return journey, ten days later, through Hongkong,

the talk at the American Consulate and in certain other quarters gave rise to the hope that we might expect to carry on in Szechwan for another three or four months. However, on my arrival at Chengtu, preceded by Todd and Hunter, the Division Chiefs referred to above, a situation was uncovered which was not so reassuring. Irrigation work in Szechwan was being aided with loans equivalent to half the estimated cost of any particular job, the other half to be furnished principally in the form of labor by the owners of the land benefited. The local people seemed to be"dragging their feet."Several jobs had been approved with the understanding that JCRR would immediately advance funds, provided the local irrigation association would undertake to complete the work if JCRR were able to function in the area up to December 1. According to the schedule of payments, this would have assured the payment of 60% of the JCRR loan. While the Hydraulic Bureau offered various explanations as to why the work was not begun, I began to suspect that the people had no confidence in the situation as far forward as December 1. So, I suggested to Division Chief Todd that he make a circuit of the contemplated jobs and probe the farmers en route for information which would confirm or dispel this suspicion.

This was during the first week of November. Over the weekend, I made a visit to one of the outlying mission stations where we had some small home industry projects started.

There I get the news over the radio that two Szechwan brigades on the eastern border of the province had gone over to the Communists. We had agreed in the Commission beforehand that when the Communists entered the province, we would withdraw. I returned immediately to Chengtu, and not more than two hours later Todd returned from his trip with the news that the civil authorities were losing control in the areas which he had visited. Accordingly, I wired Headquarters in Taiwan asking that they sent planes for our evacuation.

Arrangement had been made with the Civil Air Transport some time previously for the charter of planes for this purpose. But just a few days before this, the crews with some thirty planes belonging to China National Aviation Corporation had defected to the Communists, resulting in the entire fleet being grounded at Hongkong, along with fleet of Central Air Transport Corporation. This left CAT to handle the entire air transport that previously had been handled by the three companies. Because of lack of response, we in Chengtu had the feeling that in Taipei our colleagues did not fully realize the gravity of our situation. Some thought was given to the use of our fleet of cars and jeeps to make our way to Kweiyang or Kunming. But in the meantime, Kweiyang fell to the Communists and Kunming became a port of very problematical safety.

At the end of a week planes were reported on the way, but they had to come down at Chungking for refueling and there they were rushed by people who had bought tickets or had military protection and so the planes had to return to Hongkong. Finally, it was arranged to fuel the planes sufficiently to fly direct to Chengtu and back, without having to come down at Chungking. Thus, on November 21, a plane reached Chengtu and next morning we loaded and took off. As a matter of fact, we over-loaded, for the family of our regional representative in Szechwan included ten people and they must all go or none. The plane got into the air with a margin of only 500 pounds between its rated capacity and the actual load. It was a cold, dull, cloudy day, and ice began to collect on the wings and fuselage. It became a serious question as to whether the lightening of the load from the consumption of gasoline would be sufficient to counterpoise the accumulation of ice so as not to use up our slim margin before we reached warmer areas. Fortunately, a warm air current was encountered after an hour and a half of anxiety, and we reached the Kweilin airfield with a comfortable margin of gasoline. Hongkong was reached in due course, and after staying overnight we went on to Taipei.

A second plane completed the evacuation of personnel, files and office equipment the following day. Cars, jeeps and considerable furniture were left in the hands of a local committee of American missionaries. We might better have destroyed it, for shortly afterward it was seized by the Communists, who

made much trouble for members of the committee. Except
for the"St. Paul,"a plane chartered by the Lutheran Mission
for Mission transport purposes, ours were the last commercial
craft to visit Chengtu.　We had stayed the limit.

　　(John Earl Baker, JCRR MEMOIRS, Part I, *The Mainland,*
　　Chinese American Economic Cooperation, Jun. 1952, Vol. 1, No.
　　1, pp.1-11.)

[1:2-16]　早期農復會工作：

　　我於一九五九年離開農復會，到現在整整三十年。有很多農復會的
往事已不能完全記憶，身邊的資料也很少，沒法子查考，所以，我說的
只是大概的情形。我是在農業生產部門負責作物保護，即一般所謂的植
物病蟲害防治。這方面的印象當然比較深，記得也多。其他方面所知大
都是耳聞或是當時的直覺，是需要考證的。在討論問題之前，我想先說
明兩點：

　　第一：關於農復會的早年歷史，應先瞭解農復會本身的背景。農復
會於一九四八年十月一日在南京成立。五位委員是蔣夢麟、晏陽初、沈
宗瀚先生及兩位美國委員：Dr. R.T. Moyer 、 Dr. J.E. Baker 。
蔣先生是歷史家、教育家、政治家，早期參加革命是大家都知道的。晏
先生是平民教育家，在定縣平民教育會時就著名，他很早就離開台灣，
台灣年青的一代都不太認識他，他到菲律賓、泰國後，還是繼續辦平民
教育，很有成就。沈先生是農業專家並且一直都在台灣，所以大家都很
知道他。Dr. Moyer 在中國多年，曾經在山西的銘賢學校（Yale in-
China)教書，也替美國政府在中國做了很多事。Dr.Baker 也來中國多
年，做過黃河水災後的華洋義賑委員會委員。這五位委員對農復會的風

氣、計畫方針及工作精神都不免有影響。

農復會成立後，蔣彥士、張憲秋和我是第一批工作人員。我們每天坐大吉普車從孝陵街進城到農復會臨時辦公的地方辦公。其實，在成立的前幾個月，沈先生常與美國委員 Moyer 和 Baker 討論農村及農業問題，回到中農所後，會叫我們三人到他的所長辦公室後面房間裡叫我們找點資料或大家討論。因此，使我們早在成立之前就有過接觸。金陽鎬、龔弼隨後也參加農復會。二、三個月後農復會就搬到廣州，我們也正式成了農復會的職員，農復會也才有完整組織正式工作。如：錢天鶴先生是農業生產組組長；章之汶是在地方自動啓發組（Local Initiative Division）；土地組及衛生組也初步成立，蔣彥士先生是委員會的秘書長，當時政治不安定，是所謂半邊江山的局面，農復會還是到四川、廣西、湖南進行工作，可是時間太短，當然得不到什麼成績。在廣州七、八個月後，終於在一九四九年八月雇了大輪船搬到台北。起初委員會在聯合大樓辦公；各組在向農林廳借的地方辦公，直到復興大樓完工，才全部都搬到南海路。初到台灣時農復會應做多少工作，誰也不知道，不過農復會是一個新的有朝氣的組織。

第二：在農復會歷史中，我覺得還應該討論人口問題。大家都知道人口問題的嚴重，但早年在台灣沒人敢提這個問題，所謂是違反民族主義，只有農復會默默地做家庭計畫，聽說因蔣夢麟先生可以把意見上達，因此得到了默許。然後是森林問題。早年政府外匯短缺，糖和木材是主要的外匯來源，聽說尹仲容先生艱苦計劃當時台灣經濟，曾叫林務局砍檜木獲外匯，後來繼續伐木，其他木材也正在砍，木材幾乎快砍完了，農復會覺得是應該保護森林的時候了，森林如果遭到破壞，則台灣會變爲荒島，所以增加了森林組，請外國專家，來保護森林。這兩件事表示農復會有遠見，看得到將來而不是只有生產和分配而已。另外是漁業問

題，其後也成立了漁業組，農村包括漁民，但一般農業生產都顧不到漁民，海洋是一種有待開發的資源。此外，農復會組織和工作方式也與政府機構不同，值得一提以供後人參考。

關於農復會成立當時國際和國內環境，二次大戰後，中國是四強之一，國際地位很高，友邦也願意協助恢復戰時的破壞。但國內政治分裂，約在一九四八年時，黃河北面都是共產黨的軍隊；經濟上也十分困難；外匯少得不得了；農村的破壞一直沒有恢復，生產技術沒改進；重要的生產資源如：好的種子、肥料都十分缺乏，農村既沒組織也無教育、醫藥、衛生、交通可言。有一段親身經歷：復員以後，我在中農所任職，同時也兼棉產改進所及菸產改進所的事情，常出差到河南。有一次到鄭州看棉花，火車到鄭州後下鄉沒有交通工具，那時年紀輕，膽子也大，我與助手兩人租了兩輛腳踏車，往鄉下跑，每天大約可跑一、二十里路，晚上就回到鄭州旅館。有天，我們跑到一個寨子前，四周有矮矮的土牆，裡面有幾十戶農家，寨門口有兩個士兵看守。相問之下，才知有一連兵駐紮在寨子裡，防守黃河。我們聲明是從中央機關來的，他們准我們進去參觀，看到的當然是家舍破舊、人民窮得不得了。人民當時最困苦的是駐軍規定：每隔幾天，每戶人家都要交幾十斤柴火。因駐軍有糧卻沒柴火煮飯。河內一帶缺少燃料，很多用牛糞當燃料，高粱、麥子的根、桿老早就燒盡了。我們到一家土磚做成的房子裡，主人告訴我們，他種了一塊地，生產的小麥都交了租，一季高粱是一家一年的糧食，可是還要負責看守一段鐵路，因鐵路常常被共產黨破壞。他家沒別的人可看守，所以剩下的高粱又分給代看的雇工，因此連自己吃的高粱都很成問題。看了以後對我印象很深。我想人民不能更窮苦了；政府喪失人心，喪失大陸，也並不是共產黨軍隊的力量。河南本來就比較窮，農村幾百年來都沒什麼大改進，農民一向都是被壓迫的。

　　關於農復會目標、基本方針方面，有一點要先了解，農復會是農村復興聯合委員會，不是農業復興會。農村不僅有農業，同時也包括其他社會問題。我想農復會改良中國農產的目標始終沒有改變。到台灣後，著重在農業技術創新及推廣上，是推行步驟層次的問題。生產是改進農村的第一步，沒有生產、經濟窮困的話，別的事情就不容易辦理。蔣夢麟先生曾說過：「沒有生產而來分配，結果是均窮；有生產再來分配，結果是均富。」想想農復會成立之初，五位委員中兩位是外國人，要想挽救龐大落伍的中國農村，幾乎是無從著手。在南京的二個月，五位委員天天討論如何著手，當時有兩種重要的主張：一是晏陽初先生主張的平民教育的辦法。因為農民不識字、沒知識，農村的組織、生產方法、材料可說都無。這計畫是要從基本做起，先教會老百姓識字有組織。一是沈宗瀚先生主張先從生產著手。農復會在大陸約十個月，設立了幾個工作站；一個在四川，晏先生常去；一個在廣西；一個在湖南洞庭湖邊築堤增加水稻面積。當時，晏先生的主張，至少四川在辦，農業生產計畫各地都在試辦，所以，兩種主張都實行，但在大陸時間太短，當然看不出什麼成就。到台灣後，糧食還是不夠，外匯短缺、經濟非常困難。幸好日本人留下一點基礎：有農會組織；鄉村有道路可通，雖然是土沙路，但至少有路；農業試驗場所也相當多且有一定的規模；農民教育水準也比大陸農村好得多，有了這些基礎來配合農業生產，是最適宜的重點方針了。除了生產以外，衛生、土地等各種問題也都在辦理。晏先生不久就離開農復會，上面提過，他後來到菲律賓、泰國還是繼續辦他的平民教育工作，我到菲律賓去看他時他已九十高齡，可說是畢生都奉獻在平民教育的主張上。我個人認為，平民教育是很基本的工作，但收效恐怕很慢，而農業生產的收益很快，經濟活躍後，其他事業就比較容易辦理了。

(1989 年 6 月歐世璜先生訪問記錄)

[1:2-17] 早期農復會工作:

關於早期農復會業務的推動與進行，我想先說明一點，當時農業生產組各位專家 (Specialist) 都有非常特殊的地位，他們的學問基礎都很好，常常往鄉下跑，幾乎是每月出差。那時還沒有柏油路面，所以一天下來，常常滿身灰塵。到了鄉下，他們就「聽」老百姓有什麼問題；「看」實際情況如何；再「問」農民各種問題。所以，對於實際情形十分清楚，而且與各鄉鎮公所、農會及農民都認識接近。若遇可解決的問題，就向委員會提出工作計畫，這類計畫都很切實際，省方、縣方、公所、農會在執行上大都沒什麼困難，所以幾乎每一個計畫都成功，在計畫執行期間，也隨時注意，一有小問題就立刻解決，因此每一個計畫從最初到完成都全程參與了。這種工作方式，對農復會計畫的成功，是很重要的。

(1989 年 6 月歐世璜先生訪問記錄)

[1:2-18] 農復會模式:

農復會的模式對於發展中的國家很有貢獻，因為假如真的已完全發展、開發的國家，其各方面的功能都很全備的話，我想相對地農復會的功能將會減少很多。這是假定發展中國家或很多行政架構中都有許多缺陷的地方，此種缺陷如要經過政治行政機構的調整，尤其是民主社會的發展，大概要很長時間；我們既等不及這樣的調整，時間又慢，農復會的價值正很適合，可補其不足。這裡有個條件就是當政者、首長、或即「上峰」，如何來接受當時的美援，亦即政府如何能有一個寬大的胸襟，正確的政策，與真正來工作的赤誠，信用學者來推動。這是兩方面的：一方面是美援的提供者；一方面是美援接受者。雙方面都要有相對等的

認識；綜觀美援所有受援國家，大多雙方功過無法相抵，而且過多於功。因為其經濟的運用如果不當，會打擊當地受援國家自己的農產品，尤其人事方面若缺乏宗教式的決心，來支援當地受援國家的話，兩年一任就回美，只等於本身是公務員完成一個任務，也無法有所貢獻。為什麼假定這個條件呢？因為農復會本身功能幾乎超過農林部，對超部會的決定假如受援國家沒有這個雅量，怎能接受這樣一種援助？當時總統蔣公如果沒有這個遠見，怎能推薦蔣夢麟先生出來主持這個會？這個雅量是很大的。那時美援對農復會而言，雖是美援提供者，卻沒有完全的決定權，這時若完全擺出強勢者的姿態，要受援者聽話，將使政策受阻。這一個五人委員會的架構，我覺得很能表現政策設計時，當事人很大的智慧和很高的遠見。因為提供援助必須謙虛，而接受援助需要很大的雅量，以技術為重，其間的架構包含甚多理念。而由這個層面來講，兩邊的當事人從上峰一直下來，必定要有這樣的架構，農復會才能運作。並不是所有的國家都能如此，我相信當時，因為我們剛剛抗戰勝利，很多事情要做，需要經援，更需要技術，農復會將技術與經援加在一起而以農民需要為重來運作——這種工作信念就是蔣夢麟先生說的：依據「農民需要的。」（meet needs of farmer）一種紮根的作法。因此，就國內外背景而言，當時需要經援，需要建設農業，而我們的政策當時在台灣因循發展農村而輕工業以至目前的重工業，這樣按步就班一路下來倒也非常切合實際，農復會在這點上是很適合而且有其貢獻的。農復會的許多基本哲學，應用於其他國家，依大多外國學者觀點，是無法重複的。我則常與國外學者及美援總署 AID 以前的成員爭辯，若你了解農復會的哲學，這類機構不是絕對不能在其他國家再建。我說：我不相信只有中華民國才能有這樣的成果。只要政府與工作人員有決心、信心、熱忱與正確方案來建設農村，為農民解決問題，這種經驗是可以重複的。

　　由農復會當時的組織架構，我們不得不佩服農復會先進們的先知。它有農林漁牧的技術單位，這些在此我暫且不講；此外農復會有水利，有農會農民組織，有健康家庭計劃，有土地組等各方面很多其他單位。所以從土地政策、人口家庭、農林漁牧增產、水利…，其涵蓋面實在很大。當初蔣夢麟先生、晏陽初先生、沈宗瀚先生以及很多先進，從生產到社會教育推廣等是整合的農村工作，所以它叫農村復興，而沒有從農業、或農民、農家來定名。其實，農業、農村、農家、農民有很密切的連帶關係，但不是完全相同。晏陽初先生所做的主要工作是關於農民教育的推廣。大陸農民情形很落後，因此他從識字運動開始，因為不識字則無從推廣。但到了台灣，環境背景已經不一樣，在大陸識字運動的推廣與我們這裡有很大一段距離。沈先生是一個科學家，是一個專業的農藝學者，他著重生產方面。我在這裡要講的是，農復會變化到今天可能很多工作重點有所更改，但是基本的哲學迄未改變，仍舊存在農復會的結構裡面，如衛生組的工作基本上一直未變，人口或家庭計劃一直維持，雖然農民教育，自從晏陽初先生走後，似乎在各方面減弱很多，但是我們的農民輔導工作從家政開始、青少年輔導，一直到四健會，四十年來仍舊保持著，這種情形或許與改組後的農委會，農林部的較單純性質的組織不同。所以，我認為農復會工作的推行是基於整體解決農業問題，而以技術為重。這樣的一個方式，相當的複雜但很有效。而晏陽初先生離開之後，推廣教育、家庭計劃等等，並沒有衰退過。當然你要農業推廣教育的人員樣樣都做，這是不可能的，一定要與生產技術專家相配合才可。此外，任何一個農業計劃單獨點的突破，不能突破得太遠，非得受整體情況的牽制不可。可是整體建設面的前進卻是受個別計劃突破點的總和影響。農復會計劃自早年就是一個一個計劃按步就班地推動。當今的俞國華院長以前半開玩笑地批評我們太小兒科,何不來一個大計劃?

事實上沒這麼容易，農復會工作推行了相當長時間以後，才有四年計劃、十年計劃。這種策略尤其是對發展中國家相當有效，事實上我們不能野心太大，一開始就來個大計劃。大計劃無從做起，必須以點為主的小計劃，才能直接對農民有所嘉惠。但小計劃做到某個程度會受限制，等於打仗，一小戰役無法單獨突破整個戰線，突破到某個程度便進不去，譬如針對某項生產著手，可是生產的東西會遭遇到分配與循環的問題，我覺得我們的方法便是先從生產開始，這是對的。先賺了錢，再來談環境、農村的改革，比較更為切實。先填飽肚子，等賺了錢，再改進生活，這裡面便有了先後順序，所以走沈先生所謂生產的策略還是對的，立即見效。蔣夢麟先生是學教育及哲學的，晏陽初先生也是教育家，沈先生的政策在台灣農業發展史上見到了效用。可是不能只講生產，只講科學，因為教育也很重要，而教育更是身、心各方面均兼顧，譬如農村四健會的工作雖然歷經很多困難，但是我們沒有放棄。

(1988 年 10 月 24 日李崇道先生第一次訪問記錄)

[1:2-19]　早期農復會：

當時時局很亂，委員會遷到廣州，我在中央農業實驗所任系主任，我決定不離開，要與系裡多位同事同甘苦、共生死。我這個系(雜糧系)是新成立的系，同事年紀都很輕，大學剛畢業，我與他們生活作息都在一起。所以我留在南京，後來有政府裡的人說政府尚未遷走，農復會怎可遷到廣州，因而再回到南京。委員會在南京時常開會，即由我作會議記錄，主任委員均使用英文，我用英文記，自己發明一種速記法，把他們的話逐句記錄下來，白天做開會記錄，晚上就打字出來。那時腦筋很靈，體力也好，先寫英文，五個委員講話我全部都記下來，然後給他們看。劉毓棠即根據我做的記錄來寫年報。

　　我只講我的實際經驗，因為我是從一開始即參加。那時我在中央農業實驗所作系主任，農復會在南京成立後，委員會要羅致人才，五個委員開始時採接見會談的方式，我被找去，由五個人面試，要我對答對中國農業問題的看法，考了兩個多鐘點。其他人也是如此面試，委員會從中明瞭什麼人將來可能加入農復會。然後他們要我去，我覺得在中央農業實驗所是真正做事情，所以暫時不肯離開。後來，委員會遷到廣州我也不去。委員會回來南京，開了三百多次會議，全天開會，我做記錄。因時局很亂，不知政府何去何從，方向如何？一九四八年底農復會正式決定要遷台灣。我是一九四九年來台，先去廣州(委員會到廣州)，擔任委員會生產組技正，兼委員會副執行長。委員會開始時沒有秘書長的職稱，蔣老總統召見我時，問我在農復會做什麼事情，我說任「副執行長」，「執行長」即外國稱為 exactive officer，「副執行長」即 secertary exactive Officer，他說這是中國政府的「副秘書長」，我回去向蔣夢麟先生報告，蔣夢麟先生說以後我們就稱你「秘書長」、「副秘書長」好了。我後來任秘書長。

　　我先談談農復會成立時國內外的背景及其創立經過：農復會成立之前正是第二次世界大戰結束，大陸農村凋敝，人民生活水準很低。我去學農即看到中國農民太苦，希望幫忙農民增產，改善農民生活，因此我一直在農業界做事情。我的曾祖父因我去學農，令我母親把我抓回去，因我家裡是銀行，關係企業很多，曾祖父認為為什麼要去學農？學農就去種田，不要進大學，可是我告訴母親我的志向已經決定，請她勸我的曾祖父不要絕食（曾祖父因為我學農，憤而絕食二天，他最喜歡我這個孫子）。我向母親說我決不回來，每年寒暑假也不回去，因為回去就出不來。我從家裡住到學校，寒假就在學校福利社裡幫忙結帳等。這是在金陵大學，其前在滬江讀一年級。我高中進學校，小時、初中在家塾唸書，

家裡延請了國文、英文、歷史、地理、數學等四、五位老師，鄰居都到我家中來唸書，背古文，《資治通鑑》都唸過，三個月考試一次，出題，翻書作答，作答二天。所以我《資治通鑑》相當熟。

那時我去唸農科，戰後眞可謂民窮財盡，因戰時中美關係良好，美國政府認爲要復興中國，農村復興是第一個要件，因人口百分之八十幾是農民，必須使農民生活獲得改善，所以派遣一調查團來華，作調查報告。這就是「中美農業技術團合作調查團」。美方加州大學副校長與我國鄒秉文先生爲團長、副團長，沈宗瀚先出任團員，中美雙方各十人，全國訪查，包括台灣，調查後決定應如何做。

晏陽初先生以前在河北定縣有平民教育會(平教會)，從事農村教育工作，中國從事農村事業者，如梁漱溟、晏陽初等都對農業有興趣；鄒秉文、沈宗瀚、趙連芳是把重心放在技術方面，晏陽初等則是注重農村社區發展及教育，所以這些人是從各個不同方面推動。晏陽初先生與美國大法官 Justice Doglas 從美國國會整個對華援助款中拿出百分之十，指定作爲農村復興工作，由單獨一個組織來作，即中美雙方政府派代表組成：三位中國委員、二位美國委員，由五人之中選一位中國委員任主任委員，就是蔣夢麟先生。五人商討如何運用美援進行中國農村復興工作。在南京開會，一方面以面試方式羅致人才，一方面計劃分批作全國訪問(包括台灣)。他們有個大原則：要做什麼、在那個地方做什麼，視農民需要而定。他們認爲農民需要什麼，他們才做什麼事情，這是最重要的原則，而不是五個人關起門來，或和我們這些人談談就好，而是實地去訪問，問農民需要什麼。農復會基本的工作方針及工作目標等等就是這樣形成的。當時時局很混亂，農復會一九四八年十月一日成立於南京，一九四九年搬到廣州，其間約一年的時間，他們五人即一面作全面訪問，一面作準備工作等等。

當時蔣廷黻先生組織一個救濟總署，蔣廷黻爲署長，李卓敏爲副署長，署之下設有好幾處，規模很大，有一處稱農墾處，馬保之先生爲署長。馬保之先生當時是以農林部農林司長兼農墾處處長，那時他尚未加入農復會。後來我們到廣州，馬保之先生的農墾處在廣西設有分處，其後農墾處總署也遷到廣西，農復會就請他在廣西負責農復會的廣西辦事處。這是民國三十八年下半年的事。三十九年初之時，馬保之先生加入農復會。謝森中先生等都是於台灣加入。

　　(1988 年 11 月 1 日蔣彥士先生第一次訪問記錄)

[1:2-20]　馬保之先生的實際經驗：

一、廣西辦事處主任 (1949 年 5 月—12 月)

我在農復會工作的時間，前後共計十二年四個月 (1949 年 5 月至 1961 年 9 月)。當時農復會設在廣州，主任委員爲蔣夢麟先生，編制內尚設有五名委員及秘書長、總務主任各一名。在五名委員中，有三位係本國籍的委員 (蔣夢麟、沈宗瀚及晏陽初先生)，兩位爲外籍委員 (Moyer 及 Baker 先生)；秘書長爲外籍人士 James Grant 先生，總務主任則爲本國籍的樊際昌先生。此外，農復會設有湖南、廣西、廣東、雲南和四川等五個辦事處。我奉派擔任廣西辦事處主任，廣西辦事處的地點和廣西省政府同樣都位在桂林。

由於當時的政治局面很混亂，所以談不上農村建設，要談建設，必須先要有穩定的政治。在混亂的情況下，推動事情非常困難，每天東奔西跑，能做的都是一些雜七雜八的事，例如規劃了十多個農村小型水利計畫，訓練老師到村里進行推廣教育及農村組織等，但都是短期性的。我在桂林的時間只有五個月，後來因桂林失守，辦事處被迫遷到南寧(廣西省政府則遷到百色)。在這同時，農復會已隨中央政府播遷到了台北，

我家也由上海搬到了台北。不久廣西戰事吃緊，南寧眼看也快要失守，在無法離開的情況下，我寫信託人轉告台北的家人：「我沒辦法來看你們了，因爲出不來，你們自己照顧自己吧。」

那時辦事處所需的經費、薪餉，係使用黃金及銀元，搬運黃金的飛機是長期雇用的，由於很熟所以攔截到了一架飛機，原先預定直飛香港，但因無法配合機場的啓閉時間，只得先飛南海，在驚險萬分的情況下轉飛香港，當飛機安全降落時，海關的英籍官員，發現飛機上有許多金條，便上前盤查（依當時的法令，金條入關會被沒收），我和海關人員交涉說：「這些黃金只是過境，準備送到台北。」英國官員很講理的表示，黃金必須先交海關保管，離境時再發還，而且不能開列保管的收條，滯留的時間，我心中一直感到忐忑不安，深怕黃金會拿不回來，兩天後我又去交涉，海關人員的回答仍然是「走的當天才還你」，離港當天，一上飛機，只見原先被海關扣押的黃金，已如數放置機上，心中的欣慰自然不是言語可以形容的。一到台灣把黃金悉數交還政府，放下了心中的一塊巨石。

二、農業組技正（1949 年 12 月－1951 年 6 月）

回台後，廣西辦事處宣告解散，只留下我和劉廷蔚、朱海帆三個人，我們都派到農業組，組長爲錢天鶴先生，辦公地點在台北徐州路。我被派爲技正，當時海南島尙未失守，原任海南島長官的陳濟棠先生向農復會爭取在海南島進行農村建設，因此蔣夢麟先生就派我到海南島實地調查，兩個星期之後，我帶了一個完整的計畫回來，要求撥款一百萬美金在海南島舉辦若干農村復工作。當農復會通過，正要派我去執行時，海南島卻淪陷了，這項計劃也就因此而取消。當時農復總部是設在台北寶慶路的聯合大樓，農業組辦公地點則在徐州路借用省農林廳的房屋。時值政府剛播遷來台，百廢待興，即使是農復會的農村建設工作也是一樣，亟待進行開發，錢天鶴組長指示我們，要自己去發掘問題，主動去幫助

農民，要有草根性。而蔣夢麟先生也表示，要做好台灣農村復興建設工作，你們必須親自下鄉去訪問農民，了解農民切身之疾苦，然後再尋求解決問題之道。在身體力行的原則下，我經常造訪鄉村後，發掘了兩個重要問題，並努力的將它辦好，這兩個問題分別為造防風林和改良鳳梨品種。

　　　　(1989 年 5 月 10 日馬保之先生訪問記錄)

第三節　光復初期台灣農業與農復會遷台

[1:3-1]　恢復日治時代種子繁殖工作：

　　本會自遷設台灣以後，深覺恢復日治時代之種子繁殖工作實極重要，故自三十八年第二次稻作始，即予此種工作以經濟及技術上之協助，當時認為實行種子繁殖工作最終目的乃在使此種制度將來得以自足，而此目的唯有使一切推廣種經常較普通種為佳時始可達成。

　　本會為達到此項目的，爰提倡下列各事：

　　㈠經由各農會教育農民使彼等瞭解使用優良純種之價值及利益。

　　㈡加強育種工作藉以造成更新及更佳之品種供繁殖之用。

　　在前項目標之下，本會不僅對良種繁殖及推廣工作予以協助，更進而協助各項作物之改良或育種工作，三十八年至三十九年間本會曾以總值美金 292,162.49 元之款補助台灣二項繁殖種子計劃。

　　㈠優良稻種繁殖：

　　本會補助稻種繁殖之目的在經常更新稻谷純種以改良稻谷之生長及品質，為執行此項工作，共設立三類種子繁殖田，即原始種田、原種田及採種田，原始種田收穫之種子用以種植於原種田內，原種田所產生之

種子則種植於採種田內，採種田所產生之種子用以與各地之農民交換普通種子，每期稻作所收穫之推廣種通常足夠用以更替全省所需種子之三分之一。

稻穀推廣種繁殖田之數目，面積以及產生稻種及分發稻種數量如下表：

期　　間	採種田數	採種田面積 （公頃）	產生及分發純種 （公斤）
三十八年二期作	6,526	3,069.45	5,872,934
三十九年一期作	6,900	3,299.88	6,214,759
三十九年二期作	5,602	2,750.00	6,600,000

根據估計，三十九年內 116,088 公頃耕地曾播種推廣種，由於播種推廣種，三十九年之稻穀收成約增加 16,252,350 公斤。

㈡小麥良種繁殖：

日治時代，政府對小麥繁育及推廣工作僅作小規模經營，近年來由於對食物之需要驟增，故獎勵小麥增產實為必要，過去台灣省並由國外輸入多量小麥，麵粉，故在省內增產小麥實為節省外匯途徑之一。

本會為解決糧食恐慌，及育成產量多，抗病力強且易適應環境之品種起見，曾於三十八──三十九年麥作期間予各有關機關經濟及技術上之協助以擴展小麥種植面積及加強育種工作。

三十八──三十九年之小麥種植面積較諸三十七──三十八年麥作增加 4,875 公頃（即增加百分之二五・九），同時三十八──三十九年小麥之產量較前一年之產量增加 11,240 公噸。

本會遷台以前，台灣並無小麥良種繁殖制度，故特撥款補助於三十八──三十九年及三十九──四十年麥作期間各繁殖原始種十公頃，並

於四十──四十一年麥作時繁殖原種一百公頃，四十年以後即設置採種田。

此外，本會復對加強小麥育種予以獎勵，並曾予各機關以經濟及技術上之協助以期出產較佳品種，並自中國大陸及澳洲輸入優良小麥品種分配各機關繁育。

㈢馬鈴薯良種繁殖：

本會於三十九年三月間曾自日本購入馬鈴薯種 10,000 磅交由山地建設協會分配十一鄉之山地同胞耕種，原期以出產之半數於收穫後留作推廣之用。但因種植過遲，成熟時期雨水過多，以致實際收穫數量遠較預期數量爲少。且收穫之馬鈴薯大部份爲山地同胞用爲食物，故收集所得薯種可留爲日後繁殖之用者僅爲 1,607 公斤。

㈣甘薯良種繁殖：

本會於三十九年復協助以八品種之原始種薯繁殖於 5.3 公頃，並在台北、台中、嘉義、鳳山及台東示範種植十一種新改良品種。

繁殖原始種薯實爲供應台灣省純粹及無病種甘薯之必要步驟。示範種植新優良品種對甘薯之改良及推廣均極重要。

㈤甘蔗良種繁殖：

本會曾資助台灣糖業公司推廣該公司附屬機構糖業試驗所栽培之F 134 改良品種，根據區域試驗之結果，證明此品種所長成之甘蔗及煉成之糖質較其他任何品種爲佳，三十八年──四○年蔗作期間共繁殖此一品種 825.71 公頃。

本會復於三十九年十月十九日貸與台灣糖業公司美金 4,390.20 元供該公司向特約農家購入 F 134 品種之蔗苗，並轉分與鄰近區域之蔗農，計共購入蔗苗 9,427,978 株，種植於 421.37 公頃內。

上述工作經已如期完成，貸款並已由台灣糖業公司於三十九年底償

還本會。

㈥蔬菜良種繁殖:

自三十八年十月至三十九年三月,本會曾資助在台北及台中繁殖十二種蔬菜,如白菜,菜花,蘿蔔,馬鈴薯等,計共出產各種蔬菜種子四四五公斤,種薯 2,000 公斤分配與農民,公敎人員及軍隊。

㈦種子倉庫及曬場之修建:

留供繁殖或推廣用之作物種子必須純度高並具有高度發芽率,三十九年內本會曾資助建築六十九個內襯鐵皮之木屋並修理 2,010 坪(一坪為 3.9569 平方碼)混凝土曬場,供原始種及原種曝曬之用,此外本會並協助各地修理供儲藏種子用之倉庫,並於嘉義修建種薯蒸燻所一座。三十九年十二月本會復通過一項「協助稻農修建曬場」計劃,擬建築 3,040 個混凝土曬場以供採種田之用,本會並擬以 91,200 袋水泥無價供給修建各該曬場之用。

㈧堆肥舍之修建:

過去一年中,台灣各地原始種及原種田之堆肥舍大多數全部或一部份毀於巨風,本會有鑒於堆肥不但能保持地質,且爲增產優良種子之必要條件,故資助在嘉義,台中,北斗及花壇之原始種田及採種田中修建五所堆肥舍,預計利用此種新建之堆肥舍每年可出產六九〇公噸堆肥。

(《中國農村復興聯合委員會工作簡報》,37/10-39/12,頁 4-6。)

[1:3-2] 遷台前後幣制:

八月底,本會遷來台灣,然廣東,四川,廣西等省計劃仍繼續辦理。至十一月底因戰事影響,始行結束。九,十,十一三個月經費均由港撥運銀元供應。三六年夏,華盛頓經合總署在美以每一單位 0.598 美元購買

墨西哥新置銀元一批，計五十萬枚，運至香港撥交本會收帳。該批銀元內 11,000 枚空運川桂兩省補助各該省計劃。撥與川省之銀元，則以港幣及銀元在港蓉互換。經合分署於獲得通知後，即按照香港行市折合等值之港幣付與商號駐港代表。此項辦法對於商號及本會均相互獲益。劃撥之銀元計共 1,046,200 元，連同經合分署出售之物資總數 1,050,000 枚，與在美購買之鷹洋 390,000 枚，本會銀元帳內總計共銀元 2,486,200 枚，等於 1,405,229.99 美元。

三十八年六月，台灣改行新幣制，官價兌換率係新台幣五元等於美元一元。此時以前，本會協助台灣計劃爲數甚少，且均係嘗試性質。當本會在台大規模推展工作之時，適值台幣改革，本會撥款困難乃大爲減少。經合分署及美援會均感覺撥款較前爲易，新台幣雖略有膨脹之徵候，但較之大陸，輕微多矣。

本會撥款遲緩及撥款太少，使若干人民引用「太少太遲」一語，以描摹本會處理預算及財務之情形，本會不少同仁亦認委員會對於撥款過於審愼。委員會對於二百元與二十萬元計劃之請求，予以同樣審愼之考慮，確係實情。此種辦法雖屬費事，但極切實。而且因領款及撥款困難，小額撥款亦確屬需要。問題並不在應撥款若干，而係爲何撥款。本會一委員曾指出，本會款項不應僅爲撥款之目的而撥款，而在爲某種目的而撥款，爲若干特殊目的而撥款較諸撥款本身更重要也。

（《中國農村復興聯合委員會工作報告》，37／10－39／2／15，頁10。）

[1:3-3]　農復會政策三度演進：

據本會農業改進組組長錢天鶴報告，本會農業政策曾經三度演進。每次演進均與本會遷移有關。本會最初設於南京，三十七年十二月遷廣

州，次年八月再遷台北，每次遷移後委員會鑒於環境改變，爲適合當地
需要，既定之農業政策不能不重新加以修正。在執行過程中，委員會及
本會農業技術人員嘗不斷獲得新的經驗，對於解決農業生產問題有更適
當之辦法。最初十六月中所得經驗充分證明，在中國辦理農業改進困難
所在及如何方能有所成就。此種新的認識足以使一般人士對農業生產問
題之概念改觀，將來中國恢復和平時，當能有助於政府農業政策之訂定。

（《中國農村復興聯合委員會工作報告》，37／10-39／2／15，頁
10−11。）

[1:3-4]　一九四九年初農復會對台灣的考察：

三十八年初春本會委員及專家曾來台灣各地考察，研究如何補助台
灣農村復興工作。視察結果咸認爲台灣情形與大陸不同，台灣被日本佔
領五十年，最近三十年來在工業與農業建設上頗有進步。在此時期全島
和平安全，開發各種資源，尤其對於農業之開發與工業之發展，同時並
進，台灣之土壤與氣候適宜於甘蔗、香蕉、鳳梨及茶之栽培，上述各種
產品每年均有出口，換取外匯，以供台灣農工業發展之資金，故對台灣
之經濟甚爲重要。

日本人治台灣不用重稅政策暴斂人民財富，以避免人民怨恨，其經
費來源則多取自數種重要日用品之專賣，例如酒、菸、鹽、樟腦。此類
專賣品之收入一部份用在教育、修路、及建設現代化城市之用，對於人
民智識之開發、運輸交通之改進、公共企業之補助均有關係，使農工業
均日有進步。

日本最初佔領台灣時人民智識幼稚，缺乏組織，而以農民爲尤甚。
應用科學方法改進農業甚感困難，日人有鑒於此，乃著手組織農民，設
立農會，購辦農民需要之廉價物品保障出售農產之合理價格，指導農民

栽種利益較大或政府大量需要之作物。

　　三十八年八月本會遷設台北後，發覺日治時期有許多良好制度已被廢除，各地農會業務衰落，機器與儀器之設備多被搬走或須要修理。各地農事試驗場所及推廣機關亦復如此，本會有鑒於此，乃決定恢復日治時期之農業機構為農業生產之先決條件。

　　對日治時期之各種政策各方面批評甚多，一般多指日本政府只注意於台灣資源之搜刮，以供日本之享受。但本會對於日治時期所建立之制度頗覺完善實用、適合人民需要，如變更其搾取侵略之目的而以人民利益為出發點，彼所建立之農業制度仍可採用。因此本會對台灣之農業政策首重恢復日治時代之制度，同時加以利用及改進。

　　(《中國農村復興聯合委員會工作報告》，37／10－39／2／15，頁12。)

[1:3-5]　貝克回憶錄——台灣時期工作:

The removal of Headquarters to Taiwan did not remove all anxieties. There was little confidence in the ability of the Nationalist Government to hold the Island indefinitely. The imminence of attack by the Communists was accentuated by the evacuation of Hainan by the Nationalist forces in April 1950. American female staff and families were all ordered out soon afterwards and tentative plans were formulated for evacuation of other Americans, to be put into effect whenever the emergency should develop. However, the stationing of the U. S. Seventh Fleet in the Formosa Channel removed the jitters and gave the impression of such a change in American official attitude as to warrant planning on a longer time basis than had seemed justified in the past.

Something more than two years of continuous operation (at this writing) * makes of the experience in Formosa the measure of the Commission's operations rather than anything that was accomplished on the mainland. This is not the place to make a report on the work of JCRR;-that is to be found in official documents which may be obtained at the Capitol. Nevertheless, some indication of the work, the difficulties encountered and overcome, and the atmosphere in which the work was performed is not out of place.

It should be borne in mind that the conditions which the Commission encountered in Formosa were quite different from those on the mainland. For 50 years this island had been under the control of the Japanese who had done a good job of administering a conquered territory. They found it with a population of a little over two million-one almost identical with that of Hainan, an island of similar area and climatic conditions. During their 50 years of occupation, while it was made to serve the general purposes of the Japanese Empire, the population was trebled, whereas that of Hainan remained constant. This greater population was fed and clothed with gradually improved standards. A considerable system of roads and railways was constructed, the cities were given wide streets and comparatively good sanitation, the public buildings were numerous and of an imposing appearance. An extensive electric system was developed. Public education was extended widely in the primary grades and fairly adequately in the middle schools. Extensive irrigation systems had been constructed and agricultural experiment stations were numerous and fairly well supported. But many of the factories, farmer warehouses, the electric system, the railways and other structures had been heavily damaged by the American Air Force during the war. The importation of commercial fertilizer had ceased. The markets for most of the exportable products had been lost. The population, finding itself in a very much lowered economic condition following the war, was very much inclined to blame the newly-established Chinese Government rather than the war for the troubles which they experienced.

Technically, JCRR was at work in Formosa some months prior to removal of Headquarters there in August 1949. For years, the Japanese had imported large quantities of chemical fertilizer with which to stimulate the production of rice and sugar cane, principally. The exchange situation in which the island found itself, severly limited the amount which could be imported when peace removed the blockade. So, an early ECA action was to make gifts of fertilizer to the government of Formosa. The routine of distributing this fertilizer from the port at Keelung to the several hundred-thousand farms had been completely broken down during the war. ECA had not yet set up the machinery for"end-user"inspection. The Council for United States Aid, the Chinese organization for the receipt of ECA goods, did not offer promise of effective inspection. Hence, JCRR （because it was a joint organization） was asked to assume that function. So, an ECA regional representative was transferred to the JCRR payroll and, through a group of a dozen native young men assigned to as many districts, this work was begun in early 1949. The function of these inspectors has been added to from time-to-time until they have become, in many respects, inspectors of practically all the work which JCRR attempts in their respective districts.

The work of fertilizer distribution was complicated by the determination of the government to obtain rice in exchange for fertilizer-rice used to feed the army and ration civilian employees. The relative prices at which these changes could take place were always out of adjustmemt. Besides, the physical handling of the fertilizer from the harbor to the field distribution points required a great deal of planning if the fertilizer was to arrive at farms at the proper season for application to the crop. It cannot be said at this date that all of these problems have been reduced to routine solutions, but increasing tonnages of fertilizer have been applied with increasing degrees of timeliness and have been a major factor in the production of increased crops which now exceed all previous records. Some of this credit is due to the harbor and railway authorities, who have cooperated in the discharge of ships and the emptying of wharf warehouses to such an extent that Keelung, formerly one of the slowest ports in the Orient, has become the fastest port. But the most important result has been the annual increase in the production of rice so that the year 1950 showed the highest production in the history of Formosa, and at this writing it appears that 1951 will show a substantial increase over the production of 1950. The point has been reached at which rice can be exported, thus earning much coveted foreign exchange.

On another subject, a beginning had been made before JCRR began operations on Formosa. Governor (now Premier) Chen Cheng had determined to make effective the government regulation that rentals of farm land should not exceed 37.5% of the main crop. The reduction to 37.5% was not unduly drastic. But in Formosa as well as other places, landlords are more influential than tenants and, as on the mainland, the rent reduction program threatened to be a dead letter. Hence, JCRR in collaboration with the Provincial Government set up a system of inspection by which it was hoped to make effective the government's intention. Rentals on Formosa were not as high as in many parts of the mainland. The typical rental was 50% of the main crop-rice. Minor crops, such as vegetables, poultry and animals, were the sole property of the tenant. However, in view of the small acreages cultivated by the typicaltenant, after he had paid his rent the amount left for subsistence, especially in the cases of large families, left him in straitened circumstances.

The tenant's need for a place to work made him very weak in facing a landlord who threatened to evict him in favor of some new tenant who would be willing to pay the original 50% rent.　Thousands of cases came to the notice of the inspectors in which the tenant was being brow-beaten into something less favorable than the regulations provided. The introduction of democratic elections contributed to the situation, for magistrates depended upon the support of influential people in order to secure elections, and influential people were invariably landlords.　This sort of exchange of favors is not peculiar to Formosa.

In some cases, landlords would accuse tenants of crimes so as to get them imprisoned, withdrawing the charge if the tenant agreed to resume the old payments. Nearly every case involved a different device, and the lowly tenants had need of all the assistance which the inspectors could give them. Indeed, the inspectors themselves in many instances had to invoke the aid of the Chairman of the Commission who would take the case direct to high authority. Yet, over 300,000 leases were rewritten with a guarantee of tenure for at least six years under the lower rental.　The increased rice left at the disposal of the tenants, according to an extensive sampling survey, was used in some cases for purchase of land, erection of additions to living quarters, additional clothing, school expenses for children and other elements in an improvedstandard of living.

The Commission was fortunate, perhaps, in an early opportunity for demonstrating what its specialists could do for the benefit of the farmer. In October 1949, an outbreak of rinderpest occurred near Taipei. Apparently, it had been contracted from some animals recently imported from Hainan. Rinderpest is almost 100% fatal and was taking the draft animals-water buffalo and oxen. Telegrams to nearby countries for vaccine serum were fruitless. An extensive vaccination program had been put into effect in Kwangtung during the preceding summer, but at this time Kwangtung was in the hands of the Communists. Fortunately, however, the biological laboratory in Chengtu, which JCRR had assisted, had serum on hand and in the plane by which we flew out our forces from Chengtu, (Editor's Note: This was in late November 1949) we brought a thermos bottle of their product. This was immediately put into use in Formosa and the epidemic was stamped out with a loss of only 105 animals. This control program involved the cooperation of the local police and the Provincial Agricultural Bureau with JCRR, yielding a valuable lesson in cooperation as well as a demonstration of the techniques which JCRR specialists could put at the disposal of Formosan farmers. This went far towards establishing confidence in JCRR on the part of the rural people and of the government authorities.

These dramatic examples tend to obscure the more fundamental projects. Within several Divisions, this comparison has frequently been in evidence. For example, under the Agricultural Improvement Division, fundamental work in the extension of improved strains of rice has had an important bearing upon the increased porduction, especially of strains which enjoy a favorable export market. And yet that work does not appeal to the popualr imagination as did one small case of pest control which restored to fertility about a thousand hectares of rice land and protected another 4,000 hectares whose fertility was being threatened. This occurred on the island's northeast coast where a certain huge worm which we dubbed"millipede"was destroyed. These"millipedes"grow upwards of three feet long and devour rice roots and all humus, rendering the soil sterile. An application of tobacco waste-ribs, mildewed leaves, etc.—was sufficient to kill these worms within a period of six hours. Within three or four hours after application of this waste, these worms would come up from their burrows in an effort to escape the nicotine poison. At the surface, they soon died or became the food of gulls, herons, and other wild birds. Eventually, farmers gathered them up and sold them to duck raisers, it having been demonstrated that the poisoned worms would not poison the fowl which ate them. The final result was that a full crop was raised on land which for several seasons had raised nothing.

Another sound piece of work done by the Agricultural Improvement Division was the "follow-through" plan in which certain phased of rural production were carried to a profitable conclusion. One of these was in connection with jute, the fiber out of which gunny sacks are made. Commonly, the island requires ten million gunny sacks to handle the sugar aid rice crops, from production point to places of consumption. Formerly, a large proportion of these bags were purchased in India, requiring foreign exchange. The Japanese had made a start toward making the island self-sufficient on the subject, but that program had slumped badly during the war. By a series of projects, JCRR improved and extended the use of seeds for better varieties, repaired the retting ponds, erected drying racks, repaired the warehouses in which the fiber was stored, and rehabilitated the packing machines so that the fiber could be packaged for shipment to the textile mills. Failure in any one of these fields would have rendered abortive the steps taken in any of the other phases of the program. While Taiwan has not yet been rendered self-sufficient with respect to jute, it is well on its way to that end. Simialr "follow-through" programs were followed in the case of citrus fruit and tea.

One of the aims of JCRR in Taiwan has been to encourage

and assist the government in efficient administrative practices. A useful example of this has been afforded in the field of irrigation and engineering. When JCRR finally concentrated on Taiwan, the program of government assistance to the construction of irrigation systems involved a program of NT$40 million. The Government soon found that this size of a program resulted in a rise in wages of fully 100% with the result that this NT$40 million program was getting only about as much construction done as if the program had been held to NT$20 million. This condition had resulted largely because of an attempt to follow the old Japanese pattern. Under the Japanses regime, Formosa was administered as an adjunct of the empire, and as more rice was required by the increasing population in Japan, additional irrigation had been supported out of general funds. Naturally, when private property was thus improved at public expense, everybody wanted it. Whenever applications were made for projects which did not contribute to the empire plan, a mere refusal was enough, such was the hold which the Japanese had on the people in the island. But the Chinese Government had a hold less firm than the Japanese enjoyed. Their officers had only recently assumed responsibility; the February 28, 1947"Incident"had aroused considerable enmity between the Taiwanese and the mainland Chinese; it was known that the Communists had a considerable underground organization at work. Hence, it was highly important to cultivate the friendship of influential Formosans. So, the Chinese Government was not in a position to refuse with the same confidence that the Japanese had shown. Hence, in the Spring of 1950, having committed itself to a program rather beyond the available labor supply in various localities, and faced with shortage of funds, it was forced to close down, temporarily, all such construction.

JCRR did not do much in the way of irrigation during the year 1949. But in the 1950 program, it shared the government program, following the same policy it had adopted on the mainland, namely, its aid to irrigation was in the form of loans repayable with interest in yearly instalments over 3-5 years. Confronted with the necessity of repaying the cost, hydraulic associations lost their enthusiasm for uneconomic-projects. Furthermore, JCRR was in a position to refuse to make loans beyond the figure which had been agreed upon with the Provincial Bureau of Finance. Thus the total amount for the hydraulic work on the island was determined by conference between the JCRR Irrigation Division, the Provincial Hydraulic Bureau and the Bureau of Finance.

This new phase was only half way completed when it developed that contractors were bidding as much as 50% above the net cost as estimated by the JCRR Engineering Division. This immediately resulted in an inquiry which revealed that the contractors had entered into a combination to keep up prices and profits. The Provincial Hydraulic Reconstruction Department was helpless to prevent this because the regulations required that it submit such projects to bids and that it accept the lowest bid made by a responsible contractor. In order to break up this practice, an agreement was entered into by which JCRR would find a contractor who would agree to undertake a project at a figure no higher than the JCRR estimate.

In the course of the inquiry, it became evident that there was a certain degree of collusion between officers of some of the local irrigation associations and the contractors. This led to a further inquiry as to various costs of administration as between the different irrigation associations. When these facts were all brought to the attention of the government, the Commissioner of Reconstruction and the Governor decided that a certain measure of provincial supervision must be instituted to prevent maladministration in these local irrigation as- sociations, most of which were headed by influential landlords and gentry of the locality. Certain conferences are in progress at this writing looking towards the formulation of a uniform accounting and statistical system to be observed by the associations, with reports to the government annually, as well as some standardization of administrative rules.

Perhaps the most spectacular success obtained by JCRR in Taiwan was in a field that was entered partly by accident.

Immediately after JCRR was organized, (Editor's Note: August 1948) it became known that ECA was in possession of a very considerable amount of medical supplies which had been turned over to it by the China Relief Mission and which ECA was reluctant to dispose of through the channels opened to it. In any case, it proposed to grant JCRR 10% of the stock on hand, to be used in rural areas. This necessitated the appointment of someone with the technical experience and ability to distribute such supplies in the rural areas. Accordingly, Dr. P.Z. King, formerly Minister of Health, was invited to become medical advisor to JCRR. Dr. King accepted with the proviso that he be permitted to nominate a deputy who would serve during his absence on an errand which would take him to America for several months. The deputy he named was Dr. S.C. Hsu, who had just been made free to accept such a position by the closing down of Rockefeller Foundation activities in China with which he had been connected.

Subsequently, when it appeared that the Communists were moving into Shanghai, ECA delivered all of its undistributed stock to JCRR at Canton, and JCRR shipped the bulkier portion by water to Nanning (Kwangsi) and the lighter portion to Peipeh (Szechwan) from which centers about one- third was further distributed to hospitals and medical institutions of all sorts in several contiguous provinces.

Meanwhile, health work was raised to Division status and

Dr. Hsu proposed an experiment designed to rehabilitate the rural health clinics, which during the period succeeding the war had become moribund. Salaries paid by the Government to clinical staffs amounted to practically nothing under the deteriorated currency which characterized the period. Hence, all concerned found it necessary to devote their time to private practice rather than to their clinical duties. Dr. Hsu was of the opinion that if proper service was rendered by such clinics, the patients would pay sufficient in fees to permit living salaries to the staff and maintenance of the premises.

The difficulty was to make a start, so Dr. Hsu's plan involved a guarantee of a minimum salary to be paid out of JCRR funds, together with a modest stock from the stock JCRR had received from ECA. But in order to make these clinics self-supporting, after JCRR should withdraw from the field, it was necessary to set up a local supervisory committee. Visiting each area, Dr. Hsu selected such a committee—composed of the magistrate, the school principal, and 3 or 4 persons of local prominence. These would see to it that the staff gave full time to the work of the clinic, that a modest scale of charges was maintained and that complete records including receipts and expenditures would be kept. The plan included that out of the revenues collected, the satff would receive one-third (in addition to their government salaries), and one-third would be expended on maintenance of me dical supplies, in addition to what JCRR would grant, and to the maintenance or improvement of the clinic premises and equipment. The other one-third would be devoted to any public purposes upon which the supervisory committee agreed.

This plan was tried out in the Chungshan area in the Canton Delta and the results were so immediate that after the second month, the trial clinic asked permission to open a branch.

With the removal to Taiwan, Dr. Hsu immediately undertook the islandwide rejuvenation of the 104 health stations and 15 centers which had been established after V-J Day by the Chinese Provincial Taiwan Government, but which were in a condition no better than obtained on the mainland. Because of the number, an additional feature was injected, namely, that these existing clinics would be graded"A","B", and"C", according to their quality. Teams of inspectors visited these clinics periodically and regarded them. Those that showed improvement were raised from C to B, or B to A, as the case might be. Those that showed deteripration were degraded. Stations in the C grade could be degraded only by being cut off from further JCRR support. The immediate response to this sort of supervision was found in the dropping of 13 C Grade stations and the promotion of 37 to higher grades. In time, several (5) sent in word that they were now able to carry their own burden without aid from JCRR. All are now self-supporting and many have built additions or new buildings or added edditional features to the clinics. In addition, many localities which did not have clinics have opened them so that at the present time [November 1951-Ed. Note] the number of these institutions is 22 health centers and 354 rural health stations.

The Health Division has also undertaken a program which will require several years, but which in time will practically eliminate malaria from this island. This program has attracted enough attention so that WHO is now participating. Similarly in the field of tuberculosis, which at present is the most deadly disease on the island, UNICEF, WHO and ABMAC are cooperating on a control program. Perhaps the most spectacular feature of the health program is the cooperation which has been obtained from the Department of Education in the introduction of health work in the public schools. A two weeks training course was held during the summer of 1951, in which teachers from 1240 schools participated. A sampling test indicated that among the million pupils now in the schools of Taiwan, 40% of the girls in cities, and about 80% in rural areas, were infested with head lice. (Boys, since they wear their hair closely clipped, present no problem.) An elimination program has already been over 90% successful in the eradication of this pest. In other words, between 250,000 and 300,000 girls have had their heads cleared of infestation.

The effectiveness of the Rural Health program, however,

poses a problem which sooner or later calls for solution. Under the Japanese, the death rate had been so lowered that the birth rate provided a large annual increase in population. That death rate has been lowered further to about II per thousand as of this writing, while the birth rate is 42. Thus there is an annual increase of 31 per 1000 or 3.1 per cent. Apply the compound interest table to 3.1 and we get a doubling of the population every 23 or 24 years. No one imagines that the food supply can be increased at that rate, let alone raise the standard of living. In another generation, the standard of living will be reduced to a level with that on the mainland, and the people will be as susceptible to propaganda of a Communist nature as were those of the mainland.

The only escape from this destiny of frustration is the following of some technique of birth control. In America those techniques have no publicity but everybody above the age of fourteen knows one or more. We have been a long time passing the information over the back fence or under the apple tree; Taiwan cannot wait so long. But there is considerable hesitation to get out booklets and posters on the subject, similar to those which JCRR has used to spread information on health measures, use of fertilizers and care of swine. Yet the subject is being discussed and there is hope that something practical will be done.

Within a few months after the Commission got into action

it became apparent to the several members that they were not competent to pass upon the technical soundness of all projects which were recommended by the specialists. For example, I know little or nothing about entomology, basic to control of insect pests, or about genetics, which are fundamental to improvement of the breeds of animals and hybridization of grains. Hence, a degree of division of labor was worked out under which Commissioners Moyer and Shen were depended upon for judgments on projects under Agricultural Improvement and Animal Industry Divisions. Because the land reform work depended so much upon government support, the Chairman (Commissioner Chiang Monlin) made that his special interest. Commissioner Yen was recognized as the expert on integrated educational programs. Irrigation was left to me because of my former contact with that work under the China International Famine Relief Commission, and later, public health was added because of my former connection with the distrbution of medical supplies under the American Red Cross. It is a matter of some pride that in both of these Divisions for which I was primarily responsible, the greatest progress was made in integrating JCRR's program with that of the government.

During the past two years, JCRR has enjoyed a good press. Newspaper accounts of our work have been couched uniformly in terms of praise. Persons appointed to formulate and carry out President Truman's Point Four Porgram in Southeast Asia visited Taiwan to observe the work, the methods and the approach employed by JCRR. Under these circumstandces, it became evident that certain factors were present in Taiwan which are absent in other countries. In the first place, there is a well-prepared group of technicians available from China which are quite absent in other countries. In the second place, the farmers of Taiwan have been subjected to so many years of technical control under the Japanese that they were quite ready to accept suggestions such as JCRR specialists could offer. But there was also in the Commission itself a situation which can be duplicated only in part in other countries of Asia. That is the unique experience of the Commissioners. All three of the Chinese Commissioners had been educated in America, spoke English fluently, and had participated in many years of joint effort with Americans. Both of the American Commissioners had enjoyed long years of experience in China and in joint efforts with Chinese. And of the five Commissioners, all had known three of their four colleagues in years past. This made possible a directness of approach, a freedom in discussion, and a confidence in the purposes of colleagues which otherwise would have been absent.

At an early meeting, the Chairman declared that it was the duty of every member to express his opinion regardless of the opinion of others and that"no opinion is so valuable as a contrary opinion, for it will indicate obstacles which it is imperative to remove."This also made possible the decision at an early period that there would be no"divisions of the house," that all decisions would be unanimous or the subject would be laid on the table for future consideration. There was only one case in which an action by the Commission was blocked by the opposition of one member, and I was that member......

[Editor's Note: At this point Dr. Baker's letter to his son closes with discussions of family and personal matters. We regret that the portions published by CAEC end so abruptly. Unfortunately for our readers, when Dr. Baker composed this letter, he had no intention of writing a typical"memoirs."which would be much more comprehensive in scope. For that very reason, however, these excerpts have a candidness that might otherwise be lacking.]

* November 25, 1951.

(John Earl Baker, JCRR MEMOIRS Part II. *Formosa, Chinese-American Economic Cooperation,* February 1952, Vol.1, No.2　pp.59-68.)

[1:3-6]　農工衝突問題：

　　關於台灣經濟建設計劃初期農工二方面有否衝突問題，所謂「衝突」，我想是指經費分配方面的衝突，當時經濟發展尚在初期，業務上主張應

該是很少衝突。農復會成立初期。沒聽說因爲經費不夠，重要的工作計畫不能辦理的事。農復會本身有預算，各部門都有一定的數目，沒聽說過農工部份有什麼大衝突，要是有，可能我不知道。到了近來，在天然資源方面爲土地、水的利用、空氣污染等才可能發生衝突，在經委會農業工業都需大量經費，這樣才有經費分配方面的衝突。至於說當時農業政策以自給爲主，外銷爲副，也不完全正確。當時外匯奇缺，糖和木材出口是主要的外匯收入，拿來作工業及其他建設之用。肥料工廠靠「肥料換谷制」來維持，是農業培養工業的時期。所謂「自給」，我想是因爲當時糧食還是不夠，所以糧食自給是當時的主要政策。

　　　（1989 年 6 月歐世璜先生訪問記錄）

[1:3-7]　光復前後的台灣:

　　一九四九年來台後，台灣已穩定，因爲台灣在一九二〇年年至四〇年台灣農業生產已大幅增加，那時不叫綠色革命，綠色革命是關於稻米、小麥，爲後來的一九六〇至六五年後的名詞，綠色革命是那時所創。在一九二〇至四〇年，台灣的農業技術，尤其是水稻生產、糖、都很進步，但那時沒有稱之爲綠色革命。其實中國水稻的品種、產量在大陸的湖南、廣東、福建相當早就不錯了，至今都是三作，四作，不像東南亞的情形。而在台灣水稻技術也是很早就建立，日本有一很有名的稻作專家，磯永吉博士在台灣花了三、四十年研究蓬萊米，但那時沒有叫綠色革命。台灣的情況，第一，就是一九二〇至四〇年的技術基礎，在一九五〇年左右台灣農業的技術基礎比起很多國家來已經很不錯。第二，台灣農業的下層基礎例如水利與鄉村道路業，在一九二〇至四〇年也已差不多。另外，農民管理水的技術，稻米生產的技術，以及關稅，優惠，優良品種，在一九二〇至四〇，一九五〇年的時候都有了。台灣的農業在那時已有

水準，工業還談不上。日據時代，台灣各地鄉村有「農業會」，主要是日人利用農業會在農村收集稻米，輸往日本。因爲日本需要米、糖，日本的稻米只種一季，台灣能種二季。那時有四個糖業公司，日本製糖的技術已不錯。一九四九年之後，除了繼續技術改良，農業增產，尤其是米糧增產這些之外，尤其大力進行兩件事情，第一件事是土地改革，第二件事是農會改組。農會改組是把「農業會」改爲鄉村農會，由鄉民自己選舉理監事，使「農業會」由官派的，完全是匯集米銷到日本去的目的，改爲較全面性的農會。同時農會有三個方向，一是農業推廣，二是農業信用，三是肥料換穀乃農業資產的問題。

(1988 年 10 月謝森中先生第一次訪問記錄)

[1:3-8] 光復初期農復會工作：

我是一九四九年五月從美國回台，韓戰後，台灣局勢安定下來，美援正式恢復，農復會在這當中增加農業經濟組等，那時候生產，出口很落後，最多九千萬美元，多爲糖、米，美援一年六千萬至七千萬美金，規定 10%要用在 JCRR (實在不多)，那時局勢穩定但經濟生產落後，米是軍需，民糧，糖是最大的賺錢外匯，所生產八十萬噸之中有六十幾萬噸出口，再加上農產加工品，這三大宗支持台灣的出口，因此那時 JCRR 的目標：第一是米的增產，包括肥料換穀、稻作技術、水利管理 (修水利、水利工程) 這幾樣大事。第二是糖的增產，另外儘量發展農產加工業，最多產時是鳳梨、香蕉，而後繼續把洋菇、蘆筍發展起來 (約有十年工夫發展加工)。然後是鄉村衛生，現在有三百多個鄉村衛生所。當然土地改革組幫忙土地方面的政策，我們農業經濟組協助調查農業的政策，當時農經組上下有七百多人，從事好幾方面的事情：一，農業基本調查，JCRR 每十年協助政府做一次大規模的農業普查。二，各種投資計畫調

查，例如石門水庫的投資調查。三，特別調查：例如各種生產品的市場，
成本調查。四，政策研究：如肥料換，出口政策。五，價格政策：對糖
價、菸草、香蕉的價格加以研究，幫忙公賣局建立制度。另外，農產加
工品的鳳梨、洋菇、蘆筍，老百姓種植，收成後賣給加工廠加工出口，
至於加工廠應付給農民什麼價錢，彼此常爭論不休，由農復會居間調停。
除了農產加工、農產運銷、農業經營，壟斷的資金問題、如何做法的問
題，此外即協助台大、中興大學農經系建立研究、教學，成立研究所。

　　有關肥料換穀的問題：肥料換穀我們要用歷史性的眼光，從很多方
面來看，台灣的肥料換穀非常有意思，在全世界經濟發展中都很有特別
的。更把理論與實務連接起來。我們先從經濟發展和農業發展的理論來
講，李登輝博士論文及我那本書都提到，在經濟發展過程中，任何一個
國家在開發時都是致力生產，凡事起頭難，需要努力突破。

　　（1988 年 10 月謝森中先生第一次訪問記錄）

[1:3-9]　**風雨之中農復會的工作信念：**

　　我參加農復會的時候，會裡有兩種類型的工作人員：一是從大陸隨
農復會來到台灣的人；一是在台灣當地加入的人。我屬於農復會較早的
一批在台灣加入的人。我早年是在南京農林部的中央畜牧試驗所，當時
抗戰勝利不久後我們要在華南成立一個供應整個華南地區的獸疫血清苗
供應中心，美援也有一個很大的計劃準備支援，所以農林部派鄺榮祿先
生（也是康乃爾大學出身）到台灣來主持這個計劃，他帶我一個人來。
農復會當時在台灣第一個計劃是：TWA-I（Taiwan Agriculture No.
1 計劃），即豬瘟疫苗生產計劃。這是農復會遷到台灣後第一個計劃，協
助淡水獸疫血清製造所從事生產，我是淡水試驗所該計劃的執行人。豬
瘟當時是一個很大的問題，十分猖獗，農復會幫忙政府做疫苗生產計劃，

但我是計劃執行人，代表政府方面，張憲秋那時還代表農復會親自到淡水進行調查對我口試（張憲秋先生年紀比我大六、七歲，蔣彥士先生比我大八歲，那時他們認爲這個年輕人很好）。當時爲便於計劃的有效執行，擬在淡水獸疫血清製所單獨成立豬瘟疫苗生產單位，受美援計劃經費支援，計劃人員的薪津都可考慮由計劃項下開支。早年公務員薪水至爲落後，美援計劃與支助人員當然要好得多，但我基於體制及與整個試驗所其他單位的和諧關係，沒有接受此項建議，我還是拿政府的薪水，我沒有接受額外的薪津，我在淡水做了三年。

我在一九五〇年九月加入農復會。抗戰勝利後我先在南京中央畜牧實驗所做事情，然後來台灣，大約民國三十九年時我到農復會。在此之前，我雖然未加入，但我的工作與農復會有關係。台灣光復後經政各方雖然如在風雨飄搖中，然而回想抗戰時我們也是隨軍事的進轉一路撤退，我在上海，看到太平洋戰爭爆發，日軍進佔上海，我便離開上海，到浙江，在浙大龍泉分校唸書，浙贛戰爭又發生，再到廣西唸書，而後湘桂大戰又起，撤退到貴州，那時鑒於國內整個戰局危急，於是咬著牙從軍了，我參加美國空軍的陸空聯絡部，叫"AGAS"（Air Ground Aid Service）的一個單位，其任務是到敵後去營救被日軍打下來的美國飛行員，是一個營救單位。我們覺得我們學生與國家存亡是同一命運，處境再壞我們還是咬著牙去奮鬥，沒有想過其他。當時戰爭局勢一路打一路撤退，情勢相當不好，想拼了算了，這種氣氛在當時是非常有感染性的，八年抗戰一路下來，沒有把我們的士氣打垮過，我想是全民的士氣贏得最後勝利。所以當時雖然很亂，但是能做就做，廢話少說，不要去管什麼。農復會在大陸到台灣一路退下來，也一樣不曾猶豫過。當時亂，本身又如何呢？亂而不做更亂。很多計劃、很多信念仍有其基本的，不變的做事做人的原則。亂歸亂，當時沒有一個人做事鬆懈，反而是更加勤

奮，而且到了台灣，有了盼望，台灣狀況很好。我個人的反應是：不因局勢壞而搖動了我們的信心。

　　（1988 年 10 月 24 日李崇道先生第一次訪問記錄）

[1:3-10]　　兩地辦公：

　　我這裡有一段報告中看不到的，講一講：農復會從南京遷到廣州，中央政府遷到四川，很多中央政府的高級官員也在廣州，也常來我們委員會報告事情，談共產黨在那裡作亂…等等。農復會應當何去何從？遷四川或來台灣？委員會一時未能決定。後來決定由蔣夢麟先生和 Moyer 委員前往台灣，詢問陳誠先生（那時陳誠先生為台灣省主席），問他台灣願不願意做土地改革，這是一個關鍵。這是所有文字上的報告中都沒有提到的。陳先生說：我要做，必須要做。農復會就決定遷過來台灣。因中央政府遷往四川，蔣夢麟先生、Moyer 先生回來後我們即討論，中央政府遷四川，我們農復會遷台灣不妥，因此農復會分而為二：五位委員中，蔣夢麟先生和 Moyer 率領一批人，包括我在內，到台灣來，還有一部分同事即晏陽初先生、沈宗瀚先生和 John E. Baker 三位委員到四川，那邊也有一批專家。所以農復會曾經有一度分在兩個地區辦公。

　　提高農村生活水準，這是農復會最終的目標，但是如何才能提高？當時就顧及社會問題、土地改革、教育問題、衛生問題、人口問題，都是社會問題，這些在討論時都已提出來了。蔣夢麟先生就說：「土地改革問題、人口問題、農民組織問題，這三個問題我多花時間來想、來研究，其他事情你們去想」。蔣夢麟先生抓住這三大問題，他也和我講過（他叫我 Y. S.）：「我旁的事情不管，就這三個問題我來想」。但後來我們覺得增產的問題一定要做，假如農民不增產則一切無從做起。

　　（1988 年 11 月 1 日蔣彥士先生第一次訪問記錄）

[1:3-11]　改善農村社會問題:

　　農復會對技術改進與解決社會問題並重。持之以恆，直至農發會與農委會，均未改變。改善農村社會問題之工作，大致可分下列各類:

⑴土地改革——將耕地交予耕者，去除地主剝削佃農之行為。

⑵農會，水利會與漁會改組——使農漁民團體有管理農漁民事務之權力。使農漁民團體之業務與財務不被住在農村或漁村，但非農漁民者所操縱。

⑶鄉村衛生——目的為改善農民健康，家居環境與醫療服務。最早補助計劃包括撲滅瘧疾與肺結核，與學童之砂眼。其次為推行農村家居衛生與農舍環境衛生。改善農村學校與公共場所之廁所，鄉村飲用水改善。一九五八年開始推行家庭計劃。一九八二年開始推行農村營養改善。

⑷農會漁會設備改善——目的為加強農漁民團體服務農漁民之能力與效率，使成為集中供應各種服務之場所。為農會倉庫，集貨場（近年冷藏設備），信用部計算機（近年電腦），推廣部交通工具，攝影，視聽，傳播，印刷器械（最近錄影帶）等。漁會各地漁港與各種港邊岸上設備等。

⑸農會，漁會，青果合作社等辦理共同運銷。目的為不使中間商人為農民唯一出售青果蔬菜與魚類之途徑，使中間費用臻於合理。此項工作至今尚未完全成功。

⑹透過農會推行農作物共同經營，代耕制度，農村社區改良，農村青年創業貸款，農機貸款等——目的為協助農村因應一九六五年以後開始之農村勞力外移，工資上漲，利潤降低之趨向。為一九七○年後最重要之農村社會結構調整之長期計劃。

　　農復會自始重視農村社會問題改善，原因之一為鑒於在大陸時未及普遍辦理土地改革，地主，借貸，與中間商人問題，久困農村。通達農民之推廣，農貸與農用物資管道均未及普遍建立，故工作同仁於台灣農

村建設，對上述障礙之突破，均心同一理，求其成功。

我從一九六五年至一九八○年在世銀工作時，曾因工作遍訪各南亞與大多數東南亞各國，及若干非洲，南美國家，見彼等國家之農業發展在第二次世界大戰後以迄一九六五年(我進入世銀，美國對台經援停止，因台灣已經濟自足) 這一段時間內，遠較台灣為遲緩。結論為主要原因並非彼等之農業試驗研究不及台灣，而為彼等雖未若中國三十餘年連年作戰，亦未致力於改良農村社會，亦未專心建立通達農民之管道，若一九四九年以前之中國大陸。南美若干國家雖亦曾辦土地改革（Agrarian Reform），但不徹底，並未解決根本問題。同時，中國大陸在同時期內，成立人民公社，管道是造了，但通進去的很多是錯誤的命令，農民全無生產意志，所以那段時間內，大陸農業生產減退。

有些人所以有「農復會遷台工作範圍與重點仍是技術創新與推廣」之印象，可能係由於技術創新，顯而易見，宣傳亦多。而社會改進必須體會，須較長時間去作頭尾之比較，若將一九四九年情況與一九六五年相比，或一九六五年情況，與一九八四年相比，或以一九四八年大陸情形與台灣一九六五年相比，或以一九六五年台灣情況與南亞與東南亞各國相比，則社會改良對農業建設之重要，一目了然矣。

對此一問題之總答案如下：台灣光復後技術創新與推廣，在農復會支援之下，確極成功。但所以能如此有聲有色，係因凡有新科技產生，短期即可為農民普遍應用。所以新科技在台灣如此迅速為農民接受，係因台灣成功的做了農村社會改革，二者必須並重。

(1989 年 6 月張憲秋先生訪問記錄)

第四節　農復會的組織及其沿革

[1:4-1]　中美農業技術合作團：

　　中華民國三十四年十月，中國國民政府向美國政府提出農業技術合作之建議。經數度交換意見後，雙方同意合組中美農業技術合作團，藉以設計中國農業改進縝密之計劃，並建議其應設之機構。兩國政府並同意令該團對中國歷年輸出佔重要地位之外銷農產品，特加注意。

　　美國政府選派各部門之農業專家十人，中國政府亦選派專家十人，共同組織本團。除正式團員之外，中美雙方復聘請若干專門人員，對本團業務，多以襄助。

　　三十五年六月二十七日，本團工作正式開始，初在京滬兩地，與政府要員，農業專家，以及教育界、商界、銀行界、各方領袖，商討目前農業現況，及其與全國經濟有關之問題。繼則全體團員分組出發，實地考察，歷時約十一週。所注意之問題，為：(1)農業教育、研究、與推廣之機構及事業。(2)農業生產、加工及運銷情形。(3)與農村生活及水土利用有關之各項經濟及技術問題。

　　考察期間，本團分為六組，每組各以一項專題為研究對象。其中一組專門注意農業教育、研究、推廣、鄉村生活、農業經濟等問題。曾參觀所經各處之農學院、試驗場、產地市場、農會及合作社，並注意灌溉及墾殖事業、各項農產品加工場所，以及各項農村用品之生產情形。該組於深入農村之際，曾與農民團體及個別農民懇切談話，幷與熱心農業改進之人士，商討農佃制度及農村貸款等問題。該組考察範圍甚廣，曾至長春、北平、天津、西安、成都、重慶、桂林、柳州、廣州、杭州、

及台灣等地。

其他各組分別注意於漁業及桐油、生絲、茶葉、羊毛等外銷農產品。更專赴各產區，詳細考察其生產、運銷、加工等情形。全團各組所經之處，計有蘇、浙、冀、遼、吉、綏、陝、甘、甯、青、川、粵、桂、滇十四省及台灣等地。

（《中美農業技術合作團報告書·緒言》，民國 35 年 11 月，頁 1。）

[1:4-2]　解決農民艱困環境之建議:

中國農業建設計劃，關係全國之繁榮綦深，必須配合適當，革新精進，始克奏效。中國國民衣食住行之所需，大部賴諸農產品，故凡影響於農業者，即將影響於百分之七十五以上之農民生活，亦即將影響於全國每一人民之幸福。本團深信完善之農業計劃，對於農民物質及精神生活，當有切實之改進，亦即大有助於中國內政問題之根本解決。

農業與工業，如輔車相依，若不兼籌並顧，等量齊進，則兩者皆不能高度發展。中國工業品之最大消費者為農民，而農民消費力之大小，全視其購買力之強弱，即其經濟是否寬裕，故農業之改進，必須與工業之發展同時並進，庶工業產品可有廣大之銷路。且發展工業，必須自外國輸入一部份機器，即需外匯，戰前中國之農產品輸出，佔外銷總額百分之七十，故農產為換取外匯之主要來源。是則凡可以促進外銷農產品之生產，加工，運輸者，即所以助長工業之建設，亦即所以增進全國人民之福利也。

本團深信上述之改進，均可見諸實施。由實地觀察所得，中國若能應用最新科學方法，如改進作物，土壤，牲畜，及農具等，大可增進農業生產。再如佃租，農貸，運銷等之改進，更可增加農民之收益，而目下農村社會之窮困，亦得藉以減除。

本團深感目前農民環境之艱困，欲謀解決，必須有完善之計劃，配以合理健全之組織。爰作下列建議：

一、於化學肥料工廠之建設；農田水利之發展；作物，牲畜品種之改進及其病蟲害之防治；建築及薪炭林木之增產；果、蔬、魚、肉之生產等；應特加注意。

二、於外匯率之調整；農貸利率及運費之減低；外匯農產品如桐油，絲，茶，羊毛等之生產與輸出之獎勵及其有關工業停歇之復興等；當取緊急措施。

三、於低利農貸之大量供給；若干區域佃租制度之改進；土地測量，登記，與報價之實施；三十五年中央政府頒布有關地稅問題土地法之執行等；當力謀進行。

四、於外銷及內銷農產品之標準，分級，檢驗，檢疫及市場管制等，應進行實施。

五、於農村福利有關之國民教育，公共衛生、保健、交通、浚河、防洪等，應積極推進。

六、於各分區內之農學院與農事試驗場之聯繫，當由農林部與教育部切實合作，力求實現。至現有之農業推廣委員會，當由農林部改組為中央農業推廣總局，並於區省縣內各設推廣機構。

七、於全國分設九區，每區選擇一中心地點，各設一農學院，一農事試驗場，一農業推廣處，一農業圖書館，負責協導該區內各省之農業教育，研究及推廣工作。此項區中心地點，擬定為南京、北平、長春、蘭州、武功、成都、武昌、廣州、台北等九處。

八、於農林部內成立中央農業管制總局，並在全國設立十六個分局。

九、將現有之中國農民銀行及中央合作金庫加以合併，成立一國家農業銀行，以供給各種農業金融之需。

十、由社會部籌議適當辦法，用政府力量，防止人口之激增。

上項建議之完成，非一蹴可就。本團認爲各機關之發展，須視適當人才之能否羅致，而定緩急。爲培植此項人才，擬請資送有望之工作人員，出國深造。

爲實施上項建議，農業建設經費必須大量增加。衡以中國農業與全國國民福利關係之密切，本團深信此種大量經費之增加，殊不爲過。

本團希望上述建議內若干事業，可爲將來中美兩國農業合作之肇基。

（《中美農業技術合作團報告書·提要》，民國 35 年 11 月，頁 1－2。）

[1:4-3]　農復會的行政管理：

今天談的是農復會的行政管理（administration　management）。農復會是中美聯合機構，是中美混合體，不是中國的「部」，因此行政上非常特別，我在農復會共十五年（1951 年 6 月—1965 年 7 月），前十年是技正後爲組長，後五年是秘書長。農復會中三位中國委員由中國總統任命，二位美國委員由美國總統任命，五人組成委員會，由中國人擔任主任委員，先是蔣夢麟先生，後是沈宗瀚先生，委員下設有秘書長及四組，組織共有四個階層—Senior　Specialist；Specialist；　Junior Specialist；　Assistant。由秘書長負責聯繫。農復會組織中最重要的是「專家階層」（技正、技士），都學有專長。各組計劃透過秘書長上達委員會，委員不單獨行使職權，每星期開會，討論決定之後，由秘書長交給各組執行。一般例行公事到秘書長就裁決，政策性的、重大的決定則由委員會裁決。各組以專家爲主，組內有討論會，若計劃牽涉他組，則共同協調討論。技正與組長的關係是技術性的、專業性的，專家送計劃到委員會，委員會討論時，技正、組長均可列席充分參與、充分溝通。

這是農復會內部行政的特別之處。當時政府內沒有農林部，僅經濟部內有農林司；美方安全分署內沒有農業處，大使館沒有農業專家，因此有關農業問題都由農復會負責。台灣爲經濟安定組織了「經濟安定委員會」（Economic Stabalization Board），其中第四組（Committee D）主管農業，召集人是沈宗瀚先生，執行人員是農復會的人員，辦公室也在農復會，透過農復會與經濟、財政、金融各方面協調溝通。當時除了農業生產外，農業出口多爲農產品或農產加工品，一方面以農業爲原料，一方面爲農產加工業即工業，如鳳梨罐頭是屬工業；農業用的肥料、農藥也是由工業供應，所以兩方互相聯繫。農復會的技正行政公文不多，但計劃很多，技正分各產品的專家，如牛、豬、雞都有這方面的專家；作物上分稻米、黃麻、蔬果、旱作的專家，這些專家都很受到尊重，委員會僅負責整體計劃。

農復會的好處是行事很有彈性、效率高，少有官僚系統，不須公文傳遞，委員雖高高在上，但也都是從他們的專長出身，有專業的訓練。另外，農復會沒有分支機構，向農復會申請計劃很有彈性，縣、市政府、鄉、鎮農會、農校、研究機構，各階層只要有好的計劃，都可以直接與農復會接觸，沒有行政上的層層關卡，所以計劃是動的。農復會原則上不爲計劃設立新機構，而是先確定計劃性質，再與現有機構聯繫，加強並補充它來執行計劃，也不建議政府設立新機構。上、中、下階層可直接溝通，中、下階層有計劃會先知會上階層，而由中、下階層去執行，效率較高。整體上，與公營、民營、企業、金融組織各方面都有聯繫，是問題的取向（problem-oriented），如生產力、出口、加工等，而以總體的成長、出口爲目標。另外也注重農工的關聯發展，有生產與技術人才的訓練，如黃麻，從試驗、品種改良到加工、做成麻袋均一條鞭似的研究清礎，再結合農復會的力量、技術人才、錢去執行。每個計劃均有

執行機構 (sponsoring　agency)，這機構可高可低，可中央可地方，全視計劃而定。

至於尹仲容先生與沈宗瀚先生在農業與工業立場是否有衝突？以工業立場是希望農業能生產便宜的原料、有便宜的工資，除了生產消費外，尚有餘可出口，並可幫助非農業的發展，而沈宗瀚先生主張保護農業，因此有了許多意見不一致

美國與菲律賓欲實行類似農復會的計劃有其困難：一、菲律賓有很強的農業部；二、基本設施、基礎不夠；三、機構頭重腳輕，在馬尼拉有很多專家，到了鄉下幾乎全無，很多計劃因此不能徹底執行。

　　(1989 年 8 月 28 日謝森中先生第四次訪問記錄)

[1:4-4]　農復會的人事制度：

農復會創始的諸位先生在決定用我之前，由五位委員口試，問我：「你對中國農業有什麼看法？」，那是在南京的時候。我是做雜糧研究的，他們問我諸如大豆、玉米、甘藷之類的雜糧要如何增產，增產的方法、推廣，包括單位面積及整個面積要如何增加。我每個問題都回答了，如此考了兩個半鐘頭。加入農復會後，當農復會委員會的秘書，開會時，五位委員說英文，由我做記錄；白天記，晚上就用打字機打出來。我不是僅記要點，而是詳細地記錄每位委員的話。當時時局很混亂，委員們幾乎都不在一起，無論是在南京或廣州，有時白天、晚上都開會，總是由我記錄，常常連夜趕工的打字，整理好之後，交給各位委員過目。我原來是技正，後來因他們覺得我這工作做得還不錯，就要我當委員會的秘書、副執行長、執行長。如此，我反而做行政去了。

我覺得最值得一提的是：農復會的人事行政制度及計畫的草擬，幾乎都是我做的；所有英文的人事規章及計畫程序，也都是我辦的。其他

行政方面，如汽車的使用，主任委員、委員都有專車。從秘書長以下都沒有專車。我是秘書長，與幾位組長合用一部交通車上下班。秘書長、組長、技正，一視同仁，公事申請用車免費，私事用車要付錢，大家平等。這也都是我擬的。另外，秘書長不負責對外，如主任委員對副總統、行政院長；委員對部長；技正、組長對縣市長、農林廳、水利會，我只負責內部行政。此外，凡訂定契約、計畫時，均先由技正、組長寫報告上來，委員會通過後，經秘書處通知他們，然後才與各機關訂立合約。這套行政系統執行得非常順暢。

農復會各單位均無副職，因各單位的技正都是可當組長的人才。若組長出國了，他可以指定一位技正擔任行政職務，人選並不固定，如此可使技正自覺大家都一樣重要，彼此合作無間。至於規章制度，我把中、美政府兩方面都仔細研究，擷取兩者的長處。譬如：中國人講究年資，一個工友靠年資可升上高階的簡任一級。不像美國，做得好或本行有特長，就可以跳升，不必依靠年資，因此待遇上，並不是平頭主義式的。當然，有好的人才還是可以跳升；如李崇道先生，他是當了技正之後才出國的。農復會裡，沒有美國式的官僚作風，技正、組長要見主任委員是很容易的，與美國屬下難見上司的氣息不同。

我學的是作物改良，在農復會時，對很多部門如畜牧、水利等等都不太了解，我總是跟組長們出去視察，甚至連陰曆過年都不例外。他們都是專家，行政人員要向技術人員學習，否則，連一些英文專有名詞都看不懂。

主任委員蔣夢麟對我說：「我只管幾件大的政策問題：土地問題、人口問題、農會組織，其他的事都由你們去管。」在農復會，主任委員是五位委員中選出來的主席，我把他們當做是一個上司，五位委員決定的事要我做，我就做，若是個別要我做事，我不做，這一點是非常重要的，

是爲聯合委員會責任制。討論時可以有不同的意見，一旦決定了就得一條心地去執行。中、美委員不分國界都在同一個辦公室裡辦公，大家有一共同心願，就是希望爲農民增加農業生產，農民的福利就是我們的成功，大家目標一致都努力工作，很少有私心，這點我覺得很痛快。

農復會的預算較有彈性，這是很重要的，委員決定的預算，委員會本身可以修改，不需經過審計部。如技正若有涉及兩個部門的工作，可把錢撥到他那邊，委員會不會反對的，到了農發會時代，是屬於政府機關，情形就不一樣了。

關於在農復會委員兼行政院秘書長期間，值得一提的是：有一美國亞利桑那州富豪，名叫殷克爾，拿一半財產成立 Lincoln Foundation（林肯基金會），專門幫助別的國家實行土地改革，他到過世界各國之後，認爲中華民國台灣的土地改革最成功。他到行政院與行政院長和我接觸，我把農復會、經建會、省政府都召集在一起。實際上，行政院秘書長就有權，他的責任很大，負責協調各部會。

(1989 年 1 月 18 日蔣彥士先生第二次訪問記錄)

[1:4-5]　農復會的組織制度：

農復會爲中美雙方合作的從事國內農村與農業建設機構，美方人員一般是兩年一任就要回美，我們自己中方人員，尤其是技術部門的人，按照其服務的年資來講，都是相當穩定而長；穩定是指升遷、培訓都很穩定，年資長是指一般離職的情況很少。假如很膚淺地說，因爲雙方委員都是雙方總統任命，具政務官特任性質，充分代表雙方責任主管政策。但這樣一個穩定的成長過程中，雖並未依據兩國正式的文官制度，卻絕對有文官制度的特性：按部就班的升遷，有系統的吸收與培育人才，這些都要經過相當長時間的考驗。自己培育自己需要的人才，是非常重要

的一項工作。馬保之先生、蔣彥士先生追隨沈先生甚久，都是非常傑出的領導人才。高玉樹先生也是當年農復會 TA 計劃考選後送往美國深造的。李登輝先生也深受沈宗瀚先生與蔣彥士先生的培育。國有機構與政府部門歷年來吸收了許多農復會傑出的人才，可是農復會內部正是接棒有人，許多人從此離開而高升，但還有一批人在工作，此外農復會絕少空降部隊，文官制度的精神在此也充分流露出來。美方人員為兩年一任，則充分表示它是另外一個系統。這也就反應出農復會雖為暫時性的機構，但有其嚴肅而穩定的特性。

此外，五人委員會不是首長制，採委員制，事情的決定由大家商議，但沒有少數服從多數的投票表決。美方人員也很有雅量，五人中只有二位美國委員。後來委員人數改為三人則美國委員只佔一人。換言之，舉手投票若以政治立場來講美方一定輸。委員會完全採行辯論制，要把理由說服到每個人都同意為止，這都是非常獨特的制度。再者，雖然農復會有相當多經援方面的財力，經費不少，但委員會有權訂立政策卻絕不制定計劃。它訂定大方針與基本政策。委員會各組提出計劃時，有時邀請各組組長列席說明，各組主管有充分的辯論機會，委員會絕對不關起門來自行決定了事。從一件事也可看出，農復會雖有龐大經費預算，委員會本身很窮，沒有辦法下條子提取經費，如要宴客除非委員會通過，一般而論五位委員幾乎是自己掏薪水請客的。委員會不下條子提案，所以沒有提案權，但有否決權，各組所提計劃，不合政策則否定之，但沒有強制指示要如何做，應如何做，首長只有否決權，因此不可能束縛各組的專家們，這是很大的特點。

再從另一角度來看，農復會很像學術機構(學院、學府)，其實力在各專家，等於一所大學的真正力量在於系，系的力量在於教授，這點也是因為蔣夢麟先生、沈宗瀚先生都是大學教授出身，領導這麼久，大學

院校才有這種氣魄，除非各組專家提出計劃，委員會毫無辦法。每個計劃各組也要拿出自己的道理來辯論，委員會裡的政策是很切實的，如蔣夢麟先生常說的：「一個計劃提出來必定要符合農民需要，並且必須從基層紮根而往上。」農復會之有力量來有效進行計劃的另一個信念是，它必須配合政府主辦單位來運作，要在法律允許的架構和行政系統允許的範圍之內運作，可是運作的彈性非常廣。所有計劃個案一定要有簽約雙方的同意才能做。所謂簽約雙方視計劃性質不同而異，可上至中央或省府機構，下至鄉鎮農會等。所以，首先一定要變成很好的傳教士和推銷員，使自己的意見和計劃內容充份溝通俾能說動對方同意簽約，這不是命令式的，而要尊重當地、當時的人或主管機關，同時絕不是我替你做，是我協助你，由你自己作。也不能說我不管你了，而是一定要說服你。提出的計劃多係根據農民或當地主管機關所需要的。計劃中補助的重點就是來彌補你想做或想要而缺失的東西。這點點滴滴湊起來使農復會的結構活動運轉。早年農復會不大補助大型建築物，也不作全部的補助，如實驗室缺某一儀器致不能作事，則給予補助，遇有很好的人才，對某重要技術很有興趣，則資助赴美學習等。後來進到政府長期經建計劃行政之中，乃逐漸改變運作的方向。然而當時運作的精神仍維持著，同時一定是與農民、跟基層的人打交道，不怕計劃小，但必須是農民需要才推動。例如引導農民種蕃薯或其他農作物，給予較優良品種，說服農民試種，如失敗則損失歸農復會，如成功其利歸農民。試種成果很好，該計劃就算成功，計劃即結束，農復會即自此一計劃撤退。農復會推動的計劃都是如此、完成後退出，進入新的領域。這種情況使農復會不會陷入將自己的人力和財力綁住，在老的計劃上，永遠使農復會保持年輕，進軍新計劃，不斷發掘問題，絕對不怕批評；不怕問題，有新的挑戰才有新的計劃；不怕批評，由批評中找問題，找到新的方案。這一個理念：

計劃一旦要成功即撤退，如失敗停止當然也要撤退了。這種策略後來在參與經濟長期計劃之下而改變。農復會計劃的推行可以免除很多行政上或法令上的不便，由於農復會不僅可與農會、農民團體簽合約，也可與鄉鎮、縣市、省、中央機構，或大學院校、農校、中學簽合約，只要認為有需要而對方也同意即可行動，農復會這種做法同時可協同推動有關行政單位，進而影響上級的政策。不過計劃之成功，是各方面整合運作的結果。這種運作完全基於從農民的需要入手，並由成為農民的朋友開始，使當地政府成為主辦的單位，將計劃的執行逐漸由農民自己及當地機關來負責，而農復會則抽身出來，把錢和人都釋放出來轉向新計劃。計劃的補助須以各種主要缺陷加以考慮為原則，並須確實對農民有益、使大多數人皆能受益才推動。這種運作方式，較容易見效。

農復會各組組織架構的分配氣魄相當大，也有很完整的工作理念，各組工作平衡而不重複。最特別的是農復會的會計和人事，絕對支援行政業務。農復會的人事基本上是參考美國的一套，但有一點非常重要，即人事制度極為靈活，升等絕對按照你的表現來評估你的成就，只要自己本身努力的話，沒有人會在前面阻礙你的升遷。我個人就是很好的例子，我尚未出國，就做到技正，委員會覺得我這個人很稱職，當時這是唯一的土製技正，通常是有博士學位回來的才任技正。另外會計處的一個例子是一位工友由於工作努力一直做到出納，憑的是你各方面的能力與業績，而不是以學歷、資格來作限定。人事制度分等，分級按部就班，但十分靈活。會計制度尤其具有彈性，絕對尊重委員會的決定，這是不論中外所有機關中都無法與農復會相比擬的非常特出的一點。這兩個制度，加上技術部門的力量、委員會委員們的協調，以及雙方國家元首的雅量與意見——當然其中也有一段艱辛的歷史。假如沒有總統蔣公的雅量，陳副總統的支持、各部會首長的了解，假如沒有選對主持人：蔣夢

麟先生、沈宗瀚先生、晏陽初先生之威望、學問、道德、地位，都是能讓年輕後輩信服、佩服的人，便無法設定這樣一個機構與尊重技術、尊重專家的體系。這些因素都對農復會的運作相當有影響。

此外，農復會的運作中有補助款、貸款，很多農復會的計劃如同「先鋒計劃」(pioneering project)，農復會計劃的成功也引導其他單位計劃的跟進。農復會又像一個小型銀行，農復會的貸款計劃多採風險較高的計劃試辦，由於農復會有技術背景支援，故成功的成份較高，農復會貸款計劃成功後，其他的銀行貸款計劃就隨之而來。農復會這種機構有技術有權力，又有財力，如果用人不當，權力的濫用則是很危險的。農復會早年的計劃也涉及管理有關器材的發放：肥料、豆餅、醫學器材、獸醫器材等，但幾十年之中沒有貪污案被檢舉，同仁們僅知努力工作，同仁中到後來連個人住所都沒有購買的很多。早期農復會的工作精神目前回憶起來會令人神往。農復會的工作也許可用「實用主義」(pragmatism) 一詞來代表，農復會有技術基礎，有財力支援，有一套哲學來運作，而且不致陷在舊社會泥潭裡面無法自拔，實在是很有技巧。

(1988 年 11 月 3 日李崇道先生第二次訪問訪問記錄)

[1:4-6]　農復會遷台前後組織比較：

農復會開頭成立時在南京的分組與後期來台不同，在台灣分為生產組、農業經濟組、畜牧組、森林組、土地改革組、農會組等，開頭在大陸(南京)時，好像只有四個組如農業增產，當地倡導(local initiative)等，「當地倡導組」專門組織農民，道理在於農民要把他們組織起來，使發展是由他們自己創立的，由自己創立弄下去就容易了。但如果沒有生產的基礎，拚命去倡導，就比較麻煩。慢慢做到來台後，還是前面的方案，還是鼓勵農民生產。後期逐漸都很重要的東西，卻畢竟是要有技術、

生產、生產力、增加生產；要有生產基礎，然後其他東西才能進行。所以農復會組織變成生產方案。那時大陸很亂。台灣局勢不穩定，基本上工作這麼大、每樣都要做，而台灣起初的基礎太小，晏陽初先生沒有到台灣來就去美國。一九四〇年至五一年，初期的工作各種都做，仍注重技術、生產、把生產提高起來，現在回頭來看並沒有錯。那時鄉村運動仍做的，但土地改革組等是在台灣才有，在大陸一九四八年時，因大陸太大，土地改革是由福建一個縣去做。農復會由大陸轉移到台灣是由這個背景起來的。

（1988 年 10 月謝森中先生第一次訪問記錄）

[1:4-7]　農復會的特點：

農復會是中美農村復興聯合委員會的簡稱，由中、美雙方政府共同指派委員組成，委員會以下包括一批農業專家，組織簡單而富彈性，經費由當時的美援相對基金中撥付，農復會的長處，主要的是因爲它羅致了一批國內外最優秀的農業專家，不但學識淵博，經驗豐富，而且個個熱愛農業，熱誠奉獻；因此當年的農復會，有如一個大家庭，同仁們同心協力爲台灣的農業竭盡自己的專長奮力不懈，是故台灣農業在短短的數年中即表現驚人的成效，不但生產量增加，各種以前未見的品種也都一一推廣成功，大大的提高了人民生活品質，更奠定了國家的經濟基礎。當年農復會顯赫一時的專家中，令我至今仍欽佩難忘的例如在作物方面有沈宗瀚、蔣彥士、張憲秋、金陽鎬、龔弼等；園藝方面有陸之琳；病蟲害專家有歐世璜、劉廷蔚；肥料方面的朱海帆；畜牧界的李崇道、余如桐；漁業方面有陳同白；森林界的康瀚、楊志偉，農業經濟界有謝森中、李登輝、王友釗；農民組織界則有楊玉昆、陳錦文等等，數不盡數，個個皆爲一時之選，他們投下了自己畢生精力，在台灣農村中不斷的穿

梭奔波，查考、詢問、發掘問題，如果當時能指導農友們解決的，立即給農友們滿意的解答、糾正；不能解決的問題，回到辦公桌，提筆即寫成有效計劃，呈送委員會撥補經費，馬上推動執行，若是需要試驗研究後才能推廣的，就協同省屬農業試驗機構，立即展開研究工作。人手、設備方面，如有不敷的情形，立刻由農復會撥款補助，聘僱人員，添製設備以提高時效，完成計劃，農復會同仁們工作積極認眞，決不拖延推諉，而委員會撥款也迅速機動，全力配合專家們的建議，因而發揮了高度而有效的顯著功能，成果輝煌，對於台灣農業發展打下了極扎實的根基，爲日後經濟起飛建立了不可磨滅的功績。

農復會稱得上是世界獨一無二，十分奇特的機構，它的特點大致可以提出下面幾項：

1.農復會不是正常的政府機構，所以可以擺脫政府機關的種種障礙、牽制，自成一個體系。

2.農復會一貫作業，不需經過例行公事，所有工作，都各別作成計劃，由專家們負責推動執行。

3.農復會屬於技術性機關，網羅了一批精湛的一流技術人員，在各類的農業項目中皆居於領導地位，深具影響力。

4.農復會擁有頂尖的科技人才，又有龐大的財源作後盾，因之推動工作機動而實在，對於農村各種改進，成效顯著，可謂無往不利。

5.農復會是中、美聯合組成的機構，委員們由美國國會及中華民國總統直接任命，技術人員中也包括部份美國派來的專家，因而能夠擺脫中國行政制度的若干束縛，人事管理單純，業務推動迅速便利，經費運用也靈活，可以收到極高的效果。

6.只要業務上有需要，農復會可以直接和任何階層機關合作計劃，不論中央機關、省屬機構、縣市政府、鄉鎮公所，以及農會、漁會、水利

會、合作社等等無一不可直接打交道，大專學校，亦可互相溝通作試驗研究，農復會純以業務需要爲主體，不必浪費精力，作呈上啓下的行政轉遞公文。

（張訓舜，〈我和台灣的農業發展〉，收入：《中華農學會成立七十週年紀念專集》，頁 260—262。）

[1:4-8]　農復會的特性：

農復會是一個具有高度獨立性與自主性的機構。它的委員雖然是由中美雙方總統所任命，但在運作上完全獨立自主，不受其他行政單位的干擾。而且，農復會有自己的經費，容易推動計劃。以我自己的經驗，我雖代表美方出任委員，但是我從未被美國總統要求，在每年定期出版的《農復會工作報告》之外，另行提出我自己的報告。早期美方支援農復會的經費，來自「美援總署」（AID），後來來自「中美基金」（Sino-American Fund for Economic Development，簡稱 SAFED，即今之「經建會」的前身），但美方並未干涉農復會的工作。農復會一切的計劃，都經過中美雙方三位委員，在會議桌上的討論，作成決定即成定論。

農復會的工作人員都是專家，而且他們在自己的本行內都是當時受過完整訓練的一流專家。其中有許多人是美國訓練的博士，特別是康乃爾大學出身的很多。每個工作人員的工作範圍非常明確，目標很具體，所以，能在預定時間內完成任務。以我自己爲例，當年詹森總統派我來台灣，我的任務是將某些新進技術移轉到台灣來。我前後一共負責三十一項計劃，第一項就是「航測技術」。這項技術的移轉，對台灣農業生產的計劃，很有貢獻。

農復會只負責制定計劃的工作綱領及支援經費，指導省農林廳及各

大學農學院的教研工作，但農復會並不直接介入去做，以致干擾了執行機構的推動工作。

（1988 年 12 月 6 日畢林士訪談記錄）

[1:4-9]　**農復會的特性：**

農復會是中美聯合組成的一個十分特殊的機構，並不在一般的政府機關的架構內，而且我們當時有個觀念：農復會是隨時可以在工作完成後結束的，因為它不是一個永久性機構。不過，農復會雖然不是固定的機構，它的接觸卻是多方面的，只要業務上有需要，農復會可以直接和任何階層的機關合作計劃：不論中央機關、省屬機構、縣市政府、鄉鎮公所，以及學校，農會，漁會、水利會、合作社等等，無不可直接聯繫。所以「上下溝通、左右聯繫」均無問題；這是沈先生的口號，也正反應出當時農復會的運作。正因為農復會是以完成計劃為目的，所以它不局限於和那一階層，那一機關接觸。

（1988 年 12 月 6 日張訓舜先生訪問記錄）

[1:4-10]　**農復會的特性：**

農復會的委員是駐會辦公的「專任」委員，而且五位委員對任何事都是經由全體同意才作成決定，沒有少數服從多數的情形。我任秘書長三年多，那時美援已逐漸減少，所以美國委員的比重已不若初期，那時的美國委員是畢林士（Billings），另有 William Green, Billings 離開後由 Hauffman 接任, Kyle 是最後一位。五個委員相處很融洽。因為所有的工作計劃都要由委員會做最後的認可，核准後才能撥款，技術協助，所以一定要先有一計劃書提到委員會。委員會的任務就是審查計劃、核定計劃是否可行、值不值得做，能否補助經費，考慮清楚後就通過執

行。有時要請委員們外出視察，也就是要讓他們了解問題所在與問題的嚴重性，而決定應由農復會協助解決、克服問題，先有這種溝通，在委員會討論時，意見就很容易集中，獲得全體一致通過。雖有五位委員，但不覺得有所不便，與主任委員的聯繫最多。這與主任委員的聲望也有關係，比如那時的主任委員是沈先生，他在農業界素負聲望，同時本身有紮實的基礎，在康乃爾大學唸作物育種。美國委員和中國委員都很敬重他，所以他在委員會是較有份量的，委員會有反對的意見，經他出面，極易獲得解決，這一層關係也很大。

蔣先生與沈先生的領導最大的不同，是蔣先生不是學農，與政府方面的接觸也更廣。主任委員也少有公文要批，因爲計劃書已經通過了。農復會有一特別好處即：自成一個體系，一貫作業，純粹以業務需要爲主體，不必爲一大套一般行政機關煩瑣的，承上啓下的行政轉遞公文，浪費很多人力、精力，而把全部時間用來解決問題，幫助發展問題。

(1988 年 12 月 6 日張訓舜先生訪問記錄)

[1:4-11] **農復會的特性**：

我是在一九五七年進入農復會服務的，但與農復會之關係卻早在一九四九—五〇年之間參加農復會主辦的留學考試就開始。當時謝森中先生是主考官，通過考試之後，因爲身體檢查未能通過，因而不能成行，當時美國大使館的 Dawson 先生（當時的農經組組長）說我成績好，不去美國深造很可惜，於是主動爲我保留名額六個月。在考取之後的訓練期間，曾寫了一篇報告，題目爲"Factors Affecting Sugar Price in Taiwan"，使用統計分析的方法，來說明台灣糖價波動的原因。在留下來的半年中再把這篇論文重新修正，當時因爲掌握了許多的相關資料，我自己知道這篇論文會產生某種程度的影響。其實糖的問題是台灣農業的重

要問題，在日據時代就已經是如此。日據時代台灣有五大糖廠，各糖廠都擁有相當大的土地。至今農民仍抱怨台糖佔地過多，影響他們的發展。又如從日據時代起，農民種稻或種甘蔗就時有衝突。為避免糖價波動，常以米價來制定糖價，且由於糖到日本一定賺錢，各糖廠之間常常互相競爭，總督府只好規定對各糖廠的原料收購量，以避免紛爭等等。

若要了解「台灣經驗」，不先了解其獨特性與特殊性（particularity），就不可能真正了解「台灣經驗」。其次，我認為，對現實的了解，要從歷史的角度出發，也就是要有時間、空間的觀念。我雖然讀農經，但是對許多事物卻喜歡從歷史的觀點來分析研究或是處理。從歷史觀點來看問題，也才比較有可能從微視的（micro）角度來作總體（macro）觀察。歷史的觀點同時也是一種重視事實的態度，沒有事實，一切都是空的。

這種重視事實的態度是一種「實證主義」，不過對現實的了解以及對未來的看法，只限於對事實作實證的分析是不夠的，還必須結合一種合理主義（rationalism）。這種合理主義必須是從一種無主觀的心態出發。這些概念，是我從事教學、研究或公務工作幾十年來所一向秉持的原則。

一九五六、五七年謝森中先生去美國再深造，回來之後，邀我去農復會服務，我決定去農復會任新職，並且計劃一個月寫兩篇論文。我和謝森中先生合作的第一篇是〈台灣農業的投入──投出的分析〉，這是進入農復會兩個月內所寫出來的。當時台灣在經建方面人才不多，我因為在 Iowa 時修過七門統計課程，因此能從 Statistical theory 來研究農業的歷史發展。這篇論文在這個領域應該是第一篇。

當時農復會不要我兼任其他工作，以便專心做研究，農復會以 project 的方式所做的研究，很能找出問題所在，對工作的推展非常有幫助。沈宗瀚先生是當時的主任委員，蔣彥士先生是委員、謝森中先生是秘書

長。沈先生對問題的了解很熱心，遇有困難的問題，喜歡和年輕人交換意見，好學的精神令人欽佩。

(1990 年 12 月 3 日李登輝先生訪問記錄)

第二章　農復會與台灣農業制度的改革

第一節　農復會與土地改革

[2:1-1]　**農復會在土地改革中的角色:**

　　台灣於一九五○年代實施之土地改革，是中國歷史上最成功的一次土地改革。土地改革是根據國民黨孫中山先生提倡之「耕者有其田」思想而制定的。實施後，成為台灣經濟起飛之基礎，並打破中國傳統的大地主制度。

　　一九四九年撤退到台灣時，台灣的農產和中國大陸差不多，台灣農民耕種地主的土地，付的租金至少是收穫總量的一半以上，這是很不合理的租佃制度。因此，台灣土地改革的第一步驟，是將農民向地主租用的耕地，租期提高到最少六年；租金減少到收穫總量的百分之三十七點五。這不但對農民生產有激勵之作用，並使農民的收入提高。第二步是土地重新分配，此「土地」是指農民向土地所有者租用的土地，農民是佃農。此步驟分二部份:㈠把公地（日本政府撤退時留下來的公有土地和公營事業經營的土地、公事機關所有地）通通收回成為政府的公有土地。㈡: 私有耕地，由台灣地主所有的出租土地。兩部份耕地加起來將近五十萬公頃，約佔台灣總耕地面積 50%，政府在這五十萬公頃公私有耕地上實施孫中山先生土地改革的最高理想—「耕者有其田」。這工作分

二方面進行：一是「公地放領」，把公有出租的耕地賣給耕作的農民。一是「耕者有其田」，把私有出租耕地賣給耕作的農民。這二項措施均是「耕者有其田」。這個計劃與「三七五減租」是蔣公在台灣實施土地改革中最重要最成功的計劃。實施後的種種成績，可從農復會或台灣省政府和國民政府發表的各種報告中看到，這裏不再多說了。

農復會在這項重要的土地改革中扮演何種角色？ 答覆這個問題，我認為可從以下三方面說明：

第一個是政策實施方面農復會所發揮的鼓勵和配合。土地改革這項政策，中國政府早已制定，政策內容主要是「平均地權」和「耕者有其田」，但這個政策未能在大陸上實施成功，原因很多。重要原因之一是：政府方面缺少外力的鼓勵，尤其是美國。直到依通過「援華法案」成立農復會後，這等於是美國政府鼓勵中國改進農業。農復會成立後，主任委員蔣夢麟先生曾向蔣總統表示土地改革之重要，據我個人曉得，當時總統也表示，農復會若能幫助政府實施土地改革，則中國政府願用全力來實施。這次談話是一種很重要的鼓勵，中國政府也因受了這種鼓勵，更決心在台灣實施土地改革。中國政府在大陸時期曾在好幾省推行土地改革，包括四川的「二五減租」；福建閩西的「耕者有其田」；湖南洞庭湖圍田區域內圍築成湖田實施減租，這些計畫的實施，很明顯地對中國政府在台灣實施土地改革發生重要的鼓勵作用。

農復會另一種鼓勵是：農復會幫助四川省實施土地改革時，曾協商美國政府指派專家雷正琪先生（Wolf Ladjinsky，任職美國農業部）到中國大陸，與農復會主辦土地改革人員到四川去視察。農復會在台灣實施土地改革時，雷先生亦來台灣視察，提供政策方面的意見。

第三種鼓勵是：農復會在四川辦「二五減租」所付之經費，不是中國政府發行之貨幣，也不是美金、港幣，而是特別從墨西哥訂鑄的銀幣，

因為當時大陸經濟因戰爭愈益惡化，政府發行的法幣不斷貶值，農復會補助經費不得不用硬幣來支付。同樣地，在福建西部四縣上杭、長汀、永定、連城推行的扶植自耕農計畫所用的經費，也不得不用法幣、美金或港幣來支付。我記得本人曾被派到福建視察土地改革，農復會要我帶了相當於五萬美金的港幣，帶往福建支付第七行政專員督察區辦理土地改革所需的經費。兩者都表現了農復會鼓勵中國政府實施土地改革的決心和辦法。

最後一種鼓勵：台灣在實施「三七五減租」、「公地放領」、「耕者有其田」時，農復會多次被政府邀請參加立法、行政兩院的討論土地改革各項法令和條例的制訂，如「三七五減租條例」、「耕者有其田」相關法令。也可以說是農復會在台灣土地改革實施中，扮演的最重要的政策上的配合，此種鼓勵是給政府一種道義的鼓勵，這對政府實施土地改革決心的加強非常重要，此外美國在很多次國際場合，讚揚台灣的土地改革，引起國際間的重視，紛紛來台灣視察，也給予不少鼓勵。

農復會幫助台灣土地改革的第二種方式是：經費的補助。這種補助經費可分三點說明：

農復會對農業及鄉村建設推行了很多不同的計畫，補助這些計劃開支的項目，大都是種子、材料和設備等等，行政費用的補助也有，但沒有材料多。因為執行人員的經費，是政府提供的。但補助土地改革所需的經費絕大部份是行政經費。這因為推行土地改革需要大量的人力，政府原有編制是無法應付的，材料經費很少。行政經費包括：旅費、薪水、鐘點費等人事費用。農復會補助土地改革的經費，有綜合的統計，幾乎每個計畫的支援預算均達幾十萬，在四十年前的幣值來說是一筆相當大的數目，這種情形是其他計畫很少有的。這樣龐大的預算項目是支援各縣市、鄉鎮及村里，各項設計、執行、訓練、督導、視察，所雇用的人

員。這些人員最多時總數達三萬三千人。這些經費如果分類統計出來，與農復會補助其他計畫的經費相比，我想一定成爲非常有趣的對比。

農復會幫助土地改革的第三種方式是技術的設計和執行的嚴密。土地改革的對象是數千萬戶的地主和佃農和數十萬公頃的耕地，要改革成功在設計和執行上必須是要把握住台灣每一塊耕地和每一戶地主和佃農。因此，在辦理「三七五減租」時，業務方面，要辦理租約的登記，把佃農和地主關係弄清楚。在「耕者有其田」業務方面，要把握住出租的土地，把每一塊出租耕地查明。故在私有耕地部份：「三七五減租」辦理時，將近四十萬公頃的耕地（包括二十六萬公頃的出租地）共八十二萬筆，均須一一查明。「耕者有其田」實施後，二十萬戶佃農獲得土地成爲自耕農。同時，放領出租已久之耕地三十萬公頃。公有耕地放領至民國四十七年止，約有十四萬農戶也獲得土地成爲自耕農。另外有許多私有出租地地主沒透過政府，直接賣給農民，尚未計算在內。這些都代表農復會在設計和執行上的成功。

另外，在「耕者有其田」執行時，把所有的自耕地、出租耕地的地主和農民，全部查明歸類登記並製成卡片（Index Card），分爲土地登記卡及土地所有權人卡，在每張土地登記卡上，可查出土地的所有權人及土地的使用狀況；土地所有權人卡上，也可查出每一地主所有土地總面積和土地使用狀況。以現代術語說，也就是把每份人和地的資料輸入電腦並編號，使用時可以很快地查出。這一制度的目的，是要達到徹底查証的要求。有了這種徹底的執行精神和技術，台灣的土地改革，才能十分成功和圓滿。農復會在這方面的貢獻是值得稱道的。

　　　(1989 年 6 月陳人龍先生訪問記錄)

[2:1-2] 土地改革：

大致說來，土地改革是政府想做的事，在大陸已經有所謂「二五減租」、「三七五減租」，只是不太理想，台灣實行「耕者有其田」是最後最理想的一次。「耕者有其田」是了不起的大事情，當時經濟上，差不多所有的公營事業都要抵押了，政府也需發行債券；政治上，有地主的反對，若沒有極大的決心，是不可能辦成的。所謂有一部份人不贊成用土地改革的方式來改良農村，我想是認為「耕者有其田」的工作太複雜困難，懷疑政府有無決心，並且在不改革的情況下也可以局部改良，所以，並不是不贊成，而是覺得可以晚些辦。我也想：在農復會方面土地改革的各種準備工作極為重要，很複雜、極須要人力和財力，才能徹底做好，但同時也有信心可以做成。而政府方面，也相信農復會可以把準備工作完成，才有決心要做。兩者結合；台灣的土地改革才能實行。而其中陳誠副總統和蔣夢麟先生是好友的關係是很有影響的，不過這些都是我的推想而已。

(1989 年 6 月歐世璜先生訪問記錄)

[2:1-3] 土地改革：

台灣之土地改革分段做，第一是三七五減租，減租只是把太高的稅減低；第二是公地放領，一方面是向人民示範；做到有把握了，然後是第三階段、全面性的轉移土地。在土地改革之前，台灣的農民在一方面是勞工，一方面是經營者。很多國家的土地改革，農民在改革之前是勞工，一改革馬上改做經營者，做不來。台灣的土地改革最有意思的是，經營範圍根本沒有受影響，這一點很重要，就是在土地改革之前你是租佃階級，你是佃農，租來的土地原本不是你的，但是，是你管的，由你

管理；你做經營者，同時也是執行者、也是勞工和佃農，所以台灣的佃農經營的範圍一直未變。半佃農則部分是自有的土地，部分是租來的，在這個狀況下把部分租來的也變成你的，也沒有影響到你的農場經營管理的秩序。很多國家的土地改革是把一大塊土地面積切成一塊塊的，交給人家去做，沒有經營的架構就去生產，而我們是在生產之前先有經營，所以台灣的土地改革在很多方面的安排都是很細心。農復會如何幫忙政府推動土地改革呢？土地改革在省政府有地政處，鄉鎮有地政事務所，對地政的計算很清楚，此外就是地籍非常完備(日人留下)，我們做的是地籍總歸戶(民國四十年)，地籍總歸戶的意思，是把分散在各地的地歸戶（例如你在台灣，而在台北縣、在屏東縣、基隆縣的地要將其歸戶）。所以那時土地改革最重要的是地等則要分類分好。台灣這些做得很好，有些國家沒有這些條件，要從事土地改革很難。當時農復會成立土地改革組（組長是湯惠蓀先生，農復會最大時有十個組，農民組、農業經濟組、農業推廣組等）。基本上台灣土地改革是政府在做，農復會則從旁協助：第一，看有必要時給予補助出差、預算，第二，幫忙計劃。至於施行時主要是政府的方案、農復會有時派人出差督導，所以農復會是從旁協助。因此台灣的土地改革最有意思，很多國家的土地改革因為要把地主的地收買過來拿給佃農，要把很多錢送出去，而地交給佃農，佃農是分期還的，因此很多國家的土地改革一般來講都有通貨膨脹的現象，但是台灣的土地改革設計得很好，沒有膨脹的影響，因為政府並沒有拿現金向地主征收土地。好像是地價等於標準產量的二點五倍，30%的地價是拿政府的四個公營企業的股票轉給他，還有70%的地價是拿實物土地債券，也沒有花錢。然後政府每年從佃農那邊（分十年二十期徵收稻穀），彙集後拿去還地主，30%的現金付了就變成政府的。

一九四九年至五二年將土地改革、農會改組。土地改革使農民有土

地所有權，農會改組則是農村的民主，二者是並行的。但是土地改革與
農會改組在農業發展方面都是屬於制度化的發展，是農業的制度，是地
主與佃農的關係，但是很幸運地，這一種制度的發展是植基於台灣的技
術的發展和水利發展（水利控制、水利管理）之外。我有一篇論文（合
著）"Environmental, Technological, and Institutional Factors
in the Growth of Rice Production: Philippines, Thailand and
Taiwan"即談到這點。所以，如果在二十年前（一九五○年）沒有技術
與水利發展，不一定能夠進行農業方面的改革。因此，農復會在大陸及
一九四九至五○年時是很注重技術。至於農經組、都是後來慢慢加上去
的。農復會大致的好處是開頭時注重生產、技術，同時很早就注意到肥
料，（光復後台灣沒有肥料，進口肥料拿來換穀），水利、農藥都一併加
入，所以台灣是非常幸運地同時注意到。我們一九五○年參加農復會之
時，台灣農復會就跟大陸時期的人結合在一塊，成立一個經濟安定委員
會，有委員會 A.B.C.D，再加 I D C (Industrial Development Com-
mittee)「工業委員會」，農業是第四組（committee D.），召集人是沈
先生(沈宗瀚)，工業委員會召集人是尹仲容，兼美援會事情，所以美援
會與工業委員會在一起辦公，農復會在農復會。經安會中方與美方的委
員，協調中美雙方的政策有爭論時，拿到美方就變成美方所重視的方案，
拿到中方就變成政府的方案。這其中委員 A.B.C.D 的委員，都是中美雙
方共同參加，均有參與計畫，有所爭論時，都是部長級的爭論，到下面
執行時中美雙方又有幾位一起參與，所以那時上下貫通得很好。委員會
的第一位執行秘書是張憲秋，第二任是龔弼，第三任的執行秘書是我(農
復會經濟組組長兼任)，我擔任秘書長之後，執行秘書才交給第四任何衞
明。

　　　　　（1988 年 10 月謝森中先生第一次訪問記錄）

[2:1-4] 民國四十年代的土地改革：

第一，在農復會內部，土地改革事務由一土地改革組負責，農會改組則是由農民組織組負責。那時農復會大約有十個組，這兩件事是這兩個組在做。我自己是在農業經濟組做經濟研究，另外有植物生產組、畜牧組、森林組等，雖然各組業務都不一樣，但都有關連。土地改革的實施是一九四九至一九五三年之間，分三個階段進行。農復會在土地改革中的角色是：土地改革實際的行政系統是省政府的地政局（隸屬民政廳），及各縣市的地政事務所(在下層推動)。因爲土地改革是先實施「三七五減租」，還沒有實施土地所有權的轉移。只是減租；第二步是「公地放領」，就是在轉移私有土地的所有權之前，先拿公家的地做示範，把公家所有的地拿出部分放領，轉移所有權。到第三步才是民間私有土地所有權的轉移，使「耕者有其田」。所以那時農復會幫忙各縣市地政事務所做土地改革的工作，大部分是補助政府的出差費、旅費、預算或設備等，實際上是由政府部門執行。

第二，要實施三七五減租，必須先明瞭地籍，於是那時就進行地籍總歸戶的整理工作，這是很重要的，等則、分類也要清楚，因爲「三七五減租」是按照地主過去三年的平均產量而定，訂定標準產量　(standard yield)等很多技術性的工作，也是由農復會幫忙進行。另外，我過去講過台灣的土地改革最有意思的是：其他多數國家的土地改革，都是把一大片的土地分給幾百個、幾千個佃農，例如中南美洲國家的土地改革都涉及土地的重分割、分小，然後分配種植各種不同作物。台灣的土地改革卻不牽涉土地的重分割，因爲在你耕種的土地上，如你是佃農，地是租來的，現在轉移給你，你變成土地所有者，但你的經營面積(operation size)絲毫未變。不過以前你向地主繳地租，現在你向政府繳地價，

地價也是 25%，繳十年，因此地價和地租相同，沒有增加負擔，而繳付十年之後即取得土地所有權。所以，台灣的土地改革與很多國家不同的一點，就在於只是所有權的轉移，佃農取得所有權變成自耕農，並沒有涉及經營面積的變化，經營面積仍舊一樣（假設從前是半自耕農，部分地是自有的，部分地是租來的，現在土地改革之後取得了所有權，經營面積則沒有變動），現耕佃農即獲得其所租佃而來農地的所有權。因此土地改革方案只影響農地所有權的轉移。再者，台灣土地改革的另一特點；在土地改革之前，台灣的農民不但是農場的勞工(farmlabor)，同時也是農場的經營者(farm manager)，他能做作物制度選擇和肥料、水利等應用的決策。他知道施肥、用水等知識，他也從事耕地的經營設計和管理。因此，土地改革之後，農民的管理能力毫無問題。很多國家的佃農在土地改革之前只是農地的勞工，其他決策經營的事情都不懂、都沒有做，一下把土地交給他，農民欠缺管理的能力，產量自然無法提高。而台灣在土地改革之前，他已先有農場經營的知識、技術和能力，已有管理的經驗，土地改革之後，他有所有權。所有權的獲得更激勵他增加生產，使產量提高。因此，台灣的土地改革，第一是農地經營單位(operation unit) 沒有受到影響，第二農民早已具有管理農場的能力（遠在土地改革以前，台灣的佃農已實際參與農場經營的決策並承擔風險，而且擁有農場管理的技術並從事農場勞工的功能，當農民由佃農搖身變成為自耕農時，在農場管理及操作方面俱無困難，透過土地自有的誘因，更能提高其生產力）。所以土地改革之後因為有所有權的誘因，使產量立即提高，這是很多國家沒有弄清楚的。

第三，也是較少有人談起的一點就是，很多國家進行土地改革，在土地所有權的轉移上，政府要花很多錢，用鈔票向地主買過來賣給農民，但是農民又不能馬上繳現金，要分十年、八年來還，導致通貨膨脹的發

生。這是很多國家實施土地改革時的大問題，既怕引起通貨膨脹，實實在在又是花鈔票向地主買土地。台灣的土地改革卻很特別，我們擬定的辦法沒有引起通貨膨脹：地主的地要轉移時，是按照標準產量的二倍半算作地價，而地價的 30% 是付四大公營公司的股票，沒有付現鈔，只是把公營的四大公司變成民營。還有 70% 的地價，為保護地主免於通貨膨脹的影響，是買穀物債券（rice bonds）給地主，也不是付現金，這才有保障，分十年還。政府在這之中，向農民拿標準產量二倍半的地價，每年收回來、收稻穀。這邊向農民收稻谷，而每年要還地主的地價，七成是以穀物債券作為付款，自農民收稻谷是收百分之一百，其中七成就換成債券，還有多的三成就補償政府頂出去的四大公營公司的損失（頂出去以抵銷地價百分之三十的部分），所以，政府兩邊平衡，還有餘錢。政府還需要很多行政管理的經費，農復會即補助這方面。台灣的土地改革既成功又沒有通貨膨脹的現象，這個 scheme 也是農復會幫忙策劃的。中南美洲國家要做土地改革時，地主雖同意參與土地改革，但地價要換錢，而政府又不能向佃農收錢，就不敢做。台灣沒有這個困擾，這點好多人都沒有講清楚。

土地改革形式上是政府計劃，各縣市有地政事務所，農復會是不補助的，但農復會有改革組協助，且補助土地改革行政經費的部分，如政府的出差費、加班費或印刷費等。地價並不需要補助。地價的訂定方式對農民對地主都有好處，因土地轉移給佃農的地價是按照標準產量的二倍半計算，這標準產量是根據過去三年的年產量來平均，以過去三年平均量的二倍半分十年還，過去三年的產量並沒有提高，所以不影響農民地價的付款，而土地改革以後農民受到土地自有的鼓勵努力增產，增產所得均歸農民所有。對地主來講也沒有吃虧，因為地價的 30% 是公司股票，地主等於變成資本家，還有 70% 分十年付債券，又算利息(年息 4%)。

　　第四、土地改革成功的另一原因，在於政權的所有者和土地的所有者不是同一群人（土地所有權、立法權和政治權力在當時並未集中於同群的社會領袖手中）。剛到台灣，大陸上來的握有政權者都不是土地所有者，反之，本地的地主則沒有政權。在其他許多開發中國家，上述三種權力常常集中於同一社會領袖群中，由於既得利益團體的把持，因而不易規劃及執行有效的土地改革方案。在菲律賓，地主或官員同一人就行不通，其他中南美洲國家地是大地主有政治勢力，與政府官員勾結在一起。這點很多人不敢講，翻遍所有關於土地改革的書，不論本身是否專家都沒有談這點。很多書也都沒有談到農場管理的能力，我是學農場管理的，我很注意農民的管理能力，這幾乎是關鍵。所以台灣的土地改革能成功是非常獨特的，很多外國專家來看我們的土地改革，只看到我們的 procedure、如何做、如何地籍歸戶、回去後都沒有辦法做，情形和條件不同。

　　　（1988 年 11 月 19 日謝森中先生第二次訪問記錄）

[2:1-5]　　土地改革：

　　關於土地改革，那時有地政處、地政部，有一部分人是站在地政的立場，另有一部分人是持經濟理論的看法。從經濟理論來看，其實，如同租房子，如果租金很合理，不一定需要自己擁有房子或土地，所以那時可能有很多人覺得應以技術、增產為重，而搞土地所有權可能將花費多年時間，不是首要之務。但在中國人的觀念裡，所有權可讓農民把一塊砂田變成極具價值的耕地。所以三七五減租把地租全部降低，因為在三七五減租之前，多半的地主都要付 50%的高地租。把它降下來，使分配合理化總是好的，至於其後要轉移所有權，外國人的想法是不一定需要所有權，增產第一，但對很多地主來講，租是減了，要是地主撤佃，

佃農也束手無策，因此，佃農應加以保護。當時可能有這樣的爭論。但是，後來台灣實施土地改革還是成功了，一是因爲中國農民對土地的熱愛，因爲有了自耕地的激勵，可使砂土變成黃金。二是前面所講的四、五點、先決條作，台灣都已經具備，尤其國內外市場的需要影響到價格，使土地改革的功效和農民的誘因更大。因此那時內部經過爭論的結果。政府還是決定實施，按部就班，一步一步地做，農復會爲政府分工，技術方面由土地改革組協助，大致上，那時有地政處的人，有農業技術方面的人，以及外國專家從經濟來分析的意見。

　　至於雙方人士意見有所不同，這並不能解釋爲權力鬥爭的問題，實在是情勢如此。我是一九五〇年到農復會，當時晏陽初先生已離開（台灣實施土地改革時，晏陽初先生已離職）。晏陽初先生的基本哲學是從事民主教育及農林建設，所以農復會最初的四個組有地方自發（local initiative）組及社區發展（commnuity　development）組，從大陸遷台，韓戰之前，台灣風雨飄搖，物資缺乏，同時初到台灣一切都很亂，又發生二二八事變，晏陽初先生站在他自己主觀的理想上也無從施展。

　　台灣的土地改革分三階段做，不是一下就耕者有其田，經過「三七五減租」奠定基礎，又拿「公地放領」來示範，再到「耕者有其田」，這也是我所說的：「循序並分階段發展」，這是很正確的。

　　　　（1988 年 11 月 19 日謝森中先生第二次訪問記錄）

[2:1-6]　　土地改革：

　　關於土地改革，我不能講我自己有什麼理論。當年我沒有參與土地改革，不過總有一種同感，覺得土地政策的重要性。當時我在畜牧組，做豬瘟等防疫問題，一個年紀輕的技術人員總覺得這些工作最重要，慢慢接觸面廣視野也逐漸寬廣，看法也就加深了。土地改革方案實在是非

常重要，農復會行政部門與我們土地組的所有同仁，以及沈宗瀚先生帶領的一批生產方面的技術專家，但對土地改革也同樣涉入。農復會確實是全力投入，配合政府在土地改革方面扮演很重要的角色。農復會是一個暫時性的機構，推行工作有一個原則，計劃實行後希望能轉移給政府的計劃主辦機構，換言之，由政府接受辦理。土地改革成功後，農復會撤消土地組，現在回想起來並不是完全正確的一項措施，因為一撤消之後人才無法繼續培養，這是一個失策。農復會當時時常集會討論，有時由副總統陳誠先生召集、湯惠蓀組長等人都非常深入，涉及很多工作。另外，那時康乃爾大學的安德生（Aderson）先生對整個農會組織改進工作貢獻很大。這兩計劃：土地改革與農會改組，農復會全部投入，是由兩個組一是土地組，一是農民輔導組所支持的。此外應特別一提的是家庭計劃，這些都是「大手筆」的計劃。土地組在土地改革成功後就撤消我覺得是一個遺憾，湯先生等人也離開了，雖目前也還有些計劃在繼續，但完全不同，缺乏根基。

（1988 年 10 月 24 日李崇道第一次訪問記錄）

[2:1-7]　第二階段農地改革：

談到第二階段農地改革，本質上似乎不是土地改革，有些掛羊頭賣狗肉似的。我們整個歷史脫離不了人和地的關係，這反映出土地政策的絕對重要性。目前最大的困難就是人人不熱心土地改革，念及此，我有切膚之痛。第二階段農地改革方案執行的偏差，可能也是我離開農發會的一大原因，使我覺得對不起經國先生當年的指示。像我這種個性，我做什麼事情都很認真，有什麼問題大家都可以反應出來，可是對於地政，大家似乎都是很不熱心。生產技術出身的人大多著重認真生產。是以中國農村復興聯合委員會的「農村」二字，有多少人能夠認真思考，真正

了解它涵蓋的意思？對一個農家、一個社區而言，包含了許多推廣教育的工作、一個人的學習過程並不是很簡單的。謝森中先生是國內著名的農業經濟學家，可是他並不知道很多農村實際工作，憲秋則是一個道地的專家，農復會的同仁，每人有每人的專長，每個人個性也都很強，每一個人都是一匹俊秀的野馬。講到此，我就非常佩服沈宗瀚先生，帶領了那麼一大批「野馬」似的專家，各有所長，也各有所偏，但彼此平衡，彼此協調，使整體的工作方案得進展。沈先生涵量眞大，能容人、用人，我們都很敬佩他。土地組撤消是一個很大的遺憾，對農村土地與社會面需要的照顧不夠，成爲一個很大的無法挽回的缺失。我當了畜牧組三年的組長，我個人從畜牧組技佐、技正、而組長、再出任農復會秘書長，到主任委員，接觸事情也愈來愈廣，但我也很認眞去學習與執行。

　　　　　(1988 年 10 月 24 日李崇道先生第一次訪問記錄)

[2:1-8]　第一、二階段農地改革的基本理念：

　　關於第一階段與第二階段農地改革，讓我們先談一些基本理念。我那篇〈論第一階段與第二階段農地改革政策〉文章中討論得相當清楚與謹愼，其中有幾點很重要：第二階段農地改革如同第一階段的土地改革，土地改革本身與其很多附帶、相關的條件，同樣是重要的措施；第一期土地改革即是非唯一的改變農村結構與發展農村的方案，但是一個很重要的方案。因此在第二階段農地改革方案中，我特別強調第五條「配合措施」：合作共同經營、購地貸款、土地重劃、機械化，必須與第五項「配合措施」整體規劃運作方可。即以對購地貸款與合作共同經營以擴大農場面積而言，那時我曾要求行政院指定一位政務委員專責來領導，我心目中的理想人選是費驊先生，但沒有成功。對於農地整合事屬重要地政，須整體規劃，如沒有一個大原則、沒有一個專責單位，等於三軍沒有作

戰計劃、沒有統帥，如何打仗？而擴大經營有所謂專業區，在專業區裡土地的移轉買賣也應有規劃；在同一專業區，一方願意擴大農耕接受代耕或買進耕地，另一方願意離農而委託或出售耕地，總得有個辦法，使離農的一方願意把土地賣給有志於務農的農家，一切都要有明確政策，使雙方均樂意行之。第一階段土地改革使大地主轉投資企業，第二階段農地改革也可以仿照，誘導願轉業離農的小戶出售土地或協助投資在一系列政府補助的企業投資，如農會系列的觀光農莊旅舍、食品加工廠等。土地出售或投資後，何不考慮其最低收益不會少於原來種水稻的等值。要鼓勵性的使其轉業爲企業經營的股東，不能轉業則給予職業訓練和就業輔導。我們調查過有關農民資料，有些農民賣了耕地，投資銀行存款則貶值、投資工業則有的失敗；投資不當、就業不成，最後變成了無業游民。不論兼業農民、專業農民或核心農民，都是農民，但是政策領導則輔導方法並不一樣。土地應如何重劃，如何賣買，在有計劃的整體規劃地區土地買賣才有意義。法令旣不全，配合措施又不夠則其實效就大打折扣了。第二階段農地改革方案的前四項措施其間都有相關性和統一性，與第五項「配合措施」不能分開，配合措施中的一連串方案也都要有立法，不能僅憑感情行事，同時我們也沒有必要全部揚棄國父遺敎之「耕者有其田」的原則，這是似乎和大同世界一樣的是我們理想目標。我在論文中便提到「大佃農小地主」這個理論不宜提倡超過了限度，很要不得，委託代耕應是過渡時期的暫時措施，我們農村社區中家庭農場應該有其地位，所以最終目的還是希望耕者有其田，從委託代耕的路線希望慢慢誘導走向家庭農場的耕者有其田的方向，這個精神不要全然予以否定。

　　目前農村已不僅僅是農民的農村，農村地區裡面也一樣有城鎮，我們整個國家開發的模式是以工商業發展模式、大都會發展模式，來領導

與帶動整個建設，因此對農村區的城鎮與農業社區沒有整體規劃觀念，是急需要解決的問題。土地政策是什麼？它包含農地與非農地。第二階段的農地政策只談農地政策而不談非農地，只管農地不管市地也不完整。其實市地與農地問題同樣無法完全分開獨立研議。若干人士稱：農業就管農業，管什麼農村規劃、社區發展、什麼鄉村文物，如果農業就管農業而不管農村與農家，那麼農民一定要上街頭。回想當初農復會又是管土地，又是照顧推廣教育，更有家政、衛生……。今天談農業政策，一定要照顧到整體的規劃。在地利共享的原則下，那時我們就想推動一個「可轉移性的土地開發權」，土地權有很多種（利用權、所有權），如果農地加以保護、規劃與管制的話，而非農業地區的地價又飛漲，則又不行，要使地利大家共享，都市地區地價因開發而上漲，可是至某一程度須向農地所有人承購土地開發權後，才能繼續再開發，則農民也可分享市地的地利，才能使農民安心務農，才能說社會經濟平衡發展。

所以第二階段農地改革大致的情形是：第一，土地政策不能永遠只講利用，而不談所有權。第二，不單只是土地政策，一定要有很多附帶配合條件。第三，五個措施（方案全文計有五項重要措施）款款相連，不能分割，且一定要在有計劃的綜合規劃之下運作，配合措施從某個角度來看比前面四條還要重要。

目前也有人提議推行第三階段農地改革，不是不能做，但是需先檢討第二階段的成敗得失，才論第三階段，必須按部就班。此外，我覺得還有一點是非常可惜的：農復會的制度、工作方針與工作精神為什麼不能保留其精華？沒有一點點可借鏡與參考的嗎？當時先進們的心是否太軟了，沒有定下決策讓之能保持原有的體系？農復會不是永久性的機構，既然功成就應撤消身退，就暫時性機構而言，無可厚非，但是從另一方面論之可能也是一種失策，當然很多事情也會因人而異。晏陽初先生離

開後，社會工作層面的計劃較淡化了，但還可以科技、生產起家。我也是由生產部門起家的。在此我再以本省乳業計劃舉例，我推動奶業——酪農計劃時，受到很多阻力，那時我年紀很輕，工作很努力，農復會的委員們說：崇道一、二十年來在農復會工作上沒有什麼污點，讓他做吧。這樣一種信任，能不賣命？整個人投入了，那時經濟部沒有任何有效保護奶業措施，國內奶業與貿易政策形成極大衝突。這種農復會尊重專家的作風與專家們敬業的態度，令人懷念。我離開農發會，出任中興大學校長，有一次我查中興大學法商學院有關研究南投鄉鎮的規劃報告，其涉及農業只有半頁，鄉鎮農業這麼不重要嗎？農村地區整體規劃為何沒有人研究？沒有人研究如何推動？不是農業部也要管內政部的事情，而是農業部門非要有整體規劃不可，否則無法達到農業部門的需要，不能沒有互動，缺乏溝通是不行的。

（1988 年 11 月 3 日李崇道先生第二次訪問記錄）

[2:1-9]　農復會與土地改革：

在一九五〇年代，我先是農復會植物生產組技正，一九五二年至一九五五年是經濟安定委員會第四組執行秘書（職位仍是植物生產組技正），一九五五年起是植物生產組組長。經安會第四組的任務是籌劃與執行農業四年計劃，但土地改革工作，不在經建四年計劃日常工作範圍之內，所以我對土地改革的進行雖經常注意，但對農復會在其中扮演何種角色，則未曾探究。我的印象是土地改革與農會改組二事，均係省政府本身要做，農復會極為贊同，全力予以協助，並非農復會之創意。

故副總統陳誠先生於一九四〇年任湖北省主席時最早在該省十四縣推行「二五減租」。國府於一九四六年修正公佈土地法與實施細則。一九四七年成立地政部，舉行首次全國地政會議籌備區推行二五減租。足見

推行土地改革，政府早有決心。尤其陳故副總統於一九四九年時任台灣省政府主席，對推行減租，已爲生平第二次。故當中央政府與農復會尙在廣州時，已於該年四月開始推行三七五減租。故政府發起在台辦理土地改革，徵之上列史實，殆無疑問。農復會湯故組長惠蓀先生爲地政部成立時之首任次長。進入農復會後立即以計劃補助政府在福建龍巖縣已進行中之二五減租計劃。一九四九年四月又自廣州出差來台（我亦同來視察農業計劃）與當時陳誠主席，嚴家淦財政廳長與沈時可地政局長等商談已在台灣開始之三七五減租，農復會在廣州時即根據湯先生之建議通過對三七五減租計劃之補助。爲農復會最早通過補助台灣一批計劃之一；以後農復會遷台後成立地政組，湯先生任組長，足徵農復會已在政策上決定全力支持台灣辦理土地改革，乃成立地政組主辦其事。

農復會對土地改革除地政組扮演正面角色外，其他組亦曾扮演側面之角色：

甲）農民組織組——因公地放領與耕者有其田方案均規定農民以稻穀分期償還地價。土地債券到期付現亦用稻穀，使各鄉鎭農會需要擴大稻穀倉庫容量。農復會補助農會建造倉庫。糧食局在農會土地上建造倉庫，並委託農會代收農民繳納之地價穀，貯藏，並付給到期兌現之土地債券稻穀，凡此工作均付給手續費，爲當時鄉鎭農會可靠收入來源。

乙）植物生產組——三七五減租辦法規定佃農僅付兩期稻作之租佃，或在相同時期種植之旱作物。對冬季與夏季裡作（在兩期水稻收穫與種植之間種植之短期作物）均無須交租。農復會植物生產組乃補助農林廳各區改良場進行冬夏季裡作栽培試驗，增加裡作作物種類，選擇最佳栽培方法，計算兩期水稻與裡作之總收益總成本與總利潤。選優推廣。使台灣之複種指數，逐年增高，至一九六〇年代之中期

達到最高。

（1989 年 6 月張憲秋先生訪問記錄）

[2:1-10]　政府領導人士對土地改革的看法：

我當時為農復會農業組（畜，森林，漁業，農經均包括在內，以後方一一分出）技正。政府領導人士對土地改革之看法，當時並未探索。現在祇能測度臆斷。

(1)「平均地權，節制資本」係國父孫中山先生民生主義中建議之精華，國府於一九四六與四七年所採一連串關於地政之行動，具見政府儘速辦理土地改革之意願。尤其當行政院與農復會尚在廣州。美援是否來台，前途未卜之時，台灣省政府已在台推行三七五減租。足見不論有無美援，政府推行土地改革之決心。政府領導人士對土地改革之看法，應頗一致。

(2)農復會委員中，我想蔣故主委夢麟先生必贊成推行土地改革。在中山先生所著英文版《中國實業計劃》序言中，曾致謝蔣夢麟代為校閱，可想蔣先生當年雖未如蔣公、黃興、戴季陶、于右任諸前輩隨國父革命，但已以「青年才俊」地位，對中山先生學術著作，作直接貢獻。出任農復會主委前，曾任北京大學校長，教育部長，行政院秘書長等中樞要職。中央政策決定，必曾參予討論，並贊助到台灣後為陳誠主席，行政院長，副總統密切諮詢顧問之一。我未聞沈故委員宗瀚先生對土地改革之具體意見，但猜想中樞決策，沈先生不會反對。且因湯惠蓀先生為前地政部次長。進農復會係為辦土地改革而來。沈先生為湯先生之支持者，決不致反對土地改革。

(3)陳故副總統任省主席時，嚴前總統家淦先生任財政廳長，嚴先生

似爲策劃三七五減租方案之智囊。湯惠蓀先生一九四九年四月首次代表農復會來台視察與商談三七五減租方案時，與嚴先生商談最多。一九五〇年代間伊朗王與約旦王先後來台了解台灣辦理土地改革方法。政府兩次均由嚴先生（時爲財政部長）向二王簡報，並解答問題。我一向猜想，公地放領與耕者有其田方案中佃農用稻穀分期交付地價，與肥料換穀制度，均爲嚴先生所構思。其出發點則爲穩定糧價與物價。

(4)如上述猜度不誤，則農復會委員中不贊成用土地改革改良農村者想必爲晏故委員陽初先生。晏先生堅持改良農村應由平民教育著手。故可能認爲不必辦理土地改革。農復會在大陸時，曾在湖南四川兩省推行平民教育由晏先生與隨其入會之同仁主持。但農復會遷移台灣前，鑒於台省當時識字率已頗高，識字運動，實無必要。晏先生乃辭去農復會委員之職，赴菲律賓繼續推行平民教育與識字運動。所遺委員職務，由錢天鶴組長升任。故抵台後，農復會內部未聞反對土地改革之意見。

　　（1989 年 6 月張憲秋先生訪問記錄）

[2:1-11]　　耕地放領與保護自耕農

一、徵收放領地價之償付

(1)徵收地價之補償

　　徵收之私有水田旱田 143,000 甲，係以相當于 1,272,855 公噸之稻穀及 434,709 公噸之甘薯收購之。該項地價之計算，係將上述水田及旱田每年主要作物標準收穫量乘以二·五。全部地價之七成（稻穀 889,123 公噸，甘薯 315,476 公噸）應以實物土地債券償付，全部地價之三成（稻穀 383,732 公噸，甘薯 119,233 公噸），應以公營事業股票償付。四十二年八

月一日該項水田旱田 143,000 甲業由政府向地主徵收, 放領佃農, 政府乃開始由台灣土地銀行二十一個分行分別償付地主地價。根據台灣土地銀行報告, 截至四十三年六月三十日止(股票債券發行後十一個月), 收購水田地價百分之九十一及收購旱田地價百分之八十七, 均經以債券或股票補償地主。茲列表如下:

實施耕者有其田計劃下政府徵收耕地應補償及已補償地價

徵收土地價值	應補償地價之債券及股票數額	已補償地價之債券及股票數額	百分比(%)
水稻田之全部價值	1,272,855 公噸(稻穀)	1,166,663 公噸(稻穀)	91.7
一、債　券	889,123	814,557	91.6
二、股　票	383,732	352,106	91.8
旱田之全部價值	434,709 公噸(甘薯)	381,932 公噸(甘薯)	87.9
一、債　券	315,476	276,591	87.7
二、股　票	119,233	105,341	88.4

依照法律規定, 所有 889,123 公噸稻穀債券及 315,476 公噸甘薯債券, 應由政府自四十二年九月第一期作物收穫時起在十年內分二十期償還本息, 因此在四十二年九月一日及四十三年二月一日兩次到期之債券已由政府按期兌付本息。截至四十三年六月三十日止, 政府兌付之債券數額及其百分比, 列表如下:

實物土地債券一、二兩期本息應兌付及已兌付數額

債券類別	應兌付數額	已兌付數額	百分比(%)
稻穀債券(公噸)	106,695	91,301	86
甘薯債券(公噸)	37,857	31,678	84

　　政府原經計劃以五個公營事業股票補償全部徵收地價之三成。嗣因政府實際徵收之土地面積，在減去免徵地後，比較估計數字為小，中央政府及省政府乃于四十二年十月十四日一致決定出售四個公營事業：即台灣農林股份有限公司，台灣工礦股份有限公司，台灣紙業股份有限公司及台灣水泥股份有限公司。以上四公營事業資本總額值新台幣970,000,000 元，足敷補償全部徵收地價三成之數。依照政府決定，四公營事業出售方式如下：

　　㈠台灣紙業公司及水泥公司係全部整售。農林公司及工礦公司係按
　　　單位分售。

　　㈡補償地主三成地價之四公營事業股票係按以下百分比撥發

　　　甲、農林股票　　百分之十三

　　　乙、工礦股票　　百分之十七

　　　丙、紙業股票　　百分之三十三

　　　丁、水泥股票　　百分之三十七

四公營事業之資本總額官股金額及出售地主之股票金額

公司別	資本總額 （新台幣）	官股金額 （新台幣）	＊出售地主之股票 金額 （新台幣）
農林公司	150,000,000	138,821,590	86,359,540
工礦公司	250,000,000	184,088,300	112,517,340
紙業公司	300,000,000	219,966,000	217,250,150
水泥公司	270,000,000	247,148,280	243,647,610
共　　計	970,000,000	790,024,170	659,774,640

(註) ＊應補償地主之三成股票，如尾數不及一股金額（十元）者，以現金發給，計517,
　　780 元，不包括在本項內。

㈢公營事業移轉民營後所有補償三成地價剩餘之股票，除爲增加老弱孤寡殘廢共有地主之用外，仍應全部出售。

㈣公營事業之資本及出售之股票數額列表如前。

(2)放領地價之繳付

水田旱田 143,000 甲之放領地價，包括用實物償付之利息在內，共計稻穀 1,528,700 公噸及甘薯 522,365 公噸，自四十二年七月起於十年內分二十次繳付。四十二年七月及十二月兩次到期之應繳地價實物，已由領地農戶自當年兩期收穫之作物內予以繳付，由土地銀行地政局及糧食局會同核收。其詳細數字列表如下：

承領耕地農戶民國四十二年應繳及已繳地價

地價期別	應 繳 數	已 繳 數	％	欠繳數％
第一期				
稻穀(公噸)	66,669	66,229	99.3	0.7
現金(NT$)	23,652,549	23,500,134	99.4	0.6
第二期				
稻穀(公噸)	67,727	65,687	97.0	3.0
現金(NT$)	13,104,349	12,740,855	97.2	2.8

政府于核收佃農繳付之地價後，即開始兌付地主之債券。稻穀債券到期後，地主可向當地倉庫兌換實物，結算本息。稻穀債券係以稻穀償付，甘薯債券係以甘薯折合現金償付。稻谷債券以稻穀償付之有效期間僅六個月，如果逾期不兌，則以現金折付之。此項規定原所以減輕政府倉儲過久之負擔，但事實上，地主之望獲得現金者，常拖延時日以期屆滿六月限期後可折合現金。因此之故，政府乃面臨一倉庫缺乏問題，估計每期作物收穫以後，缺乏之倉庫容量約達十萬噸。

二、改革前後之耕地租佃情形

耕者有其田計劃對於台灣耕地租佃情形曾予巨大變更。四十一年六

月本省私有耕地共計 680,000 甲，其中百分之三十八（即 260,000 甲）係由佃農耕種。耕者有其田計劃實施後，已將私有出租耕地 159,000 甲轉變爲自耕土地，並將自耕土地面積由 419,000 甲增加至 578,000 甲，出租土地面積因此減少爲私有耕地百分之十五。在上述 159,000 甲耕地中，143,000 甲係由政府放領佃農，其餘之 16,000 甲則由佃農直接向地主治購。此種直接洽購情形乃象徵土地改革之一項成就，蓋如無此種改革計劃，該項土地即不致由地主出讓於佃農也。

土地租佃面積之減少，亦可由佃農戶數之減少看出。四十一年六月間本省私有耕地 680,000 甲中共 566,000 農戶，其中 311,000 農戶即全部百分之五十五係佃農及半自耕農。耕者有其田計劃已將內中 195,000 農戶轉變爲半自耕農或純自耕農。故目前本省私有耕地之佃農及半自耕農僅達 149,000 戶，已減至全部百分之廿六。其所收效果茲列舉如下：

〔一、私有耕地之面積〕

(一)私有耕地全部面積　　　681,154 甲　　百分之一百

(二)改革前出租耕地面積　　262,251 甲　　百分之三十八・六

(三)改革後出租耕地面積　　103,437 甲　　百分之十五・二

〔二、私有耕地之農戶〕

(一)私有耕地之全部農戶

　　　（佃農及自耕農）　566,270　　　百分之一百

(二)改革前佃農戶　　311,637（包括半自耕農）百分之五十五

(三)改革後佃農戶　　149,282（包括半自耕農）百分之廿六・四

三、保護自耕農計劃

自民國三十八年實施土地改革以來，新產生之半自耕農及純自耕農約計 320,000 戶。惟在四十年以後，有一不利情事發生，據報若干農民竟將其所得之土地出售。最初出售者爲放領之公地，自實施耕者有其田

計劃完成後，乃逐漸推廣至徵收放領之私有耕地。農復會乃於四十三年五月就此種情形加以調查，發現本省南部六縣中農民出售抵押及出租承領之私有土地案件已達一千件之多。此種非法處理承領土地之動機一部份由于經濟上之困難，一部則以牟利爲目的。試以雲林縣而論，該縣七十一件非法處理土地案件中，竟有四十三件係屬出售抵押或出租者，其中三十五件純由於農民負債或經濟上遭受困難所致。此種土地之交易，係將土地所有權狀連同土地一併移轉於購主、抵押權者及租戶，故該項土地永遠不能歸還原主。至於放領之公地雖未調查，但據報亦有類似情形。因此之故，土地改革之進行頗受影響。土地銀行有鑒于此，乃建議舉辦三千萬元台幣農貸，同時農復會爲針對需要亦經擬訂一項保護三十二萬戶自耕農計劃。

　　保護自耕農計劃之基本原則，即在放領地價未經付清以前，該 320,000 農民不應被強迫或誘使喪失其承領之土地。其步驟有三：㈠依照政府規定，限制農民在償還地價之十年期間爲不適當處理其承領土地。㈡調查分析農民放棄土地之眞實原因，並擬訂防止辦法。㈢調查無力償付地價之農民，設法供給其所需資金。

　　該項計劃乃係在十年分期繳付地價期間，建立一經常檢查制度及一套管理農民土地紀錄。在每年徵收放領地價時，即由政府調查員分兩次調查該農民之地籍、地權或土地使用更動情形及其經濟狀況，然後將其結果登入調查表內。調查員並須就地調解糾紛及提醒農民不得非法處理土地。調查結果應加以分析並呈報政府，以便擬訂辦法防止流弊及解決有關問題。該項檢查工作每年將廣續進行，直至償清地價本息時爲止。吾人希望由此檢查制度實施結果，所有 320,000 戶農民出售出租承領土地等情事將可加以管制，而積極保護自耕農土地之各種有效辦法即隨之逐步予以執行。

檢查工作於四十三年六月開始實施，並以三縣爲示範區：即南部之高雄、中部之台中、北部之宜蘭是也。在該三縣中承領公有及私有耕地農民共達 67,000 戶，均係于三十八年後產生。現有九十二人從事調查，以三個月爲期，期滿後再以三個月期限編製統計報告及根據調查結果擬具各項建議。截至四十三年度終了時，該三縣中三分之一調查工作業已完成。

（《中國農村復興聯合委員會工作報告》，第五期，42／7／1－43／6／30，頁 113－119。）

[2:1-12]　大陸上的土地改革：

土地改革我們在大陸已經在貴州、福建龍巖、四川等地進行。台灣是三七五減租。「三七五減租」名稱之由來是：全國各地的租金，我們以百分之五十爲平均數，有些地方地租高達百分之九十，如四川。台灣全省平均大概是百分之五十，換言之，農民生產的稻穀百分之五十要繳租，不得超過百分之五十，甘藷即旱地也是百分之五十。以平均百分之五十來二五減租（打二五折），即三七點五。在貴州我們做「二五減租」，「二五減租」的減法是：如你是地主，他是佃農，而你向他收的地租是百分之七十、百分之六十，打二五折（減掉百分之二十五），一定超過三七‧五，假如地租是百分之五十，二五減租剛好是三七‧五。台灣即假定地租平均都是百分之五十。那時我們考慮做法時，分爲幾個步驟：第一，地籍一定要總歸戶，地籍必須清楚，一戶一張卡片，那時幣值高，一張卡片一毛錢，價錢頗貴，印幾十萬張，由農復會出資。而後即考慮整個經濟建設的做法，陳誠先生眼光很遠，尹仲容、楊懋春、李國鼎，我們全都參與考慮整個經濟的發展，決定先做土地改革。土地改革完成之後，可使農民收入增加，戰後東南亞許多殖民地都想模仿西方先進國家，發

展工業，我們那時即決定工業慢慢做，先提高農民購買力。而且生產力增加，將更激勵農民努力增產，這點十分重要。增產的盈餘可留下來購買東西。那時用的衛生紙很粗，鉛筆、腳踏車、穿的棉布，樣樣東西都是進口，若要往工業發展，一定要使農民購買力增加，因大眾人口即農民。所以土地改革、農業增產、農會組織、鄉村衛生，這些都是社會問題。包括當時小學頭蝨蔓延的情形，農復會買DDT至各學校消毒頭蝨，這類事情都是由農復會先做。輕工業、土地改革、農業增產、農會組織、鄉村衛生，而鄉村衛生農復會不只限於鄉村地區，也在都市推行。政府經費很少，因此，從輕工業再到重工業，我們與尹仲容等人一起討論，決定整個經濟建設的做法。

土地改革剛施行時，有些地主不肯，陳辭公晚上都與地主談天，試圖說服他們。在大陸，地主剝削農民很厲害，所以如能改善農民情況，共產黨即不易滲透，我們在台灣開始實行時，即感覺到台灣的農村是共產黨很難滲透進去的地方。

大陸上土地改革不成功，是大地主不合作，要使大地主相信土地改革，說服的人必須自己非常廉明公正，如陳辭公，地主聽了心服的，大陸有些縣市政府的縣市長，自己都是不公正的人，人品很糟，如何使人信服。菲律賓現在做土地改革，我就建議他們，千萬不要實施全面的土地改革，挑選阻力最小的一省先作示範，成效良好再推廣，菲律賓的阻力更大。我們這裡實施時有一個優點即把土地實物債券、四大公司的股票給地主，地主投資在企業上，我們的私人企業的興起與土地改革很有關係。當然失敗的例子很多，失敗的原因是地主拿了錢但不知如何投資。

晏陽初先生始終是社區發展的想法，他創辦平教會，提倡教育，大陸文盲太多，教育不普及，所以教育是極為基本的，他的做法即採用社區平教會。離開大陸之前，農復會的委員就有不同的意見：如Moyer、

沈宗瀚先生主張農業增產，收入多，農民生活才能改善；晏陽初先生則主張從事非全國性的、地區性的教育，兩種作法不同。在大陸，教育的確需要做。而台灣，那時農民在日據時代已有基本的教育，要接受農業知識比較容易，我們也感覺到台灣地區並不大需要做社區發展，可以遍及全省，我舉個例：許多農家前面本來有個泥地曬穀，一遇下雨天泥不易乾，後來農復會幫忙做水泥地，全省農家都給予水泥、石子，大家配合起來，農家自己也出勞力，把全省農家的水泥地都做好，這是全省性、普遍性地做，不是只做一或二個社區。我們也協助設立鄉村衛生所，農復會出三分之一的錢，省政府、地方政府也各負擔三分之一，如此一來，農復會的經費使用效率就大為提高。假如是社區做，有的社區有，而有的社區沒有，所以那時我們主張廣泛地做。我們當時還有一個想法，美援的錢(美國納稅人出的錢)，送到這裡，我們政府發相對基金，換言之，一元變成二元，拿相對基金來設立鄉村衛生所。因此，我們是將美援作很經濟的運用、加倍的利用，美援在台灣用得最為經濟。

　　台灣和大陸農村的客觀環境不一樣。在中國大陸假如我們有限的一點錢要散在全國使用，成效不易看得出來。社區是晏陽初先生在做，不過晏陽初先生如此做，並不是整個復興中國農村。晏陽初先生終歸是贊成社區發展的作法，他後來到墨西哥、菲律賓、印度去做。因為台灣地區小，晏先生認為不能實現他的作法，無法一展所長。我們相處很好，那時陳辭公也留他下來，但人各有志。

　　那時是韓戰之前，美國政府的 ECA（Economic Cooperation Agency，經濟合作總署，此一名稱更改多次，最早稱 ECA，後來是 MIC、ICA，現稱 AID），ECA 在寶慶路一號，Moyer 是農復會委員兼 ECA 的代表(那時美國要放棄台灣，請其兼任 ECA 的領導人。農復會剛遷台時，ECA 的領導人是 Strawl，對 Moyer 很不禮貌，後來美國政府要

Moyer 去接他的位置, 把他調走, 所以 Moyer 一人兼二職)。Moyer 和 Baker 那時與我們中國委員經常開會, 我常與他們在一起, 他們奉美國政府之命, 雖還是做工作, 但每人兩個手提箱, 是隨時可以走的, 可是他們對中國政府抱持一種共患難之心, 覺得在台灣大有可爲, 不論環境再如何艱困, 要繼續奮鬥, 對這兩位美國委員, 我也頗爲感動。

　　五位委員討論, 大家都認爲農民實在可愛, 一定要爲他們做事情, 眞正以農民爲對象。我在農復會的同事絕大多數都很努力工作, 不論國籍不同、所學不同, 在這大樓向同一目標努力工作。有私心的人很少, 大家爲農民努力, 內部沒有什麼糾紛, 頂多意見不同。不過五位委員有共同了解: 委員會開會時, 常是一位中國委員和一位美國委員意見一致, 而非同是中方的委員意見相同, 所以不分國籍, 大家純就個人觀點發表意見, 對外從來不講這是誰的意見。這是委員會共同的決定, 會裡同事按照決定做, 絕不討論是誰的意見。換言之, 農復會五位委員對於委員會討論的事務保持機密一事, 表現眞是難得。農復會最多時(最盛時期)有十七位美國職員 (技術人員), 絕大多數都是非常好的。

　　(1988 年 11 月 1 日蔣彥士先生第一次訪問記錄)

[2:1-13]　關於土地改革的爭議:

　　對於土地改革的爭議, 有二種意見, 第一是蔣夢麟先生的意見, 第二是晏陽初先生的意思。晏陽初先生一來即主張社區發展、平民教育, 蔣夢麟先生不願意公開表示他與晏陽初先生意見不同, 所以他說一部份人意思。因此他不願公開辯論, 關起門來五位委員辯論, 五位委員中有二位美國委員說: 這兩個問題你們去研究, 你們決定好了。當然蔣夢麟先生就是完全主張土地改革。

　　翁文灝先生對蔣夢麟先生很佩服, 兩人交情很好, 以前都在北大,

關係很深。蔣夢麟先生那時也在經濟總署。翁文灝先生就推薦蔣夢麟先生作主任委員。晏陽初先生那時也很想當主任委員，但翁文灝先生的想法和沈宗瀚、蔣夢麟先生較接近。

蔣夢麟先生領導農復會時，瑣事完全不管，公事也不看，公事由我批。我與主任委員說：你們五位構成一個整體，都是我的老闆，假如五個人都是我的老闆，究竟那一個是我的上司？我跟他們都講明，我這個人很坦率的，我覺得農復會這個機構很好，五個委員都是我的上司，有事情他們決定了，由我執行，大的事情我絕不會依個人意見去做，一定要五個人同意我做，我始終保持這個精神，這一點他們非常欣賞。我以這個方式使他們五個凝聚在一起。因為這個五人委員會不同於一般委員會的委員平時不來，開會才來，他們五個人一天到晚在一塊，從早到晚都在這裡辦公。我有報告之類就大家都發一份，公事如何裁決也是五個人在一起開委員會我向他們報告，執行時我一個人執行，他們不看公事。因為五位委員都是專職的委員，必須使他們凝聚在一起，這是很要緊的。在五個委員之間，如何使他們彼此欣賞，來為公眾目標做事，這是我的責任。五個委員彼此相處良好，有意見在會議中討論。

關於土地改革：在桃園有「土地改革訓練所」，這個訓練所的成立是由一位在阿利桑那開銅礦致富的林肯（David Lincoln）發起，他成立了一個基金會，專門協助發展中國家實施土地改革。他與 Dr. Woodruff 一起來台，到我這裡參觀（那時約二十二年前，我是農復會委員兼行政院秘書長），覺得我們土地改革做得非常成功，問我願不願意合作，我請示嚴院長家淦先生，嚴先生覺得此事很好，即與省政府經合會、農復會合作，成立訓練所。至今已有四千多位外國人來受訓，外國人來受訓旅費都由基金會負責，在此地的訓練費等由省政府、農復會出資。菲律賓來受過訓的有一千四、五百人，所以菲律賓如想做農業土地改革，

根本不缺人才。菲律賓國會剛通過實施土地改革方案，將來菲律賓實施土地改革我們可幫忙，但先不需全國做，全國施行不易成功。

(1988 年 11 月 1 日蔣彥士先生第一次訪問記錄)

[2:1-14]　　**耕地三七五減租條例：**

中華民國四十年六月七日

總　統　公　布

第一條　耕地之租佃，依本條例之規定，本條例未規定者，依土地法及民法之規定。

第二條　耕地租佃租額不得超過主要作物正產品全年收穫總量千分之三百七十五，原約定地租超過千分之三百七十五者，減爲千分之三百七十五，不及千分之三百七十五者，不得增加。

前項所稱主要作物，係指依當地農業習慣種植最爲普遍之作物，或實際輪植之作物。所稱正產品，係指農作物之主要產品而爲種植之目的者。

第三條　各縣（市）政府及鄉鎮（區）公所應分別設立耕地租佃委員會，佃農代表人數不得少於地主與自耕農代表人數之總和，其組織規程由省政府擬訂，報請行政院核定之。

第四條　耕地主要作物正產品全年收穫總量之標準，由各鄉鎮（區）公所耕地租佃委員會按照耕地等則評議，報請縣（市）政府耕地租佃委員會評定後，再報省政府核備。

第五條　耕地租佃期間，不得少於六年，其原約定租期超過六年者，依其原約定。

第六條　本條例施行後，耕地租約應一律以書面爲之。租約之訂立、變更、終止或換訂，應由出租人會同承租人申請登記。前項登記

辦法，由省政府擬訂，報請行政院核定之。

第七條　地租之數額種類成色標準繳付日期與地點以及其他有關事項，應於租約內訂明，其以實物繳付，需由承租人運送者，應計程給費，由出租人負擔之。

第八條　承租人應按期繳付地租，出租人收受時，應以檢定合格之量器或衡器爲之。

第九條　承租人於約定主要作物生長季節改種其他作物者，仍應以約定之主要作物繳租。但經出租人同意，得依當地當時市價折合現金或所種之其他作物繳付之。

第一〇條　依照本條例及租約規定繳付之地租，出租人無正當理由拒絕收受時，承租人得憑村（里）保長及農會證明送請鄉鎮（區）公所代收，限出租人於十日內領取，逾時得由鄉鎮（區）公所斟酌情形，照當地當時市價標售保管，其效力與提存同。

第一一條　耕地因災害或其他不可抗力致農作物歉收時，承租人得請求鄉鎮（區）公所耕地租佃委員會查勘歉收成數，議定減租辦法，鄉鎮（區）公所耕地租佃委員會應於三日內辦理之。地方如普遍發生前項農作物歉收情事，鄉鎮（區）公所耕地租佃委員會應即勘定受災地區歉收成數，報請縣（市）政府耕地租佃委員會議定減租辦法。耕地因災致歉收穫量不及三成時，應予免租。

第一二條　承租人之農舍，原由出租人無條件供給者，本條例施行後，仍由承租人繼續使用，出租人不得藉詞拒絕或收取報酬。

第一三條　承租人對於承租耕地之特別改良，得自由爲之，其特別改良事項及用費數額，應以書面通知出租人，並於租佃契約終止返還耕地時，由出租人償還之，但以未失效能部份之價值爲

限。

前項所稱之耕地特別改良，係指於保持耕地原有性質及效能外，以增加勞力資本之結果，致增加耕地生產力或耕作便利者。

第一四條　出租人不得預收地租及收取押租。在本條例施行前收取之押租，應分期返還承租人，或由承租人於應繳地租內分期扣除。

前項押租如為金錢時，由縣市耕地租佃委員會按照交付當時之市價，折合農作物計算之。

第一五條　耕地出賣或出典時，承租人有優先承受之權，出租人應將賣典條件以書面通知承租人，承租人在十五日內未以書面表示承受者，視為放棄。出租人如因無人承買或受典而再行貶價出賣或出典時，仍應照前項規定辦理。出租人如違反前二項規定而與第三人訂立契約者，其契約不得對抗承租人。

第一六條　承租人應自任耕作，並不得將耕地全部或一部轉租於他人。

承租人違反前項規定時，原定租約無效，得由出租人收回自行耕種，或另行出租。但在本條施行前發生者，其轉租及未轉租部份，由現耕人及原承租人分別與出租人換訂租約，至原訂租約期滿之日為止。

承租人因服兵役致耕作勞力減少而將承租耕地全部或一部託人代耕者，不視為轉租。

第一七條　耕地租約在租佃期限未屆滿前，非有左列情形之一，不得終止：

一、承租人死亡而無繼承人時。

二、承租人因遷徙或轉業，放棄其耕作權時。

三、地租積欠達兩年之總額時。

第一八條　耕地租約之終止，應於收益季節後，次期作業開始前爲之，但當地有特殊習慣者，依其習慣。

第一九條　耕地租約期滿時，如有左列情形之一者，出租人不得收回自耕：

一、出租人不能自任耕作者。

二、出租人所有收益足以維持一家生活者。

三、出租人因收回耕地，致承租人失其家庭生活依據者。

出租人如確不能維持其一家生活，而有前項第三款情事同時發生時，得申請鄉鎮（區）公所耕地租佃委員會予以調處。

第二〇條　耕地租約於租期屆滿時，除出租人依本條例收回自耕外，如承租人願繼續承租者，應續訂租約。

第二一條　出租人以強暴脅迫方法強迫承租人放棄耕作權利者，處三年以下有期徒刑。

第二二條　出租人有下列情形之一者，處一年以下有期徒刑或拘役：

一、違反第十七條規定，終止租約者。

二、違反第十九條規定，收回自耕者。

三、違反第二十條規定，拒絕續訂租約者。

第二三條　出租人有下列情事之一者，處拘役或二百元以下罰金：

一、違反第二條規定，超收地租者。

二、違反第十四條規定，預收地租或收取押租者。

第二四條　承租人違反第十六條第一項規定者，處拘役或二百元以下罰金。

第二五條　在耕地租期屆滿前，出租人縱將其所有權讓典與第三人，其租佃契約對於受讓受典人仍繼續有效，受讓受典人應會同原承租人申請爲租約變更之登記。

第二六條　出租人與承租人間，因耕地租佃發生爭議時，應由當地之鄉
　　　　　鎮（區）公所耕地租佃委員會調解，調解不成立時，應由縣
　　　　　（市）政府耕地租佃委員會調處，不服調處者，由縣（市）
　　　　　政府耕地租佃委員會移送該管司法機關，司法機關應即迅予
　　　　　處理，並免收裁判費用。
　　　　　前項爭議案件，非經調解處不得起訴，經調解調處成立者，
　　　　　由縣（市）政府耕地租佃委員會給予書面證明。
第二七條　本條例之規定，於永佃權之耕地準用之。
第二八條　本條例施行後，關於雇農之保護，由省政府依當地情形擬定
　　　　　辦法，報請行政院核定之。
第二九條　本條例之施行區域，由行政院以命令定之。
第三〇條　本條例自公布之日起施行。

　　（《中華民國行政法規彙編》，〈第四編・行政〉，頁 903－904）

[2:1-15]　實施耕者有其田條例：

　　　　　　　　　　　　中華民國四十二年一月二十六日總統公布
　　　　　　　　　　　　四十二年一月二十九日行政院指定令台灣
　　　　　　　　　　　　省為施行區域　四十三年四月二十二日總
　　　　　　　　　　　　統令修正第十六條條文　四十三年十二月
　　　　　　　　　　　　二十四日修正第二十八條條文

　　第一章　總　則
第一條　為實施耕者有其田，特制定本條例。
　　　　本條例未規定者，依土地法及其他法律之規定。
第二條　實施本條例之主管機關，中央為內政部，省為省政府民政廳地
　　　　政局，縣（市）為縣（市）政府。

第三條　本條例施行後，縣（市）政府及鄉（鎮）（區）公所原已設立之
　　　　耕地租佃委員會應協助推行。

第四條　本條例所稱現耕農民，指佃農及僱農。

第五條　本條例所稱耕地，指私有之水田（田）及旱田（圤）。

第六條　本條例所稱地主，指以土地出租與他人耕作之土地所有權人，
　　　　其不自任耕作，或雖自任耕作而以雇工耕作為主體者，其耕地
　　　　除自耕部份外，以出租論。但菜園、茶園、工業原料、改良機
　　　　耕與墾荒等雇工耕作，不在此限。

　　　　土地所有權人或其家屬，因依法應徵召在營服役期間，將其自
　　　　耕地託人代耕者，仍以自耕論。

第七條　依本條例徵收及保留耕地之地主，以中華民國四十一年四月一
　　　　日地籍冊上之戶為準，四月一日以後地主耕地之移轉，除有左
　　　　列情形者外，視為未移轉：

　　　　一、耕地因繼承而移轉者。

　　　　二、本條例施行前，耕地因法院之判決而移轉者。

　　　　三、耕地已由現耕農民承購者。

　　　　四、耕地經政府依法徵收者。

　　第二章　耕地徵收

第八條　下列出租耕地一律由政府徵收，轉放現耕農民承領：

　　　　一、地主超過本條例第十條規定保留標準之耕地。

　　　　二、共有之耕地。

　　　　三、公私共有之私有耕地。

　　　　四、政府代管之耕地。

　　　　五、祭祀公業宗教團體之耕地。

　　　　六、神明會及其他法人團體之耕地。

七、地主不願保留申請政府徵收之耕地。

第一項第二款、第三款、耕地出租人如係老弱、孤寡、殘廢，藉土地維持生活，或個人出租耕地因繼承而爲共有，其共有人爲配偶血親兄弟姊妹者，經政府核定，得比照第十條之保留標準保留之。

第一項第五款祭祀公業及宗教團體保留耕地，比照地主保留耕地之標準，加倍保留之。但以本條例施行前原已設置之祭祀公業，宗教團體爲限。

第九條　下列耕地經省政府核准者，不依本條例徵收：

一、業經公布都市計劃實施範圍內之出租耕地。

二、新開墾地及收穫顯不可靠之耕地。

三、供試驗研究或農業指導使用之耕地。

四、教育及慈善團體所需之耕地。

五、公私企業爲供應原料所必需之耕地。

省政府爲前項之核定，應報請行政院備案。

第一〇條　本條例施行後，地主得保留其出租耕地七則至十二則水田三甲，其他等則之水田及旱田，依下列標準折算之：

一、一則至六則水田，每五分折算七則至十二則水田一甲。

二、十三則至十八則水田，每一甲五分折算七則至十二則水田一甲。

三、十九則至二十六則水田，每二甲折算七則至十二則水田一甲。

四、一則至六則旱田，每一甲折算七折則至十二則水田一甲。

五、七則至十二則旱田，每二甲折算七則至十二則水田一甲。

六、十三則至十八則旱田，每三甲折算七則至十二則水田一

甲。

七、十九則至二十六則旱田，每四甲折算七則至十二則水田一甲。

前項保留耕地，由鄉（鎮）（縣轄市）（區）公所耕地租佃委員會，依照保留標準查實審議，報請縣（市）政府耕地租佃委員會審定後，由縣（市）政府核准之。耕地租佃委員會為審議或審定時，得視土地坵形為百分之十以內之增減。

地主不願意保留耕地時，得申請政所一併徵收之。

第一一條　地主於出租耕地外兼有自耕地時，其出租耕地保留面積，連同自耕之耕地合計，不得超過前條保留標準。但兼有耕地面積已超過前條標準者，其出租耕地不得保留。

第一二條　本條例施行之日起一年後，現耕農民承買第十條規定地主保留之耕地時，得向政府申請貸款，其貸款辦法，由省政府擬訂，報請行政院核定之。地主保留之耕地出賣時，現耕農民有優先購買權，購買地價由雙方協議，協議不成，得報請耕地租佃委員會評定之。

第一三條　被徵收耕地範圍內現供佃農使用收益之房舍、曬場、池沼、果樹、竹木等定著物及其基地附帶徵收之。前項定著物及其基地之價額，由鄉（鎮）（縣轄市）（區）公所耕地租佃委員會評估，報請縣（市）政府耕地租佃委員會議定後，層報省政府核定之。其價額併入地價內補償之，但原有習慣，土地買賣時，定著物不另計價者，從其習慣。

第一四條　徵收耕地地價，依照各等則耕地主要作物正產品全年收穫總量之二倍半計算。前項收穫總量，依各縣（市）辦理耕地三七五減租時所評定之標準計算。

第一五條　徵收耕地地價之補償，以實物土地債券七成及公營事業股票三成搭發之。

第一六條　實物土地債券，交由省政府依法發行，年利率百分之四，本利合計，分十年均等償清。其發行及還本付息事務，委託土地銀行辦理。前項債券持有人，免繳印花稅利息所得稅及特別稅課之戶稅。

第一七條　徵收耕地之程序如下：

一、縣（市）政府查明應予徵收之耕地，編造徵收清冊予以公告，公告期間為三十日。

二、公告徵收之耕地，其所有權人及利害關係人認為徵收有錯誤時，應於公告期間內申請更正。

三、耕地經公告期滿確定徵收後，應由縣（市）政府通知其所有權人限期呈繳土地所有權狀及有關證件，逾期不呈繳者，宣告其權狀證件無效。

四、耕地所有權人於呈繳土地所有權狀及有關證件，或其權狀證件經宣告無效後，應依本條例規定領取地價，逾期不領取者，依法提存。

依本條例第十三條規定附帶徵收之定著物及其基地，亦依前項規定之程序辦理。

第一八條　耕地經徵收後，其原設定之他項權利，依下列規定處理之：

一、地役權、地上權隨同移轉。

二、永佃權、典權、抵押權視為消滅。其權利價值由縣（市）政府按耕地所有權人所穫補償總額內，依股票債券之比率，於補償時代為清償，但以不超過該項地價之總額為限。

第三章　耕地放領及承領

第一九條　耕地經徵收後，由現耕農民承領，其依第十三條附帶徵收之定著物及基地亦同。

第二○條　承領耕地地價準照第十四條之規定計算，連同定著物及基地價額，並按照周年利率百分之四加收利息，由承領人自承領之季起，分十年以實物或同年期之實物土地債券均等繳清，其每年平均負擔以不超過同等則耕地三七五減租後佃農現有之負擔為準。但承領人得提前繳付一部或全部。獎勵提前繳付之辦法，由省府擬訂，報請行政院核定之。

第二一條　放領耕地之程序如下：

　　　一、縣（市）政府查明應行放領耕地之現耕農民，編造放領清冊。

　　　二、放領清冊經鄉（鎮）（縣轄市）（區）耕地租佃委員會審議，報請縣（市）耕地租佃委員會審定後，由縣（市）政府予以公告，公告期間為三十日。

　　　三、耕地承領人及利害關係人認為放領有錯誤時，應於公告期間內申請更正。

　　　四、耕地承領人應於公告期滿確定放領之日起，於二十日內提出承領申請，由縣（市）政府審定後，通知承領人限期辦理承領手續，繳清第一期地價。

　　　五、耕地承領人不按前款之規定辦理者，為放棄承領。

第二二條　耕地承領人辦竣承領手續後，縣（市）政府應即逐辦土地權利變更登記，發給土地所有權狀。前項土地權利變更登記免繳契約稅及監證費。

第二三條　現耕農民承領耕地後，政府為確保土地利用之改良及增加生產，應指定專款，設置生產貸款基金，低利貸予農民。

第二四條　耕地經承領後，政府應獎助承領人，以合作方式為現代化之經營。

第二五條　承領之耕地，因不可抗力致一部或全部不能使用時，承領人得層報省政府核准減免未繳之地價。省政府為前項之核准後，應按年彙報內政部備查。

第二六條　承領之耕地，遇重大災歉，經申請查勘屬實者，當期地價得暫緩繳付。但應於原定全部地價繳清年期屆滿後，就其緩繳期數依次補繳。

第二七條　實物土地債券到期之本息，由土地銀行就耕地承領人按期繳付之地價本息償付之。其有下列情形之一者，應於實物土地債券還本付息保證基金項下支付之：

一、耕地承領人經核定減免或緩期繳付地價者。

二、耕地承領人欠繳地價者。

前項基金之設置辦法，由省政府擬訂，報請行政院核定之。

第四章　限制及罰則

第二八條　耕地承領人依本條例承領之耕地，在地價未繳清以前，不得移轉。地價繳清以後，如有移轉，其承受人以能自耕或供工業用或供建築用者為限。

違反前項規定者，其耕地所有權之移轉無效。

第二九條　耕地承領人依本條例承領之耕地，在地價未繳清前，承領人不能自耕時，得申請政府收回，另行放領，並依其所付之地價一次發還。

第三〇條　耕地承領人如有下列各款情事之一者，除由政府收回其承領耕地外，其所繳地價不予發還：

一、冒名頂替矇請承領者。

二、承領後將承領耕地出租者。

三、承領後欠繳地價逾四月者。

第三一條　有下列情形之一者，由法院處三年以下有期徒刑：

一、以強暴脅迫或詐欺方法，妨害依本條例關於耕地之徵收者。

二、以強暴脅迫或詐欺方法，妨害依本條例關於耕地之放領者。

三、破壞依本條例應徵收之耕地，致不堪使用或生產力降低者。

四、毀損或遷移依本條例應附帶徵收之定著物者。

第三二條　耕地承領人逾期繳付地價時，依下列規定按當期地價加收違約金：

一、逾期未滿一月者，加收百分之二。

二、逾期一月以上未滿二月者，加收百分之五。

三、逾期二月以上未滿三月者，加收百分之十。

四、逾期三月以上未滿四月者，加收百分之十五。

逾期四月仍不繳付者，除移送法院強制執行外，依本條例第三十條規定辦理。

第五章　附則

第三三條　本條例施行細則由施行區域之政府擬訂，報請行政院核定之。

第三四條　直轄市市區耕地之處理，準用本條例之規定。

第三五條　本條例之施行區域，由行政院以命令定之。

第三六條　本條例自公布日施行。

（《中華民國現行法規彙編》，〈第四編·行政〉，頁 904－907。）

[2:1-16]　**雷正琪博士函爲公地放領事:**

　　　　　　　行政院秘書處函　　　　　臺四十一　(內)　五三一六
　　　　　　　　　　　　　　　　　　　民國四十一年九月二十日

受文者: 台灣省政府吳主席

一、奉交: 總統四十一年九月九日台統一申佳代電開:「據鍾華德代辦,
　　檢奉雷正琪博士爲公地放領事來函一件。茲將原函抄附, 希即交財
　　經小組詳細研討, 儘速擬具處理辦法報核, 退役士兵應准在台糖所
　　放之公地內承領, 希併交主管機關辦理爲要。」

二、奉諭:「將雷正琪博士來函, 抄送嚴部長、吳主席, 會商黃部長、張
　　部長研議具復, 俟原則決定後, 再交主管機關研擬放領之具體數字,
　　及退役士兵承領辦法。」

三、茲抄奉原函, 敬希　查照, 辦理見復, 爲荷!

四、本件分送財政部嚴部長, 台灣省政府吳主席, 內政部黃部長, 經濟
　　部張部長。

　　抄送雷正琪博士原函一件。

　　　　　　　　　　　　　　　　　　　行　政　院　秘　書　處

附件: 雷正琪博士呈總統函譯文 (九月十三日譯)

總統閣下:

　　前面陳有關台灣農村情形時, 對於數項土地改革之極重要問題, 尙
未盡所言, 即公有土地及其與土地改革之關係。

　　在一九五一年, 屬於中國政府之公地, 共計一八二、〇〇〇甲, 佔
所有可耕土地面積百分之二十一, 公營企業所有之公有土地佔一四五、
〇〇〇甲, 台糖公司即有一二二、〇〇〇甲, 佔公地之三分之二。

據個人之觀察，台灣之佃農極羨慕該項土地，政府爲各該公地之地主，佃農甚願取得該項土地，在佃農之目光中，台糖公司實與其他地主相等。此種情形，在土地少農民多之每一國家，均屬相同，台灣亦非例外。因此，農民均以爲政府之土地放領計畫，應自公有土地始，關於此點個人以對土地改革忠實擁護者之地位，深悉閣下對此項問題極感興趣，個人以爲政府應採取堅決政策，以公有土地盡量出售與佃農，使各公有企業，特別爲台糖公司，保有最低限度之土地，以適應其需要，此舉對農民及地主，顯示政府正全力從事土地改革工作，以物質上講來，可增加土地重行分配之畝數，以政治上講來，將取得台灣人之一致擁護，倘採取其他辦法，來處理公有土地出售問題，則對於政府之採取土地改革計畫之措施均將引起懷疑。

關於上述各點，個人不得不以在一九五一年五、六月，及一九五二年八月考察所得，比較上甚少公地出售與佃農之情形奉告，地方政府擬出售公地三六、〇〇〇甲，實際業已出售者計二八、〇〇〇甲，台糖公司擬出售者計二九、〇〇〇甲(台糖公司共有一二二、〇〇〇甲)，中約一七、〇〇〇甲業已出售，事實上台糖公司所擬出售之土地，大部地質甚劣，上述之情形，最近在台灣之考察，農民一致對台糖公司表示不滿，並對公地放領計劃，表示失望。

在一年以前，本人曾謂眞正之公地放領計畫，爲全部土地分配之里程碑，然因欲其實施，公營企業應較現在之實施狀況出售更多之土地，俾有較多之畝數，以適應現在台灣佃農之需要，並足保證全部土地改革之成功，有以上之情形，茲可陳明閣下，乃土地改革之第二步——公地放領，僅有一部份實施，倘上述各項意見，係屬準確，即公地放領之範圍能予擴大，並極力予以實施，則對經濟與政治，政府與人民，均有利焉。

本人並非擬以此問題，使　閣下有所困難，蓋欲實施　總統之主張，俾使孫中山先生之遺志，使中國耕者有其田能予完成也。並致敬意。

農業參事　雷　正　琪

（〈台灣省地政處檔，公營事業耕地放領，156.4／2〉，收入：《土地改革史料》〈下篇：遷台後時期〉〈貳、公地放領〉，台北：國史館，1988，頁 543－545。）

[2:1-17]　台糖原有接收土地面積

㈠台糖原有接收土地面積計

大日本製糖會社	二五、一四二甲
台灣製糖會社	五四、八一九甲
明治製糖會社	二三、九七九甲
鹽水港製糖會社	一七、四二二甲

共計一二一、三六二甲，每甲按〇‧九七計算折合為一一七、七二一公頃，並非如雷正琪氏所謂一二二、〇〇〇公頃。

㈡台糖已經交出之土地面積

台糖已經交出之土地，計三六年一三、〇八二公頃，本年三二、四七八公頃(附註一)，合計為四五、五六〇公頃，佔全部原接收面積三八‧七％，並非如雷正琪氏所謂僅交出二九、〇〇〇公頃。

台糖交出之土地，已由農人領去者計三一、八一九公頃，尚未領去者一三、七四一公頃，已領者佔台糖交出土地六九‧六％，亦非如雷正琪氏所謂大部份均為壞地，農人拒不接受。

　　至於尚未領去之土地，或因農人貪戀二五地租不願承領，或因水溝、道路、房屋基地無法獨留，或因好壞摻雜不易分割，並非台糖存心只將壞地交出。

㈢台糖現有土地之利用

台糖公司現有土地之利用分配計

1.自營農場	四三、七八五公頃	
2.放租土地	六、五三六公頃	
3.廠房倉庫	一、四三六公頃	
4.鐵道用地	一、九八八公頃	
5.農道溝渠	三、六八二公頃	
6.水源林地	一、四六〇公頃	
7.原野荒地	一三、二三四公頃	
共　　計	七二、一二一公頃	

　　台糖公司現有土地中，廠房、鐵路、農道、溝渠、林地、及原野等地，計二一、八〇〇公頃，均不能種蔗。可以種蔗之土地，僅自營農場及放租土地兩項，合計僅五〇、三二一公頃，佔原接收土地僅四二、八％。若放租土地亦交出放領，僅餘四三、七八五公頃，佔原接管土地二七・一％。

㈣台糖必須保留種蔗土地的理由

台糖必須保留土地的主要理由：

　　1.保障原料蔗苗供應

　　　　甘蔗因水份高，體積大，不能儲藏備用，又以生理轉化關係，蔗糖易失，收割後立須壓榨，因之甘蔗產地不能離工廠過遠，糖廠

原料供應，因此受時間與地域嚴格限制，不像小麥、棉花，可任意向外處購入。萬一糖價低落，農人不種甘蔗，不但糖廠所需原料甘蔗無處收購，而農人既未種蔗，將來糖價轉好，再欲種蔗，蔗苗亦不可得(附註二)。糖廠爲把握原料，及保障蔗苗供應，所以必需自有土地種蔗。

2.減少糖廠賠累負擔

收購農人砂糖，按現在糖米保證價格計算，每噸計賠台幣七百餘元，若將來米價仍漲，台糖外匯官價不能調整，台糖賠累益將增加。而現在一比一糖價保證，農人尙嫌過低，不願種蔗，台糖爲減低砂糖成本，所以不得不有土地種蔗，以免收購賠累過大，不勝負擔。

3.提高甘蔗單位產量

台灣種植甘蔗之土地面積，現受政府嚴格限制，不能任意擴充，糖廠所需原料甘蔗，只有在限定面積以內，努力提高單位產量。但此項努力，在農人方面因戶數過多，每戶植蔗面積太小，收效甚難，爲利用近代生產技術，提高甘蔗單位產量，領導農人改進，所以台糖必須自有植蔗土地。

㈤台糖對於現有土地的意見：

1.公司現有自營農場，及農導溝渠，全部土地必須保留。

2.廠房、倉庫、鐵路、水源、林地必須保留。

3.公司剩餘放租土地，雖經政府核准，因其面積集中，由公司保留，以便指導蔗農改善經營，但亦可交出放領，唯希望由政府規定，承領農人必須集中植蔗，以便推行近代農業技術增產。

4.公司現有之原野、荒地，全部亦可放領，由農人承墾，若農人不願承墾，可交由國防部利用士兵開墾。

附註一： 包括公營事業耕地調查小組查定準備第二期劃出之面積。

附註二： 本省三五及三六兩年期之事實糖產量大減足資證明。

（〈台灣省地政處檔，公營事業耕地放領，156.4／2〉，收入：《土地改革史料》〈下篇：遷台後時期〉〈貳、公地放領〉，台北：國史館，1988，頁 546–549。）

[2:1-18]　台糖公司土地放領，須俟行政院通盤考慮後決定

中國農村復興聯合委員會代電　　　　農四十一字第三三九〇號

民國四十一年十月廿二日

收文者： 台灣省民政廳地政局

一、茲據台南、雲林、嘉義等四縣市暨所屬鄉鎮農會負責人，九月四日聯合申請書四件，略開：

　　㈠擁護政府扶植自耕農政策——政府為提高佃農雇農之生活，自三十八年來實行「三七五」減租，繼而辦理公地放領計畫，全縣農民感戴德政。又聞自明年一月一日起實施扶植自耕農政策，實現國父平均地權「耕者有其田」之遺教，謹代全縣農民竭誠擁護，並請早日實施。

　　㈡請將台糖公司公地放領，以改善雇農生活——查台南、雲林、嘉義縣內有九、四、三個糖廠，日據時代經強制收買或拂下公地約一〇、〇〇〇；七、七〇〇；五、〇〇〇餘甲，計佔全縣耕地面積之二・〇、〇・九、〇・六成，現本省光復已歷六年以上，地區仍採取雇農制度，工資低廉，雇農數萬生活困苦，擬請政府將台糖公司之公地，除留一部份品種改良必需用地外，全部解放由農民承領，以符土地政策而孚民望，等情。

二、查台糖公司係本省大工業之一，每年輸出所得約佔全部外匯百分之

七十，台糖公司之土地應否劃出放領，與該公司本身之經濟基礎有
關，仰且牽涉國家經濟政策問題。是以如何使土地政策與經濟政策
兼籌並顧，相互配合，似須俟行政院通盤考慮後決定，本會未便擅
作主張。

三、除將原申請書各件留存，並將本電副本分送行政院、經濟部、台灣
省政府、台糖公司暨台南市、台南縣、雲林縣、嘉義縣等農會，轉
知其他各連署農會外，相應摘錄案由，轉請貴局核辦見復為荷。

中國農村復興聯合委員會

（〈台灣省地政處檔，公營事業耕地放領，156.4／2〉，收入：《土
地改革史料》〈下篇：遷台後時期〉〈貳、公地放領〉，台北：國史
館，1988，頁 551－552。）

[2:1-19]　福建龍巖的土地改革：

福建龍巖區之實施土地改革，第一次在民國十八年中國共產黨佔領
該區之時期。共黨佔領該區後，即宣佈一項激進之土地改革方案，將私
有耕地武力沒收，分配農民。此一方案所採取之步驟，大略如下：㈠凡
龍巖區內一切地主富農，所有之耕地以及私有之祭祀田產，一律無償沒
收，分配于貧農，雇農、佃農及赤衛隊耕種。㈡分田以鄉或村為單位，
以每鄉或村之面積，除以該鄉村合格農民之人數，即為每一農民所分配
之土地面積。㈢每鄉村中之合格農民，不問年齡性別，各獲得面積相等
之土地乙份。㈣分田時土地依肥瘠分為三級，抽肥補瘦，抽餘補不足，
以求分配之平允。此一計劃，共黨曾在三年內全境努力實行。僅有三個
鄉為當地人民反對，未曾波及，其他毗鄰六縣之土地，亦略受此項改革
之影響。

二十一年政府軍收復龍巖，業佃間為各保已得利益，曾一度發生混

亂。福建省政府爲調和法律與實際情形之需要，乃決定一項新改革方案，該方案以有耕作能力之農民及其家屬人數爲標準，凡地主之有耕作能力者，得優先收買其原有之耕地。此第二次之土地改革方案，即爲上海以抗日聞名之第十九軍所主持。斯時該軍駐防福建，企圖建立政府，叛亂中央。

十九路軍土地改革之主要內容，除承認共黨已分之田地外，係將縣境內之土地，不分性別職業年齡重行分配于一切居民，即所謂計口授田。授田之步驟如下：㈠分田以村爲單位，每一人民所得之土地面積，係以該村人口數除該村土地面積所得之單位面積。㈡每一居民不分性別、職業年齡均分得一份土地，公務人員及出外經營工商業之當地居民應得之地，名爲「留田」，由地方政府撥其家屬耕種，或其他有耕作餘力之農民耕種。㈢所有收成，除繳納田賦及百分之二農村建設基金外，歸代耕人所有。土地一經分配，不准抵押買賣。㈣爲調劑人口與土地之供求相應起見，每年舉行人口之出生死亡及婚姻登記。凡死亡或出嫁時，死者或出嫁者應得之土地由政府收回授予出生者或婚嫁者。如收回之土地不敷分配時，則根據出生或婚嫁之先後挨次分配。

此項土地計劃于二十一年十一月實施，而于二十三年六月因十九路軍叛亂中央，爲政府軍所消滅而結束。龍巖境內受此項土地改革方案影響之區域計有八鄉，但因當時缺少精確之戶籍與地籍紀錄，故十九路軍此項分田成果，并不良好。

以上共黨與十九路軍兩次土地改革方案，內容雖均甚激進，但皆未能于該區內建立一公允良好之土地制度。共黨之土地改革，注重勞工階級利益，誤解社會公道原則，致使其他部份人民之地權，均被剝奪。十九路軍不分職業之計口授田，使土地租佃制度得繼續存在，地主仍能有剝削佃農之機會。兩項計劃于理論事實上，既均不健全，故改革後曾引

起社會之紛亂，農地生產之衰落及業佃間之仇視狀態。

民國二十四年十九路軍叛變敉平，中央政府經由地方政府之設計，乃于龍巖實施一項恢復業權之計劃，由當地政府舉行土地登記及規定租額，以求恢復改革前之地權狀況。此一計劃實際係在業佃雙方爭執之狀況下執行。業主則以法律爲根據，脅迫農民撤佃，佃農則以佔田拒租相對抗。相持數年，此項恢復業權計劃之實施迄無成就。

至民國三十二年福建省政府乃通過扶植自耕農辦法，以解決龍巖區內之土地問題。該辦法規定所有該區內農民，耕種之農地均准由耕作人備款向地方政府收買爲自有農地。同時不自耕之地主應將所有土地出售與政府，由政府給付地價。其所採程序如下：㈠一切私有農地由地方政府實施征收，分配農民耕種。㈡每一農民可分得若干標準畝（每年能產稻谷二市擔爲一標準畝）其數量以村人口與村土地面積除得之。㈢每一四口之農戶可得若干標準畝，超過四口之農戶，得比例增加分田面積。㈣分得土地之農民應將地價繳與政府，政府以此項地價搭配土地債券償還地主。地價係以過去三年之平均租額或年收穫量之二倍半，分期于十年內償清。㈤地主得將土地直接移轉于原佃農，雙方自行交易。

前項土地改革計劃，于不顧各方之反對下，于民國三十二年開始實施，三十六年冬全部完成。征收分配之土地達二六二、四五八畝，創設之自耕農，達三二、二四二戶。每一農戶分得之土地，最高面積爲二十畝，最小面積爲十畝，除若干公地（計五、八一三畝）由地方政府出租耕種外，龍巖境內已無佃農存在。

龍巖此次土地改革之成功，一部份原因當歸功于過去兩次之土地改革。過去兩次之土地改革，雖未能完全成功，但已將業佃之地位與關係予以甚大之變動。佃農變成實際上之業主，業主則變成名義上之所有權人，非將雙方利益予以調整，則此一僵持局面即無法解決。三十二年龍

嚴之土地改革方案，即避免共黨沒收土地之方法，而于分配土地時，予地主以相當補償。一方面則改正十九路軍不問有無耕作能力，一律計口授田之弊，于是業佃間之糾紛乃獲得解決，耕者有其田之政策始告成功。

　　福建第七行政督察區鑒于龍巖實施土地改革之成功，乃于三十八年一月間向本會提出其他六縣之土地改革計劃。龍巖縣政府爲保持其土地改革之成果，亦向本會提出龍巖縣之農村建設計劃，兩項計劃經本會核准補助後，乃加強實施。爲保證新計劃之順利執行起見，本會復請福建省政府保證該區專員及六縣縣長之任期以便澈底實施此項計劃。

　　至於土地改革之主要內容大體如下：凡六縣境內一切私有而不自耕之耕地，一律由地方政府實施征收，出賣于需要土地之自耕農民，而由購地農民將地價一次或分期向政府繳納。承買土地之優先次序如下：㈠原耕地之佃農，㈡在役軍人之家屬，㈢願從事自耕之地主，㈣自耕農佃農雇農之無地耕種者。土地承買後，所有一切使用方法與移轉均須受政府之管制。爲執行此方案，第七區及區內各縣鄉鎮保均設立地政機構。除估計地價，給付地價方法略異，土地調查省去外，其餘大體與三十二年龍巖之土地收（編者按：「收」應爲「改」之誤）革方案相同。

　　前項方案于三十八年一月實施，數月後成果開始顯著，至五月底止，上杭之三鄉與永定之二鄉已完成土地分配工作，另有其他六鄉則正在準備分配。就已完成分地工作各鄉成果分析，計所分土地達七七、四四一畝，創設之自耕農達七、八八一戶。工作成果之迅速，得力于地方官吏率先領導分田之功甚多。蓋官吏以身作則，一般地主均聞風景從也。

　　（《中國農村復興聯合委員會工作報告》，37／10／1－39／2／15，頁 41－43。）

第二節　農復會與農民組織的改革

[2:2-1] 光復初期的農會與合作社的改組及合併:

　　日本投降以後，台灣歸還中國，中國政府乃取銷往時政府直接管制農會之制度，並將農會交付農民，以為農會之中，應由民主替代政府之集權主義。其用意雖善，惟惜農民自身初無執行農會各種活動之能力，因而於三十六年間復置農會於政府監督之下，而分化為農會與合作社二種機構，前者由省民政廳農林處管轄，後者則由省社會處管轄，然而此種劃分，非僅有名無實，且因一般之經費缺乏與人員不足，徒增紛亂與磨擦。向為各農會主要經費來源之會費，政府補助與事業收入，在中國接收台灣之後，均已名存實亡。由於經費之不足，戰後縣農會之職員人數僅為戰時之十二分之一。農會前此之兩大業務，即農業推廣與農產販賣，均已不能繼續經營。其後政府雖自辦農業推廣工作，而農產之販賣與農會其他一切業務，則均大形減退而日趨艱難。農會遂轉變方向，專從提高放款利率，縮小業務範圍，而於其所能運營之極少量業務之中，提取極高之利潤。放款利率由每日 0.21% 提高至 0.35%，佣金由 0.33% 提高至 10%，甚至 100% 以上。事實上農會已步入最惡劣之商業方式，而遠非所以裨益台灣農村發展之機構矣。

　　三十八年初本會各委員與專家訪台之際，發現各農會組織前此之經費來源如強迫徵收之會費，政府補助與各項事業收入，均已不復存在。日人技術人員遣送回國，與多數台籍技術員工之轉業，造成農會技術人員之極端缺乏。於戰後紛亂環境之中，失去技術人員，遂使各農會，匪特不能正常執行各種農業技術之改進工作，甚且超越常軌，轉而經營與

農業無關，與農民福利亦無裨無益之不正當商業。政府方面不幸亦有若干部門以爲農會之組織，不過爲達到政治目的如爭取選票之純政治工具而已，殊不知一切農業方法之改良，與農村福利之推進，均可通過此一組織而順利推行以至於勝任愉快者也。

本會爲矯正此種惡劣情勢，逐漸以各種有關農業技術改進，土地改革，農田水利，農村衛生等一切計劃，付予農會執行，旨在扶持此種人民團體使其漸能自力更生。

三十八年年初就任台省主席之陳誠將軍，在本會建議下以極大決心貫徹此一合併改組之計劃。並指定省農林處草擬合併改組之詳細步驟。本會除給予各種技術上協助外，尤於次列三事鄭重提請注意：即一、新農會之活動範圍與任務必須妥爲規定，務使在新環境中能有適合其新責任新工作之方案，二、農會之正當經濟來源必須恢復加以保障，三、對於農會人事之管理，農會各種設備之運用，與各農會業務之管理法規等，政府均不容稍予忽視。

此一改組合併工作，爲僅次於土地改革之另一重大社會改革，受其影響者不下全台人口之半，或三百五十萬人以上，謂爲本會所促成最重要社會改革之一大事，當非過言。其改組合併所需時間亦較冗長，蓋此一更張，關係甚多人民，關係諸多團體，關係若干政治黨派與農村中各種經濟階層。計劃之釐定與法令之擬制，費時幾歷五個月，直至三十八年七月省府始公佈〈台灣省農會合作社合併辦法〉及〈台灣省農會與合作社合併辦法實施大綱〉。

政府爲實現此項合併計劃，於同年七、八月間舉行全省農民組織之調查。由省府財政農林兩廳首長，嘉義農會代表及本會代表四人合組一七人調查委員會。其調查經費概由本會補助。參加機構均能充分合作，至八月上旬調查工作完成。共計費時三百日/人之野外調查與一二六鄉鎮

農會之實地訪問，其結果經編成報告書並作次列之建議：

　　一、農會與合作社應及早合併新農會應爲唯一之農林推廣機構；

　　二、提高新農會所有農業人員之水準；

　　三、加強與農業推廣及改善經濟生活有關之各種活動；

　　四、增加各級農會之經濟收入。

　　調查報告中其他建議尚多，惟因並無具體進行辦法如經費預算工作日程及足夠之技術人員，遂使此類建議均未見諸實施。

　　改組合併工作之推進，係由次列各機關分工合作，茲臚舉其職掌如次：

機　構	職　掌
甲、省農林處	1.負推行此項計劃之全責； 2.監督全省各地改組工作之進展。
乙、各縣市政府	1.於各管轄縣市區內負監督推行此項改組合併工作之責； 2.分派指導人員赴各鄉鎮督導此項改組合併工作。
丙、鄉鎮農會會員 　　資格審查委員會	1.審查各地農會會員資格。

　　省及縣市政府第一任務，乃訓練數約三百之指導員分赴各鄉鎮區推進各鄉鎮以下農會與合作社之改組合併工作。此三百餘名指導員之訓練，由八月二十九日起至九月十七日完竣，並於十月十日出發督導改組。會員代表由最低層起至省級之農會止，分層分級，由下而上，均由會員選出。進而分級集會，選出各該級農會之理監事，及上一級農會之會員代表，最後由各縣市出席省農會之會員代表選出省農會之理監事，更由各理監事之中互選理事長及常務理監事，至此，機構上人事之改組，乃告

完成。

三十八年七月一日陳主席請本會補助經費俾實現農會與合作社之合併改組計劃，本會立即撥付美金二二、○三‧二五元分於十月一日與十一月一日兩次撥付補助政府實現此項計劃。本會並派專家一人，前赴各改組工作進行之地區實地勘驗改組工作，是否切實依照政府之規定辦理，發現有不正常之行為時，此一視察人員，立可向本會提出報告，並由本會建議政府改正。

本會規定凡非真正代表農民之農會，即無資格享受本會補助。由此可見各級農會是否能代表農民一點，極為重要。為使農會整個制度能趨向民主化，特訂立一種辦法，即於理監事會之外，另由會員選出若干出席上級農會之會員代表，此種相輔而行雙重代表制度並規定理事監事與會員代表之中至少須有三分之二為佃農及自耕農，其他資格至多不能超過三分之一。會員代表之選舉，先由各村里農事小組選出，每農戶僅可有會員一人。各小組之會員選出出席鄉鎮農會之會員代表，再由鄉鎮農會會員代表大會選出出席縣市農會之會員代表，此一計劃為本會農業生產組組長錢天鶴氏所創制，經由本會核准實行。本會並派錢氏代表委員會視察改組計劃之執行，並奉命研討新農會可能發展之各種活動，向省農林廳說明本會對各事業之補助，全視各事業本身之是否值得支助而定。

實際改組合併工作始於三十八年九月中旬，於全省四、九○三農事小組中開端，至十月六日改組合併工作於本省三一七鄉鎮區農會中開始，縣市農會與合作社之合併改組工作則至十一月五日方行開始，而省級之改組合併工作至十二月四日開始，至翌年一月六日始告完成。於七○七、六八一舊會員之外，新農會中加入一四、五三七新會員，故會員總額在新農會中為七二二、二一八戶，其分佈情形如下：

　　　30.67%　　　　代表自耕農

36.62%　　　代表佃農

3.51%　　　代表雇農

0.22%　　　代表農學校畢業生

0.09%　　　代表農場員工

28.80%　　　代表其他

各級新農會選舉之結果見表一。十一月下旬本會農業生產組錢組長視察全省農會並參加九處農事小組之成立大會，三處鄉鎮農會之改組大會，對各地農民所表現之熱誠與合作精神，印象甚爲深刻。全省四九○三農事小組中平均每小組約有農戶一百至二百戶，參加改組大會之出席人數平均爲預定出席人數百分之七十五，有高至百分之九十者。遙領土

表　一

會員代表	全省	自耕農	佃農	雇農	農學校畢業生	農場員工	其他	未分類
農事小組	100%							
會員代表	16.045	38	46.7	0.2	1.3	0.1	11.89	1.6
鄉鎮區農會	100%							
會員代表	1.167	32.5	40.3		6.5	0.3	20.4	
縣市農會	100%							
會員代表	121	19.01	38.02		16.53		26.44	

職員	全省	自耕農	佃農	雇農	農學校畢業生	農場員工	其他	未分類
農事小組組長	100%	58.25	31.98	0.2	1.2	0.08	8.29	
鄉鎮區農會理事	100%	37.68	38.33	0.42	4.08	0.2	19.28	
縣市農會理事	100%	28.49	40.41		8.72		22.38	
省農會理事	100%	19.05	33.33		19.05		28.57	

（《中國農村復興聯合委員會工作報告》,37/10/1-39/2/15, 頁 62-65）

地之大地主均已不復成爲負責會員，各農事小組之職員計有組長副組長及若干會員代表均爲所在鄉鎮區農會之當然會員。各小組之每一會員均有選舉小組職員之權利。選舉之前由二會員提名候選人由各會員以不記名投票方式選舉之。爲減少選舉被人操縱並避免一黨一派把持農會，法規上特予規定，理監事及會員代表中三分之二以上須爲佃農及自耕農。雇農參加此類改組大會者甚屬少見，或由於忙碌，或由於伊等對此種改選不感興趣。爲向全省宣傳此項改組合併工作之意義與辦法，並定十月四日至十日爲宣傳週，在宣傳週以前，鄉鎮農會之改組工作即已開始，

[2：2-2] 至日本投降前台灣各級農業會之內部機構及業務分掌：

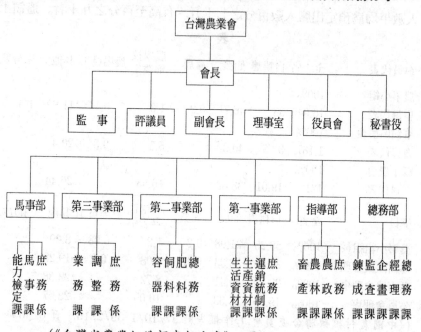

（《台灣省農業組織調查報告書》，頁 12，油印未刊本。）

至十一月五日各縣市農會之改組工作均已開始。

[2:2-3]　　光復以後農會組織：

　　民國三十四年台灣光復後，農會組織在此短促之四年期間，無論在隸屬體系組織及人事各方面，均起重大之變遷。茲逐項簡述如下：

(1)隸屬及體系

　　光復之初，台灣農業會由台灣行政長官公署農林處派員接收，組織「全省各級農業會研究整理委員會」著手準備改組，至民國三十五年四月二十日，依農會法由原日治時代之各級農業會改組爲各級農會。

(2)組織系統

光復後台灣農業會改組爲各級農會迄今組織系統如下：

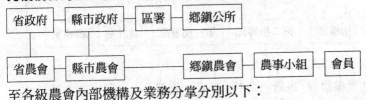

至各級農會內部機構及業務分掌分別以下：

　　三十六年台灣省社會處成立農會，改隸於社會處，而農林處仍爲其事業指導機關，今年省府會議決定農會復改隸於農林處，在組織體系方面亦迭起變更：(甲)改組之初決定農會繼承原有農業會之機構及業務；(乙)後爲適應內地合作社與農會分立之成例，使農會之經濟部門從各級農會組織內劃分而隸屬於合作管理會監督指揮之合作社；(丙)民國三十七年三月，公佈農會及合作社聯體運營辦法，本年七月十九日復公佈

(1)省農會

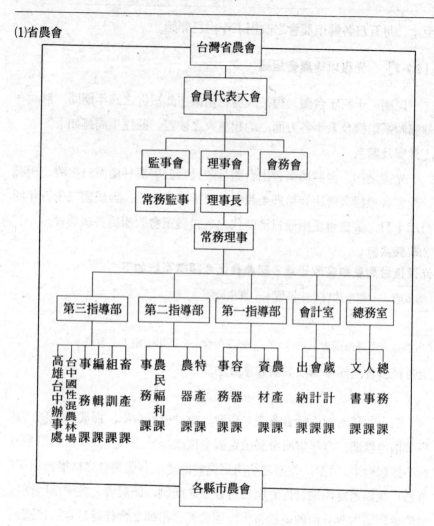

(2)縣市農會

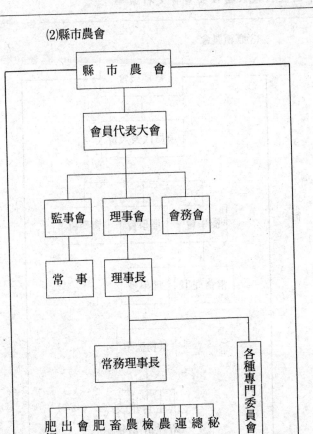

縣 市 農 會

會員代表大會

監事會　理事會　會務會

常　事　理事長

常務理事長

各種專門委員會

肥飼料配合課　出納課　會計課　肥料課　畜產課　農產課　檢驗課　農政課　運輸課　總務課　秘書

各鄉鎮農會

(3)鄉鎮農會

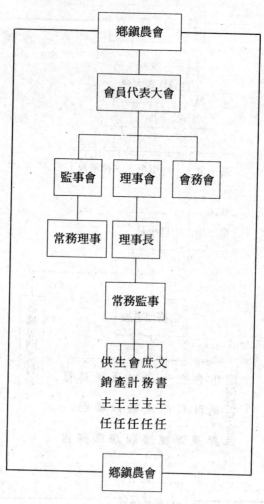

農會及合作社合併辦法實施大綱，農會與合作社又根據法令聯結於同一體系之下。

(3)經費來源

　　茲以省農會三十五收支數字為例，收入部分共計八三五、〇三三元，基金部來自經濟業務之收入及原有財產之生息。由此可見，如將農會之經濟業務基礎加以破壞，則農會經費即步步入絕境。支出部分以指導事業經費為最多計三、一八一、二三〇元，幾為總收入三分之一。

(4)會員及工作人員

　　光復後台灣省農會會員在三十七年共有五七三、〇九三人，至農會工作人員可列表如下：

1.	省農會	106人
2.	台北縣農會本部及所屬市鄉鎮農會	443人
3.	新竹縣農會本部及所屬鄉鎮農會	442人
4.	台中縣農會本部及所屬鄉鎮農會	418人
5.	台南縣農會本部及所屬鄉鎮農會	583人
6.	高雄縣農會本部及所屬鄉鎮農會	414人
7.	台東縣農會本部及所屬鄉鎮農會	40人
8.	花蓮縣農會本部及所屬市鄉鎮農會	72人
9.	澎湖縣農會本部及所屬鄉鎮農會	18人
10.	台北市農會本部	7人
11.	基隆市農會本部及所屬各區	13人
12.	新竹市農會本部及所屬各區	37人
13.	台中市農會本部及所屬各區	38人
14.	彰化市農會本部及所屬各區	48人
15.	台南市農會本部及所屬各區	51人
16.	嘉義市農會本部及所屬各區	20人
17.	高雄市農會本部及所屬各區	32人
18.	屏東市農會本部及所屬各區	40人
	合　　　計	2,832人

由上可知，各級農會工作人員總數為二千八百三十二人，農林處派赴各縣實際擔任督導農會人員六人，與日本投降前全省農業會各基層指導人員及實際職員二〇、二八二人之數字相較（當時僅台南州農業會即有職員八四四人，其中技術人員二一〇人），實足令人汗顏。

（《台灣省農業組織調查報告書》，頁 17-19， 油印未刊本。）

[2:2-4] 台灣農會之調查研究：

第九表　台灣省各鄉農會理監事分類百分比

縣別	調查總農數	理事(%)					監事(%)				
		地主	自耕農	半自耕農	佃農	其他職業	地主	自耕農	半自耕農	佃農	其他職業
台北	20	41.6	28.7		8.1	21.6	44.6	23.0		4.7	27.7
新竹	18	46.7	41.0		2.2	10.1	44.4	31.5		5.6	18.5
台中	11	40.1	49.6	5.1	3.1	2.1	15.1	72.7		6.1	6.1
台南	24	37.0	53.6	0.9	0.9	7.6	26.2	60.0		1.5	12.3
高雄	21	31.6	50.5		6.3	11.6	26.5	51.6		7.8	14.1
台東	3	30.5	13.0		47.8	8.7	33.3	11.1		22.3	33.3
花蓮	3	50.0	8.4		29.1	12.5	66.7	11.1		11.1	11.1
總計及平均百分比	100	39.7	34.9	0.9	13.9	10.6	36.7	37.3		8.4	17.6

[2:2-5]　台灣省政府對於台灣農會改組之措施及調查委員會之建議事項：

（甲）台灣省政府決定農會與合作社之合併與改組：

省府於七月十九日公佈「台灣省農會與合作社合併辦法實施大綱」，並於八月六、七兩日在省府召集省府首要人員、所屬各機關首長、各縣市長及社會熱心人士，舉行農會與合作社合併改組座談會，所獲較重要之結論為：合併改組工作限於三十八年十二月十日以前辦理完竣；合併改組所指導人員由各縣市政府就現有人員中遴選並加以訓練充任之；農會改選方式由下而上，自村里小組而鄉鎮農會，而縣市農會以至省農會；強制佃農僱農入會；理監事及各級農會代表之人選，佃農與僱農應各佔

第十表　台灣省各鄉鎮農會三十七年度理監事會舉行次數比較表

縣別	調查總農數	理事會次數各組農會數								監事會次數各組農會數							
		未開	一次	二次	三次	四次	五次	五次以上	未詳	未開	一次	二次	三次	四次	五次	五次以上	未詳
台北	20		1	1	4	5		7	1	2	1	4	5	1		6	1
新竹	18		3	2		2	5	6			3	2	2	2	4	7	
台中	11			2		3	1	4			3	1	2	2	2		1
台南	24				5	1		15			7	2	5	2		8	
高雄	21	1	1	3		3	2	11		1	1	4		4		8	
台東	3	2				1				2				1			
花蓮	3				2			1						1	1	1	
總計	100	3	5	8	9	19	10	44	2	3	16	10	11	17	10	30	3
百分比		3.0	5.0	8.0	9.0	19.0	10.0	44.0	2.0	3.0	16.0	10.0	11.0	17.0	10.0	30.0	3.0

第十一表　台灣省各鄉農會三十七年度理事會討論重要問題分析表

縣別	調查總農數	討論下列重要問題之農會數										
		改選事宜	選聘職員	徵收會費	配售品處理	借貸款問題	增進業務	增加設備	薪金問題	分配獎金	會員福利	本年預算及業務
台北	20	4	4	3	3	12	4	5	3	1	1	
新竹	18	5	2	5	4	8	9	6	2	2	7	
台中	11	4	1	1	7		3		2			4
台南	24	3	1	8	8	6	10	8	3	1		
高雄	21	2		1	7	5	5	3				
台東	3	1					1					1
花蓮	3						3	1				
總計	100	19	8	19	41	31	35	25	13	4	9	5
百分比		9.5	4.0	9.5	15.5	16.0	17.5	12.5	6.5	2.0	4.5	2.5

第十二表　台灣省各鄉農會最近五年會員人數及其百分比（百分比以台東縣以 35 年爲 100，其他各縣以 34 年爲 100）

縣別	調查農會總數	34年		35年		36年		37年		38年	
		平均人數	百分比	平均人數	百分比	平均人數	百分比	平均人數	百分比	平均人數	百分比
台北	20	1,702	100.0	1,739	102.2	1,837	107.9	2,087	122.6	2,122	124.8
新竹	18	1,623	100.0	1,612	99.3	1,726	106.3	1,915	118.1	2,116	130.4
台中	11	1,287	100.0	2,265	103.4	2,340	102.3	2,370	103.6	2,381	104.1
台南	24	2,785	100.0	2,634	94.6	2,591	93.0	2,666	95.7	2,664	95.7
高雄	21	2,081	100.0	2,032	97.6	1,983	95.3	2,062	99.1	2,170	104.3
台東	3			523	100.0	575	109.9		111.9	849	162.3
花蓮	3	875	100.0	948	108.3	1,051	120.0	1,297	148.3	1,520	173.7
總計及平均	100		100.0		100.8				114.2		127.9

第十三表　台灣省各鄉農會業務職員人數比較衰

縣別	調查農會總數	有下列各級職員人數之農會數					
		5人以下	5至7人	8至10人	11至13人	14至16人	16人以上
台北	20	1	6	2	2	6	3
新竹	18	2	6	4	3	1	2
台中	11	7		1	2		1
台南	24		4	7	9	3	1
高雄	21	3	4	6	4	2	2
台東	3	2	1				
花蓮	3		1	1	1		
總計	100	15	22	21	21	12	9
百分比		15.0	22.0	21.0	21.0	12.0	9.0

第十四表　台灣省農民耕地廣狹比較表

縣市別		台北縣市	新竹縣市	台中縣市	台南縣市	高雄縣市	台東縣	花蓮縣市	彭湖縣	總計	百分比
0.5甲以下	戶	31,873	18,516	41,755	53,597	26,742	1,644	3,969	8,327	186,423	43.22
0.5甲以上 未滿1甲	戶	12,794	8,371	18,650	31,715	11,831	1,133	2,283	3,292	90,024	20.87
1甲以上 未滿2甲	戶	10,525	8,440	14,787	26,061	9,421	1,163	1,948	1,806	74,151	17.19
2甲以上 未滿3甲	戶	4,465	4,554	6,139	11,480	3,715	644	729	388	32,114	7.44
3甲以上 未滿5甲	戶	3,292	4,142	4,524	8,108	2,777	580	705	110	24,238	5.62
5甲以上 滿7甲	戶	1,396	1,945	1,730	3,228	1,077	196	209	20	9,801	2.27
7甲以上 未滿10甲	戶	891	1,299	1,089	1,944	767	117	101	2	6,210	1.44
10甲以上 未滿20甲	戶	796	1,327	1,001	1,493	671	57	67	4	5,416	1.26
20甲以上 未滿30甲	戶	202	359	268	441	177	12	30	－	1,489	0.35
30甲以上 未滿50甲	戶	117	187	188	226	107	10	10	－	845	0.19
50甲以上 未滿100甲	戶	43	92	86	108	42	3	9	－	383	0.09
100甲以上	戶	30	41	58	70	37	8	8	－	272	0.06
合計	戶	66,379	49,273	90,275	138,491	57,364	5,567	10,068	13,949	431,366	100.00

見三十六年台灣農業年鑑——台灣省農林處統計室出版。

第十五表　台灣省各鄉農會業務職員學歷比較表

各級程度之職員數

縣別	調查農會總數	小學以下程度	小學程度	中學程度	職業學校程度	專科或大學程度	未詳
台　北	20	3	178	24	18		
新　竹	18		113	19	24	1	2
台　中	11	1	41	22	9		
台　南	24	5	150	31	70	5	
高　雄	21	1	144	25	20	7	1
台　東	3		4	2	1		
花　蓮	3		18	7	2		
總計	100	10	648	130	144	13	3
百分比		1.1	68.3	13.7	15.2	1.4	0.3

第十六表　台灣省各鄉農會業務職員待遇比較表

各組月薪數額之職員數(新台幣：元)

縣別	調查農會總數	50以下	50-74	75-99	100-124	125-149	150以上	未詳
台　北	20	3	42	63	59	19	10	4
新　竹	18	17	18	61	41	14	8	1
台　中	11	2	19	39	8	5		
台　南	24	14	73	74	74	10	13	3
高　雄	21	18	52	56	42	7	11	12
台　東	3	1	2	2	1	1		
花　蓮	3	5	2	5	8	1		
總計	100	60	208	300	233	57	42	20
百分比		6.5	22.6	32.6	25.3	6.2	4.6	2.2

第十七表　台灣省各鄉農會業務活動比較表

縣別	調查總農會數	推廣種籽	配售化肥*	配售豆餅	推廣牲畜	交配種猪	作物病蟲防治	家畜防疫	其他	信用	供銷	運銷	公用	利用	加工	倉庫	其他	醫藥衛生	教育訓練	其他
		農業推廣								經濟活動								會員福利		
台　北	20	3	18	15	7	6	2	6		15	20	5	2	9	11	5	4	2	2	2
新　竹	18	16	18	13	6	2	9	13	3	15	17	5	2	9	10	3	1	1	1	3
台　中	11	8	8	4				3		9	10	5	3	6	4	6	2		1	
台　南	24	9	24	17	5	1	1	6	1	24	24	8	1	15	13	8	3		1	2
高　雄	21	5	20	12		1	2	5		21	21	5	1	9	7	9	1		1	
台　東	3		3							1	1									
花　蓮	3	1	3				1			3	3	3	1	3						
總　計	100	42	94	61	18	10	15	33	4	88	96	32	10	50	45	31	11	3	6	7

表頭：有各種業務活動之農會數

*因調查時所配給之化學肥料尚未運到故未及配售。

第十八表　台灣省各鄉農會三十七年度收益與支損平均百分比

縣別	調查總農數	會費	生產	運銷	加工	利用	供銷	公用	倉租	副產	利息	手續費	其他	管理費	業務費	其他
		收益（平均百分比）——業務收入												支損（平均百分比）		
台　北	20	0.8	2.2	4.8	8.3	4.2	53.0		1.7	0.1	9.1	7.2	8.6	66.7	33.3	
新　竹	18	5.4		3.3	5.8	8.6	43.1		1	1.3	7.6	8	15.9	78	21.4	
台　中	11	17.4		17.4	2.5	1.9	24.5	0.1	2	5.8	11.1	9.3	8	77.3	20.7	
台　南	24	4.2	1.6	2.6	4.4	2.5	37.1		3		20.3	10.9	12.1	77.9	22.0	
高　雄	21	5.9	0.5	6.4	1.9	9	42.0		4.9	0.3	16.1	5.5	7.5	75.5	24.0	
台　東	3				14.8	27.7			42.2		11.7	0.6	3	80.7	19.3	
花　蓮	3					4.4	53.1				23.6	10.9	8	78.7	19.9	
總百分比		4.8	0.6	4.9	3.3	6.5	40.1	0.1	7.8	1.3	14.2	7.5	9.0	76.4	22.9	

第十九表　台灣省各鄉農會重要設備比較表

縣別	調查會總農數	有各種重要設備之農會數						
		倉庫	碾米機	穀機	豆餅碎搗機	搓繩機	農場	其他
台　北	20	20	17	16	6	1	2	9
新　竹	18	18	14	13	2	2		5
台　中	11	10	7	8	5	1		3
台　南	24	24	20	9	1			2
高　雄	21	18	12	6	4	1	1	1
台　東	3	2						
花　蓮	3	3	1	1			1	
總計	100	95	71	53	23	8	2	21

第二十表　台灣各鄉農會倉庫利用情形比較表

縣　別	調查農會數*	倉庫利用情形		
		倉庫容量(公斤) (平均數)	現存量(公斤) (平均數)	現存量佔倉庫容量百分比
台　北	8	1,317,000	409,419	31.1
新　竹	6	222,000	31,000	14.0
台　中	2	576,000	47,500	8.3
台　南	3	1,622,718	41,361	2.6
高　雄	2	475,000	61,132	13.0
總平均及百分比		842,543.6	118,082.4	14.0

　　＊本表因調查材料多不齊全，僅採用二十一農會資料

（〈台灣省農業組織調查報告書〉，頁 21－26，油印未刊本。）

三分之一，新理事長必須符合眞正農民之資格；改組所需旅費由省府農林處核定發給。

　　(乙) 本調查委員會對於農會改組後之建議事項：

一、確定農會爲本省一元化之農業推廣機構：

　　今後各農林試驗機關研究所得結果或育成之原原種，以及各公營農林企業機關所推廣之材料，均應透過農會直達農民，使農會成爲本省一元化之農業推廣機構，應由農林處選派高級農業推廣輔導員在各級之農會中領導推行，各階層農會之推廣計劃，必須呈送農林處加以核定，以配合全省農村建設，達到農業增產目標。

二、確定農會爲全體農民之民有民治民享之共同組織：

　　台灣農會欲由日治時期之官辦性質而步入民主道路，使成爲民有民治民享之共同組織，保育輔導與教育訓練至爲切要，應重新辦理會員登記，以一戶一員爲原則，非從事農業者不得入會，理監事之選舉應保證佃農僱農三分之一以上名額，理事長必須爲從事農業之會員，不得兼任鄉鎮區長。

三、確定農會人事制度：

　　現時農會職員之素質與待遇有待改進，應由農林處會同省縣農會，釐訂健全人事制度，經理必須羅致幹才，且須在農業專科以上學校畢業而有數年之農村服務經驗者，其他職員選擇職業學校以上之畢業生充任，釐訂職員薪津標準、年功、加薪及考績獎懲辦法，並釐訂職員訓練進修辦法，以提高職員素質。

四、確定業務種類並樹立業務推行制度以謀農會業務之健全發展：

　　農會舉辦之業務種類不外(1)農業推廣：例如優良種苗種畜之繁殖與推廣、肥料之推廣、農業病蟲害之防治、推行作物及牲畜保險、家政推廣、水土保持推廣等；(2)經濟活動：例如信用業務、倉貯業務、

加工業務、供銷業務、運銷業務等；(3)社會福利：例如籌設診療所、舉辦農民訓練班、舉辦農產品展覽會及競賽會、編印農會週報、農會月刊以及各種農林指導淺說等，目前中心工作應積極擴展稻谷生產、推廣養豬事業，增加農業生產並與信用業務相輔而行，以謀發展農會金融網。

五、寬籌農會資金以利業務之推行：

目前各級農會資金十分缺乏，應謀資金來源以增厚農會資力。例如：(1)增加會員會費常年費；(2)會員繳納經濟事業股金；(3)推行節約儲蓄吸收會員存款；(4)政府金融機關貸款；(5)政府補助款項；(6)由中國農村復興聯合委員會籌撥農會業務基金等。

六、確定農會輔導制度：

為加強今後各級農會之業務推行，應樹立健全之農會輔導制度，本調查委員會建議：在農林處增聘優秀之人才，職司全省農會督導之責，並成立農會設計顧問委員會負農會設計及聯繫事宜，農會之重要輔導事項如：調派及考核輔導人員審核各級農會之預算、行政及業務計劃分配輔導、經費及政府補助費、視察及考核農會之行政及業務等，均須由農林處負責。各縣農會內，當由農林處派駐高級推廣督導員及高級專業推廣人員，以便就近輔導。

七、組織台灣省農村復興基金保管委員會：

整頓台灣農會決非零星款項一時補助所能見效，為使補助效力維持久遠，應寬籌基金並設置保管機構，以培育民主之農會組織，輔導真正農民力量。本調查委員會建議：中國農村復興聯合委員會提撥適量基金計一百萬元，組織基金保管委員會，保管監督審核運用。基金之運用限於各級農會所申請之業務週轉金，並規定在一定期間償還本息，其利息之運用限於補助輔導事業及推廣事業經費、舉辦農民訓練及福利工作，

與基金保管委員會之辦公費及薪津旅費。

（《台灣省農業組織調查報告書》，頁 36-37，油印未刊本。）

[2:2-6]　安德生報告

中國農村復興聯合委員會與農會

作者在本報告中已列舉中國農村復興聯合委員會可能協助改進農會之途徑。作者以爲農會之組織，乃改進台灣農業經濟與鄉村生活壹事能否成功之關鍵。依作者個人之意見，美國經濟合作總署與農復會過去業已推行多種業務，而現時仍可推動之業務尚甚多，例如供應肥料，修理倉庫及設備，協助改良作物與種畜，建設灌漑工程與其他重要事項等。此類工作中大多數之設施，均著重「經濟」方面，並亦均有其價值。爲使農會能充份利用現有之種種設施，此類協助，無論過去與現在，均至爲必需。經過戰火之摧毀，與歷年不景氣之影響，倘無此種援助，則農會實難遂行其任何之業務。

然而，執行種種任務之農會組織，倘未予以增強，又若其人事制度倘非建立於崇高而完善之基本原則之上，則經濟援助，雖能於當時奏效，但此種援助勢難給予本島以長期之利益，因而亦即不能達到作者前述之目標（第一章）。

作者於研究農復會在台灣之工作時，對上述經濟援助之成就，深感欣慰。唯同時亦認爲農復會之工作，過於偏重金錢之援助，修理房屋設備之補助，與物品之供給。作者對此並無訾議。抑且認爲此種措施實有效益，並有必需。唯僅採取此種措施尚嫌不足。誠以此種工作必須自「人員之推動」與「人與人間之良好關係」方面，多所致力。非如此者，農復會將無法獲得其最優良之成果也。

根據吾人對本省農會之調查，二百十九所農會報稱曾受農復會平均

二種以上之援助。十七所農會報稱未得到農復會任何援助，其餘四十所農會則稱曾接受四種以上不同之援助。

　　觀察農復會給予農會之援助，即可證明作者所述之理由。在二百十九個農會中，九十二農會曾由農復會補助修理建築倉庫，一百二十農會曾由農復會補助建築堆肥豬舍，一百五十三農會接受家畜飼養之補助，四十二農會受有修理黃麻浸水池之補助，少數農會由農復會補助從事防治動物疫病，防治作物病蟲害，氰氮化鈣示範及其他工作。以上全係經濟援助。關於人事問題，管理問題等並無任何設施。關於教導農民使其認識農會之目的，組織及會員關係，亦未曾有任何工作。蓋吾人現已公認任何農民組織，無論其是否屬於經濟性質，倘欲有所成就，必須具備其基本修件。基本條件者爲何？即會員關係之融洽，會員對其本身權利與義務之了解，與關於會員之基本法則是也。

　　作者茲願就農復會本身之組織作一建議。關於人員方面，筆者未加考慮。農復會工作之能否順利推行實較任何個人爲更重要。故任何個人之性格，亦不在本人考慮之內。

　　作者建議農復會在組織體系中設立一獨立的農會關係組與其他現有各組立於平等地位，作此項建議之理由爲：

　　第一：設立一農會關係組與其他各組處於平行地位可以顯示農復會認識農會在台灣農村經濟中所佔之重要地位。此種措施對農會工作人員有極大之心理影響，蓋如此則農會職員感覺振奮。抑有進者，此項措施，亦可使省政府內負責督導農會之人員明瞭農復會已將有關農會人事之問題，與其他工作同等重視。此種辦法對農復會職員亦屬有利，作者個人認爲農復會多數職員並未十分重視彼等必須利用而推行工作之農會組織。唯另有一部份職員則向作者表示彼等於推動有關設計及施行優良運銷工作，優良之生產方法等之時，深感其最主要問題均不外爲「人與人」

間之問題。

第二：專設一農會關係組能使農復會於擬訂工作計劃時與經費分配時對該組工作予以相當其他各組之同等考慮。按照目前農復會之組織系統，農民組織工作與農業生產工作相聯，事實上農民組織之工作可能與任何一組之工作相聯。因每一組之工作，均須經由農會始能實現也。設置一農會關係組能使其他各組感覺彼等農會之關係更爲直接。如今農業生產最爲各方所注重，故農復會之農業生產組及農民組織組大部份職員，均致力於農業生產問題，甚至原指定致力農會問題之人員，亦須從事農業生產方面之工作。

第三：最重要之一點理由爲專設一農會關係組，能使各方面直接注意農會工作之最難而最迫切問題。修理倉庫固屬重要，而有合格人員對倉庫作適當與充份之利用尤爲重要。運轉順利之碾米廠固屬重要，而能有條不紊並誠實登記其工作紀錄之人員更爲需要。設若專設一組，選能顧慮、計劃及促進鄉鎮、縣市與省農會關係之人員，則眞正的工作配合，必可逐漸產生。此爲人的問題，而非物質問題，故吾人應直接予以考慮。農復會唯有專設一組，專門致力於此種問題，此能順利執行與農會有關之各種工作。

　　建議之綜結

筆者茲將本報告中所列舉之各項建議，依報告原有之章節標題，綜合敍述之如次，藉使讀者可以迅速查閱筆者對農會之各項建議。

一、農會現時之組織型態：

筆者之建議爲省、縣（市）、及鄉（鎮）農會會員代表於每年會務大會中，選出與現時人數相近之理事若干人，組織理事會之監督管理組織，各理事均爲無給職，僅於集會期間按日支取合理之車馬雜費。理事會之主要任務爲任用總幹事一人，爲農會之執行首長，負責處理農會之各種

業務。理事會並決定各該農會之營運方針，（政策）與應行舉辦之業務，交由總幹事遵照施行。總幹事須向理事會提出詳細之業務報告，至少每月一次，徵求理事會之同意與認可。總幹事並須提出詳細書面財務及其他業務報告，至少每季（三個月）一次。理事會須自身或延聘專門會計師等，每年就總幹事所送賬簿及其應用憑證作詳細之審核查帳，如無弊端，並發給證明無訛之文件。理事會有任命或解僱總幹事之全權。

二、農會現時之業務與問題：

筆者建議農復會對農會倉庫之亟待修理建築者予以撥款補助。筆者曾表示對目前訂定中之一項包括撥款美金一八三、六〇〇（自四十年一月至六月）方案之衷心支持。此項由農復會，省糧局與各地鄉鎮農會著手修建九十所倉庫之方案應予通過。

筆者建議農復會向省農會提出關於軍隊駐在農會倉庫之意見，並敦促後者探知有若干軍隊駐紮若干倉庫並採取行動。

軍士之駐營於倉庫中者，實應儘早遷出。政府利用農會倉庫者應付給相當之代價，其因駐軍而損壞者尤應給資補償。蓋民有之小機構如農會者實無力負擔此種損失也。省農會理宜調查各地農會倉庫被利用之情況及其損害程度，並協助其取得賠償費用以彌補其損失。

三、農會之設備：

筆者建議省農會對設置一土木科，藉以便利各地農會一事，加以考慮。筆者以為在省農會之機構中，應設一部門專門從事研究，審核各項設備，器材之是否需要及興辦有關新業務所需之必需經費等，該一部門僅須聘請一工程師，並略置必需之儀器，即可為各農會作建築物之設計審核等服務。各農會在需要時，即可向其諮詢。又有關之申請經其審核或修正後，即可由當地政府之建設局農林課草擬詳細建築圖樣與經費預算等。又此工程人員並可於建築施工期間取得建築師身份。

作者建議，農會之修建計劃與預算，凡未經農復會農民組織組與工程組嚴格審核者，將不應輕易給予經濟上之補助。每一申請援助計劃之眞正目的，必須經謹愼而週詳之審查。各地農會之申請書送交農復會後，該會應立即作覆，告知該項申請書業已收到，同時並附告審核該項申請書類預期若干時間可以完成。

筆者建議農復會不應補助某一修建工程之全部費用。農復會應補助一切有意義之計劃，然亦自有其遵循之原則，即凡某一農會能自行投入一部資金者農復會始給予補助。又凡農會本身財力所能勝任之計劃則農會應自行籌款辦理。農復會在考慮給予補助經費以前，對每一申請補助之農會本身之能力，應加以調查，研究。若有一補助計劃在補助經費支付後，中途申請修改者，則已付之經費，務須責令農會先行退還，一面對申請修改之新計劃，作詳實之審核，至該新計劃通過後，再行撥付。

四、農會之經濟來源：

筆者建議省農林廳在其預算之中列入農業推廣人員之薪津及旅費。如農業指導員及推廣人員係駐於各農會則應由省農林廳將此項薪津經費交由各農會轉發。農業指導員及推廣人員所擔任者爲教育工作，故此項工作經費不應由農會之收益中支付。

筆者建議由省糧食局會同省農林廳，省農會及農復會與農會商定農會代政府存貯米穀分配肥料，根據代辦數量規定一律之收費率，作爲農會爲政府代辦業務及物品加工之報酬。筆者建議所有政府機構，倘欲委託農會代辦業務之時，均應訂立書面合約言明付給合理之報酬。此種合約須以明文規定代辦業務之期間或是否逐年改訂，任何一方欲將合約廢除時均應於三十天以前通知訂立合約之另一方。

五、會員之關係及其問題：

筆者建議，台灣農會會員應分二類，即正會員與副會員。正會員每

戶祇限一人，必須其收入百分之七十以上爲來自農耕，並須限於積極耕種者。無論其爲自耕農，佃農，抑或僱農。正會員可以享有會員之一切權利，包括選舉權，被選舉權，出席會議權及利用農會各種設施之權利。

副會員得有參加集會之權利，對於會務之發言權及利用農會各項設施之權利，一如正會員者然。但不得有選舉權與被選舉權，故不得當選爲農會理事或代表。

六、農會之會議程序：

筆者建議，需否採用不記表決或投票之方式，得由會員隨時隨地自行取決。惟此事實應加以鼓勵與提倡，最好能使之作爲農會會議時之經常程序，尤於省，縣（市）鄉（鎮）之會員代表常年會務大會中，應予採用。

七、農會與政治：

筆者建議省，縣（市）及鄉（鎮）農會應宣佈並執行一項不參加政治活動之明確政策。任何農會均不得支持任何政治候選人，農會之職員，無論何人，均不得以農會之名義支持某一候選人，農會之職員尤應選擇令人無法猜疑其係利用農會名義之適當時期與適當情形之下進行其個人之政治活動，藉以避免涉及利用農會名義進行政治活動之嫌疑。全省各級農會均應於常年會務大會中以通過議案方式規定，農會並非政治機構，亦不能從事政治活動。

八、農會之領導人才：

1.農會在職人員短期訓練：

筆者認爲當前之急務在設立農會職員及理事訓練學校。訓練期間應較長，使訓練工作不僅爲激勵啓發工作精神之集會。訓練學校應爲正式學校，具有優良師資及充足資金，包括關於農會正常工作計劃中各項工作之訓練。

筆者建議此種學校訓練期間最少應為二週至三週。

筆者建議在台灣省農林廳內增設訓練主任一人，負責在本省特殊地點設立此種訓練學校，選聘教職員，編列教學課程，予以種種便利，排列實驗室及田間工作及籌劃發展工作。

筆者認為上述計劃如能擬訂，應由中國農村復興聯合委員會核撥鉅款補助教導人員之薪給，並補助各農會支付調訓人員在調訓期內之各項費用。

筆者並建議由中國農村復興聯合委員會，省農林廳及省農會合作選聘一幹練之訓練主任，其合理之充足薪津亦由三機關共同負擔。

筆者更欲建議中國農村復興聯合委員會負責農會組織人員應以此種教育及訓練工作為彼等重要任務之一，農復會並應指定專員負責推動農會在職職員之訓練工作，及推行範圍更廣之教育工作。

2.省農會之農會職員訓練所：

筆者建議由省農會設立訓練期間一年至兩年之訓練所給予農會優秀職員短期（二週至三週）之課程所未能完成之訓練。同時訓練高中學生以備擔任農會各部門中之特殊工作。

各農會應捐贈獎學金予省農會訓練所之學生。

筆者建議農復會與省林廳對此種訓練所之設置，應予以鼓勵，如調用各該機關之職員擔任教職，與平均負擔其所需經費之補助。

3.台灣大學之農會職員訓練課程：

筆者建議由農復會省農林廳，及省農會合作鼓勵台灣大學及教育部編訂農會高級職員之四年訓練課程，在大學講授並使此項畢業之人員獲得大學學位。

筆者建議，設若農會職員訓練課程得以付諸實施，則由農復會撥款補助在台灣大學聘任教授二位。其一擔任有關合作社，農會，鄉村社會

學各科之講授，並負責推進農會職員訓練課程；其另一則講授工商組織及管理，人事問題，及其他有關課程。

台灣大學中其他各系若干教授講授之課程亦有爲農會職員訓練班學生所應選習者，故筆者建議由農復會撥款資助台灣大學各系支付彼等之薪津。以減輕台灣大學之總支出數額。

九、會員關係之維持：

1.無線電廣播：

筆者建議：設若農復會之新聞教育組及農民組織對有關無線電廣播節目之各項問題（包括廣播之性質，廣播材料之種類，廣播之長度，及是否可聘得工作效率高之主持及廣播員，廣播之時間及費用數額，以及農民如何可以獲得無線電及如何可集合農民收聽廣播）予以審愼檢討後認爲可予贊助，應由農復會一方面予以經濟援助，一方面供給廣播材料並派遣人員參加廣播工作。

2.農會新聞通訊及美國新聞處之農民報：

作者建議農復會指派其負責農民組織之職員研究是否應創刊農會報紙或新聞通訊並考慮美國新聞處擬辦之農民報是否應創辦並給予適宜的精神上及經濟上之援助。

3.音影教育：

作者謹建議由農復會之新聞教育組及農民組織組合作搜集一套爲農民教育所用之照片與講義，包括關於台灣及其他地區之材料以及本國鄉村人民感覺興趣之問題。此種幻燈設備及靜片應使農業推廣人員能得充分機會利用。尤須利用農會及其他鄉村團體各種集會充分予以放映之機會。

十、重振農事小組：

筆者建議吾人應極其重視重振農事小組以之爲敎導農民之工具，抑

有進者，除非萬不得已，應經常以農民團體爲其對象而與農民接觸解決彼等之問題。

筆者建議給予志願擔任農事小組組長之農民以金錢報酬之措施，不應提倡，最好逕予廢止。

十一、農業指導員與推廣工作：

筆者建議防止以農業技術指導員從事農業推廣以外之其他業務，如代辦政府督導工作，代政府機關塡寫報告等。農業指導員之工作應規定僅限於教導農民以農業推廣智識。

筆者建議由中國農村復興聯合委員會研究農會農業指導員旅費之需要，與省農林廳及各地農會共同擬定一項切合實際需要之工作計劃以克服目前遭遇之困難。

筆者建議台灣省農林廳應研究如何可以擴展並加強農業指導員工作之方法與經費，尤須注意於工作人員之人數，品質及其待遇。

筆者建議農業技術指導員之辦員之辦公室應設在農會之辦公廳內。

筆者建議由省農林廳研究農會之組織系統並設法使農業專家與農業技術指導員發生更密切之聯繫。

十二、台灣農會與農業政策之決定：

筆者於此擬建議：省農會於會員代表常年會務大會之中產生農會農事評議會，使成爲農會組織中一法定之機構。

此評議會之目的，專在爲農會取決政策。評議會本身不能採取行動，而僅限於研究何者對於台灣農業農會及農民最爲有利，從而發表其研討之結果，使農會及其他對此發生興趣之機構能依其決定而採取行動。

筆者建議鄉（鎭）農會之首長應繼續按月舉行會報以考慮各該農會以及一般農業之工作計劃及政策。

十三、日用必需品與消費品之供銷業務：

筆者建議省農會應羅致並延聘曾研究商品批發，銷售制度之人員一人，須對批發銷售業務有實際經驗從而對此種工作有澈底之瞭解。由此項專門人員詳細調查研究目前各鄉農會經售而農民經常採購之食物，傢俱，農具及其他家用必需品等。同時並應調查其他爲農家所需而鄉鎮農會應能供應之物品。此專門人員應研討如何可將鄉鎮農會之貨品加以良好之陳列與廣告之宣傳。此外亦應從事以低廉價格購入大量鄉鎮農會售與農民之必需物品，並將此種物品由一中心地點分配縣市及鄉鎮農會。換言之，即建立一農會貨品之批發系統。

作者建議農復會之農民組織組應推動上項建議，並於適當之時機，向農復會提出應予省農會以何種具體援助使後者可研討消費品之供應及如何補助省農會之人員從事此項工作。

十四、三級農會彼此間之聯繫工作：

筆者建議省農會應特別注意省，縣（市）及鄉鎮，農會之工作聯繫，促成此種聯繫之方法爲：

第一，將農會會員分爲正會員與副會員；

第二，設立並利用農會農事評議會；

第三，給予行政管理上之輔導；

第四，發展普及各級農會之零售及批發之買賣業務並扶助農會之物品運銷業務；

第五，在農會組織中設技術指導員爲各農會與省農林廳間之聯絡人員；

第六，維持農會與政府及其他機構之聯絡業務；

第七，推動新聞敎育業務以期造成民眾對農會及其工作發生良好印象。

筆者更建議省農會應研討其本身之組織系統並設立各組專司㈠決定

農業政策；㈡給予行政上之輔導；㈢教育農會會員及維持會員關係；㈣從事經濟業務；㈤農業技術援助；㈥與政府及其他機關維持聯繫；㈦新聞教育。

筆者建議農復會之農民組織組與省農會合作造成上述之組織型態。

作者復建議農復會不應接受農會直接送呈請求補助之計劃，而應將所收到之各項計劃轉省農會由後者審核及對計劃之價值至少作一假定性之判語。

十五、家庭改良與青少年工作：

筆者建議農復會延聘專專家二人來台工作為期各一年。其一為家庭改良與家庭生活之專家，另一為農村青少年工作專家，其工作所需一切經費，概由農復會負擔。

筆者建議，此兩類工作範圍以不超過一縣為宜，以服務為基礎而充分發展其工作計劃，藉以表證何種工作可以達成。

筆者建議，設若此項工作試辦成功，農復會應敦促省農林廳推展此種工作。

十六、農復會與農會：

筆者建議農復會在組織體系中設立一獨立的農會組與其他現有各組立於平等地位。

（安德生著，《台灣之農會》，頁 86－99，油印未刊本。）

[2:2-7]　農會改組：

以前農復會有農民組織組，專門協助省政府來加強省農會的組織，尤其是鄉鎮農會，因為日據時代農會稱為「農業會」，那時第一，會長是官派的，由政府指定；第二，主要功能是收集米輸往日本，因日本需要台灣的米。農復會幫忙省政府改組農會，由官派改為民選：鄉鎮農會有

三百六十個，理事、監事、理事長、總幹事是農民自選，農復會補助行政經費，另外幫忙農會增加設備，如肥料倉庫，米倉庫，以及運銷業務等，使農會民主化，這是組織上的改革，但這也牽涉到會長人選方面的因素，所以它的成敗就比較難以估量。當時農會以信用部、供銷部、推廣部爲主要業務。

　　土地改革和農會改組這兩件事之所以重要，在於這兩項改革都有其先決條件：第一，台灣農業技術條件，如稻米改良，甘蔗、農產加工品的技術基礎等；第二，農民管理的技術，大約在一九二〇—四〇年時都已具有基礎；第三，最重要的是農村裡的基本設施，如灌溉水利系統，水利管理等，台灣水利設施十分便利，兩塊田地相比鄰卻可種兩種不同作物，以及鄉村道路等各項基本設施的基礎均已具備。此外，是當時的背景，正逢一九五〇至六〇年代，當時國內外市場都有需要；假如那時剛好碰上全世界農產品過剩、價格偏低，情況就會改觀。

　　所以，方才講的幾點，加上這些條件，土地改革和農會改組才會成功，不能單獨來看。台灣經驗能否移轉，如果其他國家沒有這些條件、這些基礎，也是枉然，所以台灣經驗不一定能輸出。農會改組後，不應只是政府行使公權力的代表，理論上講，經過這次改革，下情也可以上達。棘手的是，因爲農會是理事長制，常常容易牽涉地方勢力與派系之間的紛爭，假如農會的領導者不理想，事情就難以調解。尤其是在鄉鎮農會，台灣農會雖有三級：省農會、縣農會、鄉鎮農會，但根本還是在鄉鎮農會；鄉鎮農會爲農民解決問題，縣農會是架空的，省農會推廣業務、代表農民等。

　　另外，現在從歷史上來看，台灣的農會可說歷經一個發展的過程。實際上農業生產也逐漸在變化中。農業逐漸改變，鄉鎮農會也必須隨之調整。例如，信用部在鄉鎮的大小範圍內還可以推廣，但是供銷業務有

市場等問題，鄉鎮農會的經濟規模可能就有問題，而必須跨鄉鎮，使農會產品的市場逐漸超越界限，數個鄉鎮形成生產聯盟來運作。

（1988 年 11 月 19 日謝森中先生第二次訪問記錄）

[2:2-8] 農會改組：

農會改組事雖亦為省政府主動，但農復會所扮演之角色，較為直接而明顯，此項原委須自農會為何需要改組說起。據我所知，農民團體在台灣組成，本係自動自發。日本總督府於第二次大戰吃緊時始加以合併重組，將在村里，鄉鎮，縣市之團體，合成一個系統，架構與現時之農會略同。但各級農會之會長，均由日本官員兼任。將農民團體變為收集糖米與其他農產品輸往日本之半官方機構。勝利後，在農復會尚未遷台之前，省政府於一九四六及一九四九已兩次改組農會。日本人均已返國。農會雖已採民主方式，由選舉產生之理事會經管業務，但所選出之理事多為家居農村但非農民之地方領袖人士，所定方針與作業方法，均未能代表真正農民之利益。甚多農會步入虧損或財務欠佳之狀況。

農復會於一九五○年聘請美國康乃爾大學鄉村社會教授安德生博士（Dr.W.A.Anderson）來台，會同農復會與農林廳同仁調查分析達二年之久。根據「安德生報告」，農復會協助農林廳草擬台灣省各級農會組織單行法規，由中央於一九五二年八月公佈（程序應由農林廳呈省府會議通過，送省議會通過後，由省府呈行政院通過，送立法院通過）。一九五三年十月開始改組，一九五四年方全部改組完成。

所謂改組，要點為將會員分為二類。凡總年收入中超過百分之五十以上來自農業收入者為正會員，低於百分之五十者為副會員。僅正會員可當選為理事，與三分之二的監事。副會員不得當選理事，但監事中三分之一名額可由副會員當選擔任。其次，選舉各級農會理監事之各級農

會代表，亦僅正會員可當選。故農會大政方針，業務與財務決定之權，操之真正農民（正會員）手中。日治時代與一九五三年以前所發生之缺點，均一舉改正。但因農民未完善於經營業務財務。故又規定農會總幹事與組長（總務，信用，供銷，推廣等四組）得由理事會於必要時聘用非農民擔任。此所謂權能劃分。

農會，漁會，水利會等光復後之宗旨均相同，即將農漁民有關事務，交由農漁民團體管理，在政府所訂定之法規範圍內運作。並指定農林廳與水利局分別為執行機構。上述宗旨與土地改革將耕地交予耕者之性質一致。農民領得土地所有權後，一般知曉為何經營所領田地，政府另經農事推廣予以加強。農會改組後，農復會，農林廳與糧食局一年復一年予以協助改進。並在台北市天母成立農會人員訓練所，不斷舉辦訓練班，分批訓練自理監事，總幹事，至倉庫管理員信用部會計員各種人員，以加強舊人之工作效率或協助新人進入狀況。

（1989 年 6 月張憲秋先生訪問記錄）

[2:2-9]　**農會改組**：

關於農會改組，我要說明一點：光復後，台灣有許多合作社，也有農會，我們曾加以研究，合作社都是單獨性的，譬如消費合作社、信用合作社各種不同性質的合作社，那時候合作社與農會工作人員不夠，我們一定要加強訓練人員，可是人員不夠則應急措施是加以歸併，所以合作社與農會有些是歸併起來的。不只是改組農會而已，一面農會與合作社的人員合併簡化，一面再慢慢訓練更多的工作人員。農會改組使一個農會等於多元化的合作社（當然不是合作事業）。

我覺得在農會改組這件事上，農復會所做的工作最重要的是訓練人員。較具體的是天母有農會人員訓練所，我們還送人員赴美、日、歐洲

等地訓練。此外，農復會在農會的信用部設有農業信用資金。

(1988 年 11 月 1 日蔣彥士先生第一次訪問記錄)

[2:2-10]　農會幹部訓練、農會法修訂、農會經營問題之研究：

　　我於民國五十七年返回母校國立中興大學農業經濟研究所任教，擔任客座副教授，講授農業政策、農業與經濟發展等課程，同時於教學之餘，致力於農業經濟部門的研究。經與當時農復會經濟組前後兩位組長，即王友釗組長、李登輝組長及輔導組楊玉昆組長配合，研究當時台灣農業問題與政策作為，如台灣稻穀倉儲成本及糧食政策之研究。對農會業務管理及農業推廣制度等，亦陸續依據專案計劃進行研究。並因應當時農村工業化與勞力移出問題，針對勞力移出後的土地，如何透過政府干預，來擴大農場經營規模，曾提出「三角模型」及「四角模型」的創新構想。所謂「三角模型」，是先由政府興建投資工廠，鼓勵小兼業農將其土地售予政府，以工廠股票分予賣地的小兼業農作為補償；然後政府將購到土地，轉售與核心農民或較大的農戶。如是不但使小兼業農，得以轉業於農村工廠，俾離農而不離村，亦可達到擴大農場規模的目的。至所謂「四角模型」，其情形頗為相近，僅增加專業農與工廠、政府、小兼業農間的四角關係。另外，在農會制度方面，原於民國四十年代，配合台灣土地改革後的需要，由美籍安德生先生，依據美國制度而建立，包括推廣、運銷與信用制度等，以替代傳統地主所扮演的角色。但隨著經濟發展，我認為原有農會的角色，亦宜適時予以調整，因此根據經濟發展的階段論，將農會結構與發展，區分為幾個階段，分析當時農、經環境，提出發展目標與採取的因應措施，並評估其得失，於是引起決策當局的重視。由於這些研究工作以及所講授的課程，均與農復會的計劃息息相關，為該會諸先輩所稱許，邇後加入農復會行列，或基於此一淵源。

　　我於六十一年應聘來到農復會，負責農民輔導工作，秉持自己專精的學識與實際的經驗，在良好環境中，期望做更多的奉獻。回憶當時處理農民輔導的業務很多，但其中最感欣慰的有三件大事：一為鑒於政府自六十二年元月開始，以龐大經費，推動「加速農村建設九大措施」，有很多措施與計劃，均透過農會、漁會、水利會及合作社等農民團體來推動。為提高其營運管理能力，以落實措施的成果，有必要先對這些農民團負責人及其高級幹部，施以經營管理的專業訓練，遂先創造「農會企業管理研習會」，調訓農會高級幹部，研習企業管理及經濟原理應用於農會管理上，對農會經營管理作一重大革新。嗣後續將此項研討會，擴及漁會、水利會、合作社的主要高級幹部，對農民團體營運效率的提高，有很大的幫助，為各方所稱道。二為配合當時農業發展與農村建設的需要，建議將不適時宜的「台灣省農會暫行辦法」，予以廢除；同時研修農會法，策劃農會改選及合併工作，奠定了農會組織的法律依據。三為從研究農會經營問題，進而考量農會委託業務與政府間的關係研究其委託業務費率如何求其合理，因而特別研訂政府委託農會辦理稻穀儲存加工有關費率的支付標準。

　　對於上述第一件大事，即舉辦農民團體企業管理研習，灌輸現代企業經營新知，當時曾與張達仁先生合作，將農復會內及大學教授有關企業管理、環境分析、計劃之擬定與執行、財務籌措及與農民溝通等資料，彙編為講義，藉使受訓人員咸能獲致經營理念及企業管理中 PERT 的觀念來作業。繼而對於加強青果合作社的內部運作，亦編有《台灣省青果運銷合作社企業管理研討會參考資料》。再及於水利會，也編有《農田水利會行政管理研討會參考資料》。由於在六十年代初期，積極推廣此項企業經營管理的理念，並由政府大力支持推行，蛻變農民團傳統管理的面貌，就個人而言，無論對農復會對政府，均有其卓越的貢獻。

　　至於第二件著手農會法的研修，由於農會主管機關是內政部，農會法的修訂，原為內政部所主管，但當時主管機關對行之多年、難應現實需要的「台灣省農會暫行辦法」，遲遲未予修正。農復會認為執行與農民權利有關的事宜，應有法律的依據。所以與郭敏學先生，分從經濟的角度、社會的角度，作過縝密的研究，並在尊重主管機關立場下，居間協助，以經費與技術贊助內政部與台灣省政府，組成農會法研修小組，有系統的規劃研究，終於兩年內順利完成，循立法程序公布實施。農復會是中美合作的農村復興機構，雖非立法機關，但透過專家智慧與經費支援，同樣可協助政府達成重大改革的功能。

　　加強農會組織，提升為農民服務的功能，最重要者為農會總幹事的遴選與內部人員的羅致。因農會角色，已從早期社會及技術推廣，逐漸演進為經濟及信用業務，而且經濟及信用業務所占比例愈大，愈需要農會領導幹部之健全，藉以增進農會營運功能，繁榮農村社會。故我對此甚為重視，一面將總幹事的遴選標準，在農會法中以明文訂定，以能力為取捨，並無地域限制，使理事會有權，總幹事有能，權能相互配合，提升農會水準。另一方面對農會任用人員，亦均統一招考，尤其對「農業企劃專員」，特別招考大專相關科系畢業，俾有能力執行農會企業管理及企劃者，以推動農會企業經營管理。

　　此外，在農會法修正後，進行改組過程，其間難免遭遇若干阻力。如農會合併，將經營不善的小農會，併入附近經營好的農會，以促進區域性的發展，原是一種進步的做法。但有些小農會即使再窮，也不願被合併；理事長寧願待在績效不彰的農會，也不願合併後丟了職務，故實行效果不甚理想。不過，在整體決策上，大家都認為是正確的，農復會高層及楊組長玉昆先生均甚支持，其後農會法雖陸續修正了若干條文，而大架構則仍始終未變。此可說明一些新理念或改進計劃的提出，初期

在農村傳統社會中，或許以爲不甚起眼，但慢慢的推行幾年以後，農會幹部參與受訓人員多了，新觀念也一步一步的推廣了，農會經營亦有了明顯的效果，情況便會一天一天的趨於佳境，因而認爲基層紮根與耐心推廣宣導的重要。當然，隨著時代進步，社會經濟發展，爲適應農民新的需求，農會業務續在不斷調整，對於農會的經營及其角色的定位，均宜隨時相機配合因應，以充分發揮其服務的功能。

過去農復會匯集許多專家群，致力台灣農村復興工作，各方均有極高的評價。而其所以獲得輝煌的成就，主要由於該會有良好的制度、安定的環境，尤其尊重專家的精神，使每位專家均能爲爭取榮譽，而悉力精心研究，各抒所長。以我個人爲例，身爲一員技正，可隨時至農林廳商討政策的研訂及計劃的推動；更可至省、縣、鄉鎮農會推動相關事務及聽取地方反映意見。在農林廳執行輔導的同時，也可直接與鄉鎮農會接觸，與一般行政機關人員做法，不大相同。且技正業務專精，有特定範圍，對相關計劃均獲充分授權，得以發揮抱負，故能竭盡心智，全力投注，殊爲工作順利成功的主因。當然站在技正立場言，多在權責內著重於技術面上；至更高層次的政策面獻議，則尚需上面的支持與政府主管機關的溝通協調，方克有成。

(1989 年 7 月 26 日邱茂英先生訪問記錄)

[2:2-11]　蔣夢麟與農會：

至於農會改組，我也沒有完整的記憶，但我知道蔣夢麟先生十分注意，我曾和他去看過幾次農會，有件事是值得一提的：當時台灣各鄉鎮農會，有許多業務不振，蔣先生看到許多農會的基本經費不足，業務無法開展，農會最主要的收入是糧食局徵收農會稻穀的租金，但爲數甚微。蔣先生請糧食局長增加租金，使農會多些收入，同時估計糧食局要負擔

七百多萬的新台幣，在財政困難的當時，可說是一筆相當大的數目。蔣先生說若糧食局不能負擔這七百多萬，農復會可以補助他。後來大概局長也深明大義，增加了租金，使得農會收入都提高了。

　　(1989 年 6 月歐世璜先生訪問記錄)

[2:2-12]　一九六四年漁會改進：

　　重新分類全省漁會二十萬會員之資格，爲五十三年度本會協助政府改進六十四個漁會另一項努力。光復以前，台灣漁民並無分類。民國四十四年粗分爲甲類會員及乙類會員。但因漁業之發展，會員人數增多，用以重新分類會員資格之法令乃日益需要，尤其對非漁民成群侵入之漁會尤然。爲求改進此種情形，本會特以經費協助政府重新將漁民分爲五大類：遠洋、近海、沿岸、養殖及內陸漁業，並對每類資格條件予以規定。分類工作係由地方漁會在政府監督下辦理。每一會員均需向漁會提出證件，藉以證明彼爲一眞正之漁民。如無法提出時，則列入不合格會員資格類，或轉入適當之其他類內。分類名簿須由主管機關之巡迴督導團予以審核。此項審核工作，係由省政府所指派之兩個督導團分頭進行，開始於五十三年三月，當年十二月底可望完成。分類工作之辦理，至爲嚴格廣泛，故若干非漁民在五十四年一月份六十四個漁會改選時，均可能被剔除於會員名單以外。

　　(《中國農村復興聯合委員會工作報告》，第十五期，52／7／1－
　　53／6／30，頁 65－66。)

[2:2-13]　一九六四年漁會改進：

　　本年度本會協助省社會處督導全省六十八個漁會中五十七單位第四屆職員與代表改選工作。自五十三年十月至五十四年一月選舉期間，共

派遣督導人員十五人予以協助，其結果如下：

1.改選前一項調查顯示，五十二年度六十二個漁會中，有十二個漁會共盈餘台幣一百廿八萬元且無負債；十三個漁會盈餘六十萬元但負債五百六十萬元；五個漁會虧損廿七萬元但無負債；廿二個漁會虧損二百萬元且有負債一千六百萬元。

2.根據上述調查，競選第四屆會長之人選，必須具有領導才能及廉潔品格，並須公正無私不受地方派系之影響，而在過去主持漁會時亦未發生虧損及負債情事。

3.此次改選之五十七個漁會，共選出八、九六四名漁民小組組長，二、二七〇名會員代表，四九八名理事，一〇二名理監事及五七名會長。

4.發生選舉糾紛者計有鼻頭、新竹、清水、台中港、四湖、將軍、台南、高進、台東等九個漁會。高雄漁會之選舉糾紛，致使漁會之新會長延至八個月後始能選出。多數糾紛均起因於地方派系觀念。

5.在五十七名新當選之漁會會長中，三十三名係新人，廿四名係連選連任。

（《中國農村復興聯合委員會工作報告》，第十六期，53／7／1-54／6／30，頁75－76。）

[2:2-14]　一九六七年漁會總幹事訓練：

本年度本會與台灣省政府合作，繼續辦理漁會改進工作，包括訓練全省六十九個漁會總幹事及理事長，以及繼續改善各漁會之財務管理。

漁會人員講習，係於五十六年六月十八至二十日舉行，參加者共一一七人，計有漁會理事長四十九人，漁會總幹事五十六人及漁會業務組股長九人。此外，全省廿二縣市政府主管漁會及水產業務之科股長五十二人，亦同時接受訓練。講習項目計有漁會組織、漁業改進、經濟事業、

漁民福利等四種，全部授課及討論時間共爲四十二小時。講習期間並分組檢討有關漁會各類問題，經提出改進辦法一六八種，建議省府採擇實施。

本會爲改善台灣省各級漁會財務管理，本年度補助台灣省漁會雇用輔導員四人巡迴各地漁會，審查及改進其賬務及財務，調查其資產及財務能力，並協助研擬發展經濟事業所需之計劃。此項工作於民國五十五年五月開始，迄五十六年六月底止，經實施嚴格輔導之漁會共有桃園等三三個單位，初步成果如下：

1.大多數漁會均已改善其過去每數月記賬一次之陋習，而改爲每週或每日記賬。記賬成績最佳之漁會爲澳底、苑裡、梓官、永安四漁會。

2.過去兩年來迄未記賬之福隆漁會及過去八個月從未記賬之台東漁會，均在輔導員協助之下，將賬目全部清理完畢。

3.瑞濱及沙尾兩漁會會計人員辦理財務不善，經輔導人員之建議，已予解雇。

4.大部分接受漁會生產建設基金貸款之漁會，在輔導人員協助下，對貸款之運用均極審慎，故能準時還本付息。

5.若干漁會之呆賬，經輔導人員之協助，已予設法消除。

6.輔導人員曾對三十三個漁會之財務、業務及人事，予以翔實之調查並製成報告。此項資料，極爲政府及銀行農貸部門所重視，作爲徵信之根據。

由於前項輔導工作之實施，所有壯圍、澳底、萬里、淡水、新竹、苑裡、將軍、永安、梓官、林園、花蓮等十一個漁會之人事與財務管理已步入正軌；蘇澳、桃園、中壢、台西、四湖、北門、台東、新港等八個漁會之財務已漸有起色，尤以新港漁會爲然；五結、福隆、瑞濱、竹南、後龍、通霄、芳苑、土城、安平、白沙崙、頂茄萣、汕尾、恒春、

綠島等十四個漁會已開始改善其經營，但仍需積極輔導。僅福隆、後龍、土城及安平四漁會情形惡劣，輔導工作尙難著手。

（《中國農村復興聯合委員會工作報告》，第十八期，55／7／1－56／6／30，頁70－71。）

[2:2-15]　新漁會法：

台灣省共有六十八個區漁會，一個省漁會，係由十八萬漁民會員選舉組成，以改善漁民生活與福利爲宗旨。惟多數有關漁會管理之法令均已陳舊而不合當前需要，本會特協助內政部起草新漁會法，於本年十二月完成草案，將送請立法院審議，重要內容如下：

1.台灣省漁會原係採區、縣、省三級制，民國四十二年改爲區、省兩級制，但法令未予變動。新漁會法草案中明定漁會組織採區、省兩級制，並規定小型漁會應予合併以加強其業務。根據此項規定，將有三分之一漁會於下屆改選時併入其他漁會，使漁會總數減至四十五個左右。

2.由會員選出之漁會理監事，處理會務多不全爲謀求漁民利益，新漁會法草案中規定今後漁會理監事之選舉將採候選人制，俾參加登記之候選人均能符合要求，而有助於漁會組織及管理之改善。

3.漁民因財力薄弱而經常需融通資金，以從事漁撈作業。此類資金風險較大，普通金融機構之供應並不理想。新漁會法草案中確認此項資金之需要，規定漁會得設立信用部辦理會員信用業務，爭持甚久之漁會設立信用部問題至此獲得解決。

4.爲強化漁會管理，新漁會法草案規定漁會總幹事必須在政府核定之合格人選中選聘，不能任由地方派系推薦。同時，上級漁會對下級漁會有督導其業務、稽核其財務之權。

　　新漁會法可望於民國六十四年六月中由立法院制定公佈，並即據以辦理台灣六十九個區省漁會之合併與改選工作。

　　(《中國農村復興聯合委員會工作報告》，第三十期，63／7／1-12／31，頁42－43。)

第三節　台灣農工發展過程中農復會的角色
──以肥料換穀制度爲例

[2:3-1]　　「肥料換穀制」的背景因素與缺點：

　　「肥料換穀制」在當時是一種很巧妙的設計，它的背景因素有：㈠肥料供應不足。光復後所留下的肥料工廠都破壞不堪，肥料公司雖儘量恢復生產，但數量仍是不夠，而自已生產肥料的成本高價格又貴，所以大部份均從日本進口，如硫酸錏是早已推廣使用，農民普遍接受而且價格便宜。當時用台灣蓬萊米換取日本肥料。㈡糧食供應有困難。實行肥料換穀是切合需要，因政府若不能把握糧食，則隨時可能發生糧食供應不足問題，因此用肥料定量分配使家家戶戶都有肥料，不但政府可控制穀子向日本換硫酸亞，同時使得軍民有糧並可平衡米價，因此肥料換穀制在當時對安定人民生活有很大的關係。糧食局每年有農復會及美援會幫助買肥料，組織了「美援運用委員會相對基金會」由嚴前總統主持，並以農復會爲主，生產機構（肥料公司）、配銷機構（糧食局等）等有關機構成立一個肥料小組，由沈宗瀚先生負責，牽涉的單位包括省政府、中央政府、經濟部。肥料小組的功能是每年開會決定肥料產銷的計劃並確定供需情形。由糧食局肥料運銷處執行，全省約有二八八個農會，由肥料運銷處將農民所需要之肥料綜合統計後，委託農會分配給農民，肥料換穀有一定的比例，如一斤穀子換一斤硫酸亞。當時的農復會是類似

一種協調中心，以專業及產銷計劃與各機構配合。美援買進肥料，從港口下貨到倉庫、糧食局、省政府，中間有許多問題，總是開會討論解決，若牽涉的單位少，則與有關單位開會討論；若牽涉範圍廣了，就召開大會，肥料小組會議每二個月召開一次，參加單位有美援會、肥料公司、經濟部、糧食局、農林廳、省政府及省交通處。

　　「肥料換穀制」的缺點在於：㈠肥料換穀的比例不公平，使得農民吃虧；㈡需填寫的表格很多，要求又嚴格，農民非常抱怨。因此，民國六十二年經國先生決定取消肥料換穀制，取消之前，農復會內部植物生產組張憲秋先生與農經組謝森中先生有過爭議，主要原因是，經濟專家認為肥料是自由商品，應該自由流通，而價格由自由市場來決定，政府不該加以管制。但在政府立場上，肥料在農業政策上不但要達到農作物增產改良品質的目的，並且，也是一種福利品，因為是福利品，所以肥料分配要達到三個目標：㈠全體農民無論遠近都供應無缺；㈡供應有時間性，農民按時可領到肥料；㈢價格統一。肥料的種類及數量都由中央政府統一規定，當時為了「服務到家」僅從農會分送到各農家，就需要一億幾千萬，完全由省政府負擔。採行自由貿易，品質與價格均不能管理，若放手讓農民自由使用，肥料三要素中氮肥施用會過量；而磷、鉀則普遍不足，造成肥料使用不平衡，最後吃虧的還是農民，所以農復會希望能有肥料法來控制管理肥料品質。因此，若要肥料經濟自由化，須將所有條件都做好後才能實行，否則吃虧最大的將是農民。民國六十二年以後肥料換穀制雖廢除了，但肥料的產銷計劃仍然繼續在做，是一種計劃性的自由經濟。此外農復會當時也有修復堆肥舍的計劃，是與糧食局合作辦理，由農戶自己將堆肥舍修復，製造堆肥供農民使用。

　　農復會美藉委員菲平先生（Mr. Fippin）曾希望把農復會的制度推廣到越南，可惜未曾實行。台灣以農業、輕工業、中小企業為主發展的

經驗，對東南亞國家可供參考，例如：海南島地理環境、氣候與台灣相似，而地形比台灣平坦，若能以台灣經驗去推展，效果可能更好。

　　(1989 年 8 月 7 日朱海帆先生訪問記錄)

[2:3-2]　農復會之工作與肥料換穀之優缺點：

　　農復會所有工作都各別作成計劃，由專家們負責推動執行。農復會本身有很多優秀的專家，尤其是早年農復會裡的專家幾乎都是各自領域裡的一流人才，不但是頂尖的、受過很好的訓練，而且有實務經驗。這些專家到全省各地去鑑定問題，有的問題是很簡單的，根本不需高深的技術，例如，宜蘭地區水稻收成期經常下雨，稻穀無法晒乾，當然最好的是使用稻穀烘乾機，但那時一方面是進口的、成本太高，一方面是農民還必須具備操作的知識才能使用，因此最簡易的辦法是舖蓋一個水泥晒場。這類的構想，雖然很簡單，卻在實質上嘉惠當地農民。農復會舖設一千多個水泥晒場，分散在各適當、需要的地區。這種計劃的推行，也不需經過政府機關層層的例行公事，而可直接向當地縣市鄉鎮公所、農會等接洽、提出建議，並給予經費補助。所以當時農復會有兩大武器：一即有專家負責找出問題、加以鑑定、提供技術協助，二是有財政上的支持。每年美援款額的十分之一撥交農復會，由於這一支援，農復會不需向預算單位或主計處商量，只要一方鑑定出問題、一方認為有此需要即可進行。農復會所有的計劃都採用這種形式和做法。有的計劃十分簡單，有些則很複雜，例如稻米育種的工作，需要相當長時間、由專家執行，按照一定程序，最後培育出的品種才能維持不變。

　　正因為農復會不受行政制度的限制，所以可與各階層、最基層、以及個別的農民聯繫，當然不能說與政府機關之間毫無摩擦，但農復會那時特別強調做事情，美譽並不是它所需要的，它也沒有要使農復會變成

農林部的想法，它的目的只有一個：即復興農村、建設基層。有些機構難免會覺得農復會好像搶著去做它份內的事，在今天或許會有這種情形，但在三十年前，農業不像現在生產過剩，而是各縣市均需增加生產，要求生產機械化等，而農復會舖蓋水泥晒場的計劃，不但使損失減少、產量提高，農民收入也獲得改善，不僅無害且有益，所以與政府機關之間並不會有摩擦，一般情形如此。即使極少數會有意見或摩擦，對農復會的工作也沒有妨礙，因爲農復會可作選擇，若這地方不願意，可選擇另一地方推行。現在回顧農復會當時的領導地位，少有人責備，反而都對農復會稱讚有加，原因就在於：第一，農復會本身並不要求成爲永久性機構，隨時準備結束；第二，農復會所做的事情對地方有幫助，無論如何，都是一種支援。有時不可避免的是，農復會的專家在推行工作時，可能要求得很嚴格，但這是就事論事，他認爲應該這麼做，不遷就行政機關不好的習慣。也是因爲有這種精神，才使農復會的工作效率高、成績出色。

在五〇年代經安會的時代，農工業部門間是會有意見不同的現象，那時把農業部門也列入整個經濟發展當中就是希望求得一個平衡。但每一件事情在討論時，當然站在農業和站在工業的立場看法不會完全一樣，看事情的優先性也會有差異，也許難免會產生偏見。有些事情農業方面認爲應該先做的，爭不到也只好放棄。既牽涉到政府機關裡去，最後的決定總是不能使每一部門都滿意，決定之後，也就只有照著進行。不過，在討論這件事時是要儘量去爭取的，但不能保證一定獲勝，因爲第四組裡的委員，是由各不同部門的人員參與組成，這也是爲求平衡。

在農復會當時的想法，並不覺得肥料換穀會對農民有何害處，反而只想到肥料換穀的好處所在，所以張憲秋先生主張保留這一制度。因爲藉著肥料換穀，幾乎可使肥料送達每一農家，使用化學肥料以增加產量，

畢竟是農業技術人員樂觀其成的事。假如不採用肥料換穀制度，也許農民就不使用那麼多的肥料，而且以現金買農民的穀子，農民可能把錢胡亂花掉，卻不花在使用肥料上，今天算起這筆賬來好像是政府佔了農民的便宜，但是好處就是農民必然拿了肥料，把這肥料用在田裡，而有助於增產。這一好處也是不能忽略的，不應過分強調肥料換穀就是壓榨農民等等。中國大陸的農民不用化學肥料，都用天然的有機肥料，農復會在離開大陸前曾推行化學肥料的使用，救濟總署從美國運來大量化學肥料，卻無法推展開來，因為農民不會用也不習慣，我們還要花很大的力氣去送給他、指導他。而台灣的農民早已使用化學肥料，且有這種制度，這是日治時代留下來的,但日人的目的是以台灣作為糧倉則和我們不同。早年台灣的糧食增產是一個重要的目標，如果那時糧食需仰賴進口，實在沒有那麼多的外匯可去購買。而增產必須使用化學肥料，當然肥料換的比率應如何才恰當，才不致使農民吃虧是另一個問題，但制度本身是好的，農復會那時站在增產的立場，覺得這個方向是正確的。

　　（1988 年 12 月 6 日張訓舜先生第一次訪問記錄）

[2:3-3]　支持低米價政策:

　　第一個四年計劃有關農業部份的畜牧計劃案的初稿我有深入的參與，回憶起來很有意義。我相信台灣的農業確是腳踏實地在發展中，農復會在這一方面盡了很大的力量，當時如無農復會，台灣的農業會發展得如此快速，農業也無法帶動工業的發展。如果只注重工業發展而忽視農業，則工業發展得快，「吃掉」農業的可能性更大。當時農復會優秀的技術人員有美援的與中華民國的，更有其經由中美二國途徑成立農復會法定的地位，而我們總統又非常注重農業，對我們幾位委員全力支持，發揮很強的政府方面的力量。在這種情況下，即使當時工業很想「吃」

農業卻「吃」不掉的。蔣夢麟先生在時，誰敢「吃」它？那時蔣夢麟先生、沈宗瀚先生、錢天鶴先生的地位甚高，農復會確實在做事情，農業又實在很重要，當政者與政府和部會首長均支持農業，農復會既有技術，又有美國經援，並由一流的人領導，在政府的地位是這麼高，工作便更容易推行。由於農業是當時很重要的部門，工作又被肯定，因此與政府各部門間的衝突是不成立的，不過暗潮不能說沒有。

農復會的參與政府部門的四年計劃，有好有壞，因滾進官方的體系之中去了，好的方面是兩面均可運用，壞的方面是被拖進去了。農復會本來是特種部隊，我們還沒有談到當時農復會運作的一種理念。農復會當時成立了一個第四組，可以對外行文，等於是做農林部的事，嚴格地說，工作體質開始在變，好處是從短程計劃變成長程的輔導。當時第四組是沈宗瀚先生主持，執行秘書是龔弼先生。沈先生「上下溝通、左右聯繫」的口號是帶領我們進入整個長程計劃，從短程計劃中要實際打下農業的根基，但也要從事長程計劃。在進入整個政府的行政體制之中，從行政院到省縣市鄉鎮，各部會之間的聯絡更大。通過第四組，農復會的技術加上美援的協助，經委員會決定之後，經由主管部的同意就可以上達行政院，農復會等於做兩邊事。而經費也更充裕，除美援之外，還有政府經費，所以那時我們是兩個單位合而為一。第四組可以代擬部稿，當然我們跟經濟部是合作得非常密切；第四組是農復會的一個組，也和經濟部農林司打成一片。做這個工作，政府必須有雅量，經濟部長、農林司長如果沒有雅量，那天天要與農復會吵架了，那怎麼行。

我想很多政策，常時我並不直接涉入，但很多政策的運用完全要看怎麼樣才能獲得最大利益。另米價政策與肥料政策而論，當時農村經濟發展快速，農民生活極大改善，故當時採低米價政策及較高的肥料價格政策並沒有錯。低米價表面看來有害於農民，但當時整個政府的政策是

來照顧全體國民，因此低米價政策有助於我們所有軍公教與國民的生活與安定。其害處對農民而言也並不像現在所想像的危害那麼大。那時在這樣一個政策、計劃經濟之下，低米價政策，並有肥料換穀制度，是很有效的。就另外方面、從美援與政府投資那麼大的農村復興方案來看，農民是受惠的；從整體而言，農民也確實是受惠的，當然整個糧價政策是並不有利於農民，但低米價政策時穩定糧價還是很有效。從這個立場我們仍是支持這個制度。

(1988 年 10 月 24 日李崇道先生第一次訪問記錄)

[2:3-4]　關於肥料換穀制度之回憶與分析：

我當時為農復會技正，但全時間任經安會第四組執行秘書。如果農工有明顯衝突，我勢必為衝突之前哨。但當時我並未感到衝突。沈宗瀚先生亦未感到衝突。當時工業界領袖為故經安會工業委員會主任委員尹仲容先生。尹先生雖有脾氣，但對農復會同仁，頗為尊重。凡屬農業問題，必問農復會。大事正事問委員會或委員。技術問題，常直接問組長或技正。從不自作主張，對外發表對農業之意見。農復會同仁，上起蔣主委，下至技正，對尹先生咸極敬佩，有問必答，合作無間。農業四年計劃中亦從無「自給為主，外銷為副」之語，事實上擴大外銷為重要目標之一。開始實施第一期四年計劃時，政府或民間，對肥料換穀確無反對聲浪。一九五五年我轉任農復會植物生產組長後，始見到農復會經濟組同仁（當時組長為美籍）寫內部備忘錄，評論肥料換穀制度不合自由經濟原理，不利農民。但該等備忘似未出農復會大門。同時在省議會中，議員開始質詢糧食局李連春局長。李局長答覆時，往往詳細引述該局對農民之各項貸款，對各農會補助，與糧食增產之數字，間接表示肥料換穀，並未對農民造成不利。

及至政府擬議建造石門水庫（一九五七或五八?）時美援安全分署署長赫洛遜先生（Haraldson）提出對肥料換穀制度之批評。大意為「為肥料與稻穀價格均任由自由市場供需調節，農民穀價可漲，肥料價可降，多用肥料，稻作必增產，其幅度可能與冀求石門水庫增產之數額相若。則石門水庫之投資可省。」此事引起農復會內部僅有之一次中美委員意見分裂。美籍委員（菲平，William Fippin，與戴維斯 Raymond Davis）贊同赫洛遜署長之意見。中籍委員（蔣夢麟，沈宗瀚，錢天鶴）則不同意。委員會以下，農業經濟組同意赫洛遜意見。植物生產組不完全贊成。該組同意為肥料價格降低，稻穀價格昇高，農民會多施肥料，但水稻不一定會增產。因據農試所與各改良場試驗，當時氮肥每公頃施用量已甚高，以當時種植最廣之水稻品種而言，如再增施肥料，水稻將增加倒伏及導致減產。並須待更耐肥之新品種育成推廣後方能自增施肥料獲得效益。該組所述為「專家理由」，三位中國委員不贊同取消肥料換穀制度，另有原因，但未公開詳述。

赫洛遜署長之評論，所引起之爭辯，最後由美援會邀中美在台雙方經濟首長開會。嚴家淦、尹仲容、楊繼曾、蔣夢麟，沈宗瀚諸位前輩均出席。中方說明不擬取消肥料換穀制度及其理由。美方會後不再提出反對意見，並同意石門水庫計劃繼續進行。會議詳情未經公佈。以後美國文獻稱肥料換穀為對農民隱藏之賦稅（Hidden tax）之說，不絕如縷，但中美官方均未再評論。

以下為就我所知「衝突」之大致情形。但該次衝突為中美意見相左，並非國內農工之衝突。當時農復會，農林廳均未反對，糧食局更為執行機構。

為何不反對不利農民之事？當時我未達決策階層，但因任經安會第四組執行秘書，較技正時代，向上接觸較多。以下為個人之回憶與分析：

一、爲何農業機構不反對肥料換穀制度？

甲) 中日戰爭時期，大陸已開始通貨膨漲，物價不斷上漲，國共戰爭
　　期間加劇，糧商屯積居奇糧價飛漲，影響戰事與民氣，所造成之
　　痛苦深烙人心。台灣光復後，因重建戰時損壞，修理工廠機械、
　　海河堤堤、橋樑、水利等，耗資浩繁而米糖產量銳減，出口停頓，
　　美援不至。故一九四六年起亦開始通貨膨漲，物價上升，至一九
　　四九年已達狂漲之程度，政府用自大陸運台之庫存黃金、白銀、
　　外幣爲擔保，發行新台幣，阻戰貶值兇焰。同年秋農復會來台，
　　水利修建，農業增產步調加速。次年韓戰爆發，美援去而復返，
　　物資到達，新台幣方穩住陣腳。此十餘年之痛苦經驗，使當年決
　　策者不得不正視物價安定，尤其糧價穩定，對民心安定之重要性。
　　在此前題之下，政府責成省政府糧食局掌握糧源，每月配給軍公
　　敎人員米油等生活必需品，並以政府存糧平抑市場糧價波動，以
　　保障低收入者之生活。當時除農民外，軍公敎人員與工人，小商
　　販等均收入微簿，經不起投機者操縱糧價牟利。故當年設法平抑
　　糧價，以安定民生爲主要目的。

乙) 長期低糧價，對工業成本中工資部份，當然有利。在日治殖民地
　　政策下，台灣之工業除糖業外，餘均微小不足道。工業日用品與
　　農用肥料與農藥等均賴自日本輸入，欲發展工業所須資金須向外
　　國借貸。但當時歐洲尚未從第二次大戰中復元，日本當時爲戰敗
　　敵國，本身財政緊迫。世界銀行當時已以三項計劃貸款我國：台
　　北自來水，教育改善與彰化以迄台南地下水開發計劃。電力公司
　　亦接洽貸款中。故美援爲唯一其他資金來源。然而國共戰爭時期，
　　美援態度曖昧，幾乎捨台灣而去，記憶猶新。韓戰發生後美援去
　　而復來，然並非由我國或美國所可控制之因素促成。我國固歡迎

其幡然歸來，但在萬般挫折痛定思痛之餘，在台灣重奠國基，唯一可靠者實僅有自己之力量。唯其當時力量甚微，全力發展乃更重要。「以農業培養工業，以工業扶植農業」二句強調內部協調互助之名言，可表達當時含辛茹苦，自立圖強之心態。肥料換穀爲執行「以農業培養工業」之主要措施。長期維持低工資，使我國工業產品，在尚無良好品管之時，能在國內替代進口品，並以低價進入國際市場。以經濟術語言之，則爲將資源自農業移入工業。在上述情況下，猜想農業領袖均不反對肥料換穀。唯希望工商壯茁之後，下一步「以工業扶植農業」亦能認眞執行耳。

二、另一重要問題爲實施肥料換穀有否眞正阻礙農業發展與農民生活改善？事實答覆曰否。自第一期四年計劃開始（一九五三）至第三期結束（一九六四），美國經援結束（一九六五年七月），各主要農作物每公頃產量，總產量，耕地複種指數，平均每公頃肥料使用量，肥料消費總量，豬雞飼養與屠宰頭數，雞鴨蛋牛乳產量，沿岸，遠洋與養殖漁獲量等均逐年增加。統計完整，斑斑可考。以一九五二年爲基數一○○，一九六五年之農業生產指數爲一九○．二。在該十年間，我國與各南亞與東南亞國家相比，肥料價格爲偏高之一國，農業發展則爲最快之一國。國際讚揚我國農業發展之文獻，以該段時間爲最多。

凡此成就，事實與自由經濟之格言「政府不應干預物品價格，應任供需尋求價格水準」不符。爲何不符？管見爲下：

甲）日本投降（一九四五年八月）後，即不再運送肥料來台。台灣立即缺肥。兼以水利破壞，農作物產量銳減。一九四九年美援運台唯一一批物資爲供台省開辦肥料換穀之肥料。當時以農民而言，問題爲有無肥料，價格在其次。所以一九四九年時雖一公斤硫酸

銨須換穀一．五公斤，農民仍極願換穀。其次，施肥另有一種經濟，即肥效反應曲線之經濟。當每公頃施肥量甚低時，每增施十公斤肥料，作物增產效率最高。隨施肥量之提高，每再增施十公斤，所獲肥效漸減，以至再增施肥量，作物不再增加產量，肥效等於零。此一肥效曲線，隨土壤與作物品種而不同。在一九五九年，台中改良場育成矮生耐肥之在來米品種，台中在來一號，其後在來稻之每公頃施肥量逐漸增加。蓬萊稻新品種亦以耐肥抗病為育種目標，全省每公頃肥料施用量普遍上升。

因肥效反應曲線之故，肥料換穀之比率，一九四九為一公斤硫酸銨換蓬萊稻穀一．五公斤（其他肥料與在來稻穀另有比率不贅），逐年降低，至一九六五時一公斤硫酸銨已僅換蓬萊稻穀○．八五公斤矣。農復會當年每年補助農林廳各區改良場在全省廣設肥效測定試驗區。農復會植物生產組朱海帆技正，兼任經安會第四組肥料小組執行秘書，一九五五年後任召集人，每年根據全省肥效測驗試驗紀錄，計算各糧區肥料反應，並判斷在當年肥料換穀比率下，如農民再增施肥料，是否仍能獲利。一年一度糧食局李連春局長親來沈宗瀚委員辦公室，根據肥料小組之計算，決定肥料換穀比率是否需要調整，如需調整調整多少？經同意之數字，李局長即提報省府公佈。

乙) 肥料換穀始於一九四九年第二期水稻。同年春政府實施三七五減租。佃農較前少繳之地租，相當於產量之百分之十二．五（五〇．〇減三七．五）。肥料最貴，但肥效甚高，故當時並無不滿之感。一九五一年公地放領，一九五三年耕者有其田，同年農會改組。一九五六年水利會改組。農民目睹改進有利農民，意志高昂。同時各作物，家畜新品種不斷推出，多夏裡作栽培推廣均促進增產，

其後鳳梨、洋菇、蘆筍、香蕉陸續成為大宗出口品。使第三期四年計劃期間，農村更欣欣向榮。國家則外匯收入銳增。同時賴低糧價與低工資之長期支持，與工業發展政策正確，至一九六五年，產值與出口金額已追平農業。國內儲蓄已足平衡投資所需，美援乃撤銷。

丙）換言之，如單從肥料換穀一事而論，農民蒙受不利。但「土地改革，農民團體改組，水利修建，農業科技改進與農會服務能力加強」等措施對農民之利益顯然補償而有餘。

三、為何美援經費用於農業者，限於不超過十分之一？

此係美國國會一九四八年通過援華方案時為此規定。為何如此規定，不得而知。重要者為該十分之九，於一九四九年時幾乎消失，農業之十分之一始終忠於中華民國，絕未搖動。事實上當時農復會同仁均無經費不足之感。當時除水利工程耗費必然較大，漁港與農會倉庫等較小工程次之。一般技術改良工作，不論農、牧、漁，均所費不多，而增產作用甚大，益本比甚高。

四、總結：由此可見先進國家憑多年經驗與研究，發展出各種理論與定律。如一切情況正常，此等理論均屬準確，我等應予了解，並適時應用。但在非常時期，則不宜削足適履，硬套理論。我等應仔細分析所處切身環境，有所取捨，擷取各種有利生產之因素，截長補短，獲致最高總體生產之配合。台灣自實施三七五減租（一九四九）至第三期四年計劃完成（一九六四），美援撤銷（一九六五）之間，憑自立圖強之信念，做到了最高總體生產之配合。在該十五年中，農工業幷肩迅速增產，故無衝突。

農業同仁於美援撤銷時，意識及「以農業培養工業」之大業順利完成。

我於一九六五年八月辭去省府農林廳長之職，前往世界銀行任職。

機越太平洋上空時曾憶及一九四九年自廣州駛高雄海輪上所感懊喪與失
望。在台十七年，心胸充盈如許，因在諸位前輩領導之下，終能參予勝
利之一戰。此一戰役，除完成「以農業培養工業」，將台灣之經濟與社會
帶至工業化邊緣外，另完成三件大事：一、一九六五年時台灣農業生產
力已遠超過日治時代之最高峰，並已跳出殖民地糖米經濟之範疇。二、
台灣之農業生產與農民生活，已遙遙領先，使中國大陸望塵莫及。三、
台灣領先日本以外各發展中國家，達成經濟自給自足。

(1989 年 6 月張憲秋先生訪問記錄)

[2:3-5]　民國五十七、五十八年肥料價格之變動:

　　因肥料之效應受「報酬遞減律」所限制，故肥料價格過高時，其經
濟用量必然減低。農民雖知增施肥料可以增產，但倘增肥後不能增利，
仍然不願多用。

　　台灣農民所用肥料，為數不少，平均每公頃耕地每年三要素消費量
約達二九〇公斤。但因肥料價格較其他國家為高，在若干情形下，增施
肥料，甚不合算。在現行肥料換穀制度下，農民之肥料成本，因穀價上
漲而連帶提高，同時肥料配售價格又較實際成本高出甚多。

　　根據農林廳（民國）五十七年調查，在本省各種主要作物生產成本
中，肥料費用約佔百分之三十。肥料價高已成為阻礙台灣農業發展因素
之一。政府當局有鑑於斯，乃決定於五十八年度降低尿素出廠價格，並
將尿素及硫酸錏之配售價格減低。五十八年七月再次調整。雖經兩次調
整，肥料價格仍嫌偏高，尚須儘量抑抵。近兩年來本省尿素與硫酸錏每
公噸價格之變動情形如表。

　　(《中國農村復興聯合委員會工作報告》，第二十期，57／7／1－
58／6／30，頁 33。)

（單位：新台幣元）

肥料種類 項目　　年度	硫酸錏		尿　　素	
	五十七年	五十八年	五十七年	五十八年
出廠價格	2,700	2,700	5,000	4,500
現金配售	3,600	3,600	6,400	5,800
肥料換穀 換穀比率	1 比 0.85	1 比 0.83	1 比 1.70	1 比 1.50
折價（註）	3,898	3,782	7,795	6,835

（註）按當年每公噸稻穀產地價格折算（五十七年每公噸 4,586 元，五十八年 4,557 元）。

[2:3-6]　肥料配銷之由來程序及方式

　　民國三十四年台灣光復，政府爲復興農村增加糧食生產，積極籌劃肥料供應，次年即成立肥料運銷委員會，專責辦理配銷業務。至三十八年爲配合糧食增產政策起見，將該委員會撤消併入糧食局，在該局之下設立肥料運銷處，主辦肥料業務，除甘蔗肥料由台灣糖業公司自行籌購供應外，稻作及其他雜作所需肥料均由糧食局肥料運銷處委託縣市及鄉鎮農會配給農民。糧食局每年會同有關機關參照全省稻米及其他農作增產計劃，訂定肥料供需計劃，以自產肥料優先供應，不足之數向國外採購補充。計劃核定後由省府公報公佈，除機關學校外，全部肥料均經由鄉鎮農會分配。農民需肥申請報表由村里長彙送當地鄉鎮公所，經縣市政府核轉糧食局肥料運銷處。

　　台灣糖業公司配銷之肥料由總公司根據各糖廠預定種植面積，擬訂供需計劃，辦理採購手續，分批運交各糖廠，各糖廠除供應自營農場外，根據契約面積貸肥與各契約蔗農，俟甘蔗收穫後在農民糖款下扣還。

　　民國三十八年至四十二年美國駐華經濟合作總署進口美援肥料，共

計八十八萬九千公噸，總值美金六千三百五十萬元。爲改進及督導肥料運銷業務於民國四十年行政院美援運用委員會及中國農村復興聯合委員會聯絡有關機關如糧食局、農林廳、台灣肥料公司、高雄硫酸錏公司、台灣糖業公司、中央信託局、省政府交通處設立肥料小組，定期舉行會議，商討有關肥料生產進口配銷運輸等業務，統籌計劃，隨時檢討，頗著成效。民國五十六年至六十一年期間改由行政院專案辦理，至六十二年二月恢復肥料小組，由經濟部負責召集。

　　肥料配銷方式最初規定雜作肥料以現金配售，稻作肥料可由農民選擇用現金購買或以同等價值之稻穀交換，至三十七年第二期改爲稻作肥料應全部以稻穀交換，實施肥料換穀制度，四十年第二期起爲鼓勵一般缺乏現穀交換肥料之農民領用肥料，規定農民提領稻作肥料得自由選擇以現穀交換或以貸放方式提領。四十二年第二期起略加限制，凡不適合規定貸放條件之農戶最少應提供三成現穀交換肥料，四十五年第二期起提高爲四成換穀，其餘可以貸借至當期稻穀收穫後繳還稻穀。此項辦法繼續至五十九年。六十年改爲三成換穀或現金購買，七成貸放還穀。六十一年又改爲全部貸放，其中以五成還穀。另五成歸還現金或還穀。本年一月廢除換穀後，稻作肥料仍可全額貸放，惟貸放數量限制每公頃最高不超過相當於三、五〇〇元之肥料，還時以現穀折價或現金均可。

　　（朱海帆，《肥料論文集》，台灣肥料股份有限公司叢刊第三十七
　　　種，1984，頁 44－45。）

[2:3-7]
歷年肥料換穀比率及其折價(元／公噸)

年度	稻穀市價 元/公噸	硫酸錏		尿素		過磷酸鈣		氯化鉀	
		換穀比率*	現金折價	換穀比率	現金折價	換穀比率	現金折價	換穀比率	現金折價
三十九年一期	946	1.2	1,135	—	—	0.4	378	—	—
二期	704	1.0	704	—	—	0.4	282	—	—
四　十年一期	867	1.0	867	—	—	0.4	347	1.5	1,300
二期	809	1.0	809	—	—	0.4	324	1.5	1,214
四十一年一期	1,297	1.0	1,297	—	—	0.4	519	1.5	1,946
二期	1,496	1.0	1,496	—	—	0.4	598	1.5	2,244
四十二年一期	2,198	1.0	2,198	—	—	0.4	879	1.0	2,198
二期	2,178	1.0	2,178	—	—	0.4	871	1.0	2,178
四十三年一期	2,122	1.0	2,122	—	—	0.4	849	0.9	1,910
二期	1,660	1.0	1,660	—	—	0.4	664	0.9	1,494
四十四年一期	1,965	1.0	1,965	2.0	3,930	0.4	786	0.9	1,769
二期	1,991	1.0	1,991	2.0	3,982	0.4	796	0.9	1,792
四十五年一期	2,250	1.0	2,250	2.0	4,500	0.5	1,125	0.9	2,025
二期	2,108	1.0	2,108	2.0	4,216	0.5	1,054	0.9	1,897
四十六年一期	2,319	1.0	2,319	2.0	4,638	0.5	1,160	0.9	2,087
二期	2,367	1.0	2,367	2.0	4,734	0.5	1,184	0.9	2,130
四十七年一期	2,513	1.0	2,513	2.0	5,026	0.5	1,256	0.9	2,262
二期	2,383	1.0	2,383	2.0	4,766	0.5	1,192	0.9	2,145
四十八年一期	2,510	1.0	2,510	2.0	5,020	0.5	1,255	0.9	2,259
二期	2,655	1.0	2,655	2.0	5,310	0.5	1,328	0.9	2,390
四十九年一期	3,559	1.0	3,559	2.0	7,118	0.5	1,780	0.9	3,203
二期	4,102	0.9	3,692	1.8	7,384	0.45	1,845	0.8	3,282
五　十年一期	4,286	0.9	3,857	1.8	7,715	0.45	1,929	0.8	3,429
二期	3,901	0.9	3,511	1.8	7,022	0.45	1,755	0.8	3,121
五十一年一期	3,968	0.9	3,571	1.8	7,142	0.45	1,786	0.8	3,174
二期	3,575	0.9	3,218	1.8	6,435	0.45	1,609	0.8	2,860
五十二年一期	3,993	0.9	3,594	1.8	7,187	0.45	1,797	0.8	3,194
二期	3,863	0.9	3,477	1.8	6,593	0.45	1,738	0.8	3,094
五十三年一期	4,120	0.9	3,708	1.8	7,416	0.45	1,854	0.8	3,296
二期	4,048	0.88	3,562	1.8	7,286	0.45	1,822	0.8	3,238
五十四年一期	4,160	0.88	3,661	1.8	7,488	0.45	1,872	0.8	3,328
二期	4,078	0.86	3,507	1,72	7,014	0.45	1,835	0.8	3,262
五十五年一期	4,124	0.86	3,547	1,72	7,093	0.45	1,856	0.8	3,299
二期	4,179	0.86	3,594	1,72	7,188	0.45	1,881	0.8	3,343
五十六年一期	4,419	0.86	3,800	1,72	7,601	0.45	1,989	0.8	3,535
二期	4,402	0.85	3,742	1.7	7,483	0.45	1,981	0.8	3,522
五十七年一期	4,769	0.85	4,053	1.7	8,109	0.45	2,146	0.8	3,816
二期	4,491	0.83	3,728	1.5	6,736	0.45	2,020	0.8	3,593
五十八年一期	4,622	0.83	3,836	1.5	6,933	0.45	2,080	0.8	3,698
二期	4,370	0.79	3,452	1.36	5,943	0.45	1,966	0.8	3,496
五十九年一期	5,249	0.68	3,569	1.09	5,721	0.4	2,100	0.65	3,412
二期	4,483	0.68	3,048	1.09	4,886	0.4	1,793	0.65	2,914
六　十年一期	4,828	0.58	2,800	0.89	4,297	0.38	1,835	0.62	2,993
二期	4,487	0.58	2,602	0.89	3,993	0.38	1,705	0.62	2,782
六十一年一期	5,197	0.53	2,754	0.82	4,262	0.37	1,923	0.60	3,118
二期	4,683	0.53	2,482	0.82	3,840	0.37	1,733	0.60	2,810

＊每單位肥料交換篷萊種稻穀數量資料來源：農復會植物生產組

(朱海帆，《肥料論文集》，台灣肥料股份有限公司叢刊第三十七種，1984，頁66。)

[2:3-8]　關於肥料換穀之爭議：

　　一九五九年弟在農復會任植物生產組長，農經組長為謝森中先生。弟當時在農復會中係屬於反對廢除肥料換穀之一面。當時提出廢除肥料換穀者為美國安全分署，由署長郝樂蓀（Harolson）向我政府財經當局提出，同時透過農復會美籍委員 Mr. Ray Davis 徵詢農復會之意見。安全分署當時之意見源自經濟觀點（蓋一般而言，為主要農作物之價格與肥料價格之比例大，對農民有誘致多用肥料之作用，反之，則農民少用肥料。當時因台灣實行低米價政策，故米價與肥料價格之比例，確對農民不利）。農復會於內部討論時意見分為正反兩面，美國委員與農業經濟組贊成安全分署之意見，其所持意見亦與安全分署同，植物生產組則提出相反之意見。該組原則上同意安全分署之經濟理論，但指出根據農業改良場之試驗結果，當時台灣農民所施用之肥料量，已達到當時栽培水稻品種之最高量，如再提高施用量，則病蟲害發生加烈，未必能增加每公頃產量。必需待更抗病蟲之品種育成推廣，增用肥料方能進一步提高產量。故認為安全分署之說法，對農民施用甚少肥料之國家，一般適用，對當時之台灣，則不能達到稻米增產之效果。最後之決定，係在一次高級會議中由政府方面向美方說明政府不擬廢除肥料換穀制度。但政府之決定不改，並非根據農復會植物生產組之技術立場，而係根據當時政府之基本經建政策，當時我國出口貿易，仍須依賴低工資以求降低生產成本，俾抵消高度發展國家之技術與貿易網優勢。該項政策，現在看來，甚為正確。如當時取消肥料換穀制度，則米價勢必較前浮動，以至工業產品成本亦較難控制矣。當時之政策為逐步降低肥料換穀比例，而不予斷然取消。

　　　　　　（1979 年 2 月 12 日張憲秋先生致黃俊傑函）

[2:3-9]　經安會第四組與肥料換穀:

　　沈先生兼任召集人的經安會第四組,後改稱經濟部農業計劃聯繫組,在其《晚年自述》中, 沒有專章提到, 這個小組委員, 包括經濟部次長、省農林廳長、糧食局長、水利局長、林務局長、台糖總經理、農復會委員、美國安全分署代表等; 農業四年計劃如分年度的農業計劃及個別的施行方案, 均由這個小組聯繫配合及充分討論; 農復會各部門的專家,均參加作業及定案和協助實施。那個時候, 這個小組每年要討論年度稻作面積、目標及增產計劃、稻米收購價格、肥料換穀比率、省產肥料價格、水利擴充及投資計劃、蔗作面積目標和保證農民糖價價格等重大問題, 而這些問題, 常常是各單位立場不同, 看法不同, 意見相左是難免的; 農復會因地位比較超然,各部門技術及經濟專家提出的意見及方案,常供第四組討論參考。沈先生爲了協調各方意見, 要做許多會議前協調及說服的工作, 我記得在這些重大問題中, 沈先生每年比較頭痛的是每年稻作面積訂定、肥料換穀比率、省產肥料價格及農民糖價保證價格等。我常見沈先生耐心的協調, 小組會議激烈爭論, 但最後總得到結果, 簽報經安會或行政院批准實施。

　　台灣的肥料換穀制度, 現已取銷, 那個時候是由省糧食局辦理, 以便控制一部份的糧食, 供應軍公教配糧之需, 幷於必要時拋售市場以安定糧價, 同時使農民穩妥地配得肥料爲稻作之用。這種辦法, 在初期經濟發展過程中, 爲轉移農業生產剩餘, 以供非農業部門發展之用; 制度本身, 無可厚非, 惟後來因國際市場糧肥比價發生很大變化, 維持糧肥一比一的比率, 不但農民吃虧, 且阻礙農民用肥增產的誘因, 其理至明。在民國四十八年至五十年時, 引起許多爭論, 沈先生是第四組召集人,又是農復會委員, 許多不同的意見都集中向他表達; 美援安全分署署長

及農復會短期經濟顧問均認爲沈先生太保守，不夠積極；當時政府當局認爲處理軍糧民食以及使肥料確實配到農民，此種制度之存廢，應愼重考慮，頗使沈先生左右爲難。那時，我私下向沈先生表示意見，就經濟分析的理由，以當前國際市場糧肥比價看，肥料換穀制度，阻礙增產誘因，似應考慮取消，但每個國家一個經濟制度的形成，常有其非經濟的因素，如爲愼重從事，肥料換穀制度繼續維持，則農復會、經安會第四組及其他有關單位應形成一種輿論，說服糧食局合理地逐漸地降低肥料換穀比率，同時這種比率應與國際市場糧肥比價發生關係，這是折衷的過渡辦法，可以平息許多批評和減少農民的不滿。糧食局後來也參考肥料進口價格、省產肥料收購價格及糧價等因素，每年調整及降低肥料換穀比率。直至六十二年，行政院乃宣佈廢止肥料換穀制度。

（謝森中，〈憶念沈宗瀚先生〉，收入：《沈宗瀚先生紀念集》，台北：沈宗瀚先生紀念集編印委員會，1981，頁 269－270。）

[2:3-10] 農工絕無衝突：

農業與工業在開始時絕對沒有衝突，原先發展農業也就是使農民購買力增強，此即幫助工業，使工業在國內有現成的市場，我們的工業發展，第一步要在國內市場有銷路，再慢慢開拓外銷市場。許多輕工業都是先有國內市場再外銷。早年外銷品爲米和蔗糖，這是我們最主要的兩個外匯來源，那時發展農業即依靠米和糖的外銷。尹仲容先生等藉美援來發展工業。

民國三十九年時，政府無錢，教育部根本無公費派留學生，那蔣夢麟先生即由農復會利用美援送人出國留學（美援原先未有此計劃，我們農復會先來做），農復會決定先考選四十名留美學生。考試科目並不只限農業，工程、地質、銀行、銀行、財政、金融所有重要項目均有（如高

玉樹先生即考工程科出國留學。考送四十名錄取三十六人，李登輝總統是其中之一。都對國家有貢獻。多半是出去先唸碩士學位，再拿博士學位)。所以我們不但與工業沒有衝突，且是相互配合。因為農復會一面發展農業，一面也想到為國家補充其他方面的不足，所以利用美援的經費來協助，不限於農業。例如：工業方面要用水泥，國內生產的水泥不夠，是由農復會進口借給工業用。就國家的進步而言，工業是必需的，農、工一定要有，農業是前一步，土地改革、農業增產，農民組織、鄉村衛生、輕工業、重工業，那時在我們前瞻性的想法中均已提到這些問題。

關於肥料換穀制度，與低糧價政策有關。我們農業方面的同仁，包括沈宗瀚先生、張憲秋先生等人都支持糧食局李連春先生，因當時低糧價政策為政府最高當局的決策，我們要支持政府政策，而不是與工業有不同的意見，一如李連春先生等是完全按照先總統蔣公和陳院長的指示來推動。那時尹仲容先生任工業委員會主任委員，即主張取消低糧價政策，因對農民不利，我們也是要使農民獲利，可是最要緊的是農復會同仁均支持中央政府政策，並非與尹仲容先生有所衝突。尹先生較偏向美國自由經濟派。

「上下溝通」，上是與行政院，因為經安會隸屬行政院，當時經安會的主任委員即行政院長。上下溝通，其上是尹仲容、陳院長。沈宗瀚先生任農業委員會委員，蔣夢麟先生是主任委員，做法是蔣夢麟先生與行政院長聯繫，沈宗瀚先生與各部會首長、省政府主席聯繫。所謂經安會第四組，事實上與農復會等於是一而二，二而一的單位。其他各組組長、技正負責對外與省政府廳、處長及各縣市聯繫，而我這秘書長專責內部聯繫，內部農業委員會，農復會由我總管，農復會許多內部的規程（農復會的規程與中國政府、美國政府的不同），農復會自己有一套規程，差不多都是我參照中美兩國政府許多資料自己擬訂，各種人事等，我早年

花了頗多時間研擬。因此，與業務相關平行機構的聯繫是組長與技正負責，政策性的溝通聯繫是蔣夢麟先生與行政院院長，委員是與部會首長、省府主席聯繫，我總管內部。

廢除肥料換穀的意見，源自經濟觀點，其實對農業有貢獻、有成就者都是技術人員的貢獻，如張憲秋即技術出身。我做秘書長時就常跟謝森中說：你也常到鄉下跑跑、看看，接觸要夠。我任秘書長時，看到水利工程的建議書，名稱都不懂，我就跟水利處的組長、技正出去，一處一處看，跟他們學，對各種名稱、需要多少水泥都有了解。我是這樣去學的，各組的技術人員都是我的老師，並不是紙上作業，的確是實地去看。

大陸淪陷我們事後檢討，我們在大陸實施土地改革，假如能早十幾年實施，共產黨即無從坐大，中共搞起來都是從農村，這是很可惜的。

(1988 年 11 月 1 日蔣彥士先生第一次訪問記錄)

[2:3-11] 肥料換穀之背景資料:

BACKGROUND INFORMATION ON FERTILIZER AND RICE BARTERING SYSTEM IN TAIWAN

Prepared by

Rural Economics Division, JCRR

October 13, 1958

I. The Chief Controversial Points:

In the eyes of a certain group of competent observers and food economists, both Chinese and foreigners alike, the fertilizer and rice paddy bartering program in operation in Taiwan has been an important factor in rice production and in stabilizing the price of rice on the island. They observe however, that it is basically an expedience derived out of the painful experience which the Chinese Government and the people had gone through during the period of runaway inflation during the war and the early post-war years. Its ture merits therefore can be better appreciated when it is viewed against a background showing a lack of faith of the general public in the value of local currency. This also explains why the government prefers to collect the tax levied on cropland in kind （paddy） rather than in cash. It is believed that when the value of local currency becomes stabilized, the application of this system is no longer justified, apart from the necessity of the government for food collection program.

In recent years, the value of local currency has remained relatively steady. Consequently, a growing number of people have questioned the wisdom of maintaining the fertilizer／paddy barter system, even at the risk of returning inflation. It is not high time that we should consider the discontinuance or at least an overhaul of this system? For it is a fact that for the operation of the barter and its related programs, Bank of Taiwan has to provide the Food Bureau with an overdraft facility usually maintained at the level of around NT ＃ 850 million in the last two years, amounting roughly to one fourth of the net money supply of local currency, thereby exerting considerable inflationary pressure.

As the international price ratio between polished rice and fertilizer is about 1:3, while current domestic bartering ratio between paddy and fertilizer is fixed at 1:1 (or 1:1.46 in term of polished rice), one is apt to ask whether the barter system might not discourage the farmers from increasing the rate of chemical fertilizer application per unit area in rice culture. Could the eventual abolishment of the system encourage farmers to use more fertilizer and result in bigger rice production?

II. Reasons For Maintaining the Barter System:

Whatever the merits and defects of the barter program, it seems that for the following reasons neither the food administrative agency nor the farmers have shown a keen desire to see any substantial change in the program:

(1) The government finds it necessary to control a large stock of rice: in recent years, the government has kept under its effective control an average of about 520,000 m.t. of brown rice annually, 67% of which comes from the fertilizer barter program, 13% from land tax collected in kind, and the remainder from miscellaneous sources. 37% of the government stock of rice is used for rationing to armed personnel and their dependents, 20% for rationing to public servants of all levels and their immediate family members, another 30% is set aside for export, and the remaining portion for rationing to miners

and destitute civilians. In the present stage of national emergency, the government has every reason to see the price of rice maintained at a stabilized level, and this can be assured only when the government keeps a control over fairly large stock of rice. The collection of paddy under the fertilizer barter program appears thus far to be the best way to achieve this purpose.

(2) Farmers are snort of capital: Under the present barter program 60% of the fertilizer distributed to rice farmers in exchange for their paddy is on loan basis. This means a substantial amount of credit extended to the farmers. The fertilizer barter program difinitely plays an important part in providing fertilizer to the farmers. This is supported by the fact that there has been a rapid increase in the rate of fertilizer use per ha. of paddy field over the last few years. Without the barter program, the farmers would have to make cash payment for the fertilizer. While during the crop planting season the growers are always short of money. To get their supply of fertilizer, the growers are compelled to borrow from the usurers. The high interest paid on these loans would drive up the cost of rice production. In that case, unless there is a corresponding rise in rice price, farmers might be discouraged from using fertilizer in rice culture.

(3) Stabilization of rice price is beneficial to the rice growers, the consumers, and the national economy: As is the

case elsewhere, rice market price in Taiwan usually falls during the harvest season, and goes up in off-season. It can be easily imagined what it will be like if the fertilizer barter program is discontinued. Losing control over the market supply for lack of an adequate stock of rice and lack of a sound systematic distribution of fertilizer, the government would be powerless to prevent any violent rice fluctuations of these two essential commodities. The intermediate dealers would immediately step in and make excessive profits by exploiting the market fluctuations, at the expense of the rice farmers and the consumers. The national ecomomy too, will be in jeopardy. At present, the export of rice is under the monopoly of the government. There is fear that the resumption of free rice export may lead to harmful competition both in domestic and foreign markets.

III. Advantages and Disadvantages of the Barter System:

The following is an analysis of the advantages and disadvantages of the barter system to the farmers, the agricultural extension agencies, the government food administration agency and the farmers' associations:

(1) The effect of the barter system on the farmers:

Advantages

1. Farmers are enabled to get adequate and convenient supply of chemical fertilizers.

2. Farmers need not worry about fluctuations in fertilizer

prices as well as the speculation of fertilizer dealers.

3. Farmers can obtain at least 60% of their needed ferti-lizers on loan at low interest rate.

4. If farmers are obliged to repay their fertilizer loans in cash, they would suffer from the seasonal fall in rice price normally occurs in the months immediately after the harvest.

5. If the barter system in abolished, unless the government carries a difficult time in getting enough money to pay off their fertilizer loans, the restriction imposed by the prevailing food control regulations and shortage of capital, rice mer-chants are apparently unable to buy up the seasonal surplus rice from the market. This will result in a serious over supply, and a sharp drop in the rice market price will be inevitable. Thus farmers would be squeezed by the drop in rice price and the high interest on cash loan from private sources for repay-ing their fertilizer loan.

Disadvantages

1. Under the barter system, the kinos of fertilizers for bar-ter are set by the government, so farmers have no free choice.

2. The procedures for fertilizer-paddy barter are rather complicated. Sometimes, delivery can not be made on time.

3. Considering the price ratio of rice and fertilizer in the international market, the present barter ratio seems unfavor-able to rice farmers.

(2) The effect of barter system on rice production:

Advantages

1. It makes possible a wide distribution of adequate fertilizer for rice crops.

2. The application rate of NPK fertilizer is standarized.

3. As the fertilizer distribution is handled by the PFB and local FAS, farmers need not worry about being cheated by the fertilizer dealers as regards the quality of the fertilizer.

Disadvantages

1. As the present barter ratio is unfavorable to farmers when viewed from the angle of the price ratio of rice and fertilizer in the international market, it may affect to a certain extent the rate of fertilizer application.

(3) The effect of barter system on PFB:

Advantages

1. PFB collects a large amount of rice through fertilizer-paddy barter, which reaches as much as about 350,000 m.t. of brown rice, constituting about 67% of the PFB's total rice collection.

2. If the rice barter system is suspended, PFB will not be able to collect sufficient rice in time for export and military rations.

Disadvantages

1. The procurement, transportation, storage, and distribution of chemical fertilizers require a huge sum of money, which usually accounts for 40-50% of the aggregate PFB's

loans received from the Bank of Taiwan. This not only adds to PFB's financial burden because of payment of bank loan interest, but also increases to some extent the pressure on the total gross money supply in the province.

(4) The effect of the barter system on local FA's:

Advantages

1. In the financial aspect, the FAs on prefectural and township levels depend directly and indirectly on the present fertilizer-rice barter system, particularly the prefectural FAs, as their main source of income from commission paid by PFB. If the proceeds from this source were cut off through the suspension of the barter system, it is believed that most prefectural FAs could hardly survive and the FAs at township level would also face a financial deficit in their business operation.

2. Since the main service rendered by local FAs to their members is the distribution of chemical fertilizer, most farmers have a high regard for their FAs. This helps the FAs in a big way to gain the good will as well as the confidence of their members.

Disadvantages

1. Because of the handling of fertilizer distribution and the collection of paddy repayment, the local FAs have to provide storage and processing facilities, which calls for tremendous capital investment, there by further increasing their financial burden. But, since up to the present, almost all local FAs

have already set up such installations and facilities, no more large investment for this purpose will be needed.

IV. Problems Relating To Suspension of the Barter System:

(1) After the suspension of the barter system who will be responsible for the purchase and shipment of imported fertilizers?

As the importation and distribution of chemical fertilizers has been handled solely by the PFB since April, 1949, there exits no fertilizer importers and dealers. If the existing fertilizer-rice barter system is abolished and fertilizer trading is open to private business again, it would be very difficult to find qualified fertilizer importers and dealers to take over such task from the PFB owing to their limited capital, inexperience in operation and poor bargaining power with the exporting countries. Furthermore, the main purpose of the private importers to import fertilizers is to make profit. In case the fertilizer import trade turns out unprofitable, the fertilizer importers would refrain from further imports and hold their stock for a better price. This would be detrimental to rice cultivation as the crop needs timely application of chemical fertilizers. An alternative has been suggested: to leave the fertilizer imports and distribution in the hands of local fertilizer plants or the local FAs. This is not considered practical, for, in the first case, the local fertilizer plants would be reluctant to handle the import and distribution of imported fertilizers as they compete with their products. It is doubtful too whether the existing setup and working capital of the local FAs would permit them to take over the procurement of imported fertilizers. If there should occur a financial loss, it would be disastrous to them. In the light of the above analysis, it is felt that even after the abolishment of the existing barter systems the PFB is still in a better position to be responsible for the procurement and shipment of imported fertilizers.

(2) Comparison of the prices of fertilizer and rice:

According to the current fertilizer prices in international market, the cost price of one kg of imported ammonium sulphate shipped to the farm is about NT$2.34, on the basis of US$50 per m.t. C&F Keelung, plus 30% import duty, inland transportation and other charges converted into local currency at of the rate of US$1:NT$36.00. The ex-mill price of indigenous calcium cyanamide now runs to about NT$2,200 per m.t. Adding 20% of inland transportation and other charges, one kg of this domestic nitrogenous fertilizer is sold at the farm at about NT$2,64. On the other hand, the farm price of Ponlai paddy during the period July 1957- June 1958 averaged about NT$2.44. At the present 1:1 ratio, it can be seen that farmers would pay 4.1% less for the imported fertilizer but 8.2% more for indigenous fertilizer when the barter system is changed into free trade. (NT$2.44-$2.34=a gain of $0.1 or 4.1% of $2. 44, NT$2.44-$2.64=a deficit of $0.20 or 8.1% of $2.44.) One

more point is that the quality of paddy for repayment of ferti-
lizer loans made by most farmers is usually somewhat inferior
to what they sell on the market. It can be seen that at the
current price level of rice and fertilizer, if the barter system
gives way to free purchase, the benefit accrued to farmers is
rather limited.

Some people may argue:"Rice is presently somewhat un-
derpriced. If the rice price goes up in due course, the picture
will change." This statement is quite true. But a rise in rice
price in the future is an unknown factor particularly in the
months immediately after the harvest. Moreover, it is doubt-
ful if the rice price would move up to any appreciable extent
under the existing strict food control regulations and economic
policy.

(3) The fertilizer program and local fertilizer industry:

1. If farmers are given a free choice between imported fer-
tilizer (mostly Japanses product) and indigenous fertilizer on
the market, they would prefer the former to the latter. At
present, farmers cannot do otherwise but to accept the indige-
nous fertilizers which are allocated by PFB along with the
imported fertilizers. If the barter system is replaced by free
purchase and the price of indigenous fertilizers remains higher
than the imported fertilizers, farmers would undobtedly pur-
chase the imported rather than the indigenous fertilizer. This
would mean a serious blow to the local fertilizer industry.

2. If the indigenous nitrogenous and phosphoric fertilizers are sufficient to meet local requirement, and if the fertilizer imports are limited to potassium fertilizers, the change of fertilizer program from barter system to free purchase would not affect the preservation and promotion of local fertilizer industry.

(4) Measures which must be taken if the existing fertilizer-rice barter system is to be suspended:

1. A guarantee price for rice should be announced by the government prior to the planting of each rice crop. Under the barter system, it is estimated that about 20% of farmers' produce is sold on the market. After the abolishment of the existing barter system, the proportion of farmers' produce sold to the market would rise to about 40% and farmers would show a deep concern about the rice price after the harvest. The lack of a guaranteed price would conceivably jopardize government efforts to expand rice acreage.

2. A rice purchase program after each crop harvest should be carried out by the government. As the rice merchants in Taiwan are short of working capital and placed under the strict control of a variety of laws and regulations, they would be incapable of absorbing all the surplus rice from farmers. A serious over supply will then occur, resulting in a seasonal sharp fall in rice price. Moreover this purchase should be made at the market price. Otherwise, farmers will suffer some

loss as the guaranteed price is usually the minimum price.

3. The volume of rural credit extended to rice farmers by the government should be further increased in order to provide the farmers with urgently needed cash for purchasing fertilizers. For this purpose, an additional total credit of about NT$200,000,000-$300,000,000 would be required. Without the help of such additional credit, farmers could not even maintain the present level of fertilizer consumption. The result would be a decrease in rice production and eventual farmers' objection to the free purchase system.

(5) The effect of suspension of barter system on food programs:

1. The PFB collects about 350,000 m.t. of brown rice annually through the fertilizer-paddy barter. If this barter system is abolished, the PFB can hardly collect such a huge amount in time by other means and ways.

2. If rice collection is reduce by 350,000 m.t., the PFB will not be in a position to furnish adequate rice to the military personnel and their dependents, whose requirements run to about 190,000 m.t. annually.

3. At present, the PFB's annual rice collection is about 520,000 m.t. of brown rice, which are disposed of as follows: (1) rations to military personnel 160,000 m.t., (2) rations to military dependents 30,000 m.t. (3) rations to government employees 100,000 m.t. (4) export 160,000 m.t. (5) rations to destitute people

and stabilization sales 60,000 m.t. (6) others 10,000 m.t. It can be seen that collection and distribution almost balance with one another. This is evidenced by the fact that PFB's rice stock in May 1958 amounted to only about 54,000 m.t.

4. Among the various uses to which the collected rice is put, the rice rations to military personnel and their dependents and, the stabilization sales and rice rations to poor people are all highly importment, while the export of rice earns some US$22,000,000 of foreign exchange annually which is of great help to Taiwan's balance of payments. The only possible way to effect any substantial cut in the rice distribution program would be the discontinuance of rice rations to govern ment employees and their dependents. But by so doing, the pay scale of government employees would have to be readjusted according in order to compensate for the free rice rations which they receive. This would naturally affect, to a great extent, government budgets of all levels, central, provincial, prefectural and local.

5. Up to the present, the export of Taiwan rice is monopolized by the PFB with the Central Trust of China as its sole agent. If the fertilizer-rice barter system is suspended, the PFB will not be albe to collect adequate surplus rice for export. Under such a situation, the suspension of rice export monopoly in favor of private export should be carefully considered. But free rice export has its disadvantages, which are summarized

below:

a) At present, Japan is almost the sole buyer of Taiwan rice. The export of Taiwan rice to Japan is on a government to government basis. In each trade year, negotiations between the two governments on the amount, quality, and price of exported rice usually tock several months to reach an agreement. Sometimes, the PFB and the CTC had to link the rice export with the fertilizer import in order to prevent a loss due to the unreasonable low rice price wangled by the Japanese under the competition from Communist China's rice export to Japan. The private rice exporters are undoubtedly not in a position to do so.

b) When the rice export is no longer placed under government's monopoly, private exporters would rush to the markets to purchase rice when the export price is favourable. This would send the price skyrocketing in local rice markets. When the export price is unfavourable, the exporters would be reluctant to do any more export, there by bringing about a price depression in rice market.

c) If PFB collected rice by means of free purchase instead of to fertilizer-rice barter, the cost of collected rice would be much higher is doubtful then whether the export of rice would be a gain and whether the military authorities would be willing to pay such high price for the military rice rations.

V. Could This System Help Farmers Use More Fertilizer?

A pertinent question to ask is whether the rate of chemical fertilizer application per unit area in rice culture has already exceeded the optimum level in Taiwan. In this connection, it is deemed that the problem can be viewed in better light from two different angles:

(1) From plant nutritional standpoint:

1. In 1957, the per hectare consumption of 3 major elements of fer for rice crops was reported as follows:

(Unit: Kg／ha)

	N	P_2O_5	K_2O
First	91	37	16
Second crop	84	31	16
Average	87	34	16

2. Based on the data obtained from field experiments on fertilizer application conducted at 117 localities on the island during 1929-1942, the Plant Industry Division of JCRR estimated that the capacity of application of chemical fertilizer associated with maximum total physical output of paddy per hectare is as follows:

(Unit: Kg／ha)

	First Crop	Second Crop
N	160	180
P_2O_5	100	140
K_2O	80	100

Over and above the listed capacity, he total physical output of paddy per hectare from N-P-K would even decline (marginal output becomes negative). A matter of fact, when the application of N, P and K reaches 120 kgs. 60 kg and 60 kgs respectively, the increase in yield from higher rate of fertilizer input becomes quite limited.

In the light of the experience gained in recent years in the use of chemical fertilizers in rice cultivation, it is found that the current rate of per hectare fertilizer application can be profitably increased by 30-70 kgs of N, 30-85 kgs of P_2O_5 and 40-70 kgs of K_2O. It is also known that the increasing application of P_2O_5 and K_2O shows more promise than N. It should be noted that the optimum results can best be achieved only if the increased application of chemical fertilizer is accompanied by a corresponding higher application of farm produced manure.

(2) From economical standpoint:

1. Figured on the basis of international rice and fertilizer price ratio, an application rate of N on rice up to 120 kgs. for the first crop and up to 100 kgs for the second crop is still profitable. Computed at the domestic price ratio, the maximum economic application of N falls back to 100 kgs for the first crop and 80 kgs for the second crop, the net returns from use of nitrogen fertilizer for the first crop being greater than that for the second crop.

2. From the above computation, one may draw the conclu-

sion that it is economical to step up the rate of per hectare application of N by additional 30 kgs for the first crop and 15 kgs for the second crop,by the international rice and fertilizer price ratio, whereas by the domestic price ratio, the per hectare application of N can be incresed by 10 kgs for the first crop only, while the application rate for the second crop has already reached the marginal point of return.

From either of the above two points of view it may be seen that the current rate of fertilizer application in rice farming in Taiwan is approaching but has not quite reached the marginal point of return. Consequently it is considered still profitable to setep up the rate of fertilizer application. The problem is what incentive measures may be undertaken to encourage farmers to use more fertilizer in rice cultivation.

In the light of the above anaysis, it appears that the present system has both advantages and disadvantages. For this reason, it may not be pointless to consider what modifications or improvements can be made of the existing fertilizer／barter system so as to furnish adequate incentives for increased use of fertilizer. Some possible modification such as listed below have been suggested by the parties concerned:

(a) Change the fertilizer／paddy barter ratio (say from 1:1 to 1:0.9 kg) in favor of the rice farmers.

(b) Reduce the percentage of paddy (currently fixed at 40%) which the farmers are requited to surrender on the spot in exchange for an equal weight of fertilizer, or in other word, increase the percentage of fertilizer allocatedt on loan under the barter program.

(c) For those farmers who cultivate only intermediate rice crop and have no paddy on hand for spot barter, special arrangement is to be made, so that it will not be necessary for them to purchase paddy from the market with cash.

(d) Give the farmers a free choice of the kinds of domestically produced fertilizer allocated along with the imported fertilizer, instead of arbitrary allocation by PFB as it is practiced now.

(e) Further streamline the fertilizer distribution process to insure timely delivery of the fertilizer to the farmers.

In view of the magnitude of the whole program and the impact it has on rice production and the national economy, any change in the program contemplated would obviously necessitate prior serious study by all parties concerned as to the general principle to be followed and the possible effects.

（原件係行政院農委會檔案）

第四節　農復會與農業教育

[2:4-1]　協助台大農學院改革：

台灣大學錢校長商請借調本會植物生產組組長馬保之擔任該校農學院院長，業經本會表示同意。此外本會曾補助該校農學院修繕教室、辦公室、實驗室、及供植物病理研究之溫室、加築畜牧獸醫系畜牧組圍牆。分別在國內及美國訂購實驗室器材暨教科書類，並代該校圖書館購買裝書機兩部。一面復由本會補助旅費，俾該院畢業班學生及教職員得前往各地考察研究農業實況。

該校農學院在本會協助下，曾有下列之各項興革：

(一)修訂課程

該校農學院曾將各系課程作合理之修訂與調整，並于四十四年秋季開始實施。此項課程修訂之依據，即係美國堪薩斯州立大學農學院前任院長柯爾博士（Dr. L. E. Call）于四十二年應本會之聘來台考察時所作之建議。其基本原則為：1.每一學科之開設均以學期為單位，而不以學年為單位，2.增列一般性及基礎性之學科為必修課程，3.減少必修課程之總學分以便學生儘量選修較高級之學科。為提高專業訓練標準起見，全院八系中之若干系各劃分為兩組如下：1.原有之農業化學系劃分為土壤肥料組與食物加工組，2.原有之植物病蟲害系劃分為病害組與蟲害組，3.原有之畜牧獸醫系劃分為畜牧組與獸醫組。各組之課程均經分別訂定或予調整，以符實際需要。

(二)台大農場

台大農場僅佔地一七‧八四公頃，原分為農藝、農業工程、畜牧、

園藝四分場，各自爲政，分別管理。現擬將各分場予以合併，以收統一
管理之效，並專作研究及學生實習之用。

　　本會對該場經費上已作之補助，就其用途而言，計有修理乳牛場之
牛舍及運動區，改造人工授精實驗區，重建牛奶包裝消毒室，以及疏整
飼料栽培地區之排水溝渠等項。此外本會復向美國訂購有胎澤西小母牛
十頭，一歲澤西小公牛二頭，有胎棕色瑞士小母牛十頭，一歲棕色瑞士
小公牛二頭，及全套新式奶場設備，以建立一示範乳牛場，作爲研究及
訓練之用。

　　㈢家畜醫院

　　基于本會畜牧生產組顧問故鈕森博士（Dr. L. E. Newsom）之建
議，本會曾在原則上允爲台大家畜醫院新建房屋數幢。該項房屋包括：
1.門診部，2.家畜普通病房及消毒室，3.隔離病房，4.主要房舍一幢，內
分敎室、實驗室及辦公室等。其中門診部、家畜普通病房及隔離病房三
項工程，業已陸續完成。現正撥款興建上述之主要房舍，並將命名爲鈕
森堂，以資紀念。此外本會並曾補助該院在美國及國內採購獸醫器材及
藥物。

　　㈣加州大學顧問團

　　由於本會、美國國外業務署及台灣大學之共同努力，四十三年秋季
台灣大學乃得與加州大學訂立一項三年合約，規定由加州大學在技術上
協助台大農學院，以加強及改進該院之敎學暨研究工作。加州大學顧問
團團員兩名，已于四十三年冬抵台，除對台大農學院經常提出改進意見
外，復對該院主辦之有關本會計劃，隨時備諮詢。本會亦曾先後與該校
顧問商討有關農村經濟、農場管理、飼料作物、綠肥、草原管理等項計
劃。同時由于本會之協助，該校顧問團所引進之甜菜種子及十六種飼料
暨綠肥作物已在全省各農業研究機關作區域試驗。

（《中國農村復興聯合委員會工作報告》，第六期，44／7／1－45／6／30，頁170－171）。

[2:4-2] 馬保之先生任台大農學院院長（1955年1月－1960年6月）

　　行政院院長陳誠先生相當重視教育改革工作，而其本人又兼台灣大學改革委員會的主任委員，因此不遺餘力的在推行改革工作。對農業改革方面，陳院長指派沈宗瀚先生負責，而沈先生則請我兼任秘書，美援方面則請加州大學柏克萊分校農學院院長 Ryerson 幫忙。我和 Ryerson 先生忙了一年之後，擬好一份計畫，準備向美方提出要求，希望能和加大農學院合作，來改革台大農學院，在 Ryerson 先生臨行返美之前，有件重要的事尚未解決，那就是台大農學院院長的人選尚未敲定，為使雙方合作關係良好，改革工作能夠進行順利，我和 Ryerson 慎重地研究了許久，Ryerson 卻表示，目前有一位最適合的人選，那就是「馬保之」，這真使我感到意外，同時也不願接受，沈宗瀚先生為了說服我接掌台大農學院院長，可以說是煞費苦心，一週之內總有幾個晚上要到我家來勸我，一坐就是到深夜，記得我曾告訴沈先生說：「我在農復會工作很開心，不願到外面受苦受難」，他說：「你還是農復會的人，不過借調到台大一段時間而已，你很會衝鋒陷陣，所以才想借重你」，我無奈時總是說：「沈先生，我要睡覺了」，而他也總是說：「你答應當院長，我就走」，最後以「明天再商量吧！」互道晚安的聲中結束談話（如今沈公已然作古，每一回憶當時他老人家誠摯的聲容和知遇的厚恩，不禁熱淚盈眶），其實我是想自己才四十多歲，而台大老教授多，改革不容易，恐怕難以勝任，所以一直不肯答應。可是沈宗瀚先生卻一再表示，就是因為任務艱鉅才要我去。而蔣夢麟先生也同樣表示希望我去接任台大農學院院長，可是我一直沒答應。

　　後來，曾經擔任我國農復會外籍委員的 Moyer 先生(時為美國對外經援總署副署長) 到台灣開會，討論年度有關的經援預算。當時的開會地點就在南海路農復會的二樓，而我們辦公地點是在一樓。會議進行一半時，沈宗瀚先生下樓來找我，他說：「保之，現在有一件事情你該做決定了，Moyer 正在樓上開會，他說有筆四百萬美元的經費，是準備撥給台大農學院用來改革課程的，如果你去接院長，四百萬美元的經費就列入預算，否則就取消。你不相信的話，可以立刻上去問他。」隨後他又接著說道：「我和蔣夢麟先生都勸你很久了，再不然你也得去當台灣省農林廳長，因為陳誠院長已提名你和金陽鎬兩個人。」在這種情況下，我只得答應到台大農學院去接任院長的職務，否則既對不起國家 (白白損失四百萬美元的外援)，又可能被委派作自己最不願作的「官差」，沈先生看到我同意非常高興地開玩笑說：「這大筆錢是給你到台大的嫁妝」。

　　我任台大農學院院長前後共五年半，做了不少事，先成立了農業推廣系、把畜牧和獸醫分開，同時將植物病蟲害系分為病害系及蟲害系，但錢校長說不要改太快。我又想改革最複雜的農化系，將它分為生化系、農產加工系、土壤肥料系，但錢校長也不同意。他原則上同意我的改革，不過要一個系一個系慢慢地改，全盤性的改變怕行不通的。我主張與加州大學合作，是希望能找到好的人才來幫我們改革課程內容，但只請來兩個人。一位首席顧問，另一位是農藝學家，我非常不滿意，Ryerson 院長就請我親去美國一個月，那時加州大學有四個分校有農院，我在每個分校停留一個星期，一天內訪問兩個學系，回來後，請來八位教授。這些教授要請假不容易，他們是不告而別到台灣來的，所以非常難得。後來雖由於加州大學校董會不准教授外放，而使得合作關係告一段落，但我為了不使改革工作中斷，又和密西根州立大學簽署合作。

　　台大門戶之見很深，舉二例說明：㈠每年有農復會給的四百萬台幣

的研究經費，有些人就想分了，我反對。一定要有研究計畫，同時每個計畫都要通過才有經費補助。㈡我從洛克菲勒基金會（RockFeller Foundation）籌到五萬美金的儀器經費，每個系都想買儀器，尤其是農化系，共有七個實驗室，每種儀器要買七份，那怎麼行？我要把儀器集中在一個地方，大家都可以使用。我任台大農學院院長時是四十七歲，回想我年輕時，以廣西省的獎學金在劍橋大學念過書，專攻田間試驗，後來我的老師 Wishart 到我國當中央農業實驗所顧問，我就跟著他回來了。我經常參加全國性的講習，所以農業界人士、農學院的老前輩，我幾乎都認識，如汪厥明先生，在農業系開生物統計，每個農學院學生要修 12 個學分，我也是研究生物統計，但立場與他完全不同，我認為學生主要是能應用，三個學分就夠，不需要像學數學一樣弄得頭昏腦脹，後來溝通妥協為 6 個學分。同時，台大也常為一篇研究報告的排名問題吵架，老教授們不做研究，卻要排第一，我私下與他們溝通：「你的名聲已夠大了，排不排第一對你的名聲毫無影響；年輕人卻要靠這個去打出路，就讓他們一點嘛。事實上也都是他們在做研究。」諸如此類的問題都得靠我去私下疏通。

我深深感覺中國人動手太少，所以主張一年級學生一定要實習，每個暑假、每位學生，派他們到屏東萬丹去鋤草，男孩子五十行，女孩子三十行，我告訴他們：「為什麼要你們鋤草？是要你們曉得農民的辛苦，不曉民農民痛苦，如何能幫助他們？知道了鋤草的辛苦，才會發明除草藥。」有的學生被派住農家一個月，我去看他們時，有幾個學生告訴我：「馬老師，好是好，就是有點吃不消，農民每天晚上喝酒，要我陪他喝。」我說：「你可以少喝一點嘛！」我常在台大說，農學院和醫學院的學生都教得很好，但我們台大學醫的人對病人有沒有愛心？學農的人對農民有沒有愛心？如果沒有愛心，只有技術，那專會敲人竹槓，對國家社會有

害無益，所以我們應該要愛病人愛農民，這也是我要他們鋤草的原因。

　　我在台大農學院院長任期中，值得略加敍述的尚有成立院圖書館、鼓勵教授出版叢書，成立山地霧社農場，以及送教授出國深造，前後共計十五位之多，其中最出色是蘇仲卿，他原本是講師，出國進修一向只有一年，我特別給他延長，結果只十八個月後他就得到博士學位了。此外並根本解決了實驗林被蕉農濫墾的問題，在我堅定立場嚴正態度下終於使侵佔實驗林地的蕉農依法簽下書狀，正式承認其濫墾的蕉園爲原屬台大之土地產權。但也有事情沒能完成：例如阿里山林場向台大借了好大一片地，我想交涉回來，始終沒成功。另因台大農場只有十幾公頃，我爲了這事，與錢校長吵得很兇，他要利用這些土地蓋學人宿舍，我則想把農場擴充到五十公頃，後來我對錢公說：「這塊地不過十幾公頃，我都不要了，你給我錢，我把農場搬到外面擴充成一百公頃。」他答應了，但後來我也離開了，農學院在外買了十幾公頃地，卻閒置不用，原來要搬到外面成立台大農場的願望也沒實現。正好當時農復會要派人到越南，於是我便辭去台大農學院院長的職務。

　　（1989 年 5 月 10 日馬保之先生訪問記錄）

[2:4-3]　農復會核准台大農學院所提計劃：

　　本會自四十二年度起指撥專款補助台灣大學農學院加強設備及研究工作以來，由於該院與美國加州大學合作後所有計劃均得加州大學顧問協助執行，對於提高該院教學與研究水準已有顯著進步。本年度內本會核准補該院所提之計劃共計四十六種，偏重於加強教學與研究設備。除其中三十九種已告完成外，其餘可於下年度內完成。

　　㈠設立種子研究室

　　該院由本會協助成立一具有相當規模之種子研究室，旨在從事種子

檢查技術之研究，檢查人員之訓練種子學與種子檢查課程之講授及種子生理之研究等工作，目前工作對象暫以農作物及蔬菜種子爲主，已擬之工作如下：1.台灣產農林種子之蒐集；2.水稻、小麥、花生、黃麻等種子檢查程序研究；3.台灣主要農作物及蔬菜種子調查；4.台灣有害雜草種子之決定；5.水稻種子各種形質與幼苗強弱之關係；6.水稻因發芽品質降低之品種間差異；7.利用硫酸處理打破水稻休眠之研究。

㈡設置噴霧器材室

鑒於以往該院各學系所擬計劃內如需噴霧器及噴粉器時均由各系自行購買，不但難免重複且無專人管理極不經濟，本年度由本會補助該院設立一噴霧器材室統籌購置各式噴霧器十四架，並雇專人負責保管修護，各系需用時可向該室調借。

㈢充實實驗林

該院實驗林管理處爲應林產加工及教學實習之需要，特請本會補助創設製材工廠一座，又購買最新式伐木機器一套，預計明年可運達。本會又協助該院在溪頭實驗林成立示範苗圃一處，引進美國果樹種苗試種，如試驗成功將來可大量移植。

㈣改組農業試驗場

該院爲配合農業教學實習及試驗研究工作，原附設農業試場一處，包括農藝、園藝、畜牧、農工四個分場。年來除將各分場之建築設備加以整修充實外，爲使該院各學系均能利用農場之土地勞力器材進行研究實習起見，已將上述各分場予以合併改組，另設農場管理、農藝、園藝、畜牧、森林、植物病蟲害、農業化學、農業工程等八組，並增購試驗用地、加添技術人員、裝置新式機器，以便積極展開工作。現除進行農場規劃、排水工程、建築牛舍管理室等工程外，並擬訂一項十五甲面積之牧草栽培試驗。該院有關學系亦均有研究計劃提出，與該場各組配合辦

理。

(五)學術講習班

該院歷年舉辦各種學術講習班對本省農業改進不無貢獻，本年度復與本會合辦一全省性之土壤肥料講習會，由加州大學顧問團土壤肥料專家包德孟先生（G.B. Bodmann）主持，包氏並編著《土壤與水之基本關係》一書（該院專刊第三號）作爲講義，所有參加講習會人士均爲各有關機關從事土壤肥料工作之人員。

(六)其他研究工作

本年度本會協助該院所進行之重要研究計劃尚有下列數項：(甲)茶葉蟲害之研究；(乙)蔬果包裝運輸之研究；(丙)地下水及土壤水份之研究；(丁)製造酒精用兩種糖化酵母清淨法之研究；(戊)銀合歡飼料化之研究。

(七)出版農業叢書

該院鑑於中文農學書籍之缺乏，而西文圖書非但價昂且學生閱讀時在精力及時間上均不經濟，特組織台灣大學農學院編輯委員負責出版「農業叢書」以介紹現代農學之新知識，凡有關農學之專著或譯述作品經審查認爲有出版之價值時均由該會編印以供該院教學及農學界人士參考之用。自去年度開始已編印之叢書計有：湯文通先生之《農藝植物學》，張建勛先生之《灌溉》，尹良瑩先生之《蠶絲業經營學》，林若琇先生之《蔬菜來源考》等四種。

(八)加州大學顧問團

加州大學顧問團本年駐台大農學院顧問已增至八人，計有農業推廣專家首席顧問文恩瀾（H. A. Weinland）、農場管理專家亞當士（R. L. Adams）、農藝專家藍得曼（H. C. Landerman）、蔬菜作物專家施乃克（H. W. Schneck）、土壤肥料專家包德孟（G. B. Bodman）、果

樹專家貝克（R. E. Baker）、蔬菜作物專家麥基斐（J. H. MacGil-livray）及森林專家柯瑞保（C. J. Kraebel）。兩校合作計劃至四十六年十月二十六日即將期滿，加大方面表示期滿將修訂合約繼續合作以期收獲更大之成果。

（《中國農村復興聯合委員會工作報告》，第八期，45／7／1－46／6／30，頁 106－107。）

[2:4-4]　農復會與台大農學院：

台大與加大間之合作——國立台灣大學與美國加州大學爲加強台大農學院之數學研究與推廣事業起見，曾於四十三年十月二十六日簽訂一項爲期三年之合約。該合約于民國四十六年十月二十七日滿期。新合約現由本會與安全分署洽商中。

農業研究——本會曾撥款協助與農業經濟有關之研究計劃。此類計劃包括「水田土壤中磷酸化合態，變化，及有效性之研究」，「石灰，有機物含量，及碳氮比對於浸水土壤中氮素變化之影響」，「巴斯德菌苗之製造研究」，「氟化鈉製劑對豬蛔蟲之驅除試驗」，「柑桔立枯病研究」，「昆蟲休眠之生理研究」，「果實蔬菜之處理，運輸，包裝及分級之研究」，「植物生長素對於營養料的吸收和生長的影響——植勃林和其他植物生長素」，「陽明山柑桔示範試驗園」及「釀造方面可應用之兩種糖化細菌之研究」。

實驗設備——自四十三年以來，實驗設備大有改進。去年以本會經費購得充分之裝備儀器、器械、化學用品，以及其他必需材料，以充實台大農學院在森林產品之利用，種子實驗，獸醫藥品，以及原子能在農業方面之使用（尤其以放射性同位素之技術解決植物與動物營養問題）各方面的實驗設備。本會又資助該院搜集台灣主要土類之剖面標本，並

繼續撥款作為整理該院昆蟲館之用。

農學院圖書館——台大農學院接受加州大學顧問團之建議，於民國四十六年成立該院圖書館。該館以本會經費購置大量書籍、雜誌、摘要與地圖，以加強設備。該館目前之主要工作，為以本會經費購置圖書，或與外國研究機關交換出版物。

興建與修繕——在若干興建與修繕計劃下，下列單位獲益良多：種子研究室、農具工廠、獸醫院、農藝學系、畜牧學系、獸醫學系、農業化學系。本會曾撥款設置視聽中心、食品加工示範中心、與冷藏室各一所。冷藏室將作為講授蔬菜與水果收割後生理學之用。

出版物——本會撥款出版三種書籍，作為教科書或參考之用。該三書為：《蔬菜來源考》、《果樹園藝學總論》及《栽培植物來源考》。此外更出版一種《拉丁方格重複試驗資料各種分析法之研究報告》，作為台大農學院特刊之一。

農場實習——農場實習乃訓練學生之重點。本會資助台大農學院一年級生暑期實習，並撥款購置該院農具工廠實習科目所需之材料。

實地考察——實地考察對於農學院之教職員乃屬必需，因此本會撥款供台大農學院教職員實地考察之用。此外，應屆畢業生亦予補助旅行經費，使其赴各地考察，藉以明瞭目前各種農業計劃之進展。

討論會——在本會資助之下，曾舉行討論會兩次，作為推廣活動之一部份。其中之一為家畜寄生蟲討論會，另一為蔬菜討論會。兩會皆由加州大學顧問團人員參加，其他出席人員為獸醫與公私農業機構之蔬菜工作者。

合作計劃——在本會資助之下，台大農學院去年與本會及其他機關合作，完成若干計劃。此等計劃包括柑桔病蟲害防治，耕耘機實驗，農業試驗所農業機械人員之訓練，大豆品種之分區試驗，牧草作物之種植，

椰子樹在台灣南部生長情況之調查，農業經濟討論會鄉鎮推廣人員之訓練及有關森林之研究。

（《中國農村復興聯合委員會工作報告》，第九期，46／7／1-47／6／30，頁101-102。）

[2:4-5] 補助台大農學院：

過去七年內本會繼續加強國立台灣大學農學院之教育研究及推廣工作。上年內由本會補助實施之計劃包括下列多項：「關於枯草菌及丁醇菌所產生糖化酵素之精製利用及研究」，「研究飼料中磷鈣含量和比率對豬生長之影響」，「土壤中磷酸之化合態與有效性燐之關係」，「台灣若干重要區域土壤之理化性與作物利用養料關係之研究」，「土壤之預備處理對於浸水土壤中氮素變化之影響」，「高粱育種及細胞遺傳研究」，「台產澱粉理化性之研究」，「研究昆蟲冬眠生理及作物殘留殺蟲劑毒效分析」，「台灣害蟲病原調查」，「台灣熱帶及亞熱帶果實之鹽基度及灰份無機成分測定研究」，「種子發芽之生化研究」，「柑桔立枯病研究」，「同位素在植物營養上應用研究」，「苗圃土壤需肥情形之研究」，「調查肥效、收割期及利用壓力蒸餾對香茅油產量影響之研究」，「研究牛結核之治療與預防」。

上年本會並繼續撥款該院購置教室及實驗室設備，各農業經濟、農業化學、農機器、昆蟲生理學、植物病理學、動物生理學與藥物學、植物繁殖及冷藏等方面設備之充實。

在本會補助下完成之主要工程及修繕計劃，包括種籽技術實驗室及園藝系實驗室之改建，實驗農場設施之興建，改建及修繕等。本會並撥款在台大校區內建築農業陳列館一棟，以展覽台灣農業建設成果，另一項重要工程計劃為勢始高山農物。

本會曾以一套種籽清潔設備供給農學院種籽技術實驗室，其中包括

一具漂洗機，一具空氣分離機，震盪篩，一具桌用分離機及一具鋸齒滾筒。

農學院視聽中心於四十七年成立，擁有八具幻燈機，三具照像機及暗房設備與材料等。自該時起本會即不斷協助加強該中心之工作，現該中心可辦理攝影、美術工作、影片及幻燈片放映，及錄音。

截至目前，本會業已補助農學院圖書館購置三千冊新書，且另有一千七百冊尚在採購中。該院各系所有之圖書現正予集中藏入該圖書館。

過去一年內，該院在本會撥款協助下曾出版三種書籍，其名稱為《園藝摘要》、《農業推廣》及《台灣重要林木之管理》。

本會亦曾協助該院舉辦暑期農場實習及實地考察。前者為一二年級學生必修課程。後者則為教學計劃對於教員及學所要求者。為使學生熟悉本省農業問題，本會亦資助旅費使往各地作特別觀摩旅行。

四十六年台大與美國加州大學所訂合作合約屆滿後，本會及安全分署即設法謀求訂立一項同樣性質之新約。四十八年八月間密西根州立大學派遣一包三位教授之調查團來台訪問六週以研究合作計劃。該校刻已決定與台大及省立台中農學院分別簽訂一項合約。

本會對於台中省立農學院之教學與研究設施亦予加強。四十九年會計年度內本會補助該院之土壤肥料館第二期工程已完工。此外，本會並撥款在該院興建一園藝館。

另一上年度接受本會經濟援助之教育機構為林口茶葉傳習所。本會曾為該所撥款以購置價值美金一，九八〇元之八種儀器。

除教育性機構外，本省之研究機構如各區農業改良場及試驗分所亦獲得本會之協助，其中之一為台中省立種籽檢查室。去年本會共供給該室五種試驗儀器。為使該室成為「遠東種籽技術訓練班」之示範及訓練場所，本會復撥款新台幣二六三、一三九元以改善該室之冷凍及發芽房

設備，並添置訓練班所需之教室及實驗室器材。

　　台南區農業改良場曾從事雜交玉米種籽之生產，由本會撥款新台幣十二萬元及美金一三、四五〇元購置所需設備及材料。

　　該場同時亦辦理主要花生改良工作。自三十九年以來業已推出五種新品種供大量種植，其產量及品質均較舊品種為佳。在本會協助下，該場正繼續試驗多種其他新品種。上年內本會供應該場價值美金一、三〇〇元之實驗室儀器，對於從新的試驗材料中發現更多較佳之品種當可有所協助。

　　種苗繁殖場之主要任務為實施農林廳之一般性種籽繁殖工作。每年大量高粱、花生、大豆、小麥及蔬菜種籽均為該場繁殖。事實上該位處山地與農田隔絕之種苗場，幾供應本省農民所需之全部高粱種籽，以保持品種純度。本年秋開始，為同樣原因，部份雜交玉米種籽亦將由該場繁殖，該場擁有一大型冷凍房及其他種籽保藏及乾燥設備。但缺乏種籽檢查設備。本會為此正向國外採購一套價值約美金一、九〇〇元之簡單檢查儀器供該場使用。

　　利用化學方法試驗各種土壤之養分為改善耕作之有效途逕。現美國及其他國家已普遍採用。此種試驗方法鑑定土壤之天然肥沃程度並據此而作施肥之建議。台灣每年消耗化學肥料五十萬噸以上，但是否使用經濟及有效則未能確定。過去數年內，台灣農業試驗所土壤肥料實驗室曾研究試驗土壤之適當技術，其結果證明甚有成功希望。此外，該所並於四十七年在美國技術援助計劃項下派遣一位土壤專家赴美，在土壤試驗及肥料施用方面作為期一年之進修。自彼去夏返台後，該所即計劃成立一現代化之土壤試驗室，俾確定各種土壤之養分以獲知精確之化學肥料施用量。本會業已供給該所價值美金六、四〇〇元之必要儀器及化學藥品。

台南棉麻試驗分所利用本會贈款新台幣二八、五〇〇元業將一所溫室予以改進。四十九年會計年度本會復撥予美金八四〇元購置該所所需之纖維試驗儀器。

平鎮茶葉試驗分所在本會協助下正於其新辦公大樓上加建一所茶葉實驗室，預定將於四十九年底前完工。本會亦曾供給該所二種實驗儀器。

本會繼續本省農業機構辦理國際品種交換之工作。四十九年度內本會將九種作物（包括三十八品種）送往八個國家，並自五個國家收到七種作物（包括二十七種品種）分發本省各農業機構試種。

（《中國農村復興聯合委員會工作報告》，第十一期，48／7／1－
　49／6／30，頁154－155。）

[2:4-6]　各種推廣方法對於農民採用優良技術之效果

國立台灣大學農學院經由本會之補助，舉辦一次台灣各種推廣方法之效果調查。此項工作係由該院農業推廣系之教授與學生擔任。渠等在四十二個鄉鎮中隨機選擇六百三十個農戶進行調查，所獲之結果如下：

不同推廣方法對於影響農民採用優良技術之百分比。

農民所獲新知識之來源	所佔百分比
個人接觸	四二・四一
間接影響	二五・六一
團體接觸	二一・九五
大衆接觸	九・二四
自　　學	〇・四〇
不　　詳	〇・三九

農會行政主管對於推廣工作之看法

鑒於本會對於農業推廣計劃之補助逐漸減少，省農會特就農會行政

主管對於推廣工作之觀感，進行調查，其結果如下：

鄉鎮農會總幹事對於推廣工作之觀感（百分比）

推廣工作類別	極滿意	滿　意	不滿意	無意見
農　事　推　廣	28.9	56.9	6.9	7.3
四　健　推　廣	17.1	51.9	12.8	18.2
家　政　推　廣	16.0	59.0	11.1	13.9

關於推廣工作對於農會業務收入之增加有無裨益一節，該項調查之結果如下：

	確有裨益	無顯著裨益	無裨益而且徒增開支	無意見
縣市農會總幹事	52.8	11.8	23.6	11.8
鄉鎮農會總幹事	55.9	32.8	11.3	

[2:4-7]　調查農民對推廣教育工作之反應：

　　五十四年八月，本會協助台灣大學舉辦一項調查工作，在全省抽樣選出三十五個鄉鎮予以研究，藉以發現農民對農業推廣教育工作之反應。另由基層推廣機構及農會名單中隨意選出兩組農民。甲組七三九名係經常與推廣工作人員接觸者，乙組二四九名則甚少與推廣工作人員接觸。由此次調查中發現：

　　㈠甲組農民中百分之九十六了解推廣目標，而乙組中僅百分之五十九有此了解。

　　㈡各推廣機構對推廣教育目標均有正確之認識。

　　㈢百分之八十六農事研究班班員，百分之九十家政改進班班員，百分之八十三四健會會員對於推廣工作之成就表示滿意，認為農業推廣工作應繼續加強辦理。

㈣百分之七十農事研究班員，百分之七十七家政改進班班員，百分
之六十七四健會會員表示其農業知識主要係自農業推廣人員或所
參加之各種農業推廣活動而獲得；至於未參加農業推廣組織之農
民僅百分之二十七自指導員處獲得農業知識，因此希望增加個別
直接接觸藉以獲得更多知識。

㈤參加農業推廣組織之農民，其複種指數及家畜單位均較未參加之
農民爲高。

　　自上述調查可得如下結論：參加農業推廣組織之農民較一般農民具
有更高之農業技術水準，且認爲農業推廣工作給予渠等甚大幫助；但仍
有部份農民缺乏認識，應加強辦理。

　　（《中國農村復興聯合委員會工作報告》，第十七期，54／7／1－
55／6／30，頁73。）

[2:4-8]　推行全省肥料教育運動：

　　四十八年八月，農復會由政府各有關機構協助，著手舉辦一全省性
之肥料教育運動以教導農民使用較不習用之肥料。此項工作之緣起，係
因本省肥料公司產製之氰氮化鈣年產量已增達六六、〇〇〇公噸，稻農
受配此項肥料之數量，自亦增加，因而教導農民對此項肥料之正確用法，
遂不可或緩。此次肥教運動所直接教育之農民，計約二四、〇〇〇人，
另由分送肥料傳單、掛圖、小冊及調查表等，所間接教育之農民約一六
一、〇〇〇人，共計教育農民一八五、〇〇〇人。所有經過教育之農民
尚須將所獲知識轉教其他農民，並將所轉教農民之姓名住址抄送農復會
備查，故此項肥教工作，已成爲「農民教農民」之運動。

一、人員及推行經過

　　本項教育運動開始時，僅由農復會視察十二人及大學三年級暑期實

習生八人承擔全部工作。最先有八八七名農民學得氰氮化鈣之特性及其正確用法，然後即利用此批農民作核心，復教育二、八四二人。另有農事小組長一、五九七人參加本項運動，再加陽明山管理局與汐止鎮農會自行教育之一、三〇三人，共達六、六二九人。迄四十一年三月第一期工作結束時，受教人數，已增至九、八二九人。同時農復會另以氰氮化鈣掛圖三份及調查表一份，分寄予此九、八二九名農民，囑其各向鄰居二人擴大宣傳，由寄返農復會之調查表統計結果，知又有八、八九三農民獲得間接教育。於是全部受教育人數，遂躍至一八、七二二人。

本工作之第二期係僱用臨時人員八人，襄助農復會全體視察十五人訪問此一八、七二二名農民，此外另經訪問並教育農民五、二六〇名，使全部受教人數，再增至二三、九八二人。此二萬餘人之姓名、住址農復會均曾紀錄存檔，並要求每人再「教育」其鄰居農民三人。此外農復會又選聘「肥教義務指導員」一、四八七人，每人至少「教育」鄰近農民六十人，並將受教農民之姓名住址報會。此等「義務指導員」，大都由耕作農復會所補助之示範田農民間選出，經採取上列措施後，預計四十一年九月底，當另有一六一、一六〇名農民獲得教育，於是全部受教人數，遂達一八五、〇〇〇名。

二、教育費用

本項教育運動，本年度之總經費計新台幣三六〇、〇〇〇元，以受教農民人數一八五、〇〇〇人計，平均每人約費二元。經費由農復會補助三〇〇、〇〇〇元，大部用於實習生，臨時雇用人員及義務指導員之出差旅費及津貼，以及印刷各項小冊、掛圖、傳單及其他表冊之用。另由糧食局負擔四〇、〇〇〇元，台灣肥料公司負擔2,000元，作為增印傳單掛圖之用，全部印發之各項宣傳材料，計共六九一、〇〇〇張。

三、農民反應

　　農復會曾收到識字農民之來函甚夥，多表示樂意接受此項肥料教育，並盼能繼續予以指導，若干農民並表示混合肥料，現已非絕對必要，因以氰氮化鈣作基肥施用，再益以磷鉀肥料，亦能同樣增加產量。另有農民，曾自動向農會報告，稱其稻田產量已倍增。但全部農民幾均要求下列三點：㈠氰氮化鈣宜用作基肥，故盼儘早配發，以便及時施用。㈡製造及包裝應改善，最好製成粒狀，俾便使用，且可免施用者中毒之虞。㈢降低其換穀比率。

　　四、肥敎工作之展望

　　施用氰氮化鈣方法之敎育運動，今後實應列爲農林廳經常推廣工作之一，繼續推行。經費方面，如台灣肥料公司不能實際參加工作，則至少應負擔大部經費，又該公司所產製之熔燐暨過燐酸鈣，將來亦可列入肥敎項目之內。

　　利用農民敎育農民之方法，在此類推廣工作上，極爲有效而經濟，若能自耕作示範農場之農民中，擇優選聘爲肥敎義務指導員，則示範與肥敎二項工作，自可融爲一體，益可收相輔相成之效。

　　肥敎工作之效果，現雖未能完全確見，但由農民之反應可知此類工作確能滿足彼等之實際需要，實有繼續發展之必要也。

　　(《中國農村復興聯合委員會工作報告》，第三期，40／7／1－41／
　　6／30，頁46－47。)

[2:4-9]　　四健會運動推廣：

　　四健會運動自從本會與台灣省政府、敎育廳、農林廳、及各級地方政府農會合作推行以來，已近四年。首先三年，爲四健會試驗示範時期，四健會工作因敎育方法新穎，內容切實際，效果迅速，組織簡單，費用低廉。故得當地人士普遍之贊助，而該項計劃遂獲致優異之效果。

目前本省推行四健會地區校外方面為台中、嘉義、宜蘭、屏東、桃園及雲林六縣中三十九個鄉鎮市，校內方面則為分布於全島的十九所中

稻作四健會會員採用改良法統計表(註一)

方　　法	採用改良法會員人數		
	入會之前	入會之後	增加百分數
(一)整地			
一、早期深耕	801	1,251	56.2
二、充分整地	965	1,377	43.0
(二)優良秧苗之培植			
一、選擇當地之最優良品種	1,089	1,474	35.4
二、鹽水選種	163	822	404.3
三、發芽試驗	230	600	160.9
四、用谷仁樂生消毒	410	1,179	187.6
五、用改良式秧田	623	1,142	83.3
六、疏播	362	1,122	209.7
七、秧田病蟲害防治	760	1,331	75.1
(三)本田之操作			
一、全層施肥	448	1,136	153.6
二、正條密植	534	1,237	131.6
三、淺植	639	1,163	82.0
四、適時及充分除草	1,267	1,584	25.0
五、適當追肥施用	840	1,409	67.7
六、本田病蟲害防治	1,154	1,463	26.8
七、灌溉之管理	736	1,295	75.9
(四)收穫與儲藏之方法			
一、適時收穫	1,456	1,512	3.8
二、充分乾燥	1,439	1,481	2.9
三、出售餘糧	721	820	13.7

(註一)表內資料根據三十三鄉鎮內一、六八五名會員之紀錄。

等學校。

目前全省四健會達一、三二二個，男女會員共一三、八六四人。義務指導員共一、四〇〇人，每年各貢獻時間七日至二十日，協助推行四健會工作。第四年爲四健會運動推廣年，其重要成就略述如後：

甲、科學增產

一般青年人較有進取心，且其思想又在形成階段。故大半會員皆樂于採用本會及其他政府農業機構所推薦之科學方法。所採用之科學方法愈多，則產量亦愈高。上列統計表爲種植水稻會員採用優良方法之調查。

四十四年第一期稻作，會員九四〇名其稻穀平均收穫量每公頃達三、七一二公斤。同期農民每公頃收穫量爲三、〇九七公斤，少于會員平均收穫量六一五公斤。屏東市會員蕭茂琳每公頃收穫九、〇七二公斤，造成最高紀錄。

（《中國農村復興聯合委員會工作報告》，第七期，44／7／1－45／6／30，頁27－29。）

[2:4-10]　農復會新聞處：

本會新聞處在過去一年中所予政府之協助，莫大於加強台灣省農林廳農業推廣小組之工作及協助發展一項全省性的農業推廣新聞計劃（農林廳農業推廣新聞小組係於四十三年十一月間由本會協助成立）。

新聞處除與本會各組合作外，又予與本會各組合作之各政府機構以間接協助。例如本會新聞處曾與食糧肥料組合作編製各種新聞資料，並從事其新聞活動，以協助台灣省食物營養委員會推行改善營養之工作。此項協助包括廣播、攝影、發佈新聞、舉行展覽、出版小冊掛圖及拍攝電影等方式。

新聞處又與其他各組合作以程度不等之各項協助給予四健會，農業

推廣，農業調查等計劃，以及省農會，省糧食局，水利局，省衛生處，省教育廳，鳳梨公司等機構。

（《中國農村復興聯合委員會工作報告》，第七期，44／7／1-45／
6／30，頁 34－35。）

[2:4-11]　新農業推廣計劃：

　　以往本省曾舉辦過各種不同之推廣工作，由各機關分別推行。惟多半屬專業性質，未曾顧及農業之全面。又過去農業推廣員除將農業知識傳達給農民之外，仍需經常兼管組織及財政等事務，未能專心致力于農業輔導事宜。個別進行之專業推廣工作雖在其有關農作物或畜產範圍內，成效頗著，惟農家整個問題不能單從某一方面著手必須有一種綜合性之設施，然後能解決其多邊形之問題。

　　為應此種需要，本會特闢新農業推廣計劃，分三方面，次第實施。

　　過去個別推廣工作多以成年農民為對象，故本會決定先從下一代，青年農民開始。四十一年，在本會全盤輔導與策劃下，台省開始推行農村青年四健會運動。初創時規模甚小，數年來之發展，在地方及省政府與農會合作之下，已推廣至台省十縣一局內七十六個鄉鎮，及福建省金門縣兩個鄉鎮。此外，在省教育廳輔導下，推行四健會運動之農業職校及社會中心中學尚有三十五所。及四十六年七月一日之後，本省鄉村四健會輔導工作將改由省農會接辦。

　　成年農民新計劃初期創于四十四年，先從三個鄉鎮開始試驗，逐漸推廣至七個縣內四十個鄉鎮。

　　四十六年度本會新聘家事推廣專家一位，同時亦開始推行家事改良計劃。迄四十六年六月底，本會業與五個縣簽訂合約，準備下年度起實施農村婦女推廣工作。

　　爲使推廣敎育工作事權劃一，故自四十五年十一月十三日起，本會新成立一農業推廣組。未來農村成年與靑年工作亦將採取同一步調，在同一鄉鎭內同時推行兩方面之工作計劃。在經費與合格工作人員許可之下，並將在同一地區內增設家事推廣工作。

　　推廣計劃督導工作因地區而異，可大別爲三：台灣地區平地方面由農林廳主管，省農會執行；山地方面則由各縣政府主辦，鄉鎭公所執行；金門地區由農會與縣政府共同負責。

　　（《中國農村復興聯合委員會工作報告》，第八期，45／7／1-46／6／30，頁7。）

[2:4-12]　協助農業新聞機構：

　　台灣之農業新聞工作現已由政府機構及民間組織共同辦理。十二年來本會所創導之新聞計劃對於台灣農村大衆傳播工作之方式與範圍頗具影響：本會曾協助省農會及省農林廳分別出版《農友》及《農事報導》。《豐年》雜誌則係由本會發行。本會又曾創辦若干農業廣播節目，並已逐一交由政府及民間組織繼續辦理。目前農林廳及改良場之巡迴敎育車極受農民之歡迎。彼等且經常請求增映敎育及新聞影片。台灣農業機構每藉多種大衆傳播方法對本省農民灌輸最新之農業技術以利農業之發展。惟目前省政府及議會方面尚未充分瞭解農業新聞計劃之重要，其用于此方面之經費亦屬有限，政府人士中公開主張加強農業新聞計劃者爲數甚少。

　　省農林廳在本會協助下曾設立農業推廣新聞小組主辦新聞工作。但該組得自該廳之經費極少，多賴本會所補助之經費與技術上之協助展開各項工作。此外，本會又以經費補助該廳所屬七個農業改良場加強地區性之農業新聞工作。

(《中國農村復興聯合委員會工作報告》，第十三期，50／7／1－
51／6／30，頁23。)

[2:4-13]　**糧食消費調查**：

　　爲明瞭本省膳食習慣及衡量糧食之適當供應情形，本會於五十年舉
辦全省一、六〇〇、〇〇〇樣本戶之主要糧食消費調查。該項調查曾於
四十五年及四十七年先後舉行兩次。本次調查由台灣省糧食局、省立中
興大學及本會聯合辦理。各樣本戶於二月、七月、及十一月份，各別接
受訪問調查三次。

　　茲將四十五、四十七年及此次（五十年）調查所得每人每天正餐所
消費之主要糧食平均數量列舉比較如下：

單位：公分

項目	民國四十五年	民國四十七年	民國五十年	增減百分比 五〇年：四五年
白米	401	399	384	−4.2
麵粉	6	4	7	16.7
甘藷	119	74	130	+9.2

　　根據上表統計所示，自四十五年至五十年，米之每人每天消費量減
少百分之四·二，而麵粉及甘藷各增加百分之一六·七及百分之九·二。
主要增減原因係由於四十八年八月七日之水災後米價之上漲。

（《中國農村復興聯合委員會工作報告》，第十三期，50／7／1-51／
6／30，頁28－29。)

[2:4-14]　**一九六〇年台灣省農業普查**：

　　爲獲得國家經濟建設及社會發展計劃上所需之基本統計資料，以及

配合世界糧農組織所推行之世界性農業普查計劃，台灣省政府農業普查委員會，在本會之技術、經濟援助之下，舉辦民國四十九年台灣省農業普查。整個計劃工作程序包括計劃、調查及資料整理三個階段。目前正進行資料整理之階段。

　　調查工作之第二階段，爲調查公、民營農場及從事事後之複查。該二項工作於五十年八月到十月間由農業普查委員會進行完成。此兩項資料可充實五十年初所完成之全面普查及百分之一○選樣普查之內容。此次普查利用機器整理調查資料，在台灣以機器整理農業資料，以本普查爲首次。實際資料整理工作於五十年六月開始，全面普查資料之整理，包括打孔，分類，製表以及最初百分之十選樣普查資料，預計可於五十一年十月完成。全省、縣市別以鄉鎮別之基本統計資料預定五十二年年底以前全部整理完竣。此項統計資料並可提供世界糧農組織作爲國際性之比較。

　　（《中國農村復興聯合委員會工作報告》，第十三期，50／7／1-51／6／30，頁31。）

	民國四十九年	民國五十年	增減指數
	（元）	（元）	（%）
農業收入	52,372	58,307	＋11.33
非農業收入	4,560	5,288	＋15.97
農事費用	23,000	25,296	＋9.98
非農事費用	104	349	＋35.58
家計費用	27,347	31,077	＋13.64
農業所得	29,372	33,011	＋12.39
農家所得	33,932	38,299	＋12.87
農家淨益(損)	6,480	6,873	＋6.06

[2:4-15]　一九六〇、一九六一年記賬農家之經濟概況:

在四十九年所得之資料已由農林廳編印《民國四十九年台灣農家記賬報告》一書，而五十年度之該報告書預定在五十一年九月以前出版，茲列舉民國四十九、五十兩年記賬農家之一般經濟概況如前。

（《中國農村復興聯合委員會工作報告》，第十三期，50／7／1-51／6／30，頁 32。）

[2:4-16]　**農業推廣**:

農業推廣主要是用教育方式，但它的方法與教室所用的方法不同。推廣儘量利用視聽教材，但所用的基本方法是示範——示範可分為方法示範和效果示範。方法示範由推廣工作人員舉行，效果示範是農民在他們自己的農場或家庭內舉行。

在本年度內，本會的推廣工作注意與其他有關機關團體合作進行農事和家政推廣，四健會工作，山胞農業推廣和實驗農村工作。

本會與省農林廳和省農會三方面合作進行。依照合約，農林廳是主管機構，省農會是執行機構。在縣和鄉鎮，縣政府與鄉鎮公所是主管機構，縣農會與鄉鎮農會是執行機構。本會對於各級農會的推廣工作，予以經濟協助和技術指導。四健會工作除在鄉村推行外，並在職業學校，社會中心學校和少數中學內進行。學校四健會是由省教育廳予以督導，並由本會予以協助。

（《中國農村復興聯合委員會工作報告》，第十二期，49／7／1-50／6／30，頁 15。）

[2:4-17]　　**加強農業推廣基層組織:**

歷年來台灣農業推廣工作採用小組接觸方法，鼓勵成人農民、農家主婦及農村青年分別參加農事研究班、家事改進班及四健會爲班會員。但近數年來由於經濟之急速發展，不少農民（尤其農村青年）均紛紛從事農場外之兼業甚至專業工作，至於一般農民亦常向推廣人員詢問農產運銷問題，而較少涉及生產技術事項。因之，本會於六十年上半年爲加強農業推廣基層組織，曾推行下列數項措施:

1. 請《豐年》半月刊及《農友》月刊開闢一新版地，提供農事研究班及四健會每月班會之指導教材與討論資料。

2. 鼓勵農友在同一村里組織夫婦農事研究班或家事改進班，以共同研討耕作方法及其他困難問題。此外，鼓勵壯年農民組織農事研究班，以研討農業耕作上之特殊問題。

3. 所有農事研究班、家事改進班及四健會班會員籍均經重新整理，以加強各班會之組織。對於農民不僅鼓勵其從事研討作業技術，且注意農場及家庭之經營問題。

4. 委託中興大學農學院在本會及農林廳協助下辦理改進農業推廣基層組織之調查研究。據訪問農事研究班、家事改進班及四健會班會員四八○人之結果，幾所有人皆表示三種推廣基層組織均有繼續存在之必要。該研究建議對於鄉鎮指導員之工作負擔與指導能力應予以重新估評，同時須加強鄉鎮農業推廣工作之教育性、服務性與康樂性活動。

（《中國農村復興聯合委員會工作報告》，第二三期，60／1／1-6／30，頁 29。）

[2:4-18]　　農民對農業改進之需求與訓練:

國立中興大學農學院六十年下半年在本會及農林廳協助下，調查農業改進方面農民之需求與其訓練問題。經應用隨機抽樣方法選擇二十個鄉鎮，訪問農民四百人、推廣指導員六十人、鄉鎮長及鄉鎮農會總幹事四十人，調查之結果要點如下:

1.農民之需求

1)接受訪問六〇％之農民認為推行農業機械化有困難，而以農機具價格偏高與農戶耕地面積過小為最大之障礙，希望政府及農會能普設機耕站從事代耕工作。

2)接受訪問農民對農業經營減少興趣者佔五〇％以上，表示應加強經營管理者不及五〇％，主張多角化經營者約五六％，希望實施共同經營者約二八％。

3)四分之三以上之農民希望政府採取農產品保證價格政策。為解決家庭生活收支不平衡，約五六％之農民希望政府辦理低利貸款。

2.農民訓練問題

1)約三分之一以上之農民希望增加辦理農業生產技術訓練，約二五％對農村副業訓練有興趣，約四分之一認為應辦理青年農民專業訓練。

2)對於成年農民而言，以農業機械、綜合養豬及果樹栽培等訓練為最重要。對於四健會員之訓練，認為應以農機修護、農產加工及珠算為優先。至於農村婦女之訓練，則以烹飪、縫紉及製花等為家事改進班員所迫切需要。

（《中國農村復興聯合委員會工作報告》，第二四期，60／7／1-

12／31, 頁 36－37。)

[2:4-19] 協助農林廳辦理農場共同經營

本年度本會繼續提供技術及經費，協助省農林廳辦理農場共同經營工作。除鼓勵農民從事共同計畫及共同作業藉以擴大經營規模外，特別輔導農民增加投資，購買各種農業機械，提高勞動效率，擴大經營量。同時鼓勵組織作物共同經營班及辦理共同購買及共同運銷，儘量接受契約栽培以增加農場收益。對蔬菜及水果類等之產銷，特別注意加強分級包裝工作以提高產品之品質及價值。將來擬進一步鼓勵栽培相同作物之共同經營班互相聯合成立專業生產區，俾利於農業耕作機械化及運銷之改善。

本年辦理成果如下表：

作物別	每班經營規模(公頃)	組織總班數	參加農民總數	盈餘總數 (新台幣：元)	每班平均盈餘額 (新台幣：元)
水　稻	5-10	115	1,351	7,202,051	62,626
雜　糧	5 公頃以上	37	314	2,211,763	59,777
特用作物	5 公頃以上	16	109	590,554	36,909
蔬　菜	0.5 公頃以上	148	850	2,430,790	16,424
果　樹	2 公頃以上	38	214	1,621,195	42,663
養　豬	100 頭以上	114	624	1,748,496	15,338
養　雞	1,000 隻以上	12	60	151,517	12,626
養　鴨	2,000 隻以上	4	24	69,000	17,250
養　牛	15 頭以上	6	30	114,000	19,000
總　計		490	3,576	16,139,368	

(《中國農村復興聯合委員會工作報告》，第二四期，60/7/1-12/31，頁 38-39。)

[2:4-20]　共同經營班：

推行農村現代化必須先建立農民對新技術之信心，最有效者爲以村里或區域爲範圍之發展計劃。根據此項原則，本會自五十九年起鼓勵具有共同興趣及信念之農民組織共同經營班，以共同策劃方式採用新耕種技術提高單位面積生產量。惟農產物價格往往因分級包裝之好壞而異，本年特別鼓勵共同經營班班員改善其運銷設備以期生產優良品質之蔬菜及水果。共同經營班改善運銷設備者由省方補助新台幣三、〇〇〇元，並由共同經營班配合經費以改善其分級包裝及運銷設備。同一村里組織有數個共同經營班者，以村里爲單位補助設置面積十坪之簡易分級包裝場。本年上半年度辦理改善運銷之共同經營班及建立簡易分級包裝場者如下：

縣　別	已組織之共同經營班數	辦理改善運銷設備班數	設立簡易分級包裝鄉鎮名稱
台北縣	25	—	新莊
桃園縣	35	5	——
新竹縣	25	11	——
苗栗縣	44	7	大湖、卓蘭
台中縣	20	7	大安
南投縣	20	4	——
彰化縣	45	3	——
雲林縣	50	1	——
嘉義縣	55	11	——
台南縣	40	5	楠西
高雄縣	60	10	鳳山
屏東縣	10	——	——
花蓮縣	10	2	——
台中市	31	——	——
高雄市	20	7	——
計	490	73	6

《中國農村復興聯合委員會工作報告》，第二五期，61／1／1-6／
30，頁 31－32。）

[2:4-21]　　農村靑少年不願務農原因：

農復會沈主任委員於本屆（六十年度）年會前夕，特邀請傑出四健
會員代表及四健會員義務指導員三十人參加培養靑年農民座談會，各代
表指出農村靑少年不願務農之重要原因爲：

1.年輕人在家中無自主權；

2.缺乏從事企業化經營所需之資金；

3.農村靑少年無法獲得所需之農業低利貸款；

4.缺乏從事企業化經營之訓練，在農業職校中亦未能獲得實用之訓
　練；

5.農產品價格波動劇烈，農民深受其害；

6.農民組織無法與商人競爭；

7.農家父母希望子弟多受敎育，以便從事白領階級之工作；

8.農村生活中缺乏娛樂。

《中國農村復興聯合委員會工作報告》，第二五期，61／1／1-6／
30，頁 33。）

[2:4-22]　　農場共同經營與農事產銷小組：

本會自民國六十二年開始即在技術及經費上支援農場共同經營工
作，鼓勵願意組織農場共同經營班之農民，在推廣人員協助下擬定農場
經營耕作曆，以達到擴大農場經營規模，增進工作效率之目的。農場共
同經營班之產品亦自行實施分級與共同運銷，減少中間商人之剝削以提
高農場收益。茲將六十四年農場共同經營及農事小組產銷計劃之成果分

農場共同經營計畫

項　　目	班數	參加農民數	規　　模	估計每單位收益
水稻機械栽培	27	344	250.9 公頃	6,600 元＼公頃
代 耕 服 務	15	122	560.5 公頃	384,472 元(總收益)
蔬 菜 栽 培	2	13	5.2 公頃	8,250 元＼公頃
洋 香 瓜 栽 培	1	25	10.1 公頃	40,512 元＼公頃
芒 果 栽 培	4	47	54.1 公頃	10,200 元＼公頃
果 樹 栽 培	4	50	135.0 公頃	6,250 元＼公頃
菊 花 栽 培	1	19	5.0 公頃	65,593 元＼公頃
蜜 蜂 飼 養	1	11	2,050 箱	151 元＼箱
養　　豬	3	32	1,600 頭	458 元＼頭
養　　牛	4	39	311 頭	尚未出售
養　　兔	1	10	4,974 頭	69 元＼頭
養　　羊	2	23	184 頭	210 元＼頭

農事小組產銷計畫

鄉　鎮	農事小組	經營種類	規　模	班員(人)	估計收益(元)
安 樂 區	中　　和	蔬　　菜	17.0 公頃	20	45,000 元＼公頃
壯　　圍	新　　南	蔬　　菜	20.0 公頃	30	51,000 元＼公頃
中　　壢	大　　崙	水　　稻	43.0 公頃	23	26,800 元＼公頃
新　　埔	上　　寮	蠔　　菇	十棟(2000 平方公尺)	40	5 元＼公斤
竹　　南	海　　口	蔬　　菜	20.0 公頃	40	41,200 元＼公頃
元　　長	後　　湖	蔬　　菜	30.0 公頃	30	48,500 元＼公頃
山　　上	平　　陽	柑　　桔	20.6 公頃	38	23,000 元＼公頃
林　　邊	光　　林	機械代耕	60.0 公頃	36	62,000 元(總計)
池　　上	錦　　園	運輸服務	卡車一輛	30	28,000 元(總計)
三　　峽	鳶　　山	水　　稻	10.0 公頃	30	26,500 元＼公頃

項目	水稻	蔬菜	養豬	雜作	果樹	合計
辦理農會數（縣市／鄉鎮）						縣市一四／鄉鎮四〇
類別及戶數（班數）	水稻六六班八一〇戶	蔬菜六一班三七六戶	養豬八九班五〇八戶	雜作一〇班二五〇戶	果樹一四班八五戶	九〇戶 二四〇班二、〇三
每班規模	一〇公頃以上	〇·五公頃以上	肉豬五〇頭或母豬五〇頭以上	五公頃以上	二公頃以上	
省方補助款（元）	三三〇、〇〇〇	三〇五、〇〇〇	四四五、〇〇〇	五〇、〇〇〇	七〇、〇〇〇	一、二〇〇、〇〇〇
計劃經費 班員合橋	五九七、〇〇〇	三六六、〇〇〇	二、六七七、七〇〇	六〇、〇〇〇	八四、〇〇〇	三、七八四、七〇〇
計劃經費 合計	九二七、〇〇〇	六七一、〇〇〇	三、一二二、七〇〇	一一〇、〇〇〇	一五四、〇〇〇	四、八八四、七〇〇
盈餘情形 班數	六六	五六	八九	六〇	一四	二三五
盈餘情形 金額（元）	四、二六七、八一六	一、九三八、七六四	一、〇四五、八九〇	七六八、六六六	三六二、七八一	八、三八三、九四七
虧損情形 班數	五	五				
虧損情形 金額（元）	五二四、二三	五二四、二三				五二四、二三

別列表如上。

(《中國農村復興聯合委員會工作報告》,第三二期,64／7／1-12／
31, 頁 87－88。)

[2:4-23]　　農場共同經營班:

本年度在全省四十鄉鎮組織二四〇農場共同經營班,鼓勵用地毗鄰
之農戶按照其共同興趣及利益,從事各項耕種技術之改善,並藉共同操
作而減少生產成本,提高勞動效益。

至五十九年底辦理成果如上表。

(《中國農村復興聯合委員會工作報告》, 第二二期, 59／7／1－
12／30, 頁 32。)

[2:4-24]　　沈宗瀚先生致胡適先生 (一):

適之先生:

七月廿六日手教謹悉, 並敬佩先生對於 Dean Myers 之解釋與建
議, 深刻精密之至, 使他感到愛莫能助之歉意, 說出 California　大學
與台大合作之希望, 使弟可以將計就計。Myers 於八月七日來函亦說明
此意, 並對 先生推崇備至, 茲附奉來函。Dean Atwood 亦有來函及此。

六月間弟曾託農復會委員 R. H. Davis　私函加大農學院院長
Dean KnowlesA. Ryerson 探詢該校與台大合作之可能,因彼赴 FAO,
Rome, Italy 至八月初始來信, 謂彼與 Chancellor　of　California
University at Berkeley 洽談, 對台大合作事甚感興趣, 並定於十一月
初來台面洽辦法。Davis 已覆函農復會與台大極為歡迎並述 Myers 的
希望。

Senator W. Knowland 九月初來台,弟與雪艇思亮二先生商議,

由思亮向 Knowland 面提 note, 懇他與 President Splonr 與 Stassen 談商促成加大與台大之合作並 FOA 補助經費。雪艇先生亦向彼口頭表示我國政府對此事之希望。均承 Knowland 滿口贊允。

Dr. R. T. Moyer（前爲農復會委員並與弟在 Cornell 同班學農）新任 Regional Director for the Far East of FOA、孟鄰先生（代表農復會）已函彼告以此事經過, 並述 Knowland 與 Dean Myers（彼兼任 Chairman of Agricultural Council to President Eisenhower）, 均望台大與加大合作之成功, 蓋 FOA 主管教育者曾提議台大與 Penn. State College of Agriculture 合作, 弟不得不借重 Knowland 與 Myers 大名以阻止之。弟並擬以 Knowland 與 Ryerson 意見函告 Dean Myers, 並懇其乘機促成。

來教謂「我這次進行此事的結果如此, 毫無成功, 甚感慚愧」, 弟覺現在可謂將計就計, 空話實做,　先生努力未算落空也。

（沈宗瀚先生致胡適之先生函稿）

[2:4-25]　沈宗瀚先生致胡適先生（二）

Dr. Hu Shih

104 East 81 St., Apt. 5 H

Butterfield 8-5199

New York City

N. Y., U. S. A.

Dear Dr. Hu:

One way of strengthening Taiwan University seems to be by colaborating with leading American institutes. While at Cornell in December 1950, I suggested such collaboration to

Dean W. I. Myers of College of Agriculture. He did not consider it favorably because of the ploitical status of Taiwan at that time.

MSA Washington has established a Type B Technical Assistance program under which collaboration of American universities with government universities of MSA recipient countries are financed. Thus the Engineering College of Purdue University in Indiana is collaborating with the Provincial College of Engineering at Tainan, and Pennsylvania State College with the Provincial Teachers' College at Taipei. I think you know these cases.

A collaboration between Taiwan University and an Ameri can college of agriculture has been proposed by our Joint Commission on Rural Reconstruction and approved in principle by MSA Washington since last fall. We recommended a few American college of agriculture including Cornell on the top of list. However, MSA has not yet approached any college, probably due to pending reorganization and recent limitations on total number of American personnel that can be employed under MSA financing.

The College of Agriculture at Cornell has established collaboration with the Philippine University since last year. The Philippines are so near Taiwan, and the agricultural conditions are very similar, with rice and sugarcane as the principal crops. Cornell had very successful experience in cooperation with the University of Nanking in plant breeding in the period of 1925—31. Several professors of agriculture at Cornell are deeply interested in Free China. It would not be infeasible and inconvenient for Cornell to include Taiwan into collaboration. As Dean Myers of Cornell Agricultural College is your classmate and a personal friend of yours, I have suggested to President Chien Sze-liang to request you to recommend it to Dean. If Dean Myers could indicate his willingness to MSA Washington to collaborate with Taiwan University, MSA would probably approve it. In any event it would be helpful if you could advise us as to Dean Myers' attitude toward such collaboration.

You might wonder why I do not write Dean Myers directly. If I did, it would become official and I would step upon toes of MSA in Washington. You are on personal basis to sound out Dean Myers' personal reaction in this case.

Yours sincerely,

T. H. Shen

Member, JCRR

(1953 年 5 月 29 日沈宗瀚先生致胡適之先生函)

[2:4-26]　胡適先生致 William I. Myers：

322 Highland Road.
Ithaca, N. Y.
July 22, 1953

Dean William I. Myers.
College of Agriculture.
Cornell University.
Ithaca, N. Y.
Dear Bill:

　　It Was a real pleasure to see you at the Kerrs' last week. Mrs. Hu and I are looking forward to the Friday visit to your home.

　　In connection with our conversation about the College of Agriculture at the National Taiwan University, I am sending you a copy of a latter from President SL Chien of Taiwan University to Dr. Hubert G. Schenck,Chief of the MSA Mission to China. This letter gives some general information about that College of Agriculture which may be of interest to you as reference material. The College is the oldest college in the University, and was founded by the famous Japanese Quaker, Dr. Nitobe,Who made great contribution to the modernization of education and agriculture in Formosa when the island was under Japanese rule.

　　After our meeting last week, I have written to President

Chien and reported to him the main points of our chat.

But I am of the opinion that the co-operation scheme already operating now between Cornell and the philippines could be viewed as an advantage, and not as an impediment, in any consideration of possible co-operation between Cornell and Taiwan.

Travel by air or by ship between Manila and Taipei is so convenient that it may be possible for some of your professors at Manila to visit and inspect the Taiwan University College of Agriculture and also study the work of the Joint Commission on Rural Reconstruction　(Which includes a number of Cornell agriculturalists)．It may be possible for these visiting Cornell experts to study and suggest a plan to take on Formosa without much additional difficulty and possibly with intellectual, scientific, and practical benefit. I was thinking of the possibilities of some such plan under which some of your professors at the Philippines might spend a part of their time in Taiwan every year, and some of the Taiwan University teachers and graduate students might be selected to study for specified periods either at the Philippines under the Cornell experts or directly at the College of Agriculture at Cornell.

With regard to the question of the safety and security of Formosa, I wish to point out that this situation has undergone a fundamental change in the last three years and a half. President Truman's statement on Formosa issued on January 5,

1950, practically amounts to an aban doning of Formosa to whatever its fate might lead it to. But the new U. S. policy since June 27, 1950, has been a fundamental reversal of the January 5 statement Islands on the same level of strategic importance as the Philippines.

Wiht warm greetings and high regards,

Very sincerely yours,

Hu Shih

(1953 年 7 月 22 日胡適之先生致 Dean William I. Myers 函)

第三章　農復會與台灣農業經濟發展

第一節　農復會與經建計劃

[3:1-1]　**經建計劃：**

關於經建計劃：為行政院經濟安定委員會（以下簡稱經安會）第四組（農業組）秘書處。我於一九五二年草擬農業四年計劃時，開始專辦第四組秘書處業務。經安會成立後正式任第四組執行秘書。直至一九五五年夏離開第四組，轉任農復會植物生產組組長。我於一九六二年十二月離開農復會，出任台灣省政府農林廳長。至一九六五年八月辭職前往世界銀行任職。

(1)經安會第四組：

經安會於一九五二年在俞故院長鴻鈞任內成立，俞院長自兼召集人。委員包括我國財經首長與美駐華大使館與安全分署高級財經官員。目的為協調政府與美援政策與財源，發展台灣經濟。下設秘書處，由錢昌祚先生任秘書長，與一二三四組及工業委員會。第一組財政、二組軍援、三組經援、四組農業。此四組之秘書處均附設於召集人之機關內，並由各該機關調派人員辦事。僅工業委員會自成機構，自聘人員。負責推行四年經建計劃者僅第四組負責農業計劃，工業委員會負責工業計劃（包括交通電訊）。

　　第四組之委員除沈宗瀚先生任召集人外，包括農復會錢天鶴委員，經濟部農業司長，省政府農林廳長，糧食局長、水利局長、林務局長、漁業局長、台糖公司農務協理與數位大學教授。秘書處設於農復會內。除我任執行秘書外，另有經濟組何衛明技正，植物生產組宋載炎技士，一位翻譯員，一位英文秘書，如此而已，均由農復會借調。第四組下分糧食作物，特用作物、畜牧、漁業、林業、肥料業小組。小組委員為各農糧機構專家與大學教授。由農復會有關組長或技正召集。由其他單位專家召集者，由農復會技正任秘書，以便與第四組秘書處隨時磋商聯繫。

　　我於一九五五年夏轉任農復會植物生產組長，下文舉例說明我任第四組執秘時如何與農復會聯繫：

甲）擬訂農業四年計劃：

　　在經安會正式成立之前，我已奉沈宗瀚委員之命停止辦理農復會業務，全時間籌劃草擬農業四年計劃，因一九五一年初我曾與當時美駐華大使館農經參事陶森先生（Owen Dawson）合寫一篇試擬台灣農作物生產目標的報告。陶森先生在大陸已任同職多年，來台後自願兼任農復會農業組顧問。當時之農業組包括作物、畜牧、漁業、林業與農經。組長為錢天鶴先生。我之所以膽敢試寫該報告，係因農業組不經心而已有相當資料。爰農復會在南京成立之初，委員會即訂定若干最高原則。其一為農復會補助之計劃，必需有助於大多數農民切望解決之問題（meet　farmers′ felt needs）。播遷台灣後，自一九四九年秋起，農業組各位技正即開始會同農林廳同仁經常下鄉視察，探訪農民所需。至一九五一年時，每一位技正均已對所主辦之每種主要作物，家畜漁類等鑑定在當時環境下，能使各該產品增產改良之主要途徑。在委員會已通過之計劃書內均列有

如農民採用擬推行之品種或方法，約可增產百分之幾。亦列有計劃預算詳細之數據。在農業組業務會報中，各技正輪流報告對所主辦產品增產關鍵問題，與擬如何克服之辦法。經錢天鶴組長同意我與陶森先生合寫該報告後，資料均在農業組卷宗櫃中，隨手可得。有問題時請教組內同仁，試擬之各作物生產目標經與主辦技正商討決定。因我對農作物較熟悉，故該報告以作物為限。

待沈先生於一九五二年命我籌備草擬農業四年計劃時，錢天鶴先生已升任委員，馬保之先生升任組長。畜牧、森林與農經已分別成組。農業組改稱植物生產組，漁業則仍包含在內。當時技正陣容，水稻由龔弼技正主辦，旱作雜糧金陽鎬，園藝陸之琳，飲料與纖維作物，我本人。各作物之土壤肥料朱海帆，虫害劉延蔚、病害歐世璜。畜牧李崇道、漁業陳同白。均曾於抗日戰爭開始時遷內地工作或讀大學，八年抗戰後，復員南京。北平、與沿海各地，然後加入農復會者。其共同之點為曾經千山萬水，劫後餘生，同仇敵愾，今日但求一勝。我所草擬之農業四年計劃初稿，實為此一精兵集團平時工作中智慧之綜合。根據各部門計劃、與當時情勢，並擬就第一期四年計劃之方針。字句已不能確記，大意為：(甲)充份供應軍糧民食，安定糧價，(乙)發展新興產品，增加出口，減少進口，(丙)提高農民收入，改善農民生活，(丁)提高農業對經濟之貢獻。坦白言之，當時均為生產技術人員，計劃主要為如何增產，極少考慮經濟因素。對「提高農民收入，改善農民生活」之想法為土地改革，農會改組之後，增產以提高收入，增加收入以改善生活之簡單邏輯，因當時尚無過剩，唯恐生產不足，絕無勞力不足，唯恐勞力不能充份利用。「提高農業對經濟之貢獻」，係表達「以農業培養工業」之任務。

　　經合會成立後，第四組以下各小組亦迅速組成。第四組委員會迅速通過所擬第一期四年計劃與一九五三年執行方案。所以能迅速通過，係因方案所據增產途徑與所含個別計劃，均係農復會各位技正平時與農林廳各單位所討論者，已有共識。有關水利與加強農會等部門，亦曾經同樣過程由農復會水利組與農民組織組同仁與水利局，水利會糧食局與農會之間，早已取得共識。唯一與前不同者，爲此次既係訂定四年目標，以求加速發展經濟。各有關單位與農復會技正。對多數個別計劃提出之規模，均較前擴大。故當我列表綜合各部門預算與總預算時，發現需要農復會補助之經費，較一九五二年實際補助總數超出甚多。超出之幅度僅略少於農復會各該部門之總預算。經錢天鶴委員核對，預算數據，確係依據農復會已通過計劃之預算。所以增值係因「擴大辦理」。由第四組秘書處提出比較對照表後，沈錢二委員與農復會美籍委員商量，得彼等支持。由經合分署，如數增撥。新撥款名稱爲「政府預算支援款」(Government Budget Support, GBS)，以與農復會預算有別，但仍整筆撥交農復會支配運用，此係經安會成立後爲執行四年經建計劃，美援對農業增撥一筆不小之經費。農復會與省府同仁忙碌之餘，所獲報酬爲農業四年計劃起步時，經費有充份保障。

　　凡年度計劃中所列個別計劃，須農復會補助者，仍照慣例由主辦機關向農復會提出申請。一切磋商，主辦組向農復會委員會提請通過，簽約、執行期間之田間督導，農復會會計處派員查賬等步驟均照舊。凡此一應步驟，第四組秘書處無須參予。農復會各組向委員會提出各種計劃之時間，係依作物種植，家畜飼養與漁撈作業適期。不能等待四年計劃每年舉行縣市鄉鎮會議與刊印年度計劃書等程序。故年度計劃書內所列個別計劃，開縣市鄉鎮會議時，或已由

農復會通過，或已開始執行，或尚待向農復會申請辦理。

乙) 與縣市鄉鎮討論生產目標與預算：

　　年度執行計劃草案擬就後，第四組秘書處仍以草案方式付印，大量送交農林廳(糧食局)，由該廳行文各縣市定期舉行全省糧食生產會議(由農林廳與糧食局共同召集)，全省特用作物，會議由農林廳召開。出席單位包括各縣市建設局長、農業有關課長。縣市農會理事長、總幹事與推廣、供銷課長。各水利會、青果合作社、有關公會代表。政府單位出席者包括農林廳各附屬單位，糧食局各區管理處代表、水利局、台糖公司、菸葉試驗所代表。農復會有關組長、技正與經安會第四組人員列席以備諮詢。畜牧會議與漁業會議亦由農林廳分別召開，各縣市政府農會或漁會有關人員出席，農林廳有關局、所、場首長與同仁出席農復會畜牧組、或漁業技正、與第四組秘書處同仁列席。

　　在全省性會議中，各縣市代表最關心者為草案中所列縣市生產目標與上年實績相比，是否合理？所列在各縣市舉辦之個別計劃與預算是否妥適。為縣市提出合理意見，農林廳、糧食局與農復會代表即席磋商後，可同意修正草案原列目標數字與個別計劃內容。如政府機構與農復會代表同意修正，第四組秘書處通常照改，不持其他意見。

　　省級會議召開後，各縣市建設局長分別主持召集所屬鄉鎮開會。出席者包括鄉鎮長與公所農業主辦人員，鄉鎮農會總幹事及組長，當地水利會，糖廠與有關公會代表等。農林廳由有關科與區改良場代表，糧食局由各區糧食事務所代表。農復會擇要由技正參加。縣市會議討論之焦點為縣市建設局依照省級會議訂定各項產品之縣市生產目標，進一步擬訂之鄉鎮目標（事實上農林廳訂定縣市目標前

已根據前一年農情報告鄉鎮實績與縣市政府農林課檢討各縣市內新品，植物保護、理作、施肥、灌溉等可能變動趨勢）。另一項討論焦點爲各項個別計劃在各鄉鎮之分佈。此點往往辯論較烈，因多半計劃開始時並不在每一鄉鎮舉辦，或須分年設置，乃有先後。水利會有時提出修正，因某段水利工程，預期不能如期完工，故某鄉鎮等水稻面積須再等一期方能擴增。

各縣市會議完畢後，農林廳（糧食局）將各縣市目標與計劃修正各點報第四組秘書處，副本分送農復會有關組，如無意見，即將修正各點提出第四組委員會備案，並正式付印分發中央、省、縣市、鄉鎮有關單位，並摘要英譯分送農復會美籍委員與經安會。

前述計劃執行進度由農復會各組照舊辦理，故第四組秘書處不必過問。但進度實況經常得知。來源爲農復會每週業務會報，各組輪流報告，第四組委員會每月一次會議，各委員各就工作要項提出報告，農林廳一年兩期與裡作收穫後之書面報告。糧食局肥料配售、肥料換穀、地價穀收受、餘糧收購與庫存送與沈先生之報告，水利局重要工程進度報告，台糖公司種蔗與收穫製糖進度報告，農復會有關組對主辦個別計劃進度簡報，農林廳年尾生產實績與生產目標對照報告與說明等。第四組秘書處據以纂編年度計劃執行成果報告，稿同農復會有關各組、第四組委員所代表之單位後付印，與次年年度計劃一同分發，舉行新年度之全省會議周而復始。

每一新年度除生產目標修訂外，常有新個別計劃加入，代表各項產品增產途徑或方法之增加或改變，技術層次之逐漸提高。

丙）第四組肥料小組之多方聯繫：

肥料對台灣農業增產甚爲重要。當時我國外匯短缺，靠美援彌補不足之數。政府設外匯貿易審議委員會，凡進口物資，需用外匯，

均須由該會逐案審議通過，方通知台銀撥發外匯。肥料進口，省內採購與配售予農民均由糧食局辦理。計劃每年肥料需要量，除台糖公司與菸酒公賣局直接提出甘蔗與菸草肥料需要量外，其他作物，則須由農林廳、農復會協助糧食局估計。其中最大農業肥料需要，自屬水稻。糧食局當時辦法，為每年公佈政府建議各糧區（台北、新竹、台中、台南、高屏、東部）每公頃氮磷鉀三要素施用量，農民領肥時，則可依標準多領或少領百分之二十。估計全省需要量，則依各區每公頃施肥標準與四年計劃內各區年度水稻面積計算。水稻與各種作物每公頃施肥標準由農林廳按照每年各區改良場舉行之肥料三要素試驗，或肥效試驗結果提出建議。凡此試驗多由農復會補助，結果分析與最後建設亦由該會植物生產組朱海帆技正作最後審定。

　　經安會成立後，第四組下設肥料小組。由我兼召集人，朱技正（朱海帆先生）任執行秘書。一九五五年我調任植物生產組長後，第四組肥料小組召集人由朱技正兼任，並由王君穆技正兼任執秘。年度肥料方案之運作包含下列步驟：

A) 決定各種作物肥料之要素分區施用標準，及全省年度總需要量。

B) 農林廳、農復會按照省產硫酸錏、氰氮化鈣（後增尿素）噸數，美援運台氮肥種類（硫酸錏、或尿素）與數量，與中日蓬萊米換硫酸錏數量，計算尚須申請外匯進口之氮肥，磷肥與鉀肥之種類與數量。並估計所需外匯。

C) 糧食局、肥料公司、高雄硫酸錏廠經外匯貿易審議委員會核准外匯後，糧食局經中信局進行採購。對日肥料換米每年由糧食局李連春局長親自赴日辦理，簽約決定交換數量，折價，船運分批抵台約期、與台米抵日日期等。該局同時與肥料公司與高雄硫酸錏廠簽約定購。

D) 同時糧食局按照四年計劃年度計劃下各縣市會議決定各鄉鎮各作物種植面積之目標與農林廳農復會建議之每公頃施肥標準，計算每一鄉鎮所需各種肥料數量。

E) 糧食局、縣市政府、縣市農會根據糧食局所擬港口與省內廠邊提貨時間與數量表與各鄉鎮配肥數量表，該局委託省政府交通處直接提運轉送達每一鄉鎮之肥料倉庫。

F) 糧食局、交通處、鄉鎮農會於期作物所需肥料進倉後，經由村里農事小組通知農民開始領肥。肥料進入農會倉庫後產權仍屬糧食局，或換穀或收現款，均由農會代收。糧局則按量付予農會手續費。美援期間，農復會設有糧食肥料組，每縣派駐督導員一名，經常巡視美援糧食與肥料進出倉與庫存實物與賬目。

G) 糧食局、鄉鎮農會決定年度肥料換穀比率。根據農林廳各改良場在各縣設置之肥效試驗區紀錄由朱海帆先生最後核算依現行施肥標準，現行肥料換穀比率折算之稻穀與肥料價格，如再增施肥料，農民能否獲利，同時參考國際稻米與肥料價格，建議省內肥料換谷比例應否調整，如應調整，調整多少？此事不經第四組委員會，一年一度李連春局長親至沈宗瀚委員辦公室商談，我與朱海帆先生通常參加，決定後由李局長簽報省府逕行公告。

丁) 以上如何草擬四年計劃，如何與縣市鎮討論生產目標與個別計劃，以及肥料小組之運作三節除說明第四組與農復會以及各省縣市鄉鎮農業單位如何聯繫，亦說明為執行農業四年計劃，所建立之「上下貫通，左右聯繫」之工作實況。此八字箴言係經安會第四組所用與農復會無關。

總之，第四組實際上僅建立工作架構，但架構賴農林廳，糧食局，水利局同仁為之，中央級均賴農復會同仁為之，省級主要自工作本身中

建立，使自農復會，省級以至縣市鄉鎮農業同仁均能了解其本身負責主
辦之工作，視之微小實為全國經濟發展計劃中之一部份。數項個別計劃，
共同支持某一產品生產目標之前進、各項目向前推進農業乃得發展。年
年前進，即成長迅速耳。四年計劃之執行，實質加強農復會與農林廳督
導全省農業發展工作之影響力，與省、縣市鄉鎮間之聯繫。

(1989 年 6 月張憲秋先生訪問記錄)

[3:1-2] 農業四年計劃:

資料一: 台灣農業四年計畫

> 四十二年十二月十四日沈宗瀚在
> 中國國民黨中央委員會 總理紀
> 念週報告

　　台灣農業四年計劃是台灣省經濟建設四年計劃的一部份，其中心要
義係根據總統與陳院長提示的經濟建設政策「以農業培養工業，以工業
發展農業」而擬訂。台灣百分之九十以上的外匯收入，靠農產品及農產
加工品的輸出，目前祇有靠農產輸出的增加和輸入的減少，才能換取建
設工業及輸入物資所必需的外匯。反之，農業發展亦靠肥料、病蟲害藥
劑與飼料等製造工業的發展，和鄉村電氣化等建設。因之，在四年計劃
中，農業計劃中必須與工業、貿易、財政、金融等整個建設相配合。

　　四年計劃的緣起與修訂

　　近四年來，由於政府努力，美援增加，本省農工生產逐漸增加，對
外貿易逐漸展開，財政經濟逐漸安定。政府更進一步求本省經濟長期安
定繁榮，適應復國建國的需要，乃於民國四十一年十一月由省政府指定
少數高級主管人員擬訂台灣經濟建設四年計劃，希望利用美援增加農工
生產，擴充對外貿易，使台灣經濟於四年之後，可不依賴美援而達到生

產與消費的平衡。

今年上半年政府仍在縝密考慮及與美方磋商此種經濟建設四年計劃，直到七月行政院經濟安定委員會（以下簡稱經安會）改組以後，政府方正式決定推行四年計劃。經安會設立第一、二、三、四組及工業委員會。其中第四組負責農林漁牧水利建設工作的決策、設計、協調與推進。行政院任命經安會委員沈宗瀚兼第四組召集人，由召集人推薦經濟部徐鼐次長，經濟部漁業增產委員會鄭道儒主任委員，省政府農林廳徐慶鐘廳長，糧食局李連春局長，水利局章錫綬局長，及農復會錢天鶴委員爲委員，農復會美籍委員戴維斯及美國駐華共同安全分署漁業專家艾丹士爲列席委員，農復會技正張憲秋兼任秘書。第四組成立後，即奉命將去年十一月省政府所訂四年計劃原案之農業部分修訂補充。該組先決議設計與推行步驟，八月初，由組邀請政府及公營事業有關單位高技術人員共六十一人，分六個臨時審議小組進行審議。經過多次會議，方始完成一修正計劃，其中因㈠原案中的林業、漁業、牧畜與水利計劃，過於簡單，已由各小組澈底增訂，㈡原案中的農作物部份雖比較完整，但其生產目標過於樂觀，已將其中四二、四三年目標根據最近情況，予以修訂。

四年計劃實施的年期是自四十二年起至四十五年止，但因四十二年已成過去，所以眞正可以計劃的是四十三年至四十五年三個年度。

修訂以後的四十三年度農林漁牧水利生產建設目標，已由經安會核轉行政院批准，並在報上公佈。至於四十四年度和四十五年度的生產目標亦已由第四組送經安會核議，但尙須在各年的前一年年底按照當時情形再爲修訂，並須經政府對執行各該年度計劃的預算及資金需要核定後，方能定案，因此尙未由經安會公佈。

農業四年計劃的方針與要點

農業四年計劃的方針為：⑴充分供應省內軍民所需農林漁牧產品，以穩定其價格。⑵增加可資出口的農林漁牧產品及其加工品的輸出，以增外匯收入。⑶減少本省向賴輸入的農林漁牧產品的進口數量，以撙節外匯。

計劃要點以農林漁牧水利分別訂立：

⑴農作物：㈠繼續增產糧食，以充裕軍需民食，穩定糧價，並在可能範圍內，設法增加輸出，以增外匯收入。㈡增產過去賴輸入以補不足之雜糧及特用作物（如小麥、大豆、黃麻等），以減少輸入，節省外匯。㈢在國際市場激烈競爭之下，謀特用作物（如糖、茶、香蕉、鳳梨）之合理生產與外銷。外匯收入之爭取與農民利益之確保，兼籌並顧。

⑵林業：㈠利用美援，輸入若干普通建築木材，以應一部份軍工與重要公營事業之需要，減少各方對省產木材需要之壓力，穩定木材價格，減免森林濫伐。㈡加強伐木工作之設計與管理，在不濫伐原則之下，謀省產木材供應量之逐漸增加。其中高級木材，除省內必需者外，用以輸出，抵銷輸入普通建築木材所耗之外匯。㈢加強造林工作，以糾正伐木甚於造林之趨勢，造林工作將不求新植面積之擴大，而注重撫育已有之森林，及補植新造林之缺株，及減少人力物力之浪費而增實效。

⑶漁業：㈠充分運用美援，修建漁船，將本省漁業目前之「養殖」與「沿海」漁業之保守局面拓展為「遠洋」「近海」「沿岸」「養殖」全面具備之漁業。㈡增加漁產以改善軍糈民食之品質。減少魷魚干及鹹魚之輸入，以節省外匯。㈢繼續修建港岸設備以改進漁民安全之保障。

⑷畜產：㈠繼續推廣優良種畜，及加強獸疫防治工作，以提高本省牲畜之生產效率。㈡加強山地牧場之復興，以充裕飼料，增產耕牛。㈢增產本省飼料作物以節省輸入大豆所消耗之外匯。利用美援輸入廉價飼料雜穀，供應農村，以節省穀米消耗，配合糧食政策。

(5)水利：㈠積極修建堤防，以減少水災而保障生民田舍之安全。㈡加強灌溉排水工程之修建，以配合米糖增產。㈢加強測量設計，準備大規模水利工程之興建。

農林漁牧計劃中還有一個共同要點，即產品價格與生產成本之合理調節。民國四十年米價低落，其他日用品之價格上漲，造成穀賤傷農的現象，今年上半年米價飛漲，民怨隨之。又本省主要輸出農產品與加工品如砂糖、茶葉、香茅油、柑桔、鳳梨等受國際市場價格低落的影響，出品即不賠累，亦不能獲利。在這種情況之下，使農民與工業或出口業交獲其利的辦法為增加農產品的單位面積產量以減低其生產成本。使農產品逢到國際市場價格低落時，生產者能因單位面積產量的提高而仍維持相當收入，本省的生產基礎亦致因國際價格的激變而被壓垮。例如自去年以來，國際糖價步跌，省內農民種蔗的情緒隨之下降，設非蔗糖的每公頃產量，由改良品種及改進栽培，自六公噸增至九公噸，台灣將無法達到目前的產量，本省如此龐大的蔗糖工業，將無法維持。這項事實具體的證明了農業技術的改進與農產品單位產量的提高，如何能在逆流之中，保障農民的利益，扶掖工業於不墮，並穩定了國家的經濟。

農業四年計劃的實施

依據農業四年計劃的方針與要點，定出若干生產項目。每一生產項目訂(1)生產方針，(2)單位計畫 (Project) 及(3)區域生產目標。例如稻米為一個增產項目，繁殖優良稻種，防治螟蟲，施用肥料，或發展水利均為稻米增產方法之一，各為一個單位計畫。該計畫的實施須普及各鄉鎮及村里。例如訂立「繁殖優良稻種」的計畫時，除決定全省繁殖田面積及種子數量外，並須據此而分層訂立各縣市鄉鎮村里以至於各特約農家應設置之繁殖田面積及繁殖數量(參閱下表)，如此計畫繁殖之優良稻種

四年經濟自給計劃農業生產推行體系圖解

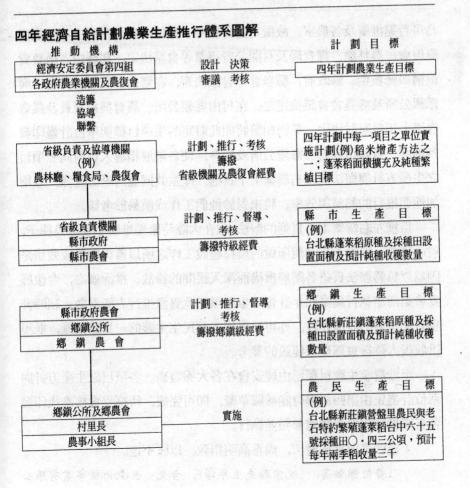

推　動　機　構		計　劃　目　標
經濟安定委員會第四組 各政府農業機關及農復會	設計　決策 審議　考核	四年計劃農業生產目標
造籌 協導 聯繫		
省級負責及協導機關 (例) 農林廳、糧食局、農復會	計劃、推行、考核 籌撥 省級機關及農復會經費	四年計劃中每一項目之單位實施計劃(例)稻米增產方法之一；蓬萊稻面積擴充及純種繁植目標
省級負責機關 縣市政府 縣市農會	計劃、推行、督導、考核 籌撥特級經費	**縣　市　生　產　目　標** (例) 台北縣蓬萊稻原種及採種田設置面積及預計純種收穫數量
縣市政府農會 鄉鎮公所 鄉　鎮　農　會	計劃、推行、督導考核 籌撥鄉鎮級經費	**鄉　鎮　生　產　目　標** (例) 台北縣新莊鎮蓬萊稻原種及採種田設置面積及預計純種收穫數量
鄉鎮公所及鄉農會 村里長 農事小組長	實施	**農　民　生　產　目　標** (例) 台北縣新莊鎮營盤里農民與老石特約繁殖蓬萊稻台中六十五號採種田〇‧四三公頃，預計每年兩季稻收量三千

乃可普遍推廣及各農家。故擬定農作物每一單位計畫，在省由第四組與農復會、農林廳、糧食局及有關公營事業等會議決定，在縣由省級負責機構與縣農場、縣政府、縣農會等會議決定，在鄉由市政府、農會、與鄉鎮公所及鄉農會會議決定之，在村由鄉鎮公所、農會與村里長及農會農事小組長商討決定。第四組擬將如此訂定的生產目標與單位計畫印發各機關、各縣市政府、鄉鎮公所及農會，使各階層指導人員對同一項目之生產方針與辦法能左右聯繫上下貫通，產生共同而清晰之認識，以增加他們推行的熱誠與效率。將來對於他們工作成績易於考核。

這種左右聯繫上下貫通的辦法，我在大陸時繁殖推廣小麥改良種子，曾收實效。農復會在台灣所做的農村建設工作之所以獲得顯著成效也是因為以具體辦法貫透各階層機構而深入民間的緣故。推而廣之，今後經安會第四組執行農業四年計畫，也必須如此貫澈推行方能奏效，屆時非獨有助本省的經濟建設，亦可為實施本黨民生主義的一具體措施，並可供收復大陸後實施農業建設的參考。

至於農業生產目標已由經安會在各大報發表。各項目之生產方針與單位計畫正由第四組與有關機關草擬，即可完成，待經安會核准後印發各有關機關與縣市鄉鎮參照並執行。

上述計畫與實施辦法，尚希高明指教，以匡不逮。

（黃俊傑編著，《沈宗瀚先生年譜》，台北：巨流出版事業有限公司，1990，頁470－476）

[3:1-3]　農復會協助推行第一期經建四年計劃：

自由中國推行之第一期台灣經濟建設四年計劃在民國四十五年末已圓滿達成，本會為協助推行該項經建計劃中之農業部門計劃，曾就技術及經費方面全力支持。本章係由行政院經濟安全委員會第四組提供資料，

該組認爲此舉一方面可就本會對台灣經建工作所作多方面之貢獻有所陳述，另一方面更對本會之參預與協助表示謝忱。

民國四十二年至四十五年期間，台灣推行第一期經濟建設四年計劃，其目的在求農工生產同時增加以使台灣經濟得以安定，國民所得能獲提高，從而對國際收支、政府預算、及物資供應，能逐漸趨向平衡。

經濟建設計劃中之農業部份計劃，包括農、林、漁、牧、水利五部門，其主要方針，爲期望四年內主要農產品之產量均普遍提高，使原可自給之農產品，不因人口增殖而感不足；原爲外銷之農產品，在今後能增加輸出，以擴大貿易。現第一期四年計劃已於民國四十五年完成，並自四十六年開始推行第二期四年計劃。本會對該計劃中有關農業部門之實施及推行，隨時均予支持協助，並自始即應邀調遣技術人員，實際參加計劃之起草、修訂、推進、及指導工作。際茲第一期計劃已告完成，關於本會協助是項計劃之推行經過，下列各點似值得予以提及：

一、計劃推行前奠立之基礎

本會在民國三十八年，即第一期台灣經建四年計劃開始推行前四年，已在台灣展開農村復興建設工作，此不啻對農業建設計劃之推進奠定一良好基礎。諸如土地改革之成功、農會改組之完成，各項農、林、漁、牧、水利部門之技術改良，設備充實與器材供應，尤其各方面相互配合之制度與程序，在本會策進下，業已次第建立，使增產工作在執行中技術上常遭遇之困難，得以解決，更有助於計劃之有效進行。

二、計劃起草工作之參與

台灣經建四年計劃中之農業各部門計劃，原係按工作性質，分六個起草及審議小組（即糧食作物、特用作物、林業、漁業、畜牧及水利等六個起草及審議小組），負責進行起草，及關於生產目標、生產方針與單位計劃之審議工作。本會有關主管組長、技正、工程師參加是項工作者

達廿七人。六個小組中有五個小組之召集人，係由本會人員擔任。此項起草審議工作至為慎重，除本會人員外，尚有政府農林漁牧水利機關負責主管人員、大學教授、專家及公營企業單位之代表等。其工作之進行，必須根據過去台灣農產品生產與消費紀錄，及今後因生產技術改良所能提高之產量，同時必須預測今後該項農產品國外市場需求概況，然後決定各年生產目標，釐訂縣市生產計劃及各項與增產有關之單位計劃，以利於推算各年內應行供應之種子、苗木、肥料、農藥、獸醫疫苗、飼料、漁船、漁具等，最後再權衡地方可供應之人力、財力、及政府可撥之預算等，從而完成一較完整之總計劃。

三、本會工作計劃及預算之配合

自台灣經建計劃開始實施之後，本會在台灣之農村復興工作，其屬於增產推廣性質者，事實上已分別成為四年計劃中單位計劃之一部分，與台灣農業生產建設目標密切配合，作有目的之推進。如過去台灣農情報告制度與方法尚未統一，致使計劃草擬所必須之數字資料，難免有不盡可靠之處，本會於民國四十二年策進全省農情報告制度之改革，使其後生產數字資料能較為正確，且能於較短期限內獲致此項資料，此在草擬第二期四年計劃時，尤獲得不少方便。又如本會鑒於台灣蘊藏之森林資源，以往並無確實可採資料，乃即策進全省航空測量，此項工作於四十三年完成，於四十五年提出報告；第二期四年計劃中林業方案，根據航測結果擬訂，因而更週詳切實。他如辦理農林邊際土地利用調查，地面及地下水資源調查等，均確使其後各年生產建設計劃之擬訂，獲有更佳更可靠資料。至於經費預算方面，鑒於地方政府推行農業計劃之經費，咸感不足，省政府復無餘款可資補助，經洽准美援運用委員會自四十三年會計年度起，由美援相對基金項下每年度撥款約計新台幣七千萬元，以補助各縣市政府推進與四年計劃有關之各項農業計劃。此項補助款之

事前審核, 及撥款後運用成效之考核, 均由本會辦理。

本會工作人員經常赴各地視察, 深入田間, 並與縣市鄉鎮人員及農民經常接觸, 休戚相共, 對於四年計劃之田間生產成效及待改進之點隨時均可瞭解。本會人員並應邀出席各年度省、縣市、鄉鎮之生產會議, 參加有關生產計劃及增產措施、檢討與策進事宜之討論, 在討論過程中, 時而發現原訂之計劃與措施中若干細節, 有必須調整與修訂之處。四年計劃之進行, 經此程序, 更能獲得農民之合作與支持。

四、農業各有關方面聯繫之加強

農業方面之作物、林業、漁業、畜牧及水利各部門均有其生產建設目標與單位計劃, 由主管機構分別負責推行, 但各部門之間, 彼此關係原至密切, 例如農地擴展須賴水利興建, 農地保護則賴森林及防風防沙之栽植與撫育, 畜牧生產則賴牧草與飼料作物之發展, 因此各部門之計劃與計劃間, 機構與機構間之聯繫不可或缺。尤有進者, 農產品多須加工製造及外銷, 農業生產增加又依賴肥料飼料工業之發展, 生產資金又必須有信用貸款之融通, 故農業與工業、貿易、金融各方面之配合亦應密切。主持台灣經建四年計劃推進之行政院經濟安定委員會因於四十二年八月設置第四組, 負責四年計劃農業各部門計劃之推動, 並於農業計劃之決策機構與執行機構之間、執行機構各部門之間, 農業與工商金融業之間, 中央、省縣市鄉鎮各級主管單位之間, 力求其「左右聯繫, 上下貫通」。

行政院經濟安定委員會第四組召集人一職, 係由本會沈委員宗瀚兼任, 該組委員包括有農林廳長、糧食局長、水利局長、台灣糖業公司總經理、台灣大學農學院長、經濟部農林司長及漁業增產委員會主任委員等, 該組前任執行秘書張憲秋君及現任執行秘書龔弼君, 均為本會技正; 又該組其餘辦事人員, 亦係向本會借調。由於本會在台灣農村建設事業

所獲成就之信譽，使該組工作能在本會協助下順利推行，並達成農業各有關方面加強聯繫之目的。

又經安會第四組爲統籌省內外生產之肥料與農藥之供應與分配起見，設有肥料小組，及防治植物病蟲害藥劑小組，由本會沈委員宗瀚及錢委員天鶴分任該兩小組之召集人，並由本會有關技正擔任小組秘書職務。

第一期經建四年計劃執行工作於四十五年底結束後，農業部門推行成果，如以增產淨值表示，經按固定價格（民國四十一年農產品產地平均價格）計算結果，該期計劃最後一年（民國四十五年）農業生產淨值，較計劃開始前一年（民國四十一年）增加百分之二三‧五，其中農作物生產淨值增加百分之二〇‧一，林業生產增加百分之一七‧六，漁業生產增加百分之五八‧九，畜牧生產增加百分之三〇‧五。

於民國四十六年開始執行之第二期台灣經建四年計劃，循台灣經濟建設之總方針，著重繼續開發資源，增加農業生產及擴展出口貿易，藉以提高國民所得，增加人民就業及平衡國際收支。預計在第二期四年計劃於民國四十九年完成時，農林漁牧產品之淨值，將較第一期四年計劃最後一年（民國四十五年）之實績，再增加百分之一九‧二同時由於工礦電力生產及各項服務之增加，民國四十九年台灣國民所得將較四十五年增加百分之三三‧四，出口貿易亦將增加百分之四一。

近年台灣工業發展之進度尤較農業爲速，此種現象，在農業計劃者立場，必須認爲台灣經濟健全發展，亦即「以農業培養工業，以工業發展農業」已獲成效之象徵。而台灣農村經濟情況之改善，尤爲工業加速發展之先決條件也。

（《中國農村復興聯合委員會工作報告》第八期，45／7／1－46／6／30，頁110－113，114。）

[3:1-4]　農復會協助推行第二期四年經建計劃㈠:

　　發展台灣經濟之第一期經濟建設計劃,於民國四十五年圓滿達成後,第二期經建計劃, 續於民國四十六年開始。本會在各種農業發展工作之設計聯繫方面, 曾繼續以技術協助給予當時推行該項計劃之機構——前經濟安定委員會第四組。

　　一般言之, 四十六年之農業生產, 如作物、林業、漁業及畜牧等均超過原定生產目標百分之九五。此項優越之成就, 不外各級農業機構之努力, 農會、漁會、水利會以及全省農民對於農業計劃之衷心支持有以致之。

　　其尤足令人注意者, 爲大多數農業項目, 在四十六年之產量已在台灣歷史上創造新的記錄。尚有若干項目, 四十六年之產量, 爲台灣光復後各年之最高者。

一、促進各種作物面積擴充計劃之相互配合

　　雖然台灣各項農作物均希望增產, 以供內銷之需要, 但台灣耕地面積有限, 農業經營至爲集約, 一項作物面積之過度擴展, 常足影響另一項作物面積之減縮。近年工業用地、軍事用地及住宅用地激增, 致農用地總面積之增加尤爲困難, 因之各種作物擴展計劃之相互配合, 亦益見重要。

　　爲期台灣土地資源進一步有效利用, 本會專家, 透過第二期四年計劃生產目標之設計, 儘力促進各項作物耕種面積之統籌調整。其主要趨向爲新設水利之處, 旱作物面積讓與水稻。花生面積之增加主要在於與甘蔗間作及新墾土地種植, 甘蔗之面積一部份將由利用特殊技術改良, 並充分利用低等則土地及海埔新生地。另一趨向爲繼續促致甘藷種植面積之減少, 用以擴展其他作物面積。秋植大豆與小麥輪作面積之擴充,

雖將佔用一部分水利較差稻田之二期稻作，但因將水源併灌於同地區之其他稻作面積，仍不影響稻作產量。茶、鳳梨、香蕉、柑桔等坡地作物，則促使在遵守水土保持原則下從事栽種。四十六年起均已循上述趨向進行。

除上述技術上之設計外，農產品價格政策之合理運用，對各種作物擴充計劃之配合，亦足發生良好影響。當時之行政院經濟安定委員會第四組負責對各項農產品價格政策問題初步審議，在經過與其他有關單位之會商後，即提報當時之經濟安定委員會採取措施。本會經常就技術觀點，及經濟調查資料，提供參考資料及意見作為商討依據。

台灣農產品價格政策，對各種作物有不同之型態，例如對於稻米有肥料換穀、收購及配售等；對於蔗糖則按照對抗作物利益，訂定最低保證價格；對於菸草則按生產成本及適當利潤訂有收購價格，對於黃麻亦定有收購價格。隨後並對於香茅油及鳳梨訂有最低收購或保證價格，然各項政策之目的，無非一方面支持農民之收益，一方面顧及保持市場之合理售價，同時使各項作物面之擴展，能相配合，以適合台灣之最大經濟利益。

二、促進農業與對外貿易之配合

台灣農產品及其加工品之輸出，佔台灣外匯收入總額百分之九十以上。促進農林漁牧產品之增加輸出，以爭取外匯，謀國際收支之平衡，乃四年計劃農業部門計劃主要目標之一。

台灣自四十四年起參加國際糖協，自此每年之蔗作生產，均力求與國際糖協分配台糖之輸出量相配合。但各年國際市場糖價波動幅度甚大，此在民國四十六年七月至四十七年六月一段期間尤為顯著，台灣糖業幸賴農務生產技術各年不斷改進，生產成本降低，在競爭上乃能立於較優之地位。

由於米穀增產，台灣在現時人口壓力下，每年仍能有相當數量剩餘食米輸出，四十六年七月至四十七年六月輸出食米廿三餘公噸，為近年最高記錄。本會所協助進行推廣蓬萊稻種及稻種更新、稻田去偽去雜之注意，倉儲加工之改善等，均在促使外銷米品質之改善。

為增加鳳梨生產，抑制廠商搶購未熟生果，以改善外銷鳳罐品質，本會專家在當時之經安會第四組及工業委員會支持之下，已於四十六年夏季起，促成鳳梨罐頭計劃生產之實施。現正努力促成一項長期穩定鳳梨農務生產之方案。出口茶葉品質改善之措施，亦在逐步進行。

由於本會森林組之建議，當時之經安會第四組已提報核定積極推動台灣木材之輸出貿易，俾森林資源加強開發後省內木材滯銷問題得以解決。四十六年底經本會之會同努力，台灣在南韓得標使能在次年輸出價值美金二百餘萬元之枕木。

台灣漁業方面，由於鹹乾魚之管制進口，及鮪魚於四十七年開始外銷，已由每年支耗外匯進口漁產品，轉為出口漁產品爭取外匯矣。

豬隻在四十六年底存活頭數已達 3,510,000 頭，較預定計劃多出四十六萬頭，本會專家正繼續協助研究增加毛豬輸出及以冷凍加工豬肉輸日之各項有關問題。

其他各項農產品，包括各項果類、蔬菜、及與農產有關之手藝品等，本會專家經常會同當時之經安會第四組向外匯貿易主管當局提供改進意見。

三、促進農業與肥料工業及農用器材工業之配合

台灣土壤，一般均缺乏較高之沃力，故化學肥料之施用特別重要。近年來由於本會之協助及政府各有關機構之努力，省產肥料之使用已日漸普遍而增加。四十六年全年使用於稻穀、甘蔗及其他各種作物之化學肥料總數計達 650,000 公噸，為台灣歷年以來使用化學肥料最多的一年；

其中約有 459,000 公噸，仍爲向國外輸入，耗用外匯美金達二千餘元，故省產肥料之增加實爲非常重要之工作。根據第二期經建四年計劃工業部份計劃，至四十九年，本省肥料生產將趨達自給程度，當時經安會第四組在本會技術及經費之協助下，曾積極策動各項省產新型肥料之推廣工作，俾屆時省產新型肥料如尿素、硝酸鈣錏等之推廣得順利實施。

本省農作物病蟲害之防除，特別是新式殺蟲藥劑（如巴拉松、馬拉松、菌都靈、安特靈等）之使用。經各方積極教育宣傳後，業已獲得顯著之成效。藥劑使用之數量與年俱增，四十六年計耗用美金一百餘萬元。前經安會第四組於四十五年六月間，成立防除作物病蟲害藥劑小組，爲有關農藥統籌供應分配及政策性決定之機構。本會技術人員對此項工作之推動，自始即積極參與。

本省農家以養豬爲其主要副業，但養豬用蛋白質飼料之供應極感不足。作爲蛋白質飼料主要來源之豆餅，大部係利用美援進口之黃豆榨油後製成。台糖公司所製之酵母飼料，雖經證明爲具有優越價值之養豬飼料，但因其價格稍高，且未能普遍宣傳示範，故反有滯銷現象。乃由前經安會第四組會同本會畜牧技術人員組織小組，研究並設法將豆餅與酵母及其他物品，如花生餅、食鹽、糖蜜、石灰等製成混合飼料，以改善飼料之性質，並增加飼料之供應量，對本省畜產事業之增產工作，頗有裨益。

（《中國農村復興聯合委員會工作報告》，第九期，46／7／1－47／6／30，頁 107－109。）

[3:1-5] 農復會協助政府推行第二期四年經建計劃㈡：

政府執行第二期四年經濟建設計劃（自四十六年起迄四十九年止），本會仍續予支持，其方式以技術協助爲主。協助範圍包括農作物、作業、

漁業、畜牧、水利業等部門。本會與重新組織改隸於經濟部之農業計劃組密切合作，以計劃及協調各項農業發展之工作。

前此負責草擬推動經建計劃之機構爲行政院經濟安定委員會，其下分設四組及一委員會。其中第四組專司農業發展計劃。四十七年六月，行政院公佈將經安會撤消，其任務分移其他政府機構接辦，經濟部鑒於經安會第四組頗具成績，乃成立農業計劃聯繫組賡續第四組工作。其所負任務，除第四組原有任務外，並添增穩定農產品價格，充分供應農民所需生產物資，與保持主要農產品供需平衡等職責。

農業計劃聯繫組之工作人員，多係由本會調用。該組召集人係由本會沈宗瀚委員擔任，錢天鶴委員亦擔任該組委員。又該組執行秘書與其他重要職務，亦多由本會高級人員擔任。

茲將該組上一會計年度工作擇要分述於後：

一、檢討四十七年農業生產實績

四十七年本省五項主要作物米穀、甘藷、花生、大豆、小麥產量均創記錄。大部特用作物產量雖未完全達成原訂目標，唯均超出上一年度產量。四十七年水果生產，包括香蕉、鳳梨、柑桔均告豐收。木材生產因實行加強砍伐闊葉林政策，產量頓增，計超出四十六年產量約百分之五十，乃有生產過剩現象。漁業產量超過原訂目標百分之四‧三。

二、厘訂本年度農業發展計劃重點

甲、本年度米穀生產目標即訂爲糙米 2,000,000 公噸，已正全力以赴，期可達成該項目標。其主要實施步驟，包括擴建與改善水利設施，改進施肥，提倡機耕，加強病蟲害防治等。

乙、儘量利用多期休閒田地，推廣間作輪作，藉以增加小麥、大豆以及其他各項雜作之面積。

丙、特用作物為甘蔗、茶葉、鳳梨、柑桔、香茅油、黃麻、菸葉等，生產計劃係著重充分供應內外銷需要，保持生產穩定，設法改進產品品質等；並謀貸放生產貸款、外銷貸款、訂定保證價格等措施之相互配合，以達增加上列作物產量之目的。

丁、去年木材既呈供過於求，四十八年木材生產目標乃自原訂之 950,000 立方公尺，修訂為 820,000 立方公尺。唯各項林政改善措施，仍一一付諸實施，包括修築林道、簡化行政手續、調節木材供求、削低木材生產成本、改進森林消防設施、添購伐木運材設備等。

戊、漁業計劃重點為求提高已完成及建造中廿八艘一三〇噸級遠洋鮪釣漁船之操作效率，開闢東南亞海面新漁場，協助經營漁業者改進捕魚技術，添購新式漁具以利增產。

己、四十八年豬隻生產目標，已自原訂之 2,950,000 頭提高至 3,550,000 頭。牛之存活頭數預定為 438,000 頭，雞鴨 12,953,000 頭。畜牧生產計劃下之主要實施方案，計有澈底撲滅豬瘟豬丹毒病，實施牛結核病檢查，發展飼料工業，在高山地帶、丘陵地、海岸地，與休閒農田，推廣種植飼料作物等。

三、成立山地資源開發工作小組

為促進開發台灣山區廣大資源起見，經濟部特於四十八年五月核准在農業計劃聯繫組之下，成立一山地資源開發小組，負責策劃協調各項有關山區農、林、工、礦資源開發工作。本會已予該一新機構有力支持，在本會協助之下該小組已擬就山區發展初期與長期計劃。

四、草擬第三期四年農業建設計畫

四十八年三月初，行政院美援運用委員會於其上行政院呈文中，建議政府擬訂一長期經濟建設計劃以與美援計劃相配合，在此項建

議中強調經濟社會建設計劃不應僅僅著眼於當前需要，且須設法爲未來發展工作奠立穩固基礎。建議中復提出長期發展計劃，根據國防，人口增加，改善人民生活等方面需要，策劃發展省內資源，利用外資，改進農工業生產能力、擴張對外貿易等應採步驟。美援會爲此建議編訂一項十年全面經濟發展計劃，並將自民國五十年開始之第三期經建計劃亦納入該項之長期範疇之內。

（《中國農村復興聯合委員會工作報告》，第十期，47／7／2－48／6／30，頁 113－114。）

[3:1-6]　農復會支持政府執行台灣第三期經建四年計劃：

政府在台灣省已先後推行第一第二兩期四年經建計劃，成績斐然。爲謀繼續提高農業生產以應人口迅速增加與經濟發展需要，政府復自五十年起緊接第一第二四年計劃之後，實施第三期四年計劃。本期計劃重點爲開發台灣可予利用農業資源包括水資源、平地資源，以及森林、漁業資源等。本會對政府執行第三期計劃所予支持，一如已往，可分爲直接與間接二方面。本會所予直接支持，係於擬訂與執行該期計劃各項農業工作計劃時提供技術協助，間接支持，係指對本會有關工作加以調整，俾與該期計劃密切配合。

與第二期四年計劃，相同負責審訂及督促實施第三期四年計劃農業生產方案之政府機構，仍爲經濟部所屬之農業計劃聯繫組。該組除負有上述任務外，尚須隨時注意或設法解決與台灣農業發展有關之臨時性或長期性問題。農業計劃聯繫組於執行其任務時，或徵詢農復會農業專家意見，或邀彼等參加會議會商解決困難問題之方法。並於決定某項政策或措施後，由此等專家協助推行。茲將農業計劃聯繫組一年來較重要工作列舉如次：

甲、促進擴大農產外銷

　　一年來台灣農產品外銷發展頗為迅速。此項成就自應歸功於一般農民，農產品加工業者與經營國外貿易廠商等，但經濟部農業計劃聯繫組從旁策劃及協調各有關單位團體進行步驟亦曾盡最大努力。因外銷農產品種類繁多，農業計劃聯繫組不能一一兼顧，故僅能對若干較重要或希望較大之外銷農產品，如茶葉、罐頭鳳梨、香蕉、洋菇罐頭等之產銷業務加強輔導，俾其能不斷改進，達成擴大外銷目的。

　　在茶葉方面，該組工作重點為藉擴大改進茶園耕作技術示範計劃以提高產量。在鳳梨生產方面，因鑒於西部平均單位產量遠較東部為低，乃致力在西部鳳梨果園推廣密植及增施肥料等改進方法，藉以提高單位產量。同時復積極推行契約果農制度，凡參加果農可獲得貸款及技術指導。在香蕉生產方面，則認為香蕉外銷前途雖頗樂觀，但在坡地蕉園未做水土保持工作之前，不應率爾擴大種蕉面積。該組本此原則，是以其工作重點為協同有關機關研訂坡地蕉園實施水土保持工作計劃，輔導蕉農改善蕉園管理及耕種方法。洋菇罐頭外銷最重要問題為改進及保持產品品質，及如何控制產量，使其不致擴張過速，致外銷發生困難。為達此一目的，農業計劃聯繫組除擬訂每年生產目標外，復須謀取罐頭加工廠與代表菇農農會間之協調配合。其所採步驟之一為促各加工廠與農會訂立洋菇原料供應契約，俾對原料供應與收購價格可收調節之效。

乙、成立飼料與畜產改進小組

　　四十九與五十年間台灣農林漁牧四大部門生產成長率，當以畜牧成長率為最低。推究其故，似因自四十八年發生八七水災以還飼料價格上漲，養豬頭數銳減，致使整個畜產生產蒙受影響，雖歷時一年又半仍未完全恢復。惟若進一步分析，本省毛豬生產超於低潮原因，除飼料昂貴一項外，尚有農民或因多年積習或因缺乏現金購入品質較優飼料，多以

營養分甚低之殘剩食料餵豬，影響豬隻生長，造成養豬不經濟之現象。
又農民多感養豬無利可圖，甚且遭受虧蝕從而降低飼養興趣，亦為重要
因素之一。

　　農業計劃聯繫組為謀克服上稱困難，乃於五十一年初與各有關政府
機構聯合組織一飼料畜產改進小組，負責推進台灣省飼料與畜產改進事
項。參加小組者有經濟部工礦計劃聯繫組、省農林廳、糧食局、物資局、
行政院美援運用委員會、農復會、台灣糖業公司、台灣省農會、台灣省
合作金庫等單位代表。該小組已向美國經濟合作總署申請美國四八○工
法項下第二章供應飼料原料以供發展台灣畜牧事業之用。如美方接受此
種申請，將來飼料原料運達後將統交由上述小組統籌分配，其售出所獲
款項亦將撥歸該小組負責管理支配用途。此一小組除謀解決困難之飼料
問題外，復致力推行一大規模養豬示範計劃，與研究改進毛豬內外銷辦
法。

丙、成立植物保護小組

　　在農業計劃聯繫組之下原設有一農藥小組，其主要任務為促進省內
農藥製造工業發展，兼負審核農藥原料進口、分配、與監導農藥成品之
加工、檢驗、銷售、暨使用情形等任務。自政府決定開放農藥成品或原
料進口管制以來，農藥小組原規定任務已與實際情形甚相符。況農藥之
使用，非僅有關農業生產，抑且涉及公共安全與製造者之技術商業道德
等。是以政府方面遂感有聯合主管衛生、警察、貿易、工業等政府單位，
組成一監管農藥產銷機構之必要。於是遂於五十一年四月一日在農業計
劃聯繫組之下設置一植物保護小組，其職掌大致可分為兩部份，其一為
監管凡屬植物保護需用化學劑之供應、使用、加工、檢驗，另一為協調
各有關機關之植物保護工作，包括研究、採購植物保護器材、設立保護
工作網、調查作物病蟲害損失情形，籌措植物保護工作經費與其他有關

事項。

　　（《中國農村復興聯合委員會工作報告》，第十三期，50／7／1－
　　51／6／30，頁116，118－119。）

[3:1-7] 農復會協助政府推行第四期四年經建計劃：

　　本年度本會繼續以技術與資金積極協助政府有關單位推行第四期四年經建計劃農業部門之工作，並經常與政府機構保持聯繫，密切配合，藉以達成農業計劃之目標。

一、五十四年農業生產

　　五十四年春季略有乾旱，夏秋間颱風三度來襲，十一、二月應冷而未冷，故氣候條件並不十分理想，但由於技術之不斷改進，數百萬農民勤奮工作與迅速接受新技術之熱忱，以及各級農業機構人員從事計劃、研究、試驗、推廣工作之配合，該年農業成長率仍達百分之八‧七，超過原定百分之五‧九之目標。

　　根據統計，五十四年農業成長率百分之八‧七，係包括糧食作物增產百分之三‧二，特用作物百分之一七‧八，木材百分之四‧四，漁業百分之一‧一，畜牧百分之四‧一。

　　各種主要作物產量方面，稻米空前豐收，達二百三十四萬八千餘公噸，較五十三年增產十萬公噸以上，而每公頃產量亦高達三、○三八公斤，創歷年最高紀錄。白糖因受五十三年國際糖價高漲之刺激，產量達一、○二四、八九九公噸。香蕉激增至四十五萬二千公噸，洋菇三萬二千公噸，鳳梨二十三萬一千公噸，均創本省光復後之最高紀錄。

　　木材生產一、一一六、九一五立方公尺，較五十三年增加百分之四‧四，並超過原定目標百分之一○。漁業全年總產量為三八一、六八八公噸，較五十三年僅增加百分之一‧一。除遠洋漁業外餘均減產。遠洋漁

業由於雙拖網漁業漁況良好，增加達百分之七‧二。近海漁業因暖流東移，使水溫降低，迴游路線變更，魚群密度稀薄，故捕撈數量不多，乃致減產。毛豬由於本會積極推動綜合性養豬計劃，使生長期間縮短，故屠宰頭數二、六九四、九二五頭，增加百分之五‧九。牛奶產量較五十三年增加百分之二十一，家禽增加百分之一六‧八。

由於多數農產品之豐收，農產品與加工農產品輸出數量均有增加，尤以米、香蕉、洋菇、鳳梨、蘆筍等項最為顯著。因此，五十四年白糖輸出結匯雖因國際糖價低落而減少六千餘萬美元，本省農產品輸出總值仍高達美金三億一千四百餘萬元，較五十三年增加八百七十餘萬元，佔整個輸出總值百分之六四‧五。對我國國際收支之平衡貢獻甚大。

二、五十五年上半年農業生產情形

五十五年上半年本省氣候對農業生產較為不利，春間略有乾旱，五月下旬裘迪颱風侵襲南部，使香蕉遭受相當損失。六月初全省霪雨兼旬，使一期稻作、落花生、黃麻、蔬菜等遭受嚴重災害。所幸農業技術與水利建設方面業已奠定基礎，加以有關人員之共同努力，五十五年上半年之農業生產仍能保持與五十四年同期相近之水準，且略有超出。

五十五年一期稻作在收穫期間適逢霪雨，致損失頗重，栽培面積雖超出五十四年同期七千餘公頃，但產量僅一百一十萬公噸，減少二萬餘噸。

特用作物生產，五十四——五十五年期白糖產量超過一百萬公噸，洋菇三萬八千餘公噸，鳳梨達十一萬六千公噸，為近年來罕見之豐收。香蕉雖受裘迪颱風災害影響，仍生產約三十三萬公噸。

五十五年漁業之生產數量激增，一至六月間之漁獲量共為一十九萬餘公噸，較五十四年同期增加百分之四‧七，其主要原因為大型鮪釣及拖網漁船之增建及漁具漁法之改良，使遠洋及近海漁業得進一步發展。

毛豬屠宰供應量在一至六月間達一百四十五萬頭，超過五十四年同期十一萬餘頭。林業方面，五十五年上半年木材產量爲四十四萬五千立方公尺，與上年同期甚爲接近。

台灣若干農產品包括蔗糖、香蕉、鳳梨、洋菇、蘆筍、茶葉、香茅油、麻類等，均多依賴外銷市場。目前國內生產與外銷市場之配合問題日益重要。本會在促進增產時，經常與有關部門取得密切聯繫，如香蕉生產受近兩年來種蕉利益優厚之刺激，農民盲目擴張面積，形成生產過剩。同時外銷方面向以日本爲主要市場。日方爲控制輸入，於五十四年輔導業者組成輸入組合，實行有計劃輸入，以致台蕉輸日量漸受限制。本會爲期香蕉事業健全發展，不斷協助外貿會及民間香蕉產銷團體，研究解決有關香蕉生產及外銷貿易等項困難問題。

此外，蘆筍爲本省新興之外銷產品。由於五十四年價格頗高，農民與罐頭工廠相率擴充面積與搶購原料，以致種植面積超過一萬公頃以上。外銷方面由於五十四年少數罐頭品質低劣，信譽不佳，影響五十五年銷路。因此，本會乃會同經濟部、外貿會等單位積極策劃改進，推行有計劃之產製銷以穩定蘆筍事業之長期發展。

（《中國農村復興聯合委員會工作報告》，第十七期，54／7／1－55／6／30，頁113－114。）

[3:1-8] 第五期經建計劃中農復會工作：

我國政府已在台灣地區連續實施四期四年計劃，五十七年爲第四期計劃之最後一年。第五期四年計劃已自五十八年一月起開始。本會協助擬訂農業計劃時，先由本會各技術部門就農業長期發展方案作深入而詳盡之研究，並與政府有關單位隨時進行磋商及聯繫，然後就各有關技術部門之意見，加以綜合容納，編訂一完整之草案，送請經合會，依往例

程序，於分交該會生產小組各專門技術小組加以最後檢討後，彙編層報核定。

第五期四年計劃（自五十八年至六十一年）預定之農業平均年長率，包括農作物、林業、漁業及畜牧部門，為四‧四五％，較第四期四年計劃之四‧一〇％略高。此項目標係根據農業生產潛力、國內外市場需要以及今後農業發展措施而訂。

農作物生產，因耕地面積限制，其平均年長率僅訂為三‧一三％，其中稻米為二‧三二％。但雜糧飼料作物，如能改善運銷及減低生產成本，其發展之潛力仍大。林業成長率目標定為三‧六三％，係因全省森林平均蓄積量過低，且恐影響水土保持不能大量伐木所致。漁業成長率目標高達一二‧六三％，畜牧亦達六‧五五％，漁業及畜牧業因所受土地資源限制較少，故成長率較高。農業各部門預訂成長率詳見下表：

項　　目	五十八	五十九	六十	六十一	五十八—六十一 每年平均
農 作 物	3.13	3.26	3.40	2.74	3.13
林　　業	3.08	3.67	3.54	4.35	3.63
漁　　業	12.09	13.48	13.79	11.19	12.63
畜　　牧	7.30	5.55	6.67	6.66	6.55
總成長率	4.33	4.46	4.79	4.18	4.45

以往各期農業發展成績顯著，超過預訂目標。今後在比較高基礎上，欲求進一步大量增產，極為不易。第五期四年計劃期中，因工商業加速發展，甚多優良耕地將被佔用，農村勞動人口勢必逐漸轉移。

至目前階段，台灣經濟結構已有重大變動，農業生產淨值佔國內總生產淨額之比例，已由四十一年之三五‧七％降至五十六年之二四‧四％，但工業則由同期之一九‧三七％增至二八‧四二％。近幾年來，工業成長

率均較農業爲高，第五期計劃期間，其差異必將更爲顯著，工業預定平均年長率在百分之十以上，農業則不足百分之五。

（《中國農村復興聯合委員會工作報告》，第二十期，57／7／1－58／6／30，頁119－120。）

[3:1-9] 加速農村建設重要措施：

爲維持農業部門之持續成長，本會除配合四年經建計劃繼續推動各項農業基本研究工作外，最主要者乃在協助政府推動加速農村建設重要措施。在本年內，加速農村建設重要措施之二十億元補助款共核定推動第一、二期補助計劃一八八項，核定補助金額計十五億三千二百餘萬元。其中因年來建材價格頻頻上漲致部分工程延緩施工，養豬計劃因飼料價格高漲難以迅速推展，使第一期七十三項計劃中有十一項無法如期完成，另第二期一一五項計劃至年底之實際進度爲三四％，亦較預定進度之四○％落後，茲將本年各項措施執行之情形及其成果分述如後：

㈠廢除肥料換穀制度：肥料換穀制度自本年一月一日起廢止，除一年內減輕農民負擔約四千五百萬元外，亦經由此一制度之改革而降低施肥成本，提高農民增產之誘因。

㈡取消田賦附徵教育捐：自六十一年第二期起取消田賦附徵教育捐，一年內計減輕農民負擔約三千萬元。

㈢放寬農貸條件：爲配合加速農村建設重要措施之推動，中央政府另撥款十八億二千萬元作爲專案貸款。此項貸款不限制農民借款數額，係依據其生產計劃實際所需資金全額貸放，且借款農民不需提供擔保品，僅以貸款所購之動產或不動產爲擔保，貸款利率較現行農貸利率約低五○％，放款條件及手續均較現行農貸放寬且簡便。截至本年底止，已由中央銀行核定貸款計劃金額達十四·

六億元。惟因飼料漲價使畜牧計劃推行受阻，且以建築工程進度因建材價格上漲影響而延遲施工，致實際貸放金額僅一·五七億元。由於農貸條件之放寬，使需要生產資金之農戶易於取得資金，且可減輕利息負擔。

㈣改革農產運銷制度：加速農村建設之運銷改革工作僅限於最迫切需要之毛豬與蔬菜兩項。毛豬運銷工作著重於配合台灣北區實施電宰業務，訓練農會毛豬共同運銷工作人員，加強辦理屠畜衛生檢查及屠體評價工作。六十二年一月至十二月直接參加北區共同運銷之毛豬約二十餘萬頭，計增加農民收益四千五百萬元，此外亦間接提高農民之競價能力，改善屠體衛生，確保消費者之安全。在蔬菜運銷改革方面，主要在利用農會辦理共同運銷，將蔬菜專業區所生產蔬菜運往台北市銷售。為配合蔬菜共同運銷業務於去年內興建華江臨時蔬菜批發市場，自六十二年六月十六日至十二月底，供應華江臨時蔬菜批發市場之蔬菜量達三千餘公頓，增加農民收益四百萬元，此外因蔬菜共同運銷之推動促使中央市場行口商將其佣金由貨款之九%降至七%，且以現金付款，減少生產者之負擔及風險，甚至促使部分行口商至產地以現款搶購或買青，提高產地價格，亦能增加菜農收益。

㈤加強農村公共投資：由於以往政府投資於農村之公共建設極為有限，各地待建之工程極多，遠非此次公共投資計劃經費所能容納，故加強農村公共投資之推動乃按區域性需要作有計劃之選擇，優先辦理貧困地區。六十二年內公共投資推動之主要項目及其成果如下：1.水利工程及漁港建設：計興修整建海堤二十八公里，堤防九千八百公尺，護岸一千公尺，估計可保護居民十一萬人，房屋一萬五千棟，農田十八萬公頃，漁塭八百餘公頃，另解決彰化

縣及宜蘭頭城沿海漁船之卸貨及避風問題。2.營造防風林：於台中、彰化兩縣耕地內新植防風林達一千二百五十三公里，受益農田面積二萬四千餘公頃，受益農戶三萬二千餘戶，每年可增加農作物收益五千六百萬元。3.開發山坡地及興建產業道路：完成農地水土保持一萬四千公頃，興建產業道路一七八公里增加農民收益二百餘萬元。4.興建鄉村簡易自來水及改善環境衛生：爲改善偏僻貧困地區與農產專業區農民之生活環境，預計於六十二年及六十三年內分三期興建鄉村簡易自來水二百二十個村里，並辦理四十個村里農村環境衛生改善，其中第一期十個村里之環境衛生改善工作業已大部完成。

㈥加速推廣綜合技術栽培：計推廣水稻綜合技術栽培三萬五千六百餘公頃，甘藷三千七百餘公頃，落花生一千九百餘公頃，六十二年春作雜糧擴大推廣約一萬零五百公頃，並補助曳引機廿四台，插秧機二四九台，聯合收穫機一八二台，以推動農業機械化。此項措施一年內估計增加農民收益達一億五千八百萬元。

㈦倡設農業生產專業區：於六十二年內規劃執行之雜糧、蠶絲、茶葉、水果、蔬菜、花卉、竹筍、畜牧及漁業等十七種專業區，計動用經費二億三千六百餘萬元，興建集貨場四十九處，以利專業區內產品之集貨、分級、包裝及促進共同運銷之推行；另爲配合各類專業區推行共同作業而補助各類現代化農業具，增建集乳站、人工授精站、給水設備等，已使產銷成本降低，形成區域發展之有利條件。估計設立這些專業區後，每年可增加農民收益約九千九百萬元。

㈧鼓勵農村地區設立工廠：自六十二年開始於南投縣竹山及雲林縣元長各擇地二十二及十六公頃，積極推動農村工業區，至年底爲

止，工業區內各項公共設施皆已完成，完成後估計可增加農民約
七千五百人之就業機會，提高當地農民之兼業收益，且可藉加工
以增進農產品之價值，增加農民之本業收入。

(九)加強農業試驗研究與推廣：六十二年上半年業已完成遠洋漁業試
　　驗船之規劃工作並已簽約製造中，此艘造價爲六千二百萬元之試
　　驗船完成後對發展遠洋漁業將大有助益。自六十二年下半年開始，
　　從加速計劃中撥款九千七百餘萬元，以加強各試驗研究機構之研
　　究設備及加強研究發展食品加工新技術與新產品，此爲近年來農
　　業試驗研究工作上之首次大量投資。

　　除推動上述九項重要措施之外，另爲促進金門、馬祖外島農業之綜
合發展，並自加速計劃經費中核撥三千五百萬元以從事雜糧生產與水利
設施改善等建設工作。

　　（《中國農村復興聯合委員會工作報告》，第二八期，62／7／1－
12／31，頁 61－63。）

[3:1-10]　第六期經建計劃中農復會工作：

　　政府爲謀求經濟之全面發展，自民國四十二年起實施一連串之四年
經建計劃。第六期四年經建計劃初稿業經訂定，並將自六十二年起實施。
本期計劃之各項生產目標均以長期經濟發展計劃爲基礎，並參酌國內外
經濟情勢之變化訂定。第六期四年經濟建設計劃農業部門計劃主要內容
包括：1.農業基本目標與政策措施，以及今後農業發展重點；2.糧食作
物，特用作物、畜牧、漁業及林業生產計劃：3.水土資源之開發利用；
4.農業生產必需品之供應。

　　在第六期四年經建計劃期間(民國六十二年至六十五年)，農業部門
年平均成長率預期爲四‧一％，其中農作物爲三‧二％，林業爲一‧八％，

漁業為五·○％，畜牧為七·二％。同一期間，總體經濟之年計劃成長率為九·五％，國民所得成長率為九·三％，實質每人所得成長率為七·○％。由於工商部門擴展迅速，農業之重要性將相對繼續降低。農業生產佔國內生產毛額之比率將由六十一年之一四％降為六十五年之一一％，農業人口將自三九％降為三五％，而農業就業人口佔總就業人口之比率亦將由三五％減為二九％。

農業發展之基本目標為：㈠促進農、林、漁、牧增產，配合整體經濟之持續發展；㈡提高農業勞動生產力，改善農民所得，繁榮農村經濟。為達成上述目標所採取之基本政策措施為：

1.改變農業生產結構，擴大農場經營規模；

2.提高農業生產力，擴大農業生產；

3.革新農產運銷，合理調節農產品價格；

4.改進農業金融制度，擴大農業投資；

5.降低農用品價格，減輕農民負擔；

6.健全農民組織，發揮服務農民之功能；

7.改善農民生活環境，增進農民福利；

8.強化農業行政組織，培育農業人才。

台灣之農業結構今後四年間亦將隨產品需要之變化而改變，畜牧與漁業之比重將繼續增加，而農作物及林業之比重則相對降低。在農作物生產方面，稻米以自給自足為原則，栽培面積稍有減少，但總產量仍將增加。甘藷之栽培面積大量減少，而增加玉米及高粱之生產以提高飼料之自給率。油料作物栽培面積維持目前之水準，但力求高單位面積產量以增加總生產量。最近國際市場糖價上漲頗多，砂糖生產量將酌予增加。茶葉則從事茶園更新，改進技術以增加生產。菸葉著重在降低成本及提高產品品質。纖維作物之生產將維持目前之水準。國際市場對蠶絲需要

殷切，台灣自然條件適於養蠶，生產將可大幅增加。水果方面柑桔、鳳梨、香蕉、葡萄、芒果、荔枝、枇杷、蘋果等，均將促進增產。蔬菜方面除已發展之蘆筍、洋菇外，亦將積極生產其他蔬菜，供應國內外市場需要。畜牧生產方面，除繼續擴大毛豬及家禽生產外，特別重視乳牛及肉牛之發展，並倡導企業化經營以降低生產成本；配合濱海地區及山坡地等邊際土地之開發，發展農牧綜合經營。加強研究飼養管理、育種、營養、疾病防治更需配合推動畜產品運銷及外銷市場之拓展。漁業生產方面仍將以遠洋漁業為重心，漁產量至六十五年將達八十五萬餘公噸。今後將繼續改進漁業設施及提高生產技術，對現已開發之資源作合理之經營，加強新資源之拓展，擴大遠洋及近海漁業之基礎。沿岸因資源貧乏，不易有較大之發展。養殖漁業將視內外銷需要，擴大養殖高價值魚類。林業方面仍將謀求平衡發展，即伐木、造林、加工利用及木材市場之發展齊頭並進；在本計劃期間內，每年造林面積二萬七千公頃，至六十五年用材生產將達一百二十萬立方公尺。

（《中國農村復興聯合委員會工作報告》，第二五期，61／1／1－6／30，頁 51－53。）

[3:1-11]　農復會工作範圍：

截至目前為止，本會係以最少之投資得最多之收穫。本會歷年所支付之經費共計美金五百三十萬元及新台幣十三億元（新台幣部份係由相對基金項下撥付）。在本省及外島實施之計劃共三千個，包括農林漁牧鄉村衛生之改進及發展，茲將某一週內本會核定補助及貸款之計劃錄列於下，以示本會工作之範圍。

計劃名稱	經費（新台幣）
金門家畜家禽疾病防治	205,000 元

台灣大學獸醫院冷藏室設備	341,000元
苗圃及復舊造林	238,000元
台灣大學實驗林種植山地樹苗	30,000元
漁船引擎貸款	1,200,000元
家畜人工授精	1,200,000元
豬瘟防治	2,714,000元
豬蛔蟲防治	400,000元
購置四輪客貨兩用車	美金3,800元
森林救火車	美金4,005元
森林救火訓練班	70,000元
繁殖榕樹樹苗	12,500元
馬祖四健會	15,800元
改良本地種雞	168,000元
屏東地下水調查	700,000元
金門開掘淺井	595,000元
補助山地國校學生午膳	253,000元
甲狀腺腫防治	40,000元

（《中國農村復興聯合委員會工作報告》，第十期，47／7／1－48／
6／30，頁2－3。）

[3:1-12] 區域發展規劃工作：

㈠緣起及目的

近年來，台灣經濟結構發生之變化甚大，農業所遭遇之困難亦多，
爲因應人口增加對糧食消費之遞增需要及世界性糧食危機之衝擊，農業
必須就有限資源透過整體性的規劃加速發展。本會有鑒及此，除會同各
有關機關積極進行各種基本資料調查蒐集外，並由有關專家組成規劃小
組，就已完成基本資料調查之屏東縣先行試辦區域發展規劃，以期就政
策、區域性發展及適地適作之原則厘訂各地區未來發展方向，主要目的

為：

1.明瞭農業資源利用現況及其發展潛力，俾進一步擬定中、長期農業發展計劃分區分期實施。

2.充分利用有限資源，配合各種改進措施達成最有利的生產。

3.確立區域發展目標，導引農業步入整體性計劃生產。

4.配合國土綜合開發，協調農業與非農業之土地利用。

(二)規劃方法及步驟

1.依據水稻及山坡地航測調查結果，分鄉鎮繪製比例尺二萬五千分之一，以農牧為主之土地利用現況圖，並縮繪十萬分之一全縣土地利用現況圖。

2.根據上項土地利用現況圖，扣除山坡地超限利用(超過土地利用限度不宜繼續從事農牧使用)之土地，並增列適於農牧使用尚待開發之土地，即為今後全縣農牧土地資源規劃利用之最大限度。首先利用電腦就政府政策、各種作物之成本及價格、所需勞力及使用土地之時間，擬定全縣最佳作物種類及栽培面積，俾供進一步圖面規劃之參考。

3.由各有關專家共同參照土地利用現況、電腦建議情形，就適地適作及區域性發展之原則，分鄉鎮規劃農業發展並繪製比例尺二萬五千分之一構想圖，描繪同時並參考水稻田及山坡地原調查使用之土壤、水利以及土地可用限度區分等資料，再於圖面分別計算各種主要產物或作物制度區域面積，此項規劃作業因已參考電腦建議，故與其出入不大，但完成後再送入電腦作全面規劃及估計效益。

(三)屏東縣規劃結果

1.規劃前後作物面積及效益比較

作　物　名　稱	六十二年情況 (公頃)	規劃結果 (公頃)
一　期　水　稻	35,451	39,862
二　期　水　稻	38,984	47,062
裡　作　大　豆	21,173	34,862
裡　作　紅　豆	6,362	5,631
香　　蕉	8,162	2,300
蘆　　　筍	2,512	1,500
鳳　　梨	1,820	2,489
甘　　蔗	11,200	13,839
洋　　蔥	536	704
蠶　桑	180	797
瓊　麻	7,018	3,852
甘　諸	12,078	3,253
裡　作　玉　米	332	0
春　夏　大　豆	3,452	0
裡　作　花　生	2,418	0
食　用　甘　蔗	300	475
菸　　草	836	836
花　　生	1,088	0
樹　　薯	2,199	0
木　　瓜	303	310
其　他　果　樹	1,774	2,559
西　　瓜	1,70	3,180
蔬　　菜	7,233	7,500
粟	866	0
牧　草　地	613	6,720
肉(乳)牛(頭)	30,693	78,248
毛　豬　(頭)	549,992	727,200
總　作　物　面　積	168,682	177,731
總　利　潤(百萬元)	※ 4,908	※ 5,857
土　地　利　用　率	0.7006	0.9196
勞　力　利　用　率	0.3663	0.4280

※不包括毛豬及乳肉牛之利潤。

2.規劃前後農牧地面積比較

類別	六十二年情況(公頃)	規劃結果(公頃)	附註
水　田	39,875	47,295	規劃後包括可開
雙季田	35,015	39,846	發而未開發之水
單季田	4,860	7,449	稻田及山坡地之
旱　田	41,162	29,478	面積。
牧草地	613	6,720	
合　計	81,650	83,493	

　　(《中國農村復興聯合委員會工作報告》，第三一期，64／1／1-
　　6／30，頁14-17。)

[3:1-13]　加速農村建設重要措施計劃執行概況:

　　加速農村建設重要措施二十億元補助款,自六十二年元月開始推動,
至六十三年十二月共計兩年，先後共核定三二○項實施計劃，總金額一
九・九七億元，其中二五三項計劃於六十三年底如期完成，其餘計劃因
建築工程及國外採購延遲而未能如期完成，尚有二億三千七百餘萬元須
辦理經費保留，並限於六十四年上半年內全部辦理結束，至六十三年底
全部計劃之綜合總進度為九六％。

　　至於各項重要措施兩年來執行之情形分述如下:

1.廢除肥料換穀制度:

　　本項措施於六十二年元月起實施，農民所需肥料全額貸放，於作物
收穫後由農民自由選擇以現金或以稻穀折還。由於肥料銷售制度之改善,
農民承領肥料數量顯著增加。此外並提高隨賦征購價格及以合理價格收
購稻穀，使稻農收益大為提高。

2.取消田賦附徵教育捐，減輕農民負擔:

　　田賦附徵教育捐已自六十一年第二期起開始停征。按當時規定每賦
元附徵稻穀○・六五公斤，以六十一年第一期糧價計算，估計迄今農民
已減少田賦負擔八千八百萬元，數額雖有限，但對農民之精神鼓勵極大。

3.放寬農貸條件，便利農村資金融通：

配合倡設農業專業區及改革農產運銷等各種計劃，在兩年內由各行庫提供貸款十八億二千餘萬元，其中八億係屬長期性資本貸款資金，另十億則屬短期生產資金。農民借款根據生產計劃實際所需予以貸放，不受最高額限制，貸款擔保品係以所購置之動產或不動產爲限，不須另外提供擔保品。

4.改革農產運銷制度：

加速農建重要措施有關運銷制度之改進，主要係以擴大毛豬與蔬菜共同運銷，充實市場及運銷設備及建立農產品行情報導中心爲重點。兩年來農會辦理共同運銷供應北區電動屠宰之毛豬計達四十四萬餘頭，爲北、基兩市毛豬屠宰量之三一%，較本計劃實施前增加六七‧六%。蔬菜共同運銷在華江臨時批發市場開始試辦時，每日供應蔬菜量平均約爲二十餘公噸，自台灣果菜運銷公司開業後，農會共同運銷之蔬菜即激增爲每日一百公噸左右，約佔該公司拍賣量六分之一。此項共同運銷之蔬菜，均予分級包裝，由於品質劃一，業已建立信譽，其拍賣價格亦已提高。

5.加強農村公共投資：

兩年來計在西海岸修建海堤三○‧九公里，興建多年來易於遭受災害之濁水溪許厝寮及北港溪等河川防洪工程一萬餘公尺，整修灌溉及排水工程，受益農田達十七萬餘公頃；完成海岸防風林三百五十公頃及耕地防風林三百五十萬公尺。此外，開發海埔地六七九公頃，產業道路二一七公里，完成二○七個村里之簡易自來水工程，可供應二十一萬餘人之飲水，改善二十七個落後農村之住屋與二十五個鄉鎮之環境衛生，興建漁港四處，辦理一萬二千餘公頃山坡地之規劃與開發，並完成有關之水土保持、農路、灌溉設施及農牧經營輔導等工作。

6.加速推廣綜合技術栽培及農業機械化：

　　水稻綜合栽培面積以往每年僅爲萬餘公頃，經於加速農建計劃中積極輔導擴大，兩年來計在二一八鄉鎮推廣 83,791 公頃，恢復辦理 105,650 公頃，合計共 189,441 公頃，平均每公頃產量較一般稻田增加四百至七百餘公斤，計共增加糙米產量約七萬五千公噸。雜糧綜合技術栽培，包括甘藷五千五百餘公頃，落花生五千一百公頃，玉米一萬餘公頃，大豆約四萬公頃，對於雜糧增產貢獻至大。

　　在加速農業機械化方面，除加強辦理農機貸款外，並輔導小農實施共同作業，獎勵代耕、租用等業務。至於農機之推廣，著重水稻聯合收穫機及各種新型農機之引用。

7.倡設農業生產專業區：

　　農業生產專業區係爲改變今後農業生產結構之重要措施，工作項目極爲複雜，必須組織同一區內之小規模家庭農場，集中興建必要之公共設施，辦理共同作業與共同運銷。近兩年內推動之專業區均爲先驅性之試辦計劃，現已完成二十二類共一八三處專業區，參加農戶達五萬六千餘戶。已設立之專業區多在濱海及山坡貧困地區，毛豬專業區飼養毛豬共十四萬頭，佔全省毛豬飼養頭數四·七％，若能辦好共同運銷工作，當可發揮調節國內豬肉供需之作用。十三個乳牛專業區之乳牛頭數達 6,683 頭，佔全省乳牛頭數 22,146 頭之三〇％。六十三年牛乳產量較六十二年增產三三％，與專業區牛乳增產之關係極大。此外，蠶絲、外銷無子西瓜與綠蘆筍亦已全部納入專業區生產體系。

8.加強農業試驗研究與推廣工作：

　　此項工作著重於有系統擴大觀察已經多年試驗且有相當結果之新品種及新技術，並推廣普及供廣大農民使用。共計核定八三項計劃，包括農作物、漁業、畜牧及山坡地之試驗研究及推廣，農業教育宣傳及農業人力資源發展、基層人員之訓練與增強等項工作。在農作物方面，繁殖

推廣無病毒柑桔苗木之目的為建立柑桔苗木供應制度；無病毒馬鈴薯已在山地繁殖，供應冬季平地裡作。全省優良種母豬繁殖中心亦已建立，年可繁殖優良種豬五千頭；全省性之豬疾病緊急防治，計辦理豬瘟補強注射達一百五十八萬餘頭，使豬瘟發病率大為降低。此外並推廣改良種吳郭魚及鏡鯉魚一千六百萬尾；加強辦理繁殖推廣草蝦及龍鬚菜養殖改進示範。擴大試製新品種蠔菇與黑皮波羅門參及芒果罐頭外銷，均已獲得預期之成果。

9.鼓勵農村地區設立工廠：

在農村地區設立工廠，不僅能增加農民兼業機會，提高所得，且有助於農村地區之長期繁榮。在過去兩年間已在竹山、元長、義竹、埤頭等地區設置農村工業區，區內工廠以生產農產加工、手工藝及勞力集約之工業產品為主。

10. 加強外島農業建設：

加速農建措施中核定四千七百餘萬元用以推動金馬外島農業建設，於金門興建攔水壩十一座，完成舊金城、小金門等地自來水工程，並已完成該島之最大水庫──榮湖，可儲水四十二萬立方公尺，除供應附近農田灌溉外，並解決十二個村莊之飲水問題。在馬祖地區興建中興水庫及津沙水壩，配合自來水工程，解決多年來之軍民飲水問題。此外對於外島之農作物及漁牧生產亦極重視；如協助漁民建造漁船，改良高粱品種，建立蔬菜種子繁殖制度，鼓勵果樹種植，以及改進畜禽生產等，均有顯著成效。

（《中國農村復興聯合委員會工作報告》，第三十期，63／7／1－12／31，頁9－11。）

[3:1－14] 農村稅捐調查：

民國三十九年台灣每一公頃之稅捐額統計表

	自耕農		半自耕農		佃農	
	NT$	%	NT$	%	NT$	%
田　　賦	245.30	45.19	109.27	34.88	8.15	4.85
房　　捐	15.22	2.80	15.53	4.96	8.49	5.05
戶　　稅	150.84	27.79	81.41	25.99	69.50	41.38
所　得　稅	3.99	0.74	0.55	0.18	-	-
牛車牌照稅	11.83	2.18	11.15	3.56	10.70	6.37
印　花　稅	3.10	0.57	2.13	0.68	1.50	0.89
小　　計	430.28	79.27	220.04	70.25	98.34	58.54
水　　費	103.07	18.99	85.13	27.17	61.77	36.78
付農會費用	6.96	1.28	6.97	2.22	7.85	4.68
其　　他	2.53	0.46	1.13	0.36	-	-
小　　計	112.56	20.73	93.23	29.75	69.62	41.46
總　　計	542.84	100.00	313.27	100.00	167.96	100.00

　　除上述法定稅捐外，農民尚須繳納其他捐款，其中大多爲當地機關團體所攤派，並無任何法律上之根據，此種攤派數額又因地而異。此次調查結果，說明三十九年中農村所負擔之捐款，計有三十六種之多，可歸納爲七類，每一自耕農每公頃所納捐款共新台幣九五・二六元，半自耕農五一・五八元，佃農四六・二六元。詳見下表：

1／包括勞軍費、駐軍營房建築捐、木材特捐、防空費、新兵安家費、地方防衛費、軍路修理費、新兵慰勞捐、軍人優待谷價款及一元獻機費等。

2／包括保安隊費、警察制服費、警民協會費、派出所建築費、冬防警戒費、防護團費、義勇警察費、義勇警察慰勞捐等。

3／包括校舍建造費、教育協進會費、家長會費等。

民國三十九年台灣農民所納各項捐款統計表（單位：每一公頃）

捐稅種類	自 耕 農		半 自 耕 農		佃 農	
	NT$	%	NT$	%	NT$	%
爲軍事1／	29.31	30.77	14.89	28.87	14.98	32.38
爲警察2／	24.16	25.36	11.14	21.59	14.24	30.78
爲教育3／	19.43	20.40	11.43	22.15	9.10	19.66
爲地方建設4／	16.44	17.26	11.10	21.52	5.78	12.50
爲救濟5／	2.78	2.92	1.04	2.04	0.83	1.80
爲地方福利6／	0.91	0.95	0.57	1.10	0.08	0.17
爲地方行政7／	2.23	2.34	1.41	2.73	1.25	2.71
總　　計	95.26	100.00	51.58	100.00	46.26	100.00

4／包括橋樑修造費、防汛費、修路捐、水路補修費、森林協會費與水利委員會費等。

5／包括冬令救濟金、普通救濟捐與大陸難胞救濟金等。

6／包括消防器費、衛生與里民福利費等。

7／包括鄉鎮慶祝費、村里辦公費等。

　　此次調查農村捐稅結果，顯示在三十九年內，每一自耕農平均每公頃繳納捐及捐款共達六三八‧一○元，半自耕農三六四‧八五元，佃農二一四‧二二元，此與第一次調查結果，除愛國儲蓄券與勞動服務兩項外，極爲相近，此種差異，係因所調查之地區與農民之耕地面積均不同。

　　（《中國農村復興聯合委員會工作報告》，第三期，40／7／1－41／6／30，頁119－120。）

[3:1-15]　民國四十一年農家收益調查：

　　農復會於民國四十一年舉辦農家收益調查，其主要目的如次：

　　一、搜集台灣農家收益之代表樣本資料，以便利國民所得之研究。

二、按農業區域及農業經營規模大小調查台灣十三個主要農業區域內各代表農戶民國四十一年之實物收益及貨幣收益。

三、明瞭台灣農家收益之來源及其季節分配情形。

四、分析台灣農業經營之支出以期增進經營效率。

五、搜集若干基本資料以供政府當局製定農業政策之參考。

此項調查遍及全省十三個主要農業區，包括一百個鄉鎮，代表農家樣戶四千家。參加合作調查機關計有台灣省立農學院、國立台灣大學、台灣省農林廳、經濟部中央農業研究所及調查區內之鄉鎮農會、鄉鎮公所等。調查設計工作於四十一年十月開始，翌年二月完成調查工作，其過戶統計工作則費時七月。

參加此項調查工作人員計有大學教授及研究人員二十人，與大學生二百餘人，調查經費共支出新台幣二十三萬餘元，實為本省規模最大之農村經濟調查。

重要發現

一、在調查之四千農戶中，平均每戶有耕地一‧三公頃，每公頃耕地內平均有六‧三人。因耕地面積狹小，不但使農家自土地中取得收益之機會大受影響，且促成土地利用率之高度發展。四千戶農家平均之土地利用率依作物複種指數表示約為二〇，易言之，每年耕地之利用，已近二次，若干地區且有高達三——四次者。

二、四十一年台灣農家總收入平均每戶約為新台幣一二、五〇〇元，包括農家消費之農產品價值在內。農家收入之多寡與經營耕地面積之大小有直接關係，因農家收入中，五分之四，來自農業，其中包括作物生產，牲畜飼養，林木栽培及漁撈等主要項目。至農業外收入，如工資、利息、租金及其他次要來源，在農家

　　　　總收入中，僅佔極小比額。

三、四十一年台灣每戶平均之農業支出約爲新台幣七千元，其中用
　　於作物生產及牲畜飼養者約佔百分之九十五，其餘極小部份則
　　用於次要農產物之生產及固定設備之改良。

四、四十一年台灣農家收入平均每戶約爲新台幣七千元，耕地面積
　　愈大者其收入愈多。收入中之三分之一爲現金，三分之二爲實
　　物，耕地面積愈小者其現金收入比例亦愈大。

五、四十一年台灣農民每人平均收入約爲新台幣九百元，按結匯證
　　率折合約相等於美金六十元左右，每人在該年內之衣食住行敎
　　育娛樂醫藥等費及可能之儲畜，均須由此收入內支付。

　　在調查之四千農戶中，平均每公頃農家收入約爲新台幣五、七〇〇
元，土地肥沃區域農家每公頃之收入遠較貧瘠區域爲高。

　　此次調查最重要之發現爲台灣農家之總收入爲數過小，故今後台灣
農家經濟最基本之問題應爲如何增加農家收入。農家收入最重要之來源
旣爲作物生產，則目前最合理之增加收入方法當以集約耕作及擴展作物
面積方式促進作物生產爲首要，他如增加單位面積產量，調整農業資源
分配，使各種資源均用於最有利之生產，在農村中及都市內創造農業外
之工作機會，建立農貸制度及改善運銷設備等，亦均不失爲增加農家收
入，改善農民生活之重要對策。

　　（《中國農村復興聯合委員會工作報告》，第五期，42／7／1－43／
　　6／30，頁6－7。）

[3:1-16]　加速農村建設貸款：

　　加速農村建設貸款計劃於六十二年開始實施，支援加速農村建設九
項重要措施之推行，特別著重農業金融機構自有資金之配合貸放。

　　此項貸款計劃截至本（六十四）年六月底已核定細部計劃共計七十九項，核准貸款金額計達十八億七千一百萬元，分兩期推行，第一期包括六十二年及六十三年，兩年間核准貸款金額十四億二千一百萬元，第二期於六十四年一月至六月六個月間，核准貸款金額四億五千萬元。

　　就用途別區分，在核准貸放之十八億七千一百萬元中，畜牧生產方面佔九億三千七百萬元（五〇％），作物生產方面佔四億元（二一％），漁業生產方面佔二億三千萬元（一二％），其他包括山坡地開發與興建森林道路，改革農產運銷，農田水利建設及綜合發展示範村等佔三億四百萬元（一七％）。

　　截至本年六月三十日止，計劃項下對借款人實際貸放累計金額爲十二億三千四百萬元，貸放餘額爲九億八千九百萬元。本期內貸放計二億四千萬元。

加速農村建設貸款計劃辦理情形（六十四年六月三十日止）

貸款項目	核　　准		貸　放　累　計		貸　放　餘　額	
	金　額	%	金　額	%	金　額	%
改革農產運銷制度	83,055	4.4	74,025	6.0	73,750	7.5
水利工程	54,000	2.9	54,000	4.4	54,000	5.5
山坡地開發	162,989	8.7	114,131	9.2	108,427	10.9
雜糧作物	139,500	7.5	63,500	5.1	63,500	6.4
特用作物	260,735	13.9	115,444	9.4	87,670	8.8
養　　豬	587,882	31.4	475,238	38.5	282,656	28.6
乳　　牛	222,635	11.9	157,831	12.8	144,940	14.6
肉　　牛	126,782	6.8	76,181	6.2	71,269	7.3
漁　　業	230,233	12.3	104,036	8.4	102,884	10.4
綜合發展示範村	4,000	0.2	-		-	
合　　計	1,871,811	100.0	1,234,386	100.0	989,596	100.0

（《中國農村復興聯合委員會工作報告》，第三一期，64／1／1-6／
30，頁 54－55。）

[3:1-17] 農業貸款:

一、農復會撥款辦理六個農貸計劃

在民國四十四年至四十九年間，農復會曾對鄉鎮農會、合作金庫及
土地銀行供給農貸資金，以辦理六個農貸計劃。本省三一七鄉鎮農會之
半數以上，已參加農復會之此種農貸計劃。上述農貸計劃均為試辦與示
範性質，每項計劃均根據前所辦理計劃之經驗加以技術改進而創辦者。

台灣農業條件之特色為耕地零細耕作密集且經營益需多角化。因此，
在上述各項農貸計劃之下，除供給資金外，對每一個借款農民農場計劃
之改善，亦給予技術指導。由於許多新方法之產生可以證驗，貸予經營
規模較小經濟條件較差農民之貸款，如嚴加監督與輔導，均能有效實行。
利用此種農貸得到利益之農民，其數已超過全省農會會員四分之一以上。

二、成就之一例

農復會農貸計劃之成就，可由輔導農貸計劃見其一例。依照該計劃
之新規定，各承辦農會由辦理該計劃所得盈餘，應每年提撥為農貸基金，
累積於其信用部，供作辦理農貸或呆帳準備之用。

在過去兩年之間，農復會共計撥出新台幣 32,000,000 元，貸予七十
個鄉鎮農會，並由各農會自籌配合農復會貸款額之二成即共計新台幣 6,
500,000 元，作為辦理輔導農貸計劃之用。截至四十九年底止，該七十個
農會所累積之農貸基金，已達新台幣 3,400,000 元。假定其累積速度不
變，則此項農貸基金之累積，於民國五十四年各承辦農會償還農復會貸
款後，可達新台幣 25,000,000 元，即約為農復會原貸款金額之八成。

三、農貸資金將有恆久而可靠之來源

　　上述七個較小規模之農貸計劃中，一個計劃業已結束，其他計劃亦將漸漸結束。根據辦理上述計劃之經驗，農復會曾擬定一項「台灣省農貸計劃方案」，期使台灣農業享有恆久而可靠之貸放資金來源，供作利率合理且期間能符合農民需要之貸款。除上述直接利益，該計劃方案將使政府資金協助無需每年或週期性反覆籌措，並使各農貸機關能達成自立狀態與減少其重覆業務至最少程度。該計劃方案建議以現有農貸機關為基礎，建立一符合實際而能有效推行之農貸制度，於上層成立農貸計劃及政策委員會，商定有關全省性農貸政策與計劃，於下層使農會信用部直接對農民辦理農貸業務。農會信用部將可向合作金庫及土地銀行借入能有合理利息差額之農貸資金。兩行庫之農貸業務範圍，亦將依照其所辦理農貸之期限，予以劃分。在農貸計劃與政策委員會與農貸機關之間，將設置一行政主管機關，以執行該委員會所定之政策並負責管理與監督所有農貸機關之貸放業務。

　　該計劃方案嗣經中美聯合會報之討論結果，決定以農復會之項計劃方式付諸實施。該中美聯合會報之主要決定如下：

1. 成立農貸基金，使台灣省農民可獲得長期可靠與低利之借款來源，以適應農民之需要。

2. 由財政部、經濟部、省財政廳、美援會、農復會及省農會各指派代表一人組織農貸計劃及政策委員會，指定農復會代表為召集人，並由農復會派員擔任執行秘書職務。

3. 由美援相對基金項下，在不超過新台幣三億元之額度內贈予農貸基金，並在五年內分期撥付之。

4. 農貸基金之管理應由農貸計劃及政策委員會決定辦理。有關政策

方面並由農復會作決定。前項決定應與政府加速經濟發展十九點
計劃相符合。

根據上述決定，農貸計劃及政策委員會（後經更名爲農貸計劃委員
會），於民國四十九年十二月間成立，並指定農復會沈委員宗瀚爲召集人。
農貸計劃委員會已召開數次會議：㈠決定農貸計劃委員會之權責，㈡商
定台灣省農貸計劃方案各項建議與現行農貸辦法與規程之配合問題，㈢
商擬土地銀行與合作金庫農貸業務範圍之劃分辦法，並㈣審查鄉鎮農會
參加該計劃之資格。

（《中國農村復興聯合委員會工作報告》，第十二期，49／7／1－
50／6／30，頁 173－174。）

[3:1-18] 農業金融制度之改善：

在目前工業迅速發展及國內外農產品需求不斷變動情形下，台灣農
業已面臨一重要轉捩點。若農業基本結構及發展型態不加改善，一方面
資源之轉移將發生困難，另一方面農業之不景氣將更趨嚴重。行政院有
鑒於此，特於五十八年十一月十一日核定「農業政策綱要」，並決定優先
推動若干重要計劃。本會根據該綱要，協助經濟部及台灣省政府研擬「農
業生產改進措施」各項實施方案計十二種，其中農業金融制度改進方案
係就目前金融制度與業務之缺點，力求改善，俾能充分供應其他方案所
需之龐大資金。

各項統計數字顯示目前農業金融制度實有改進之必要。五十八年底，
全省農貸餘額爲新台幣一八四億元。較前一年增加百分之一〇‧五。若
與五十七年之百分之一八‧二及五十六年之百分之三一‧〇比較，可見
近年來農貸增加之趨勢已逐漸弛緩。其主要原因除農村經濟之萎縮外，
則爲制度上配合不善及缺乏切合農民需要之信用政策。在五十八年全省

農業放款總額中，供作物生產用途者達百分之五七・六，其次為農產品運銷，佔百分之十九，漁業生產佔百分之十，而最需長期資金融通之畜牧及林業兩部門僅分佔百分之四・六及百分之一・二。以上統計資料表示台灣長期資金甚缺乏，故增加長期資金之供應乃為農業金融制度改進方案一大目標。

估計民國六十年推行十二種實施方案，將需投資新台幣六十四億元，其中三十九億元為貸款。若與五十九年之預算比較，投資額之增加將達百分之七三・五。為促進貸放資金之累積與運用，亟需設立一強而有效之機構。同時，應改善整個金融制度以求各貸放機構進一步之分工與合作。

基於以上需要，中央銀行已於五十九年七月成立農業金融策劃委員會，由中央銀行總裁、經濟部次長、財政部次長、行政院國際經濟合作發展委員會副秘書長、台灣省財政廳廳長及台灣省農林廳廳長擔任委員，並由中央銀行總裁兼任召集人，本會主任委員兼任副召集人。

該委員會之主要任務為策劃農業金融有關事宜及審核農貸計劃。為便利工作之推行及各項計劃之研擬，同年七月設立工作小組，聘中央銀行、各農業銀行及本會業務主管擔任小組委員。自工作小組成立以來，本會已先後提供以下三種重要研究報告：基層農會信用部業務概況報告，農家負債調查報告，及農民所得及資金需求分析報告。此一金融新體系強調資金集中運用，促使台灣農業金融現代化，以充分供應符合農業發展需要之資金。

（《中國農村復興聯合委員會工作報告》，第二二期，59／7／1－
　12／31，頁 39－40。）

[3:1-19]　加速農村建設貸款計劃：

為配合加速農村建設重要措施補助計劃之推行，加速農村建設重要措施小組於六十一年十一月二十二日核准一項新台幣十八億二千萬元之二年貸款計劃，嗣後，中央銀行農業金融策劃委員會於本年一月十九日通過一項加速農村建設貸款辦法。

加速農村建設貸款預算總額為新台幣十八億二千萬元，其中十億元將供作短期週轉資金貸款，由農民銀行、土地銀行及合作金庫等三家農業行庫平均分擔，另八億二千萬元將供作長期資本支出貸款，分別由中央銀行提供三億元，本會提供三億六千萬元，鄉鎮農會配合一億六千萬元。本貸款計劃包括左列用途：

1.改革農產運銷制度貸款：　　　　　　　　　　一億二千萬元

2.配合加強農村公共投資貸款：　　　　　　　　一億五千三百萬元

　1)配合興修區域性排水、堤防、灌溉等

　　改善工程計劃：　　　　　　　　　　　　五千一百萬元

　2)配合山坡地開發加強修建交通運輸與

　　產業道路計劃：　　　　　　　　　　　　一億二百萬元

3.倡設農業生產專業區貸款：　　　　　　　　　十五億三千三百萬元

　1)　雜糧作物專業區：　　　　　　　　　　二千三百萬元

　2)　特用作物專業區：　　　　　　　　　　一億元

　3)　養豬農牧綜合經營專業區：　　　　　　八億五千萬元

　4)　乳牛農牧綜合經營專業區：　　　　　　二億三千五百萬元

　5)　肉牛農牧綜合經營專業區：　　　　　　三億五百萬元

　6)　漁業專業區及漁業生產改進：　　　　　二千萬元

4.鼓勵農村地區設立工廠貸款：　　　　　　　　一千四百萬元

總　　計　　　　　　　　　　　　　　　十八億二千萬元

本計劃貸予借款人之貸款利率定爲長期貸款年息六％，短期貸款年息九‧五％，最長期限之長期貸款爲七年，短期貸款以一年爲原則，貸款條件亦予相當放寬，並特別注重對借款人之技術協助與輔導，貸款風險即由出資機構按其貸款比率承擔。

自本年四月至六月間，在本計劃下共計核准貸款二億六千五百四十一萬一千元，以支援倡設各項農業生產專業區工作之推行。截至同年六月底止，貸予借款人貸款金額共計一千三百四十四萬五千元，包括長期貸款一千一百二十九萬一千元及短期貸款二百十五萬四千元。

（《中國農村復興聯合委員會工作報告》，第二七期，62／1／1－
　　6／30，頁46－47。）

[3:1-20]　農村建設貸款：

加速農村建設貸款總額共計十八億二千萬元，係依照加速農村建設重要措施策劃小組所訂政策目標，於六十二年開辦，其主要目的在支援加速農村建設有關補助計劃之推行。其貸款總預算中之三億六千萬元由本會提供，其餘十四億六千萬元由有關金融機關配合。

六十三年七月至十二月間，在本計劃項下再核准細部貸款計劃十五項，貸放金額合計二億八千萬元。截至六十三年十二月底止，已核准之細部貸款計劃共計五十二項，累計金額爲十四億二千一百萬元。

在核准貸出之十四億二千一百萬元中，七億三千六百萬元即五二％將供作長期資本投資，其餘六億八千五百萬元作爲短期週轉資金。

前項貸放金額中以用途分，五六％即七億八千八百萬元用於畜牧生

加速農村建設貸款計劃辦理情形

（截至民國六十三年十二月三十一日止） 單位：新台幣千元

貸 款 計 劃	核准金額	貸放累計	貸放餘額
改革農產運銷制度	60,000	60,000	60,000
水 利 工 程	54,000	54,000	54,000
山 坡 地 開 發	117,189	79,882	77,229
雜 糧 作 物	78,500	63,500	63,500
特 用 作 物	212,764	93,389	67,153
養 豬	520,980	352,031	257,524
乳 牛	174,355	135,685	132,373
肉 牛	92,832	66,018	64,409
漁 業	110,393	89,813	88,661
合 計	1,421,013	994,318	864,849

產有關計劃，二〇％即二億九千一百萬元用於作物及蠶業生產有關計劃，其餘二四％即三億四千二百萬元用於其他有關計劃，包括山坡地開發、水土保持、興建森林道路、改善水利設施、漁業生產及改善運銷制度。

截至六十三年十二月底，本計劃項下已貸予借款人之放款金額共計九億九千四百萬，其中四億四千一百萬元係於本期內貸放，借款戶數共計已超過一萬二千戶。

（《中國農村復興聯合委員會工作報告》，第三十期，63／7／1－12／31，頁52－53。）

[3:1-21] 加速農村建設九大措施：

行政院院長蔣經國，於六十一年九月二十七日，在台灣省政府召開的有關農業建設座談會中，宣佈政府對加強農村建設的重要新措施。全文如下：

　　農業是我們經濟發展的重要環節，也是社會安定的基礎。近年來國內的工業成長快速，固然值得欣慰，但相對比較之下，農業生產利潤微薄，農業成長弛緩，顯示了農民所得偏低，實不容我們忽視；政府為促進今後農業發展，加速農村建設，除繼續推行既定各項農村生產改進方案外，決採下列措施：

一、廢除肥料換穀制度：原由政府配銷農民的化學肥料，全部貸放，農民於作物收穫後，可用現金償還，也可用稻穀折價償還，任憑自由選擇。

　　改進隨賦徵購辦法，改按市價收購，並為穩定穀價水準，由政府調節市場稻米供需，尤其當穀價過低時，應按合理價格收購。

二、取消田賦附徵教育費，以減輕農民負擔。

三、放寬農貸條件，便利農民資金融通。

　　1) 對以現代化方式經營的農戶所需農貸，由農貸行庫會同農會辦理聯合專案生產貸款，免受一般性信用放款最高限額的限制。

　　2) 對計劃發展中貧困地區所需的農貸，辦理農業專業區信用貸款。

　　3) 加強農會信用部功能，便利農民資金融通。

四、改革農產運銷制度：

　　1) 加強農會辦理共同運銷：

　　　　A. 配合台灣北區全面實施電宰業務，有關各級農會限期辦理毛豬共同運銷。

　　　　B. 輔導重要蔬菜產地的農民組織，實施蔬菜分級、包裝及共同運銷。

　　2) 改進台北市果菜批發市場營運：

　　　　A. 限期完成東園街底興建現代蔬菜批發市場，改進市場設備，並建立健全的交易承銷制度。

      B.分期興建零售市場，改善攤位設備，並加強商販管理。

五、加強農村公共投資：

1) 積極興修區域性的排水、堤防、防風林、以及灌溉等改善工程，並以濱海及貧困地區為優先。

2) 配合山坡地開發，加強交通運輸與產業道路的修建。

3) 興建鄉村簡易自來水設施，以及改善鄉鎮環境衛生。

六、加速推廣綜合技術栽培：

1)優先辦理水稻及其他糧食作物，改進生產技術，提高單位面積產量，擴大推廣面積，並加強收穫、乾燥與倉儲等設備。

2)加速進行農業機械化，除加強辦理農機低利貸款外，並積極輔導小農實施共同作業,發動公營機構及獎助民間組織辦理農機代耕、租用、及分期付款業務。

七、倡設農業生產專業區：

      依作物分佈、地理環境條件、及市場需要，分設各類專業區；各區內除配合農業機械外，並應加強辦理公共設施如土地重劃、水利興設、產品分級處理及倉儲運銷設備等。專業區的類別如次：

1) 雜糧作物生產區——主要為推廣飼料作物如玉米、高粱的增產，並施行保證價格收購。

2) 特用外銷作物生產區——主要作物如洋菇、蘆筍、鳳梨、香蕉、柑桔、葡萄、茶葉、蠶絲及重要蔬菜等，採行契約計劃生產，提高品質，加強檢驗，並鼓勵統一聯營外銷，以增強對外競爭力量。

3)農牧綜合經營區——以養豬、乳牛、肉用牛、家禽或養殖魚類等，配合農業生產，在山坡地及濱海地區優先辦理。

八、加強農業試驗研究與推廣工作：

1) 充實試驗研究人員與設備，並加強經費的統籌運用。

2)強化試驗研究與推廣機構的組織，分工合作，密切聯繫，避免重複與脫節。

3) 寬列推廣經費，補助農會，增強基層推廣工作。

九、鼓勵農村地區設立工廠：凡新設農產加工及需大量勞力的工廠，儘量鼓勵在原料供應方便及勞力充裕的農村地區設立，增加農民兼業機會，提高農民所得。

　　（《台灣經濟發展論文集‧台灣經濟發展重要文獻》，〈加速農村建設重要措施〉，台北：聯經出版事業公司，1976，頁97－99。）

[3:1-22]　　經安會第四組：

　　我在農復會時，沈先生是農復會委員及主任委員，并兼任行政院經濟安定委員會委員及第四組（主管農業）的召集人，經安會撤銷後，改稱經濟部農業計劃聯繫組，沈先生仍兼任召集人，我在農復會先後擔任技正、農村經濟組長及秘書長等職務，有一段時期，并兼任經安會第四組或農業計劃聯繫組的執行秘書，……那個時候，台灣的經濟和農業正在起步發展和重建，千頭萬緒，經安會負責全盤經濟發展的策劃和措施，并配合美援的有效運用，參加委員有中央銀行總裁、財經、貿易、工業、農業、交通等部長級人員及美國安全分署署長及經濟顧問等，是一個經濟決策、資源分派、計劃執行方向及專案措施等的最高機構，許多重大的財經決策、農工業及貿易措施，都提由經安會討論及決定，沈先生一方面是經安會委員，一方面又是農復會委員，我們執行秘書，也參加經安會會議旁聽，沈先生與當時的財經、金融、貿易主管大員的意見溝通工作，有時煞費苦心，要做許多解釋及說服工作，并提出具體辦法及措施，以及其執行的程序。

（謝森中，〈憶念沈宗瀚先生〉，收入：《沈宗瀚先生紀念集》，台北：沈宗瀚先生紀念集編印委員會，1981，頁 268-269。）

第二節　農復會與農林廳及地方農業機構

[3:2-1]　張訓舜出任農林廳長：

　　民國五十八年五月我正率領了一個考察團在非洲，預訂考察十個國家至七月底返台，六月下旬，當我們考察團的行程抵達查德時，駐查德大使馮耀增先生親自赴機場迎接，一同驅車到達大使館，馮大使立即轉交我一通由台北打來的電報，我拆開一看，令我十分的驚奇，原來政府改組，台灣省政府主席已任命由陳大慶將軍擔任，我被派擔任省農林廳廳長職位，電文簡短堅定，並囑我儘快返國就職，考察團團長任務即刻轉交副團長負責。我當時真有如丈二和尚摸不著頭腦，無從表達自己的意見，更不能違抗政府命令，只得匆匆束裝返國，無可奈何的接受農林廳廳長職位，就在這樣強打鴨子上架的情況下，我被動的結束了在農復會工作的一段美好、充實、極感愉快而值得留戀的時光。

　　我從非洲兼程趕回台北，已是五十八年七月初，第二天即單槍匹馬趕到霧峰省議會參加總質詢，農林廳在省府各廳處中，算是規模較大，員工人數較多的一個單位，我是一個技術人員，行事為人方方正正，凡事就事論事，毫無虛假諉蛇的習慣，到中興新村上任，沒有任何所謂的班底屬員，僅由當時的專門委員做我的主任秘書，農林廳中雖然有若干同仁，以前由於工作連繫中已經相識，但彼此以長官與僚屬關係共事，卻另有一番感受，我獨自一人坐在廳長辦公室內，思潮起伏，一種孤寂、寞落的心情，不禁油然而生，淒淒然我似乎有被人遺棄的感覺。非洲的

情景，農耕隊員們的辛勞勤奮，以及農復會留下的那些未竟計劃，重重
疊疊，一幕一幕清晰的在我腦海中掠過，我陷在迷惘和無奈之中，久久
無法平靜！

　　（張訓舜，〈我和台灣的農業發展〉，收入：《中華農學會成立七十
　　週年紀念專集》，頁 264—265。）

[3:2-2] 農業基本法草案：

　　民國三十五年制憲，會友薛培元燮之先生提案，增加憲法第一百四
十六條—農業條文。

　　中華農學會暨各農業專門學會五十三年聯合年會，決議研擬農業法
案，交中華農學會辦理等。民國五十四年四月十七日中華農學會邀同各
農業專門學會，組織中華民國農業法案研擬委員會，會友趙連芳蘭屏先
生主持，設：1.農業(包括農機)，2.特產，3.林業，4.漁業，5.畜牧獸醫，
6.糧食營養，7.農民組織，8.農業經濟(包括農業勞力)，9.農業教育，10.
農業推廣等十小組，及綜合小組，專家學者八十餘人參加。計大會五次，
各小組各二、三次，綜合小組八次，綜合整理十七次，歷時八月，研成
中華民國農業基本法草案，經中華農學會暨各農業專門學會五十四年度
聯合年會通過，為農業團體合力研擬農業（事）法案之始；五十四年十
二月二十一日，中華農學會（五四）農學字二○三號文附草案十本送經
濟部法規小組，五十五年三月三十日中華農學會暨各農業專門學會，以
（五五）農學字第四四號文會呈行政院及中國國民黨中央委員會，請早
日立法實施。

　　立法主旨：「為改進農業生產，增加農家收益，以提高農民生活水準，
促進國家經濟發展，特依憲法第一百四十六條及第一百五十三條，制定
本法」而未及憲法第一百四十三條；「發展農業，保護農民，依本法之規

定，未規定者，適用其他法律，但其他法律規定較本法更有利者，適用
對於農業、農民最有利之法律」(草案第一、二條)。全文十一章：1.總則，
2.農政，3.農業資源，4.農業生產，5.農產運銷，6.金融保險，7.研究推廣，
8.農業組織，9.獎勵保護，10.農工配合，11.附則，共四十二條。

要點摘述：農業主管機關及農建經費：中央爲農林部，省市爲農林
廳局，縣市爲農林局科。中央農建支出不得少於經建支出百分之二十，
省市不得少於百分之三十，縣市不得少於百分之四十(草案第四、六條)。
家庭農場企業經營：家庭農場經營規模，相當及低於十二等則水田三公
頃生產力者，不得再分割，以爲企業經營之起點；並得實施共同作業、
加工、購置及共同設備等。減免農業稅捐：農業動力用油免徵貨物稅；
家庭農場由一人繼續經營者免徵遺產稅；家庭農場、農民團體依本法規
定免徵所得稅及營業稅(草案第十六、十七、三十五條)。保育開發資源，
農工配合發展：統籌保育開發農業資源，加強研究推廣，調整運銷系統，
依照生產方針，農工配合發展 (草案第三、五、七、十章)。(1)(2)(3)

(冷彭，〈農學團體對於農事立法之貢獻〉，收入：《中華農學會成
立七十週年紀念專集》，頁 156—158。)

[3:2-3]　農業發展條例草案：

研擬經過：中華農學會暨各農業專門學會，受經濟部之委託，會友
毛雕章蓀先生主持，自五十九年二月二十八日起至十一月六日，將農業
基本法草案，修訂爲農業發展條例草案，五十九年十一月六日，以 (五
九) 農學一七〇號文送經濟部；經濟部審查後報行政院 (經濟部農業檔
卷已送中央研究院近代史研究所整理中。經濟部；整理條文及經過，暫
從缺)。行政院六十二年二月二十二日，第一三一三次會議修正通過，六
十二年三月六日送立法院。學會草案如次：

立法主旨：「為改善農業環境，擴大農場規模，促進農產貿易，增加農業所得，保障農民權益，以加速農業現代化，改善農民生活，促進經濟發展，依憲法第一百四十六條及第一百五十三條，制定本條例。本條例未規定者，適用其他法律，但其他法律規定更有利農民者，適用最有利之法律」（草案第一條）。分1.總則，2.農業資源，3.農業生產，4.農業運銷，5.農工配合，6.金融保險，7.研究推廣，8.農民團體，9.附則等九章，共五十九條。

要點摘述：強制保持水土：「公私有農業用地，均須依照土地可利用限度使用，並依其需要實施水土保持處理及維護，超限使用或怠於水土保持處理者，得強制使用人變更或實施之」（草案第十三條）。農產專業區：實施計劃產製儲銷，補助公共設施。農業開發新境：「政府應加強經營國有林、集水區、海岸防風林；開發山坡地、山地保留地、河川新生地、海埔新生地及海邊養殖地等土地；興修及維護水土保持，並辦理農田水利、灌溉、排水等工程及農業專用公路等公共事業」（草案第三、十五條）。擴大農場經營：農民依願選擇經營方式，規定最低經營規模，減免稅獎勵一人繼承農地、購置農地、交換農地等（草案第十八至二十六條）。(4)(5)

（冷彭，〈農學團體對於農事立法之貢獻〉，收入：《中華農學會成立七十週年紀念專集》，頁158—159。）

[3:2-4]　農業推廣法草案

研擬經過：遜清宣統元年，頒布推廣農林簡則；民國十八年五月國民政府核准農業推廣規程，十八年六月十四日農礦、教育、內政部會令公布，二十二年三月二十九日實業、教育、內政部會令修正，五十一年三月五日經濟、教育、內政部會令再修正。民國四十六年，經濟部農業

推廣法規小組草擬農業推廣條例草案。民國五十六年三月，中國農業推廣學會研訂農業推廣條例草案初稿。民國五十六年，中國農業推廣學會受經濟部委託，研擬農業推廣法草案，專家八十餘人參加，理事長毛雛章蓀先生主持，當年七月完成，送呈經濟部，請呈行政院完成立法。學會推廣法草案如次：

立法主旨：「爲實施農業推廣，普及農民教育，傳播農業及家政智識技能，以改進農業生產，增加農民所得，改善農民生活，繁榮農村社會，制定本法」（草案第一條）。全文七章：1.總則，2.業務，3.方法，4.組織，5.人員，6.經費，7.附則；共二十二條。

（冷彭，〈農學團體對於農事立法之貢獻〉，收入：《中華農學會成立七十週年紀念專集》，頁162—163。）

[3:2-5] 農業推廣法草案再稿：

研擬經過：民國七十年三月十五日中國農業推廣學會前理事長毛章蓀先生自美來函，催詢農業推廣法進行情形；中國農業推廣學會乃於七十年，成立農業推廣法草案研擬小組，理事長洪筆鋒先生、總幹事劉清榕先生主持。經十四次會議，研成農業推廣法草案（本文稱爲再稿），附農業推廣需要立法五大理由，七十一年三月三日，以中農推字第〇〇一五四號函送經濟部，請轉行政院核辦。經濟部於七十一年、七十二年，邀請有關機關團體，會議六次，議訂農業推廣法草案十八條，於七十三年二月二十三日，經七三農一〇六〇七號函報行政院。七十三年五月三日行政院臺七十三經字六八七五號函覆經濟部：重新整理後，再報院核辦。中國農業推廣學會七十三年十一月一日再以中農推字第〇〇一九三號函行政院函覆經濟部，請補陳意見報請行政院早日完成農業推廣法立法等。七十五年六月十八日毛前理事長，再次自美來函催詢，七十五年

八月一、二日臺大農推系召開農業推廣體制討論會，提出論文八篇，均所以促進農業推廣法之產生。學會推廣法草案再稿內容如次：

立法主旨：「爲發展農村人力資源，增進農民智識技能，加強農業發展及農村建設，以提高農民所得及改良農村生活，制定本法」（草案第一條）。全文二十二條，不分章。農業推廣立法五大理由之一與之二：依照憲法第一百五十三條，爲改良農民生活，增進其生產技術，制定保護農民之法律；建立農業推廣完整制度等。

（冷彭，〈農學團體對於農事立法之貢獻〉，收入：《中華農學會成立七十週年紀念專集》，頁 163—164。）

[3:2-6]　水土保持法草案：

研擬經過：民國五十七年，中華水土保持學會受經濟部法規小組之託，研擬水土保持法草案；其前中興大學水土保持學系師生已搜集國內外有關法令，擬訂生活資源保育法簡稱水土保持法草案；計一二三條。五十七年十二月八日將上開原始草案送提中華水土保持學會年會，經決議交理監事會組織研擬委員會研擬。委員二十人，理事長周汝久先生主持，會友夏之驊天馬先生由美返國協助，自五十八年一月六日至五十八年八月十四日、十五日，會議十二次，研成水土保持法草案，九章六十二條；五十八年八月三十日函覆經濟部法規小組，五十八年十二月三日會函字〇四四號函附草案送經濟部，五十八年十二月三十日將草案及有關資料編印成冊送經濟部（學會理事長親送）。

立法主旨：「爲防治沖蝕，涵養水油，減免災害，增進土地利用，保育生活環境資源，供國民永久享用，制定本法，本法未規定者，適用其他法律」（草案第一條）。全文分：1.總則，2.事業，3.區劃，4.管理，5.研究、推廣，6.經費、金融，7.獎勵，8.罰則及9.附則等九章，共六十二

條。

(冷彭，〈農學團體對於農事立法之貢獻〉，收入：《中華農學會成
立七十週年紀念專集》，頁 166—167。)

[3:2-7] 水土保持法草案再稿：

研擬經過：七十年七月十八日——二十日葛瑞颱風，災情慘重，水
土保持學會前理事長，新店五峰山下住宅水深過頂，近鄰適時搶救，全
家老小幸免於難！七十年八月十四日各界熱心人士，包括民意代表、水
保、水利、土木各學會會友，集會於立法院接待室，推請中華水土保持
學會，再次研擬水保法草案。中華水土保持學會，連續舉行籌備會談一
次，預備會議二次，研訂水土保持法委員會（三十五人）由前後任理事
長周汝久、葛錦昭兩先生主持，會議十一次，總整理會議三次，研成水
土保持法草案(本文稱為再稿)，七十二年一月十九日會函七二〇〇三號
函送經濟部。經濟部農業局合併行政院農業委員會；七十五年五月六日
行政院農業委員會七十五農林字一一六七三號，檢附水土保持法草案報
行政院，請鑒核並轉立法院審議。行政院七十五年六月二十八日，臺七
十五經一三五一〇號函復農委會；略示水土保持法改以特別法架構，重
行研擬報院等。

(冷彭，〈農學團體對於農事立法之貢獻〉，收入：《中華農學會成
立七十週年紀念專集》，頁 168。)

[3:2-8] 農復會與台糖公司：

當時台糖每年都有一個關於農業、工業政策的評估會，沈宗瀚先生、
錢天鶴先生都曾參加過，台糖本身也有很多農工方面的人才，如劉淦芝
是農業地理方面的人才，大家聯合起來討論工作的推動與進行。台糖是

實行機構，農復會可說是我們的顧問，台糖每年在農業方面推動的業務，總會請農復會內的人來評估價值，以確立方向，但因農復會的立場是比較超然的，而我們比較著重在現實方面，所以，也並不完全是依照農復會的意見去實行。如我們在短期間內把整個甘蔗品種換成 X 310，這是從南非取回的好品種，可經旱又可快速成長，很多人都不贊成，劉淦芝先生與李先聞先生也反對，認為這是一種冒險，但當時台糖是處於將垮的情形，不冒險就不足以救亡圖存，結果成功了，產量大為提升，也裁了幾千人。工廠在戰時被炸毀，無法完全復工，如今裁員又擔心被裁員工的生活有困難，於是要所有在職員工捐出一筆錢，來幫助退職的員工。對台糖言，農業與工業並無衝突，因糖本身就是農產的加工。工業，台糖本身在做；農業則與民間農場或蔗農合作，所以，我們成立蔗農合作社與蔗農合作；成立勞工之友社與勞工合作，因此非但沒有衝突，還是相輔相成的。雖然當時是以農業培養工業，我們也沒有壓榨農民。台灣農業發展目前有許多瓶頸，其一是化學肥料增產及機耕，是美國式的，台灣地小崎嶇，機耕不能完全發揮效率，所以台灣要單獨以農業在世界上立足是很困難的，必須與加工業配合才行，農產品的價格與加工後的價格相差很大，所以，以農業加工來補農業之不足，是有必要的。因此，工業是幫助農業，不是壓榨農業，有了農業，也才有工業。

　　(1989 年 3 月 23 日楊繼曾先生訪問記錄)

[3:2-9]　九大措施與農林廳：

　　加速農村建設九大措施在當時是一件重大事情。我到農林廳後覺得那時有很多的作法，農民還是不能滿足，如收入偏低、農產品滯銷，種種問題始終無法解決，造成農業機關深感政府的支援不夠，這些問題的癥結反應出來，導致加速農村建設九大措施的推行。我記得有一次當時

的蔣院長經國先生偕同經濟部長孫運璿先生、農委會主任委員李崇道先生蒞臨省政府，舉行農業問題座談會，由我提出簡報，會後蔣院長立刻宣佈實施「加速農村建設重要措施」共九大項目，同時即席決定由中央政府在兩年內專案撥出新台幣廿億元用作推行經費。這一宣佈意義至爲重大：第一，表示政府已體認到農業發展遭受頓挫、情況緊急；第二，政府積極採取行動，同時以經費支援有關機關改善問題，這是重大的轉變。政府特在正常的經費預算之外，以額外的經費來支援這個問題，雖然直到今天這個問題仍然沒有完全解決，但至少表示政府對這個問題的重視，已經面對這個問題且承認這個問題。當時因交通不便，往返奔波耗費很多時間，但精神上的確很愉快。蔣經國先生幾乎每個星期假日都到鄉間探訪，我們曾多次陪同他前往，農民非常歡迎他，對農民鼓舞很大，我們也覺得我們的工作受到重視，這種精神上的支援非常大，比經費的支援更重要。那時我們覺得若干事項的推行，要把問題找出來很容易，但立刻要求解決卻非常困難，例如農場面積小，農產品產量太少等。此外農民在觀念上未能溝通，例如，爲消除中間商利潤，協助農民自己組織共同運銷，農民雖已同意，卻仍把產品賣給中間商人，使組織等於零。直到今天這個問題仍舊存在。而每一農家經營面積太小，農產品的供應量非常不穩定，使價格忽高忽低，影響到加工的成本，這是我們農業方面一個先天的缺陷，而使我們後天很難彌補。

　　擴大農場經營規模的目的，是因爲當初推行農業機械化，而農業機械卻因農地面積過小而閒置，不能充分利用，除非能代耕，否則機械成本過高，這是一個問題。另外，因工商業的發展，農業人口大量外移，造成勞力缺乏，又因土地改革條例，地主深怕代耕後土地無法收回，致使部分土地荒廢而無人耕作，所以那時所謂共同經營的目的即爲解決此二問題，以十甲地爲一個經濟單位 (economic unit)，使機器、土地能

夠有效利用，時間、精力可充分配合，所以擴大農場規模是基於當時實際的需要。

(1988 年 12 月 6 日張訓舜先生第一次訪問記錄)

[3:2-10] **農林廳及其所屬農政單位:**

農林廳:
甲)農復會與農林廳全面接觸，關係廣泛而密切。農林廳每一科室、局、場、所、農復會內均有對照之組。茲列表說明如下:

農復會	農林廳 (一九六二至一九六五)
植物生產組	農產科、特產科、植物保護科、農試所區改良場、種苗場、蠶改場
畜牧組	畜牧科、畜試所、種畜繁殖場、淡水血清製造所
漁業(原在植物生產組內，後獨立成組)	漁業局、水產試驗所及分所
農業推廣組	農業推廣科，各區改良場推廣人員。各農會推廣課
農經組	農業統計科、在我任內改為農業經濟科
農民組織組	農民組織科
農業信用組	市場小組
森林組	林務局、林試所、山地農牧局、航空測量隊
其他農復會若干組農林廳無相對科室者，為水利組、地政組、鄉村衛生組	

乙) 農復會獲得政府默契，該會可直接與各級政府機構或農漁民團體洽商資助其工作。以農林廳而言，該會可與農林廳洽商進行包括農試

所及各區改良場同時進行之全省性計劃，亦可直接與某一改良場或農試所之某一分所洽商其執行一項試驗計劃。可與省農會洽商執行一包含全省農會之計劃，或補助某一鄉鎮農會進行一項示範計劃。凡農林廳附屬單位直接接受農復會補助計劃，於簽約前均向農林廳報備。該廳主管科與會計處查明所列該單位在該計劃內自己負擔之經費與預算相符時，均准予核備，農復會補助預算之計劃，均與主辦單位簽一合約。合約內包含計劃工作要項，作業步驟，細部預算，預期完成時期，簽約之後，農復會立即按期撥款。工作開始後，在適當時期，農復會主辦技正前往視察進度，會計處稽核則前往審查賬目。依照上述步驟，農復會技正與農林廳科室與場所同仁經常往返洽談，無時或止。

丙) 農業試驗所，畜牧試驗所評議會：每年年尾，農林廳農業試驗所舉行評議會，由農試所各系，各分所與各區改良場報告一年來試驗結果，並提出下年度擬辦之試驗計劃。大學資深教授、農復會有關組長技正聘爲評議員。經分組討論試驗結果與下年度研究計劃，凡經評議會審議通過之新年度研究計劃，農林廳方准列入該廳新年度總預算內。此一步驟使農林廳無須事先批准各場所向農復會提出之補助計劃。同時農復會技正事先已與各場所爲擬訂新年度四年計劃中應辦之個別計劃，有所討論，故對若干評議會中提出之研究計劃，已有了解。

丁) 林業：我到農林廳時，林務局之首要問題爲連年虧損，不能達成預算盈餘，積欠省庫數千萬元，當時（一九六二年尾）爲一大數目。局長沈家銘先生爲前任金陽鎬廳長所派，亦到任不久，爲人精明強幹，熟諳林務曲折。據其分析林務局財務走漏之途，及應如何一一堵塞。經我同意支持照辦，其中少數事件，須我代向黃主席達雲先

生報准或請農復會蔣主委夢麟代向行政院說明，但主要爲沈局長之能對症下藥。半年內即轉虧爲盈，庫存木料亦增。

不屬林務局而直屬省政府之大雪山林業公司，係工業界爲發展本省木材工業而設立。特自國有林區中劃出大雪山林區交由該公司經營管理。依美國顧問公司建議，購美製高速鋸木機械設廠，長身卡車運材，但亦連年虧損。黃主席命我查究原因。我乃組成專家小組，請農復會森林組楊志偉組長召集農復會與林務局專家參與。調查結果發現該廠虧損，主要因所購高速鋸木機與長身卡車，適用於美國華盛頓州平地人造森林，每根圓木均全圓，筆直，極長。台灣山坡地天然林之圓木難呈全圓筆直，長度不一。此種圓木投入高速機，所得標準尺寸之製材率偏低，損耗過大。台灣圓木實無須長身卡車。該公司旣購長身卡車，所築運材林道轉彎與寬度必須加大，規格提高，築路與養護成本與利息負擔均高。公司虧損實因設廠時所購設備過於新式，不合我國地理環境。

因爲林業機構虧損，林務局係由於外來與內在交織之多年積弊。除弊之舉須主管洞悉原委，對症下藥，持之以堅方克奏效，非農復會專家所能協助。大雪山林業公司之問題爲技術選擇錯誤，農復會專家乃能立竿見影，發揮所長。

航空測量隊之成立係農復會早年聘請美國林務局專家三人來華從頭採購設備訓練人員，直至我國人員能空中攝影、洗片、製圖、研判以至統計報告，全部熟練，方返美。農復會後期，農發會以至現在農委會，則又有華裔美籍專家傅安明先生繼續協助該隊，更新設備，引用新技術，資料電腦化用途多樣化，迄未中斷也。

戊) 山地農牧局：台灣水土保持工作，係農復美籍專家藍登先生(Ike Landon)自訓練人員開始。一九五〇年間，山坡地濫墾甚烈，

種植香蕉、玉米、甘藷等，水土沖涮至爲明顯。藍登建議成立水土保持局，由農復會與農林廳草擬組織規程送審。但最後由立法院通過山地農牧局於一九五三年成立時，我已到農林廳，藍登則已任滿返美，曾爲該案頗費心血之前任金故廳長陽鎬亦已卸任返農復會任職。農復會盛志澄與劉淸波兩技正協助新成立之農牧局。略後廖綿技士加入農復會後，與農牧局合作更爲密切。我一九六五年夏離農林廳，農牧尙在艱辛起步。現在台灣山坡地種植之果園茶園等水土保持工作已普遍完善，美國土地利用限制，農地坡度不得超過一三度。台灣山坡地遠較一三度爲峻，通常達三〇度。故台灣現用水土保持之田間規劃，係憑省內試驗結果發展而成，且已可機械化。回憶一九五三年農牧局成立時之台灣山坡地作業狀況，不可同日而語矣。

己) 漁業局：漁業局與農復會亦自始密切聯繫。漁業計劃多年來之演進，最足說明農復會協助台灣農漁業由淺入深之發展方式。一九五〇年農復會即助漁業局（以前稱漁業管理處?）第一個計劃——在舢舨上加裝馬達（motorized sampan）。以後逐步補助增建或擴建漁港，增建漁港之岸上設備貸款建造近海漁船，補助水產試驗所養殖漁業研究技術協助漁業局辦理向世界銀行申請建造遠洋漁船貸款，獲准後協助辦理造船開國際標。我到農林廳後不久，世銀貸款所建我國第一批遠洋漁船已在韓國造竣，駛來台灣。農復會協助漁業局規劃船員訓練，與諮商與各國洽准使用其海港停泊補給或出售漁貨事宜。同時漁業局請准省府興建高雄前鎮漁港經費，農復會補助部份。我於一九六五年八月離台出國前，前鎮漁港已開始動工。我臨行前曾往視察，挖泥路正在抽沙，周圍尙爲一片荒地。

庚) 農產加工品與外銷品：農林廳一九五一年即開始協調農民與工廠，

開會決定黃麻原料收購價格。當時之工礦公司原麻處負責收購黃麻纖維。由該公司與台南冀聯幀與大華公司所屬三家麻袋廠織袋。台糖公司糧食局、軍方聯勤總部與民間茶葉工廠定購麻袋或麻布。農民由省農會與產麻縣縣農會代表。農林廳須顧及農民生產成本加適當利潤，但省產黃麻織成之糖袋與米袋不能超過進口印度麻袋到岸價格。在兩者之間，求得用袋、織袋與農民三方面均能同意之原麻價格。黃麻當時為我在農復會植物生產組所管計劃之一。故一九五一與一九五二年均事前與農林廳特產科，棉麻股同仁與省農會同仁會談生產成本，織袋成本與進口麻價之資料，並決定開會時可能達成之價格，並出席會議。

　　一九五五年後，台灣鳳梨罐頭出口漸增。鳳梨原料收購由罐頭公會農務處辦理。每年種植之前，農林廳亦需開會，中介農民售價與罐頭公會收購價格。其後洋菇收購，除協調農工決定原料價格外，農林廳與省農會尚須在各縣之間，仲裁產量分配（以菇床坪數計）。因國際競爭甚烈，罐頭公會事先預估我國大約可出口若干萬箱，不願超量生產，以免滯銷虧損。農復會陸之琳技正除技術協助外，每年參加農林廳與省農會在與罐頭公會會議前之商討，並出席會議。當時尚無國貿局，政府機關對農產品與農產加工品之國際市場情報甚缺。唯有信任出口商之判斷，自行約束生產幸而無過剩發生。少量過剩則由省內菜市消化，一九六三年以前，日本管制進口香蕉外匯，故僅限少數進口商進口台蕉。台灣方面香蕉出口亦為少數出口商（青果輸出業同業公會）壟斷，在省內壓低收購蕉價，蕉農與農界久以為病。當時之外匯貿易審議委員會由徐柏園先生任召集人，已有所聞。一九五三年春日本解除對進口香蕉外匯之管制，因此任何日本商社均可進口香蕉。我國外貿會乃乘機宣佈香蕉出口由青果

輸出業公會與農民生產團體五五對分，並提高產地收購價格。在此一大調整之後，農方許多推廣，逐月估計採收量，各包場設備改進、作業加速、載運車輛、港口設備等均須短期內調整。農林廳、農復會、青果會合作社與省農會在蕉農謳歌聲中快速動作合作無間。香蕉於一九六三年出口值僅約七百萬美元，一九六四年增至約二千九百萬美元，一九六五年約四千九百萬美元，一九六七年達最高峰，約五千二百萬美元。其後因美國公司自厄瓜多爾輸出香蕉至日本後更在菲律賓岷達那島大規模植蕉輸日，台蕉輸日乃漸減。

　　凡此農產品加工外銷之仲裁業務，係由農林廳為主。農復會同仁處於參謀協助地位。

辛) 總結：由以上七節可知農復會與農林廳之間誠門當戶對，無所不聯，無所不繫。在一九四九年至一九六五年一段時間內，農復會技正年齡較長，均已留學返國，在大陸工作有年，閱歷較深。農林廳科、室、場所同仁年齡較輕，故對農復會技正有亦師亦友或亦兄亦友之關係。彼此之間，工作聯繫方法，並無成規，視作物或產品種類與個人而不同。但當時每一位農復會技正均與業務有關之農林廳科室場所同仁形成密切之工作集團。農林廳同仁則又與農會及縣市鄉鎮農務人員經常聯繫，鄉鎮公所或農會人員則能通達村里小組，與模範農民等。故自下而上之情報極易取得，自上而下之傳遞亦易普及。農復會早年補助計劃之高成功率，與此有關。我一向認為農復會雖予農林廳各方面協助，但台灣農業之運作，係以農林廳為中樞骨幹，農漁民團體為血肉。骨幹強壯，血肉滋潤，康健自佳。農復會則如一關懷無微不至之家庭醫生也。

　　　　　(1989 年 6 月張憲秋先生訪問記錄)

第三節　農復會農經組的工作

[3:3-1]　　**農經組的主要工作**:

農復會遷到台灣，尤其是在韓戰發生，美軍協防台灣以後，重新展開工作。一九四九年底、一九五〇年初，農復會決定成立農業經濟組（Rural Economic Division），以配合其他技術組的工作。農經組的第一任組長 Owen Dawson 是美國大使館經濟參事，兼安全分署經濟顧問。我是一九五〇年一月，由農林廳轉到農復會經濟組任技正。Mr. Dawson 在經安會也是重要角色，透過他的關係，農經組和大使館、安全分署、美援會、經安會、工業委員會均易溝通。第二任組長是 B. M. Jenson，是史丹福大學的農經碩士，在任二年。一九五四年開始，我接第三任組長。農復會初時有十個組，其中五、六個組由外國人任組長，後來慢慢發展，組長多由中國人接替。農復會最多時大約有十九位美國專家，以後逐漸減少。我在一九五四年接任組長時，農經組約有十七、八人。

那時農經組的主要工作有幾方面：

一、稻米生產與糧價問題：糧食局一般較偏重低糧價政策，但又怕低糧價政策影響農民生產的意願，政府乃另在品種改良、水利發展、肥料、農業推廣、技術改良等方面加強。那時因軍糧民食的重要性，政府最重要的政策是如何增產糧食，同時那時米的出口是除糖之外，賺取最大宗外匯的來源，所以糧價問題經常成為當時爭議的焦點。經過辯論、討論，最後決定收購價格。政府掌握糧源的措施是：(1)田賦徵實；(2)隨賦收購：會產生價格上的問題，每年爭論很厲害；(3)餘糧收購；(4)肥料

換穀：斤米斤肥(一斤換一斤)，但市場上有米價，若米價高，農民便覺吃虧，尤其那時肥料（硫酸銍）多半從日本進口，早期一噸爲三十六美元，相當便宜，所以後來肥料換穀的比率越來越低，降到 0.9 斤米換一斤肥料，再降到 0.85 比 1。肥料換穀的比率在當時引起很大爭議，結果採保留制度，但降低比率的措施：因政府政策爲建立自己的肥料工業，但那時肥料工業生產的成本較高。另外，（5）是土地改革方案中的地價以稻穀償還。政府透過這些方法，可以掌握台灣糧食生產的1/3 至 40%，所以那時糧食局的運作極具關鍵性。稻穀存在各地鄉鎮農會的倉庫，由糧食局付倉租。

由於軍公教糧食及出口需要，使米格外重要，此外在青黃不接，市場糧價波動時，政府即拋售米糧以資穩定。那時台灣每人每年糧食消費量是一百四十四公斤（現在已降爲七十公斤），米在當時是很重要因素，因此那時米價對社會安定，人心安定影響極大，農復會農經組協調經安會及各方面而決定糧價。

在第二任組長 Jenson 任內，農經組出版 *Rice Review*，每個月出一期。因 Mr.Jenson 是由史丹福大學來的，史丹福有極負盛名的食品研究所（Food Research Iustitute），是世界唯一的，幾十年來出版 *Wheat Review* 及許多"Food Review Series"。*Rice Review* 最初是油印，後來是鉛印，內容包括 Part I：當前米的生產、價格；……等，是米的基本資料（Basic Data on Rice），及 Part II：是當前米的專題報告、分析（Specific Subjects on Rice）。出版了十年多。

二、我升任秘書長，經安會取消後，經濟部成立「農業計劃聯繫組」，但此組仍在農復會辦公，執行秘書仍由我兼任。另有工業計劃聯繫組仍在工業委員會及美援會，交通計劃聯繫組也在美援會。後來工業委員會與美援會合併，工業委員會是尹仲容、李國鼎等人負責，原來美援會的

秘書長是王蓬，後由李國鼎兼任。農經組即透過這些管道運作。

　　我任組長時，農經組約有十七、八人，可分為二組：(1)學術研究：政策性方面(policy-oriented)，是李登輝、王友釗、謝森中，各有不同的學識背景。(2)實務方面(operation-oriented)：有葉新明，曾任上海糧食總倉庫主任，對糧食管理的實務很清楚。許建裕，曾任職於東北的滿州銀行和台灣銀行，長於農業金融、農貸等實務。莊維藩，是技正，台南人，曾任台南縣建設局長，長於市場、運銷等。何衛明，曾任公賣局副局長，中文文筆好，協助與政府機構的聯繫。陳月娥，台大畢業，對統計資料很熟悉，我與李登輝當時合寫的論文，均由陳月娥去查資料。我們合寫的論文涵蓋一九〇〇年至一九六〇年，一九五八年、一九六六年各出一本，均先寫英文，再譯成中文，須找總督府資料，均由陳小姐協助。後來李登輝在康乃爾大學寫博士論文，也是陳小姐協助查資料。另外，我們也招考了六個統計助理來協助。崔永楫，是史丹福大學農經碩士，在政大教過書，介於政策研究與實務之間。

　　當時米價是民心所繫，米價均要上呈先總統、陳副總統，所以那時我們很為米價、為糧食問題費心。農林廳常與糧食局意見相反，糧食局李連春主張壓低米價，但李連春不是農林廳長，戰戰兢兢。而農復會傾向農林廳的意見。那時米價的問題緊張得很，農復會中米的技術人才都在植物生產組(第一任組長是錢天鶴，馬保之繼任，再是張憲秋)，另有肥料組，台灣早期的肥料一部分是美援進口，一部分向日本進口，一部分是本地生產，後來本地生產提高，即不再由美援進口。因有美援肥料，所以農復會有肥料組到各地視察肥料問題。經濟組在農經組（農貸原在經濟組，後來獨立為農貸組）。三方面工作內容雖不同，但相互配合。

　　三、農產價格的調查、研究、討論到定價，也是由農經組站在第三者的立場協助。這也是農復會一項最大的工作。糖價方面，糖業公司自

有農場所生產的糖,佔台灣糖產量的 20-25%, 3/4 左右則來自蔗農因此每年甘蔗收購價格及分糖比例, 又爲一大問題, 非常重要而敏感。在台糖公司和蔗農中間, 農復會作第三者, 類似公證人, 並請「中國農村經濟學會」作研究調查, 最初由台大教授張德粹主持。我們建立一制度, 每年開一次重要會議, 把台糖公司、蔗農代表召集來, 蔗農代表多是省農會, 省議員, 農復會農經組在會議中扮演重要的角色。而農復會作中間人也要有依據的標準, 首先要作各種調查, 如甘蔗成本、國際糖價等, 才能客觀地協調決定糖價。同時, 因甘蔗收購價格高低直接影響農民種植甘蔗面積, 所以糖價的決定也是農復會非常重要的工作。

我後來寫過《台灣之糖米競爭》一書, 以台中地區爲樣本。從前台灣是南糖北米, 糖和米的競爭因人口增加, 糧食需要, 而使甘蔗居於不利的地位, 結果米漸向南, 糖向北, 而以台中地區競爭最屬害。一九五七年, 我在明尼蘇達 (Minnesota) 大學的博士論文是: "Application of Linear Programing to Crop Competition: A Study in Taiwan", 那時線形設計方法剛問世, 最先用於空軍, 一九五○年代是生產經濟學方面比較新的方法, 我把這個方法用在糖米競爭的研究上。另有「產業關連論」(Input-output Table), 強調各種產業都是有關連的, 這在一九五七、一九五八年是新觀念, 也用在台灣農業的研究上。

對於台灣黃麻的收購, 農復會有張憲秋是黃麻方面的專家; 一邊是要照顧麻農, 一邊是政府, 工廠要收購, 當時龔連楨是台南最大的麻袋廠主持人, 也收購黃麻, 屬民間企業, 黃麻收購價格也是由農復會決定。此外, 香蕉、柑橘、煙草等的收購價格, 均由農復會協助建立制度。公賣局鼓勵農民種煙, 然後收購煙草。農民利用稻作第一季及第二季中間種煙草, 煙作需要很高的技術, 且煙草收成須分成七、八次, 收成後在農場烤煙, 烤煙後由公賣局收購、再第二次烤煙。煙分一等至七等, 一

至四等為好煙，四等以下為壞煙，價錢相差很遠，因此烤煙的技術很重要，而等級的分辨則憑目測，所以公賣局在收購時與煙農有很多爭論，煙農信任農復會，便由農復會作成本、價格等調查，協調定煙價、協助公賣局建立收購煙草價格制度。我因為這個緣故，出任台中煙業試驗所的評議委員至今。

農復會用這種方式，把台灣所有主要的農產品價格弄得很清楚，從基本的成本調查、成本研究分析、到定價，以供需、出口市場好壞為基礎。農復會請「中國農村經濟學會」等調查、研究，建立農產價格，張德粹過世後，現在是陳超塵主持。

四、水利建設方面，例如石門水庫、曾文水庫的建設，均是大投資，其地質、水文、技術、工程等均需調查。農復會並配合水庫建設工作，作水庫完成前的水庫區周邊環境調查（Bench Mark Survey）：即對水庫地區先作一般性的社會經濟調查（包括作物制度、農業生產……等），其目的是在建立周邊環境（Bench Mark），等水庫完成三、五年後，再做同樣的調查，與周邊環境比較建立水庫後社會經濟的變化，以估計建設水庫的效益。這些大調查，也是由農經組領導來推動，或補助有關單位自己組織調查團的經費。

五、台灣農業普查：一九六〇年第一次普查，農林廳成立農業普查委員會，農林廳全部包含在內，農林廳長任主任委員，我任副主任委員，李登輝等均有很多貢獻。其後每五年一小查，每十年一大查，建立制度。日據時代曾作過普查，但需大筆經費，光復後由農復會補助。

六、專案研究：對台灣各種農產品，例如毛豬、柑橘、鳳梨等的生產運銷、市場、加工……加以研究，以了解生產潛力、市場方向、在世界市場的競爭關係等。

七、農復會農經組的人才多半在台大農經系及中興大學農經所兼課，

一不佔其位(兼任);二不領薪;三只教一門課, 等於加強陣容。我一九五〇至六〇年, 在台大兼任教授, 一九六〇年任秘書長才辭職。中興大學成立農經研究所, 是由李慶 (立法委員、伊利諾大學的農經博士) 推動, 由農復會協助, 第一年補助一百多萬元, 前後共補助三百多萬元。我、李登輝、王友釗也都在台中農經所兼任。

(1988 年 12 月 17 日謝森中先生第三次訪問記錄)

[3:3-2] 經安會第四組:

當時第四組(committee D)第一任的執行秘書是張憲秋, 負責農業的生產計劃, 那時的生產計劃都是做生產目標(Production goal), 美國大使館和安全分署的經濟顧問 Dawson 對這生產目標很有興趣, 下了不少工夫。第二任的執行秘書是龔弼, 第三任是我兼任 (第一、二任的執行秘書都是學農業技術, 我是學農業經濟), 第四組的人事經過以上這樣的演變。最初擬定生產目標: 我們採用農業技術生產每一種作物, 把每一種作物的生產條件、單位產量, 市場都瞭解清楚, 相當有把握之後, 才決定生產目標。如增產稻米, 我們計劃增加稻作面積、單位產量, 各縣市的第一期、第二期稻作分開來, 肥料、品種、病蟲害防治如何配合, 非常仔細。糖、鳳梨等四年生產計劃都是如此做, 很清楚、很精細。

逐漸演變到後來, 除了生產目標之外, 再加上其他的考慮: 經濟條件、國內外市場需要等, 除米、糖之外, 其餘都是農產加工品, 如鳳梨、洋菇等。農產加工品即需要農業和工業的配合(農產加工業), 這方面農工業合作得不錯。只有在作預算時, 農復會、農林廳、糧食局、糖業公司、水利局等在經安會討論, 因政府在考慮預算時沒有考慮到農業方面, 所以有可能在預算方面似乎大家有較多的爭論, 或是訂價方面, 農產品收購價格等。有時農工業有較多爭論, 那時農復會為使中央銀行總裁、

經濟部長或工業委員會尹先生等人增進了解溝通，經常利用假日，由農復會出面租一、二部巴士，把尹仲容先生、中央銀行總裁、經濟部長、李國鼎先生…都召集來，開車到鄉下實地看，晚上即討論、增加了解，所以很容易溝通。那時由沈先生帶隊，大都看三天。經安會取消後，經濟部有農業計劃聯繫組、工業計劃聯繫組，交通部下面有交通計劃聯繫組，農業計劃聯繫組召集人仍是沈宗瀚先生，執行秘書仍由我兼任，工業計劃聯繫組召集人是李國鼎，交通計劃聯繫組召集人是費驊。經濟部內部各司開部務會議時，農業及工業計劃聯繫組執行秘書也都參與。

低糧價政策是爭論得很厲害的政策，那時有肥料換穀低糧價兩種政策，低糧價政策是因為顧慮到軍需民糧，肥料換穀實際上是一種方法，廢除與否爭論很多，我和安全分署經濟顧問贊成取消；張憲秋主張保留，覺得這制度很好，討論半天的結果是保留但降低比率。後來再多次降低。

關於低糧價政策，因為那時政府還不太有信心，觀念上仍是軍糧民食最重要。政府有能力影響米價，因政府控制 30%。農民自己有米，如不夠時，政府拋售來抑平米價，那時輸往日本的米價好像也不錯。低糧價政策也等於間接補助工業，且那時沈宗瀚先生與工業委員會的溝通方式很好。

（1988 年 11 月 19 日謝森中先生第二次訪問記錄）

[3:3-3]　農復會撥款申請程序：

農復會採用固定的目的與原則以指導其操作。委員會的工作計劃富於彈性，這種彈性措施為迎合台灣變化情況的需要以及農村地區各種不同條件。一般來說，委員會於工作開始之初，曾強調作物改良和水利，逐漸擴展其範圍包括土地改革、鄉村衛生、畜牧、森林、農村經濟、漁業、農民組織和農業信用等。

當接到申請協助之後，首先由各有關技術組審查其目的和原則是否與委員會所訂者相符。審查者必須滿意的回答下列各項問題：

1.此項申請是新的事業抑或增強或擴展已有操作的計劃？

2.此項申請是否能產生結果？

3.多少人會受到此項申請的利益？

4.主辦機構的效率如何？主持這個計劃的負責人的訓練程度如何？

5.主辦機構的經濟情況如何？能配合多少款項？

6.在農復會支援結束後，此項計劃繼續性的展望如何？

在許多情況下，有關技術組派出技術人員訪問及調查主辦機關，以便徹底瞭解申請的情形，並提出一項建議書送委員會考慮和核准。在初期時，若干機關不知如何準備此項申請書。在此種情況下，農復會技術人員常和地方有關人員共同合作草擬。

當申請獲同意之後，農復會直接匯寄款項給主辦機關，款項之支付常依據計劃進展而分期撥付。至其進度則由農復會有關專家定期前往檢查。

> （謝森中，〈中國農村復興聯合委員會〉，收入：章之汶著，呂學
> 儀譯，《邁進中的亞洲農村》，台北：台灣商務印書館，1976，頁
> 416-417。）

[3:3-4] 農經組工作：

我念台大農經系三年級時就曾參加農復會的實習，當時的助教是李登輝先生，畢業後分發到物資局。而後轉任農經系助教並參與農復會研究計劃。一九五六年第一次出國回來後任教台大並兼農復會技正。一九六二年第二次出國回來後任台大副教授、教授。一九六六年農復會農經組缺人，由蔣彥士推薦到農復會任農經組組長。

　　早期農經組的研究，大多從事於較個體性的農業經濟方面的研究，以謝森中、崔永楫爲領導人，主要做重要農作物個別生產成本及農家所得方面的調查分析工作。另與台大、興大的合作也多是屬於農業經濟方面的研究。而後自己做的研究大多注重整體性問題的分析，我同時於台大、興大任教，與兩校農經方面的教授均熟悉，因此開始綜合兩校教授，組成跨校的研究。這與早期的研究有很大的不同。也因此漸涉及政策性的問題，奠定加速農建計劃的形成。加速農建計劃的內容大多由我草擬後與沈宗瀚先生、孫運璿先生討論，而後經國先生到中興新村宣佈實施。其實在此之前已有所謂 GSP 計劃，而加速農建計劃的形成是經過朝野各方一連串討論，非憑空而降一夕之間倉促形成的。

　　從農業觀點來看，農復會成功之處是：㈠能將一般農業計劃與較科技化的理念結合。專家們到農村現場發掘問題，並可直接與各部會接觸，透過計劃來解決問題，而且專家們說話算數，這點是非常重要的。在早期，計劃的發展空間大，除經費外各組的計劃不相衝突，但今日發展空間小，每一計劃均有其連鎖反應涉及他組，推動較難，因此計劃須有整體觀。㈡農復會不是中央機構，凡委員會批准的計劃就可執行，並不涉及政府法令，委員會批准了就是法律，因此很有獨立性。㈢農復會是中美合作機構，會內中、美委員均有，中國委員看問題較細；美國委員則較寬，因此對每個問題都看得很週到。農復會內有專家制度，專家能獨立作業。現在是屬政府機構，作法與農復會不同，如何互相協調是一大重點了。

　　至於農復會秘書長的角色主要是協調各組，瞭解各組工作狀況並將意見上達委員會，委員會討論通過後，由秘書長批交各組執行；行政上人事、交通等問題也都由秘書長負責處理，同時要與外溝通。故秘書長是協調溝通的靈魂人物。

農復會是中美政府合作成立的機構,目的在協助中國政府發展農業,使農業機構健全壯大, 等到政府機構壯大不再須要農復會了, 則是農復會成功之時。農復會培養人才出國進修, 學成回來不是回到農復會, 而是到政府農業部門幫助政府促進農業的發展, 因此, 農復會的極限是功成身退。由此觀點來看, 農復會何來每下愈況之有?

至於農業援外, 僅止於單純的技術層面, 若較深之制度面, 則涉及政治而有其實際實行上的困難。

(1989 年 8 月 11 日王友釗先生訪問記錄)

[3:3-5]　李登輝在農經組的工作內容:

我在農復會農經組期間的主要工作, 除了配合業務上的需要, 從事政策性的探討及經濟分析工作外, 並有計劃地完成一系列的研究計劃。這可以從幾個方面來談:

譬如對台灣農業發展的系列研究: 我從民國四十六年進入農復會後, 與當時擔任農經組組長之謝森中先生計劃出版三類報告, 即農業生產、糧食需求及農業政策與制度等三個方面。於是我一方面開始著手蒐集與整理農業有關之各種統計資料(最早的資料自一九八五年開始), 另一方面陸續完成各種研究報告。

在農業生產方面: 一九八五年出版 *An Analytical Review of Agricultural Development in Taiwan--An Input-Output and Productivity Approach*, 與謝森中先生合著。一九六六年出版 *Agricultural Development and Its Contributions to Economic Growth in Taiwan--Input－Output and Productivity Analysis of Taiwan Agricultural Development* 一書。此書係爲 JCRR 與 USAID 在華舉辦的 Seminar on Agricultural Development 之重要

參考文獻，也是與謝森中先生合著。一九七五年則出版"Growth Rates of Taiwan Agricurlture, 1911−72"這篇報告係在 ADC 與 East−West Center 於一九七三年在夏威夷舉辦的 Conference on Agircultural Productivity 中發表的，與陳月娥女士合著。另外"Labor Absorption in Taiwan Agriculture"一文是在 ILO 與日本亞細亞經濟研究所，於一九八〇年在東京合辦之 Seminar 中發表的，是與陳希煌教授及陳月娥女士合著。

　　除了發表上述的論文之外，我還做了有關農業經營雜異化之研究，參加 Asia Fundation 在我國舉辦農業雜異化之 Semiar，並且從事估計戰前的農業勞動力與修正戰後初期之資料，並且修正與補充戰前的農業生產資料。

　　其次，我對糧食需求與消費（Food Consumption and Demand）的問題也做了一些研究，譬如估計戰前之台灣國民所得、估計戰前的糧食供應與消費、整理戰前的農產品進出口資料、發表《台灣糧食需要之分析與預測》（與陳希煌教授合著），以及編算戰前之農工產品價格指數。

　　我在一九七〇年代上半期也做了經濟發展與保護政策之系列研究，這個系列是世界銀行之研究計劃，是與梁國樹先生合作，當時共發表下列四篇報告："The Sturcture of Protiecton in Taiwan"，"Process and Pattern of Economic Development in Taiwan"，"The Structure of Effective Protection and Subsidy in Taiwan"，以及"Development Strategies in Semi−industrial Economic"等。

　　我還參與台灣農業問題之研究與農業政策的研擬，當時的工作要點是配合經濟發展階段及各種不同農業問題的產生，而決定各階段的研究

重點。譬如，在出國進修以前(民國五十四年以前)，我協助研擬農業建設四年計劃及長期經建計劃、協助辦理 Farm Income Survey(一九五七與一九六二)、領導編算以農業部門爲主的投入產出表（一九五九）、從事土地改革的經濟效益評估、協助台糖公司研究砂糖保證價格之合理水準與計算方法、從事農工不平衡發展中農業結構改善問題的研究、作水利投資之效益評估（石門水庫與大埔水庫）、並負責籌劃農復會與 ADC 在我國舉辦之「農業在台灣經濟發展策略中之地位」研討會。

在出國進修期間(民國五十四年至五十七年)，我的研究重點爲台灣農工部門間之資本流通，並寫成博士論文。回國以後（民國五十七年以後)，很注意民國五十年代中期以後，由於經濟結構轉變與農工不平衡發展所帶來的問題，例如台灣農業生產停滯與農民所得持續偏低等問題。因此，從民國五十年代末期到六十年代的研究重點，就在於探討農業結構的變動，以及農業政策調適問題。在這段期間，我比較重要的工作：有籌劃及領台灣農業結構變動的系列研究。這項研究計劃從民國五十八年始，爲期四年，參加學者有台大與中興大學的七位教授，這項研究計劃是我國農業經濟研究第一次以集體研究的方式進行。

此外，我還從事台灣農業發展問題與政策的研究，以及農村問題與農村建設的研究。上面所談這些大概就是我當年在農復會的主要工作。

(1990 年 12 月 3 日李登輝先生訪問記錄)

第四章 農復會與農業技術
的創新

第一節 農復會與農業科技研究

[4:1-1] 馬保之先生的工作經驗:

一、農業組技正 (1949 年 12 月-1951 年 6 月)

第一件造防風林: 台灣地區日據時代所種的防風林, 在戰爭期間因燃料缺乏, 被居民濫砍當柴燒, 已失去保護農作物及防風沙的作用, 為了造福農民, 在農復會的支持下, 我在西海岸一共協助省林務局完成七十多個重建防風林計畫, 最大的幾個集中在虎尾、台西、麥寮沿海一帶。值得一提的是那時台南縣政府所在地的對面外海, 有一座小島, 也想造防風林來改善地理環境, 以利魚類聚集棲息, 為了探查該島是否有水源可供植樹造林, 我們工作人員經常利用漲潮坐木桶漂浮過去, 實地勘察, 回程退潮時, 則必須在爛泥灘上一步一步費勁的走回來, 短短的距離卻得花上三個小時, 但在同仁的努力下, 還是把防風林造起來了。

第二件改良鳳梨品種: 台灣今日的傲人成就, 可以說是由農業帶動工業所造成的, 而農業的發展過程中, 鳳梨扮演著舉足輕重的角色, 使台灣贏得鳳梨王國的美譽。但初時台灣鳳梨的品種曾經呈現退化的現象, 果實愈來愈小, 我和鳳梨公司鄭長佑、張奇荷先生及嘉義農試所分所楊賜福所長等人擬定了一項鳳梨選苗計畫, 進行鳳梨的品種改良。鳳梨品

種之所以呈現退化，尚有一個原因是受介殼蟲的肆瘧，我在得力助手劉廷蔚先生（病蟲害專家）及朱海帆先生（土壤專家）的幫助下，順利的達成鳳梨育種選苗的工作。

二、植物生產組組長（1951 年 6 月－1954 年 12 月）

一九五一年農復會改組，原任農復會委員的晏陽初先生辭職，遺缺由錢天鶴先生升任；農業組則擴大分為植物生產組、畜牧生產組及森林組等三個單位。我被派任植物生產組組長，辦公地點搬到南海路新建會址，防風林的造林計畫也就名正言順劃歸森林組了。我在三年半的植物生產組組長的任期中，有不少值得一提的大事，第一是為鳳梨公司爭取農復會的貸款，保留了位於屏東境內，繁殖優良鳳梨種苗的老碑農場。當初鳳梨公司因財務拮据，想把位於屏東的老碑農場賣掉，這是本省鳳梨種苗繁殖中心，沒有這樣一個中心對未來本省鳳梨的生產會造成極為不良的影響。我向農復會提議，要求貸款新台幣一百萬元給鳳梨公司（在當時一百萬元是一筆巨額的數目）卻連續兩年都被委員會所否決（農復會委員沒有提案權，只有同意權及否決權，提案權是由各組自行找計畫後，向委員會提案。計畫經同意後，經費的撥付也由組長負責，不予干涉），第三年我實在沈不住氣了，只好請委員們實地去視察，當委員們了解詳情後，計畫終於順利通過。蔣夢麟先生為此特別嘉許我「擇善固執，努力不懈」的精神。

第二是協助台灣省青果合作社從改革到壯大，當初青果合作社經費短絀業績不彰，我們協助輔導的有高雄、台中和新竹三個分社。高雄和台中分社承辦的是香蕉產銷，新竹分社則承辦柑桔。我們指導一些簡易的方法，例如將香蕉樹上果實用報紙包裹，並以竹竿支撐樹幹，防範颱風的侵襲等來協助青果合作社的會員（蕉農），這些雖然是很簡單的技術，但在當時青果合作社根本無力購買這些最低廉的材料。至於協助新竹分

社方面，我們在新竹的新埔設立了包裝訓練班和害蟲防訓練班。教導學員在柑桔表面上臘，防止水份的蒸散，確保柑桔的新鮮等以及防治害蟲的常識和各種措施。除了技術知識的指導外，我們並捐助了許多儀器設備，使訓練班的課程更加落實。原本青果合作社總社位於台北中央市場，只有兩間小房屋，等我們將改革工作完成時，該社已經成為富翁了，自建八層樓的青果大廈。除了上述這兩件事之外，我在植物生產組組長的任內，我手下猛將如雲，個個都是專家，我儘量運用各人的長處，尊重他們的意見，讓人人各盡其才主動發揮。而我就有多餘的時間顧到全面性的運作，所以還發展過高農的教育。當時國內的高級農校很多，可是在基本科學方面，例如物理、化學、動植物學等卻很差，在我的建議下，農復會購買了許多儀器設備送給學校，並且從台灣大學聘請教授，針對物理、化學、動植物的教員進行講習，以充實這方面的教育。此外，我除植物生產組本份工作外，還兼負農業經濟組組長的任務，（當時組長懸缺），處理毛豬及柑桔的外銷。由於工作的需要，我經常往返港台兩地，那時由於國內民生物資相當缺乏，因此每出差總受託替同仁採購東西，最高紀錄曾經一次帶了 27 雙皮鞋回來，海關人員還以為我是經營鞋店的老闆。

（1989 年 5 月 10 日馬保之先生訪問記錄）

[4:1-2]　作物病蟲害工作：

我主辦的工作是作物病蟲害除害方面的業務，大部份問題的解決方法，須先經過試驗才可以交給農民去做，所以，我的業務對象，一方面是農業試驗所、改良場、大學農學院及各種試驗研究機構，另一方面是實行的農林廳、縣市政府、鄉鎮公所及農會等。我想舉二例說明：

一是農復會到台灣初期，在宜蘭頭城、礁溪一帶，有所謂鹽水螟蚣

問題。

二是在我離開農復會的前兩年，有關於田鼠防治的計畫。

宜蘭頭城、礁溪靠海邊一帶，約有七百公頃左右的水稻田裡有「鹽水蜈蚣」，是一種軟體的蟲，大小與蚯蚓差不多，但也有二、三尺長，深入土裡吃水稻的根，使水稻不能生長，許多地都荒廢了。幾十年來，日本也想盡各種方法來防治，卻都沒什麼效果。農復會看了以後，認為有幾種農藥應可以把蟲子殺掉，因此，先請農試所對頭城實地做實驗。結果證明當時新的農藥為 Aldrin,Deldrin 以及本地產茶餅、菸肋都能把蟲除去，我們決定採用菸肋，因為公賣局當時有大量菸肋存著未用，再則因為菸肋處理後，鹽水蜈蚣受到刺激，鑽出土面然後死亡，農民一見就知有效，技術問題決定後，農復會就決定計劃，購買菸肋，鄉鎮公所農會負責分配至各農家。實施以後十分成功，不但水稻生產大增，養鴨人家也說鴨蛋也多生，因為吃了鹽水蜈蚣。實際上這計劃的成功不僅是幾百公頃的稻田生產，而是農復會得到農民的信仰。在試驗進行中，一部分農民說日本人幾十年都沒辦法，這怎會成功？當時農民對日本人還是很佩服，而農復會初成立，機構不大，也非官方單位，難得農民信心，得到農民信心是農復會成功的最大因素，記得抗戰前在南京，推廣人員按戶到農家替他們處理小麥、防治黑穗病，推廣人員到了門口，農家不好意思，取出部份代表種拌藥，待你一走，農民把藥粉用水洗了，農民無信心，什麼也辦不成。

二是台灣田鼠防治計畫。據估計：熱帶地方田裡老鼠數目是人口的三倍。所以算起來，台灣約有幾千萬隻野鼠，而且生殖力很強，對於農家的損害很大。大小倉庫裡的糧食、飼料，田裡的甘藷、花生、甘蔗，甚至於雞蛋、水稻都有被害。台糖公司在甘蔗田裡放了幾年毒餌，雖然有點效果，但並不理想，因蔗田裡的野鼠去掉後，附近的野鼠就進去佔

了牠的地盤。對於這個問題，農復會從研究做起，首先請農試所陳德能先生主辦這件事。他花了二、三年時間，把野鼠的種類、生活習性、生產季節及用何種毒餌、如何調配等各種問題研究清楚。然後大家商量，決定了兩個方針：(1)是野鼠防治必須大面積同時舉辦，小小一塊塊區域做不容易見效。(2)是在冬季舉辦，因冬季田裡吃的東西較少，易使野鼠來吃毒餌。整個計畫的實施以農林廳為主，農林廳、各鄉鎮、農會花了很多時間說明這個計畫。農復會原計畫以三年時間完成全省的防治，分北、中、南三區，每年做1/3，不管有無栽培的土地，每公頃一定要放十五個毒餌站，想不到這計畫提出後，全省三百餘鄉鎮都熱烈要求參加。當時農復會預算不夠，但美援會知道了，他們願負擔一部份經費。農復會負擔的主要部份是買藥(WARFLIN)，放毒餌的竹筒及毒餌的配置由各鄉鎮公所、農會來負責，農林廳則在各鄉鎮解釋室外毒餌的放置。

　　為了鼓勵這個計畫，規定清數死野鼠尾巴，每尾有一毛的獎金，實行成績好的鄉鎮，另外有獎勵。這個計畫面積之大，參加人數之多，可說是農復會最大的計畫之一。實施後訂一個時期舉行數尾巴數量比賽，當時的總數是一千多萬條，估計約殺死三千多萬隻老鼠，因估計找到一隻死老鼠，同時約有二隻沒被找到，可是當時我已出國沒有參加。從這個計畫看來，農復會的號召力量很大，台灣農民對農復會也可說是完全的信任。這計畫和上面鹽水蜈蚣計畫相比，不過相差六、七年，農民對農復會的信心真是有天淵之別。當時農復會之計畫無一不成功，也都有實際業績，是我一生中工作最愉快的時期，每個計畫農試所、農學院、農林廳、各縣市政府、各鄉鎮公所、農會，大家合作無間打成一片，可說一點問題都沒有。

　　　　　　　(1989 年 6 月歐世璜先生訪問記錄)

[4:1-3] 畢林士工作經驗:

Because of my own technical background, I was particularly impressed some by the following inventions that were made during my 4-1/2 years.

1. First was an invention which made the production of mushroom soar in Taiwan. This grew to bea very large business. For a while, Taiwan almost had a global monopoly in canned mushrooms. One of the biggest suppliers of canned mushroom were the Pennsylvania farmers who grew mushroom essentially in caves. The basic feed material for mushroom were horse manure which was readily available. I seemed to remember that Taiwan's horse population was 400 which was impossible to provide for mushroom growing. One of our people, Dr. J. C. Chiu invented arti ficial horse manure. This was an incredible success. Very rapidly, farmers around Taiwan set up little infrared sheds so that temperature would not get too hot and prepare the material which permitted the mushroom to grow at its pace. I remember vividly when the head of our USDA came to Taiwan and explained that Pennsylvania farmers were feeling threatened by the enormous amount of canned mushroom that had penetrated the U. S. market.

2. The second product was the technique for artificial insemination. The principal duck produced in Taiwan is a hybrid. It

is a cross between the muskavy drake and Tsai or vegetable duck. The product of this union is known as a mule duck and is infertile. It cannot mate. I just read within the last few months an article from a paper by the National Science Council in which a biological study has shown exactly why the hybrids are not furtile. Today, over 10 million of these ducks are produced in Taiwan every year. They differ from other ducks in the thickness of the fat layer and the improved flavor of the meat. The drake of course is very, very large and the vegetable duck sits very low on the ground. There was no way for normal mating. I tried very hard to find out how the original technique of mating these ducks was developed. I have written to Professor Needham in Cambridge, England but they have not started a book on animal husbandry. In the original technique, the farmer would actually pick up the drake and the vegetable duck and in fact put them together. With a thousand head of duck this was very time consuming. As wage began to rise in Taiwan, it looked as though the duck business would disappear. A technique had to be developed which would cut down the time and a notion was conceived for developing artificial insemination. It took several years to develop the technique. I lectured once in the U.S. to the National Academy on the process. In any case, semen is extracted from the drake and put in a special glass container which can be used to inseminate the vegetable duck. One drake provides enough for perhaps 30 or more ducks and the process takes only a few seconds. I was amused by the speed with which knowledge of this technique has spread over Taiwan. It took a little time for the factory to produce glass devices and instruction literature had to be prepared. Before the printing had been finished and dissemination of the literature was to take place, we found that word had already spread to every duck farmer on the island.

3. Another development was the early importation of outboard motors. At that time, local fishing was done entirely from bamboo rafts. These were rowed out from the shore and the business of getting into appropriate location took considerable length of time and the notion of adding an outboard moter seemed productive. The moters were a tremendous success and the increase in tonnage of fish was spectacular. This work was from our Fisheries Division.

4. Another Fisheries Division achievement was the improvement of nets for Matsu. Apparently, the fish nets were being made of straw and of course they would last only a short time. By shifting to nylon, the life of the net was of course incredibly extended and the fishermen thus had more time both for fishing and for doing other work on the island.

5. One method of increasing yield of rice was to find varieties which were resistant to disease, less subject to lodging and capable of producing a higher yield per acre. Our Plant Indus-

try Division was constantly searching for improvements which come both from our own work in Taiwan as well as other places like the International Rice Research Institute in the Philippines.

6. This sort of genetic activity was also carried out by our Fisheries Division. We were heavily involved in reforestation where one of our efforts was selection of the proper species of tree to provide useful wood varieties and at the same time to stabilize the land which in many cases were very much disturbed by the removal of the forest.

7. JCRR was also involved in improving livestock. One of the first herds of cattle was set up in Kenting.

8. Another example was sisal. The Japanese had two very large machines for decorticating the sisal leaves and prepare the raw fiber. This is a remarkable material which for years had been used for ship hausers and other lines. Because the fiber does not deteriorate in seawater, the southern part of Pingtung had a very large number of plantations. People in Hengchun area were often wealthy and had a higher standard of living because of the production of this plant. The Japanese had two very large machines for doing the stripping of the pulpl from the fiber. Bothe of these were destroyed by the war. Machines that were left were small portable devices which could be taken into a plantation. They could process a very small amount of material per hour and the large

machines were more efficient. Our Plant Industry Division felt that the productivity would be enormously improved by acquisition of an electric driven devices. In 1965, a very large decorticator was bought from the Shirtliff Company in England and was turned over to PDAF for operation. The people in the Hengchun area were excited by the machine and shortly afterwards ten copies were made by local companies. These were acquired and set up by various private companies. One was a large rope factory which had two machines not only did its own decorticating of material bought from local farmers but also from other decorticating factories. The productivity of sisal increased. Like the mushroom, however, the business finally did die away but not before a very large amount of income was generated for the farmers.

Each of the developments had an enormous effect either on Taiwan's total income or farmer's livelihood or finally the variety of food which became available to the people.

(1989 年 9 月 30 日畢林士先生第二次訪問記錄)

[4:1-4]　水土保持:

本省人口稠密, 耕地面積有限。以有限之土地供養繼續增加之人口, 必須一方面充分利用現有之土地資源; 另一方面加意保護有限之耕地, 使免受沖蝕毀損。各方申請協助推行水土保持計劃者絡繹不絕, 足見政府機關及一般社會人士對於此項工作, 均已普遍重視。

本會于四十三年夏季延聘美國水土保持專家來華, 協助農林廳及其

他有關機關推進水土保持計劃。在技術及經濟方面本會曾補助農林廳辦理一縣鄉鎮級機關團體農業人員水土保持訓練班，參加受訓者計六十三人。又本會對魚池平鎮兩茶葉試驗所暨林口茶葉傳習所，曾經協助建立土壤沖蝕觀測區。觀測工作正展開中。

本會應台糖公司之請，曾協助車路墘糖廠使用曳引機及耕犁興建寬埂階段，同時並協助玉井塘廠建築平台階段。建築平台階段時所用之 V 形土耙，係就地製造利用水牛牽引。關於鳳梨在峻峭土地生長之水土保持工作，已在大樹鄉舉辦小規模之示範。又本會曾協助建設廳將大貝湖集水區土地予以適當利用，並對台灣大學水裡坑試驗林給予技術協助，以便選定土壤沖蝕觀測區及設計流失測量槽。其最顯著之成就，即各方對水土保持工作，已逐漸發生熱烈之興趣。自清水之小型水土保持示範區表現成績以後，其附近三鄉之農民及機關職員，紛紛請求農林廳協助各該鄉辦理同樣水土保持工作。

（《中國農村復聯合委員會工作報告》，第六期，頁 164。）

[4:1-5] 種子技術發展：

本省種子技術之發展，由于缺乏有訓練有經驗之技術人員，至為緩慢。本會針對此項問題之解決，本年度辦理大規模之種子技術人員訓練。在五十三年度內，本會曾協助省農林廳舉辦三次為期一週之種子檢查技術訓練，由省檢驗局及糧食局選派技術人員計六十七人參加，由本會專家及其他農業機關技術人員擔任講解，並安排充分實習時間，俾參加人員能獲致實際操作之經驗。除上述三期種子檢查訓練外，本會並在種苗繁殖場辦理為期一週之種子整理技術講習，由各農業改良場選派技術人員共十九人參加。課程內容為種子整理之原理，及各種新式種子整理知識之運用。種子整理技術訓練班為由省內專家自行主持之首次。

省農林廳採納本會專家建議,本年內在農產科下成立「種子技術股」,主要任務為: ㈠研究本省設立種法之需要及可能性; ㈡辦理優良母樹之檢查與鑑定; ㈢辦理全省種子商登記; ㈣研究並改良種子整理、藥劑處理、貯藏、包裝及分配方法; ㈤協助並監督種子檢查、鑑定之工作進行; ㈥辦理種子檢查, 田間檢查及種子行政技術人員之訓練; ㈦督導全省良種繁殖及檢查制度之進行。經由本會技術及經濟之協助, 此一新成立之全省最高種子行政機構正積極從事改良及發展本省之種子事業。

(《中國農村復興聯合委員會工作報告》, 第十五期, 頁 29。)

[4:1-6]　農業機械化:

本會為加速推動農業機械化, 與政府有關單位共同擬定農業機械專案貸款計劃, 俾農民或農民團體能獲得長期低利貸款購買曳引機、聯合收穫機、耕耘機等。本貸款共計新台幣 829,200,000 元, 自六十一會計年度起分三年實施。

關於利用該項貸款應購買何種機具, 本會與政府有關單位所組成之農業機械專案審核小組, 已核定十家農機廠商產品, 計有耕耘機三九型、農用引擎二七型、插秧機二型、植物保護機械一型、收穫機械五型、曳引機附屬農具廿三型。同時降低農機價格自 1,000 元至 10,000 不等, 農機貸款自今年十一月一日開始至年底為止, 已貸出新台幣 49,000,000 元, 共購置農機 1,000 餘台。

(《中國農村復興聯合委員會工作報告》, 第二六期, 頁 14。)

[4:1-7]　水稻田航測調查:

本會與台灣省政府農林廳合作, 於六十三年七月利用最新之空中照片予以判釋並加現場校正, 再參照水利土壤等有關資料, 就土地利用類

別及狀況製成航測調查圖，迄六十三年底，已於屏東地區試辦完成，成果甚佳。預計六十四年底，完成台灣全區之調查工作，即可全盤明瞭台灣平地區域土地利用狀況，尤其在瞭解水稻田分佈面積及具有可開發為水田潛力地區之土壤及水利狀況後，更可據以擬定水田開發及糧食增產之長程計劃；對於水稻年度增產計劃及相關之肥料配售、倉儲、運輸及稻米收購等亦多裨益。配合政府實施區域計劃，在區劃農業區及土地分區使用管制方面將可提供具體參考資料。

（《中國農村復興聯合委員會工作報告》，第三十期，頁20。）

第二節　農、林、漁、牧的生產

[4:2-1]　引進南非參壹零蔗種：

引進南非參壹零蔗種紀念碑

　　民國三十四年仲秋，第二次世界大戰告終，台灣復歸我國版圖，日本人之居留本省者全被遣返，其所遺留之事業由我政府派員接管，繼續經營，虎尾糖廠即其一也。翌年夏糖廠農務處汪副處長楷民感於本省甘蔗品種之有改進必要，乃在朱協理有宣指導下，馳函各國著名蔗種試驗場徵求新種，閱時半載，即獲南非聯邦納他爾甘蔗試驗場所贈之參壹零蔗種三十六芽，此乃納他爾甘蔗試驗場早年從印度引入之雜交籽實而加以培育改進者也。汪君遂委託其同事宋載炎、夏雨人二君試種於虎尾糖廠宿舍附近之蔗苗園。三十七年秋作品種比較時，其生育因較其他品種為佳，顧以其為細莖，猶疑其產糖率或不能逮當時流行粗莖品種之高，未予重視也。熟知年復一年績效漸著，初由單芽繁殖而單株試種，繼以品種比較而宿根留種，更復區域試驗而擇地推廣。至民國四十一年秋，

其推廣面積已達一千四百十二公頃，蓋品質之優異，日益顯著矣。茲舉其大者，約有數端，首為分蘗多可以節省育苗所需之土地面積。次為產蔗量與產糖率俱高，最為農民所歡迎，再次為適應性強，在台灣多數地區均可種植，且更可利用宿根連續留種至數年之久，而不需換種，不僅可節省育苗之煩，且能將生長期間由十八個月縮短至十二個月，其性能之優，成績之佳，實為始料所不及。惟此品種在推廣種植前，僅有一年之區域試驗經驗，衡諸學理本不宜作大面積栽植之嘗試，徒以其時適逢世界糖價低落。本省農民不樂多植甘蔗，砂糖又為台灣最大宗之輸出品，國家需要外匯孔急，外輸糖量不容或減。故欲謀補救捨此實無他途。台灣糖業公司當局之提前推廣南非參壹零蔗種栽植面積，實具苦心也。先是總公司顧問李先聞先生之建議，總經理楊繼曾先生之採納，毅然於四十一年秋先推廣南非參壹零甘蔗種植面積一千四百餘公頃，繼於四十二年秋再擴展至三萬五千公頃，時以農民對於此品種之優異，早俱信心，競相栽植，不期而種植面積竟達三萬九千八百七十公頃，此又出於意料之外矣。迨四十三年秋栽培面積更增至七萬餘公頃，約佔全省甘蔗栽培總面積百分之八十一，台糖公司向所焦慮者，由此一掃而空矣。是年中華農學會組織農業學術事業褒獎委員會，公推常務理事趙連芳先生為主任委員，研究台灣光復以來，個人與機關之於學術與經濟具有重大貢獻者，據以表揚，開會多次，共以推廣南非參壹零蔗種之台灣糖業公司為入選之決議，同年十二月中華農學會與其他農業學術團體召開聯合年會於台南，又將此一決議提請大會研討，復經一致通過，爰請藝術家李祖德君代為設計，塑像造碑，樹於虎尾糖廠之花園，藉誌蓽路藍縷之功，而明利用厚生之效，余乃為記其顛末如此。

中華農學會理事長泉唐錢天鶴撰文並書

中華民國四十四年十二月十二日立

　　（王光遠，〈記最早獲得本會襃獎的三個團體會員——台糖公司、
　　獸醫血清製造所、台肥公司〉，《中華農學會成立七十週年紀念專
　　集》，頁 213－215。）

[4:2-2]　豬瘟疫苗：

台灣省政府農林廳獸疫血清製造所豬瘟疫苗肅清豬瘟促進生產紀念碑
　　台灣農業生產豬居重要地位，其總值年達二十億元之多，然此一生
產實非一蹴而幾，在光復初年，曾因豬瘟猖獗無人飼養以致一蹶不振。
台灣省農林廳獸疫血清製造所忱以此種險象，倘不予以撲滅，則台灣豬
產前途，將不堪設想。主其事者遂與其同寅集議，謀所以解救之方，先
由伏馬林臟器改進爲結晶紫豬瘟疫苗，草創初期之成就，其時因產量不
多，未能普遍供應。民國四十一年中國農村復興聯合委員會已故獸醫顧
問紐森博士及技正李崇道先生，由菲律賓攜回兔化豬瘟種毒，交該所試
製疫苗，經多年接種試驗，卒獲更安全而有效之兔化豬瘟疫苗，是爲第
二期之成就。此項疫苗於彰化縣社頭鄉前後作三次田間應用，結果證明，
非特成本低廉而且免疫效果強大，持續期間良久，堪供防疫之用。四十
三年經農復會之補助及農林廳之採用，首先在屏東實施，漸次擴及全省，
遂成爲防疫之特效疫苗。嗣因兔化疫苗，均有水劑冷藏保存，僅達半日，
使用時間頗受限制，乃於四十七年商得農復會補助冷凍眞空乾燥機及冷
凍乾燥實驗室各一座，對於製造所用媒質乾燥過程、溫度、溶劑與病毒
之關係，保存時間含濕度及注射時期等，曾作詳細之試驗，乾燥兔化豬
瘟疫苗因出而問世，是爲第三期之成就。至四十八年四月間，普遍配售
於各縣市鄉鎭使用，全省豬瘟防治工作，乃邁進於劃時代之改革。此後
豬瘟逐漸消滅，發生豬瘟頭數由二萬六千餘頭減至一千四百餘頭，農民
咸信疫苗可恃，乃樂於飼養，遂由光復時之四十萬餘頭增至三百五十萬

頭，超過日據時代最高產量一百五十萬頭一倍有餘。近年來復由內銷擴為外銷，輸往香港、日本，並經日本專家調查，認本省防疫澈底，建議其政府開放台豬禁令，自始豬之生產蒸蒸日上，福國利民，遠勝其他事業。中華農學會褒獎委員會鑑於此一事業，功在國家，利溥農民，爰將血清製造所試驗成功之經過與推行之功績，提請本會轉請大會通過，予以褒揚，並勒諸貞，以垂後世，且誌涯略，用示不忘。

中華農學會理事長臨海林渭訪敬撰並書

中華民國四十九年十二月十一日

（王光遠，〈記最早獲得本會褒獎的三個團體會員——台糖公司、獸醫血清製造所、台肥公司〉，《中華農學會成立七十週年紀念專集》，頁 227–229。）

[4:2-3] 林業：

本會從事之林業工作，初期著重於造林及森林防火，次為利用航空攝影測量從事森林資源調查。此項調查工作係由本會邀請美國林務局，及本省林業機構等合辦。殆森林資料獲得後，即據此以修訂林業政策，並經省政府於四十七年三月頒行之。政策既經確立，本會再與林務局合作制定經理、砍伐及造林等計劃。

近年來林務局為配合本省長期經濟發展計劃，積極開拓木材海外市場，於四十七、四十八兩年間銷韓闊葉樹枕木達五十萬根。本會與各有關機構現正鼓勵及協助砍伐售賣逾齡及低價值之闊葉樹林產品，以便改植價值較高之樹種。本會並協助民營伐木業者從事一般性採伐工作。

本會工作即循此項原則推進，由少數急切必需計劃之執行，進而擴大至目前包有林業研究、造林、經理、利用及銷售等相互配合聯繫之計劃。

（《中國農村復興聯合委員會工作報告》，第十期，47／7／1－48／6／30，頁95。）

[4:2-4]　　**氮磷鉀肥料對稻作效力之田間試驗：**

㈠目的—水稻三要素肥料田間試驗之目的有三

甲、利用全省各地農業職業學校之農場舉辦水稻氮磷鉀肥料試驗，以供稻作配肥之參考。

乙、灌輸農校學生有關肥料三要素對於稻作營養之智識，並教導學生舉辦田間試驗之現代化技術。

丙、對農校肥料試驗區附近農民示範氮磷鉀肥料之效用。

㈡試驗設計及實施

四十二年時台灣農業試驗所由農復會補助經費，分別在全省三十六個地區舉辦肥料試驗。試驗設計採用 $3 \times 3 \times 3$ 複因子設計。以二十七種肥料處理排列成三個區團，試驗之肥料為硫酸銨，過磷酸鈣及氯化鉀三種。

（《中國農村復興聯合委員會工作報告》，第五期，42／7／1－43／6／30，頁47。）

[4:2-5]　**稻米育種：**

稻米為台灣之首要農作物，其栽植面積，亦冠於其他作物。四十二年全省糙米產量計達 1,641,557 公噸，為台灣前所未有之新高峰，其單位面積生產量為二、一〇九公斤，僅次於二十七年所創之最高紀錄（較四十一年多一三三公斤）。自三十八年起，農復會即不斷與當地政府合作，加強稻作育種及重建稻種繁殖與推廣制度等。

甲、蓬萊稻

本省自光復以來，蓬萊稻新品種陸續育成。農復會爲明瞭該項新品種之地域適應性起見，曾于三十九年起補助舉辦全省性之稻作品種區域試驗一年二次，每次試驗之田間設計均同。所用品種，每二——三年改換一次，以便容納各育種場最新育成之品系。四十二年之試驗，在本省八個農業場所舉辦，參加試驗者計有十六品種，其中有十二種均爲新品種，試驗結果知「光復四〇一號」在本省西部稻作區域適應性最廣，「新竹五〇號」在北部，「高雄二七號」在南部最能適應。四十三年舉辦之二十品種區域試驗，現尚在整理試驗結果中。

乙、在來稻

在來稻之栽植面積雖僅次於蓬萊稻，惟其育種改良工作，因受一般人之忽視，毫無基礎。農復會于三十九年協助地方政府辦理大規模單穗選種，以爲本省在來稻稻種改良之開始。四十二年選入「五桿行」試驗之單系第一期有一、〇四九個。第二期有九〇二個。四十三年第一——二兩期選入「十桿行」試驗者各有三三六及二六四單系。上述桿行試驗，係分別於本省七個地區同時舉行。試驗材料，尚須繼續選汰若干時期，始能擇其最優者，予以推廣。在來稻之品種比較試驗，亦於三十九年開始進行，四十二年第二期作及四十三年第一期作於八個地區舉行之試驗各有十六品種。

> （《中國農村復興聯合委員會工作報告》，第五期，42／7／1－43／6／30，頁30－31。）

[4:2-6]　稻米改良：

本會過去改良稻米之工作包括下列兩項要點：㈠協助農業試驗所及改良場進行晉入較高級之稻米育種試驗，尤其著重區域試驗；㈡協助建

築或設置良種繁殖田所需各項設備及用具，如堆肥舍、曬場、種籽儲藏庫等，並改良稻種繁殖制度。

　　稻米改良工作於去年經由本會與台灣省農林廳根據過去之成就及問題重新檢討，決定移轉工作重心，重訂計劃原則，茲將要點略述如後：

一、本會停止補助稻米採種田設備及器具。

二、本會停止補助收購稻米原種經費。四十四年秋，本會曾以四十三會計年度批准之經費收購稻米原種共約 121,182 公斤（本會過去七年中補助以上一及二兩項工作共約新台幣七百萬元）。

三、採種田減少處數，集中整飭並加強督導以期改進種籽繁殖田之經營。

四、加強各試驗所、改良場稻米育種工作之聯繫：㈠各有關改良試驗單位人員每半年開會一次有系統地交換資料，㈡建立全省性區域試驗地方性區域試驗，優良品種示範及良種繁殖之連繫制度，㈢建立新品種登記及命名制度以核定各試驗所、改良場所推薦供繁殖推廣之新育成水稻品種。

五、稻作栽培方法之改良，過去較少注意，今後當予重視。

六、有系統地擴展蓬萊稻種植面積。

　　本會根據上述各項修訂方針，於四十四會計年度中對協助台灣省農林廳及其所屬農林改良場推行各項計劃。

　　（《中國農村復興聯合委員會工作報告》，第七期，44／7／1－45／6／30，頁 74－75。）

[4:2-7]　1955 年作物生產狀況：

　　本省作物生產工作，業於四十三年度由復舊整頓階段進入永久及基本改進之階段。四十四年度之工作，亦繼續依照該項原則推行。對于增

進生產，改良品質，減少損失以及試驗新作物等計劃，均予增多及加強。

本年度防治作物病蟲害之成就，較諸歷年均爲顯著。如鳳梨、柑橘及棉作等之蟲害新防治法，均經由田間實地試驗證明有效，現正大規模推廣中。除台東及花蓮兩縣以外，各地水稻害蟲防治藥劑現均由農民自備費用購置。如富粒多 (Folidol)，安特靈 (Endrin) 及 BHC 等。此項殺蟲劑亦於本年度開始列爲「商業採購物資」，其進口與配售並無任何補助。

另一方面之進步爲農具改良。省製噴霧器及噴粉器已大量在田間應用，其製造標準規格，亦經首次劃一訂定。台灣鳳梨公司老埤農場實施機械耕作，亦已迅速奏效。烤菸爐及稻穀烘乾機之示範，均深受農民歡迎，並獲得良好之反應。

品種改良工作幾乎遍及各項主要作物。花生及黃豆，經品種改良後，可望於最近將來獲得增產。

四十三年秋種植之鳳梨面積較往年爲高。該年台灣鳳梨公司加工製成之鳳梨罐頭達 540,000 箱，與前一年之 230,000 箱較增加甚多。美國國外業務署駐華分署曾核准一項計劃，貸款該公司在東台灣新設一鳳梨罐頭製造廠。

本會曾協助本省開始種植數種新作物，包括甜菜、高粱、洋葱及香菇等。各項作物對將來本省經濟發展均有裨益。由埃及輸入之長絨棉，因本省棉作蟲害防治有效，產量得以增高，因此一部份之長絨棉已開始由省產者供應，此爲台灣棉作以前未有之成就。

爲促使本省農業更進一步發展起見，本會曾補助有關機關舉辦下列數項計劃：

㈠台灣農林邊際土地利用限度調查，㈡看天田生產改良示範，及㈢飼料與覆蓋作物試驗。

各項化學肥料之施用對於水稻之效果，亦經加以試驗，並獲得更多之資料。所得資料，俟本省自產之尿素及硝酸銨鈣開始供應時，可供各農業單位及農民施用該項肥料代替硫酸銨（輸入品）時之參考。

（《中國農村復興聯合委員會工作報告》，第六期，43／7／1－44／6／30，頁74。）

[4:2-8]　一九五五年度作物生產工作方向：

民國四十四會計年度中作物生產之進行，為應農業增產計劃需要之演變，而開闢若干新的途徑，並增添新的工作項目。概觀四十五年及最近將來，本會協助作物生產之工作，其方向可分為下列數項，即：㈠應用更進步之科學方法繼續增加現有耕地之生產力；㈡引用新作物及改良耕作法以改善尚未充分開發土地之利用；及㈢調查地勢較高地區種植農作物之可能性。

食糧作物生產計劃中之修訂項目主要者為：㈠減少種籽繁殖田場所，俾可加強管理與督導，以謀更有效之種籽分配；及㈡採取各改良場與試驗所育成之改良品種，實施全省性妥善合作之區域試驗。

在園藝作物方面仍繼續過去各項工作。對台灣東部農業較為落後地區及山地發展果樹生產之工作，開始予以重視。蔬菜方面積極進行優良種籽之生產，建立生產制度。

黃麻生產改良工作已較前減少，因黃麻之產銷加工已有相當基礎。對亞麻瓊麻之改良則開始進行。飲料作物之改良工作仍賡續辦理，牧草作物之改良工作已予擴大。

病蟲害防治工作之顯著成績，在於農民已於短期內普遍應用殺蟲藥劑防治多種作物之病蟲害（如水稻、鳳梨、香蕉、柑桔、花生）。此種使用殺蟲藥劑之迅速擴充，已促使私人投資興建殺蟲藥劑工廠三所，專門

配製有機磷類及高度氯化類之混合殺蟲藥劑。另有政府經營之殺蟲藥劑廠一所，亦增加配製上述新式殺蟲藥劑之工作。此四工廠之生產量足敷調製四十四會計年度中美援款項工作方案下進口及中國政府自國外輸入全部殺蟲藥劑原料之用。

小型動力耕耘機或園藝曳引機（二・五至五馬力）之引用試驗及示範為重要之新發展，因耕耘機之使用不但可補耕牛之不足，並可作為其他農具（如打穀機、甘薯簽機、抽水機、噴霧器）之動力來源。

在設計開發未充分利用地區土地之方面，除繼續協助拓展重粘土中種植糊籽甘蔗工作外，另進行若干新工作。在苗栗縣境內之看天田引種大豆，在桃園縣境內利用重曳引機開墾堅實之重粘土地。農林邊際土地利用限度調查已完成三分之二，沿海鹽土之初步調查則在本年度內開始進行。

（《中國農村復興聯合委員會工作報告》，第七期，頁 74。）

[4:2-9]　一九五七年度作物生產工作：

本年度本會在作物生產方面，特別注重將往年所辦各項試驗與示範計劃所得之結論付諸實現，並將示範與試驗工作推廣至其他作物。

種籽檢驗制度，現已正式在蓬萊稻種子田內推行，種籽純度之化驗分析，實為本省作物種籽繁殖工作更進一步之表現。新育成之大豆品種，業在全省推廣種植，對本省大豆增產之巨大貢獻已甚為明顯。經受原子能放射處理水稻、大豆及花生等作物品種之試驗，已指出使用原子能處理作物種籽進行作物改良工作，可以超越一般之雜交育種法。經多年來之努力，本省台東縣已能經常順利生產鳳梨。本會自四十四年起協助在該縣繁殖及推廣之甜橙苗，即可開始產果。在山地園藝資源開發方面，本會曾於過去三年協助舉辦園藝資源調查，根據調查結果，復於本年度

補助建立山地園藝試驗所三處，進行試驗及開發工作。目前香菇及洋葱之生產，均有剩餘供作外銷。野鼠防治工作，四十五年度僅在一一四鄉，舉行示範，現已擴展至全省。台灣中部蕉園雖於四十四及四十五兩年遭受香蕉莖象鼻蟲為害，損失甚重，但經有關方面密切配合推行防治後，現已全部恢復生產。為加強作物蟲害防治研究，本會曾補助本省建立實驗室，從事殺蟲藥劑之化學，物理及生物試驗，及成立昆蟲標本室與製造所各壹處以供製造優良品質之標本。提倡使用小型動力耕耘機（代替水牛）之初步工作，業已完成。不久並將成立動力農機具檢定試驗室，以提高農機具品質。該項耕耘機在台灣農村情況下使用其利益已獲充份證實，今後工作將注重：㈠改善省製耕耘機之性能，㈡協助農民購用動力耕耘機，及㈢建立農具修理場所。數年來辦理之化學肥料田間試驗，其結果業經統計編成報告並繪成曲線圖，俾供有關方面於研究肥料生產，消費，分配與定價時，參考之用。四十三年開始之台灣農林邊際土地利用限度調查，除屏東縣外，業已全部完成。

（《中國農村復興聯合委員會工作報告》，第九期，頁42。）

[4:2-10]　光復後林業機關人員素質低落：

台灣自光復以來，林業機關中大部份主管職位，係由大陸來台技術人員及日據時代本省次級技術人員充任。由於大部份接管人員對本省林業之問題、功能及其發展之可能性均不熟悉，此一人事上之更動，遂影響本省林業各方面之工作效率。目前本省林業人員雖較日據時代為多，但受良好專門訓練之技術人員極為缺乏，而對於整個問題缺乏理解與解決能力之半技術性人員則嫌過剩。

（《中國農村復興聯合委員會工作報告》，第五期，42／7／1-43／6／30，頁96。）

[4:2-11] 一九五八年度森林資源調查:

為求樹立本省健全之林業政策及經理計劃，以便利森林資源之合理開發，一項正確之森林資料亟為需要。本會乃於民國四十年建議從事該項調查，並於四十三年三月開始使用最新航空攝影方法，進行全省性土地利用及森林資源調查；曾邀請本省林業人材數十人組成測量隊，並由美國林務局派遣航空測量專家五人來華加以訓練，調查工作於四十五年四月完成。本會曾將其結果編印成以下三種報告:《台灣之森林資源》(四十五年十二月)，《台灣土地利用狀況》(四十六年七月)，《國立台灣大學實驗林區之森林及土地利用狀況》(民國四十六年八月)。除上述各項報告外，並繪成全省土地利用及森林資源地圖一套共計 103 張，其比例尺為五萬分之一，於四十五年五月供應全省林業及有關機構使用。

民國四十五年十月，美國林務局之林業政策及森林經理顧問三人來台研究此項調查結果，並對林業政策有所建議。該顧問團曾完成一項《台灣林業建設方案》之綜合報告，經本會於四十六年四月出版，復經台灣省政府採納並公佈「台灣林業政策及經營方針」。

依照本會一貫之政策，將航空測量隊之設備及受過訓練之人員於四十五年三月移交于台灣省政府，並改組為農林廳屬下一永久性機構。此一新機構現已完成大雪山林區及五個國有林事業區之林型圖及其森林資源調查。

中國航空測量學會藉航空測量之協助，於四十三年十二月宣告成立。該會現已加入國際攝影測量協會，擁有會員 164 名，其中包括卓越之農林專家，及攝影測量專家，現已完成所受委託辦理之煤礦，海埔新生地開發，森林經理計劃等航空測量工作。

本會曾策劃利用聯合國經濟開發特別基金之補助款，在本省建立一

遠東航空測量訓練中心，其目的在於加強航空測量之應用，及訓練遠東國家優良之技術人員，以利用航空測量從事資源調查。本會於四十八年曾與國立台灣大學及中國航空測量學會合作，在台北市國立台灣大學校園內興建航測大樓一座作為航測隊之辦公室，預計此項建築可於四十九年二月完工，屆時測量隊及航測學會即可遷入，並可以示範及實習設備，供應台大講授航空測量課程之用。

農林航測隊出版之《台灣主要林型及土地利用立體照片》中英對照，（四十七年六月出版）及《航空照片在農林調查上之應用》（中文本，四十八年六月出版），均係由本會技術人員合編，並由本會資助刊印者。

（《中國農村復興聯合委員會工作報告》，第十期，頁95-96。）

[4:2-12]　現代化農業經營實驗區：

本會依據中央頒佈之〈現階段農村經濟建設綱領〉及〈加速推行農業機械化方案〉，六十年與省農林廳及其他有關機關合作設置「促進農業經營現代化實驗區」二處，即彰化縣花壇鄉之稻作實驗區與嘉義縣新港鄉之旱作實驗區。本計劃著重於各型農業機械之配合利用、農場資源之合理分配、生產運銷之密切連繫及農民組織之加強，而以提高農業生產與個別勞動力所得及減低農業生產成本為目標，實驗所獲資料經整理分析後，將提供政府作為規劃農業生產專業區及擴大推行農業現代化措施之參考。

㈠六十年第一期作之秧苗期發生病害，第二期作又遭受颱風襲，稻作實驗區之產量未臻理想；但第一、二期作實驗區每公頃生產成本仍較對照區分別減少1,522元及4,235元或9%及27%。六十一年繼續辦理實驗，面積自六十年之97公頃減少為30公頃；據初步估計該實驗區本年第一期作每公頃生產成本更較去年同期作減少15%左右，產量則增加

20%。

㈡旱作實驗區之飼料作物,六十一年之種植面積由上年之 40 公頃增至 120 公頃。六十年種植之雜交玉米已於六十一年三月下旬收穫完畢,單位面積產量最高達 8.2 公頃,打破台南五號雜交玉米之產量記錄。該雜交玉米種植區收穫後,已繼續栽植雜交高粱。

(《中國農村復興聯合委員會工作報告》, 第二五期, 頁 14－15。)

[4:2-13]　林木育種

六十一年七月起, 本會與台大實驗林管理處合作舉辦一項大規模柳杉種源試驗。其目的為研究台灣最適宜生產柳杉種子之地區。初期計劃包括建造總面積 576 平方公尺育苗棚二座, 自日本七個區域取得一百個種源之種子。此項種子均分別編號後播種於塑膠育苗袋中, 並注意病蟲害之防治以求獲得最佳之成苗率。苗木育成後將於六十二年冬季移出栽種, 分區試植。自五十一年起, 十年間本省平均每年新植柳杉一千四百公頃。柳杉為本省中海拔最適合之一種造林樹種, 經濟輪伐期約為二十至二十五年, 生產之木材供建築等一般用途, 價值甚高。

(《中國農村復興聯合委員會工作報告》, 第二六期, 頁 25。)

[4:2-14]　擴大推行水稻綜合栽培:

在本會技術及經費協助下, 糧食局與農林廳於五十五年開始推廣水稻綜合栽培。由於歷年來推廣成績卓著, 政府在加速農村建設九點方案特將推廣水稻綜合技術栽培工作列為優先辦理計劃, 六十二及六十三兩年內預計實施面積為八萬公頃。

為配合上項目標, 自六十二年開始本計劃著重於組織農民實施共同作業, 採用省工栽培, 組織機耕隊, 實施主要田間工作。

本計劃主要執行目標計有：(1)統一栽培經推薦之優良品種；(2)改善施肥方法及施用量；(3)鼓勵施用殺草劑以取代人工除草；(4)實施病蟲害共同防治；(5)組織機耕隊實施機耕；(6)採用適當之寬行密植；(7)勵行除雜去偽等。

六十二年第一期作在三九鄉鎮實施面積達 14,986 公頃，參加農戶共 23,507 戶，各鄉鎮推廣田面積約爲 300 至 800 公頃，視當地農民需要而定。

（《中國農村復興聯合委員會工作報告》，第二七期，頁 9。）

[4:2-15]　抗稻熱病新品種之育成：

自主要蓬萊稻品種「台南 5 號」在各地區逐漸罹患稻熱病後，近年來選育抗稻熱病之新品種已成爲稻作育種工作中最重要之環節。在本會支助下，六十四年已登記命名三個對稻熱病具有穩定抵抗性之蓬萊稻新品種：

(1)台南 6 號，係台南區農業改良場嘉義分場由台南 5 號與高雄 135 號二品種雜交選出，目前正在嘉義、雲林及台南地區栽種推廣中。

(2)高雄 139 號，係高雄區農業改良場由台南 5 號與 Kunimasari 二品種雜交選出，目前正在高屛等稻熱病嚴重感染地區推廣種植。

(3)台農 62 號，係嘉義農業試驗分所由新竹 56 號與 (C 15309×新竹 56 號) 二者雜交而得，第一期稻作在東部地區表現特殊高產，目前僅在東部推廣。

（《中國農村復興聯合委員會工作報告》，第三一期，頁 20。）

[4:2-16]　農產加工業：

關於農產加工業方面，農產加工業是在美援略減之後，爲增加出口

實績而產生的。我們尋求新的作物，特別是洋菇。洋菇加工業介於農業與工業之間，沈宗瀚先生與我找了業者談定價問題，使農工雙方均有所得，農民才樂意去種植，又不要過剩沒了市場。後來利用聯合國貸款計劃（聯合國 UNDP, "United Nations Development Program"）在新竹成立食品研究所。美援停止後，我於民國六十四年找美援會的主管處長談這問題。他說：美援雖然停止，但以後我們還有一些區域性計劃，仍然會給你們幫助的。他寫信要我帶給美援會主任委員嚴家淦先生（當時是行政院院長）。我向嚴先生說明美援停止後，我們一定要互相配合。這計劃從我之後由沈先生接下去做，後來台糖公司撥一塊地給他做董事會。現在，這些組織都是國際性的，世界銀行有很多這種機構，如小麥在墨西哥、稻米在菲律賓，都非常成功。嚴先生常與我討論問題，土地改革之後發生許多問題，他不情願做的就用 by passed 方式過去，有的只做一部份，效果並不好，他不敢面對這些事情。後來我做政務委員的時候，孫運璿先生是院長，我說我一定要面對這個問題。費了很多時間來弄農業發展條例，把土地面積擴大，承認部份的租佃關係，使有條文可以引用。但有了這些條文之後，到現在有些老百姓還不相信，因為要深入他腦中很久才能起作用。另外，三七五減租的條件最好，對佃農最好，但並非對佃農最有利。比較起來，公地放領比耕者有其田好一點，因他有長處也有短處。另，整個產銷從生產到銷售都是一元化，研究所裡面有各種研究，不但研究品種，還需要研究肥料的關係與土壤的關係、與農會的關係，還要研究水。對於增加生產的因素，都有專家來負責研究。

（1989 年 4 月 13 日李國鼎先生訪問記錄）

第三節　水利灌溉技術的創新

[4:3-1]　水利委員會之問題：

就水利委員會之組織規程而言，水利委員會究係人民團體抑係政府機構並無明確規定。若以委員由會員直接選舉而言，則水利委員會自應視爲人民團體。然依同一組織規程所選出之主任委員、副主任委員及其他委員又須送省水利局核備，尚有若干委員則係由當地政府官員充任，是以水利委員會可視爲政府機構。此外水利委員會對職員之任免又須遵循台灣省政府人事管理條例辦理，故事實上水利委員會亦得視爲政府機關。

在討論決定水利委員會之性質時，農復會曾應有關方面之請提出若干建議。就目前趨勢而言，水利委員會似將列爲公法人，非如此則其民選之主管人員，不能依照台灣省各地水利委員會設置辦法之規定，即「水利委員會舉辦工程時，得依法徵調勞力及徵收土地，必要時並得徵用所需之土地或其他材料，或拆除已建築工程，但均應依法支付償金予原所有人」予以充分執行。同時，現時水利委員會所有徵收普通會費之困難當可因政府之協助大爲減少。如將水利委員會之組織適合公法人規定，則各會會員可自行選出其委員與主持人員，方可使會員對各該會工作方針之擬訂與夫行政事務之處理作雙重之控制。

台灣省各地水利委員會應改善點頗多，就會計而言，水利委員會必須有合理之會計制度，俾行政人員於擬訂該會業務方案時有所遵循。日治時代水利委員會之會計制度類屬賬目記載，自不能提供業務檢討所需資料。台灣省政府於年前曾擬訂各地水利委員會統一會計制度並已付諸

實行。惟現行會計制度之主要目的，僅在便利歲出入預算之編訂，尚不能達成本會計之最後目標，故應加以修改，以應各地水利委員會之實際需要。

若干水利委員會現有灌溉、排水及防汛設施均未臻完善，爲使各地水利設施得有更經濟而有效之利用，此種現象必須予以改善。各項工程其因設計欠週而年需鉅資修理者，所在皆是，農復會工程師現正予水利委員會各種技術協助。惟鑒於技術資料缺乏，現正蒐編工程設計手冊，期能有所裨益。此外，根據本會工程師之倡議，由本省水利局對混凝土之拌合與管制嚴加注意，俾所有建築能更臻完善。此項改進辦法各地水利委員會亦均加注意，逐漸採用。

（《中國農村復興聯合委員會工作報告》，第四期，頁 21。）

[4:3-2] 水利委員會改組：

台灣省目下共有水利委員會四十單位，管制 495,000 公頃耕地之農田給水。台灣全省灌溉耕地總面積百分之九十存有日據時代開發之遺跡。早期之灌溉水圳均係由私人團體經營。其後日人鑒于民營水利事業在管理及經營方面發生種種困難，乃命令凡有關公衆利益之灌溉設施劃歸政府辦理，同時並頒佈使用政府興建水利設施之各種條例。

民國十年，日本政府曾頒佈一套新條例，根據該項條例，所有政府經辦及公營之灌溉水圳均合併爲「水利組合」。當時成立之水利委員會共有一〇九單位。至民國廿六年又合併爲廿六單位。光復以後，又合併改組爲水利委員會四十單位。

水利委員會設主任委員一人，副主任委員一人或二人，委員若干人，分別由地主自耕農及佃農推舉之，除由政府委派一部份委員外，其餘由會員選舉之。水利委員會通常設總務、工程、灌溉及會計四部門，負責

管理與保養旣有之灌溉及排水工程，包括徵收水租。此外並辦理改善及延伸水圳之設計及興築事宜。

民國三十七年全省各地水利委員會於台北成立聯合委員會，代表各地之水利委員會謀求共同利益。此一聯合委員會設委員七人，由各地水利委員會推選之。其中委員六人必須選自各地水利委員會之主任委員。主任委員及副主任委員各一人，由委員互選擔任之。該聯合委員會並聘用職員十三人辦理事務。

水利委員會聯合會曾調查各團體會員之狀況並于四十三年四月編印報告一份。根據該項報告，全省四十個水利委員會會員總數達 747,217 人，其中地主 360,620 人，自耕農 94,601 人，佃農 291,996 人。各水利委員會委員總數爲 1,262 人，其中 896 人由會員選出，366 人由地方政府委派。

水利委員會之規模不一，最小者僅有委員七人，最大者一四三人。水利委員會職員總數 2,638 人，其中三分之二爲技術人員。職員中受過小學以上教育者僅百分之五十，受過大學敎育者僅百分之四·四。其餘爲受過中學、師範、職業或專科敎育者。現有職員人數較九年前減少一八三人。行政人員減少二四三人，而技術人員增加七十人。

水利委員會向會員徵收之會費分爲兩類。一爲普通會費，用以支持已完成灌溉排水工程之經常養護用費；一爲特別會費，用以償付新建灌溉工程或擴展工程之修建費。三十四年至四十一年間全省四十個水利委員會所徵收之普通會費自每公頃稻穀二三·〇九至一一二·四二公斤不等，平均每公頃收稻穀七一·八公斤，特別會費每公頃收稻穀自一一·九一至二六四·八三公斤不等，平均每公頃收稻穀九七·〇七公斤。根據各水利委員會之財務報告，同一時期內全部歲入百分之七一·六五至八〇·八七均用爲支付工程費用及技術人員薪津，其餘爲行政及管理費

用。

農復會對水利委員會之性質及其面臨之若干問題已於第四期工作報告加以闡述。中國國民黨中央委員現正就水利委員會之性質與功能方面邀請有關方面代表共同商討，並已草成規章一種。如依規章實施，則水利委員會將成爲公益法人，其職員即不得兼任民意代表，而其執行秘書即必須由合格而有豐富經驗之工程師擔任之。倘能準此改進，則水利委員會之工作與行政必可大爲改善。

農復會現正籌劃舉辦水利工程設計研究班以期使技術人員學習優良工程技術，講授材料將取自《美國墾務局設計手冊》，其中〈灌溉水道與其結構〉部份並已譯成中文以供講授之用。

灌溉水圳之優良經營及保養爲有效及經濟用水之先決條件。故遇有損壞時，不但應迅即搶修，且需澈底予以修復，以絕後患。而在非灌溉期間，一般養護工作亦應加強，以期整個灌溉系統經常處于最完好之運用情況下。

（《中國農村復興聯合委員會工作報告》，第五期，42／7／1－43／6／30，頁27－28。）

[4:3-3]　嘉南大圳內面工第三次延展工程：

本工程爲改善灌溉台灣西南四縣市之嘉南大圳原有幹線及支線。目的在減少渠道滲漏損失。本工程包括幹線混凝土內面工970公尺，支線混凝土內面工3,702.5公尺，農復會貸款共計新台幣1,884,689元。因滲漏減低，年可增產折合稻穀七百公噸。本工程已於民國四十三年五月二十七日完成。

實際工程費用，因水泥及工程費增加，超出本會貸款新台幣221,589元。經農復會核准，於民國四十二年度其他工程餘款中撥付新台幣44,

651 元。其餘不足之數，由嘉南水利委員會自行負擔。

（《中國農村復興聯合委員會工作報告》，第五期，頁 106 - 107。）

[4:3-4]　一九五六年度補助輪流灌溉制度：

本會數年來除建議本省實施輪流灌溉制度外，並協助政府爲實施此項制度所辦之研究及實驗工作。本年鑒於政府及農民已充份認識該制度之利益，特核撥新台幣 9,070,000 元（包括補助費新台幣 4,860,000 元及貸款新台幣 4,210,000 元）協助政府舉辦「四十五年度灌溉渠道改良及輪流灌溉制度之實施計劃」。渠道改良工作，廣及宜蘭、新竹、桃園、豐榮、能高、高雄及嘉義等七個農民水利會所轄地區，惠益農田 17,824 公頃，預計每年可增產稻穀 4,800 公噸。所節省之灌溉用水，可作建立新灌溉系統之用，並可增產稻穀 8,800 公噸。

（《中國農村復興聯合委員會工作報告》，第八期，頁 84。）

[4:3-5]　一九五六年度補助渠道內面工工程：

渠道內面工與灌溉水之有效利用，關係至鉅，本會因於四十五年度繼續補助政府辦理若干渠道內面工工程計劃，其中最重要且已完成者爲「嘉南大圳第六期內面工工程計劃」。其益處爲每年可節省灌溉用水 6,500,000 立方公尺，用以增灌稻田 500 公頃及蔗園 190 公頃，增產稻穀 950 公噸。其他灌溉系統之渠道內面工依其經濟價值次第予以辦理。

（《中國農村復興聯合委員會工作報告》，第八期，頁 87。）

[4:3-6]　一九五九年全省水利建設：

民國四十年以前，水利建設之重點爲舊有灌溉及防洪設施之修復及改善。四十三年以後，則以新建灌溉與防洪工程計劃、水之經濟利用、

地下水開發、及流域性多目標規劃及發展為主。自三十九年迄今，已先後舉辦計劃二一五件，其中包括灌漑一二六件，排水一七件，防洪一〇件，規劃，研究，調查及訓練六二件。其經費係由本會全部或部份負擔，共撥出補助費新台幣 321,000,000 元及美金 2,050,000 元，另貸款 222,000,000 元。

截至四十八年底止，獲全部灌漑水源之土地面積為 25,000 餘公頃，獲部分灌漑水源之土地為 86,000 公頃，灌漑系統獲得改善之土地為 257,000 公頃。在防洪方面，共新築河堤 52,000 公尺，海堤 17,000 公尺，並修復河堤 88,000 公尺。每年因水利建設而增產之水稻達 205,000 公噸。

（《中國農村復興聯合委員會工作報告》，第十期，47／7／1-48／6／30，頁 89。）

[4:3-7]　一九六四年農田水利會改進工作：

五十三年度本會協助全省二十六個農田水利會，經由灌漑田地之調查與財務賬簿之稽核而改進其管理。

㈠灌漑田地之調查

灌漑田地由水利會進行調查，調查區域包括全部業務區域及業務區域以外部份灌漑地與可灌漑地。二十六個水利會共派八百名調查員及四千名水利小組組長辦理。工作開於五十二年二月，完成於當年十月，其目標如下：

　　甲、確定二十六個水利會與私人團體之實際灌漑區域。

　　乙、獲得二十六個水利會灌漑系統之完整財產目錄。

　　丙、調查可灌漑地之大略區域，用作今後發展灌漑之依據。

　　丁、決定徵收水費之確實地區以及水費之一般情形。

調查所得之結果，將可用作製訂各水利會灌漑管理改進辦法之基礎。

㈡財務稽查

　　財務稽核係由省水利局與土地銀行聯合辦理，目的爲改善各水利會之財務管理。經由農復會之協助，水利會及土地銀行派遣稽核人員六人稽查水利會賬簿。第一次稽查工作舉行於五十三年四、五兩月，稽查五十二年上半年之賬簿。第二次將舉行於同年十月與十一兩月，稽查五十二年下半年之賬簿。第一次稽查時發現下列重要問題。

甲、實際上所有水利會登入賬簿之收入金額遠超過實際收入，以致資產部份高於負債部份。

乙、多數水利會缺乏完整無訛之建築物與機械之財產目錄，並對處分與管理此等財物缺乏完備而適當之手續。

丙、若干水利會在會計部門處理方面對財務單位之性質與任務有所誤列。

丁、多數水利會均缺乏完整之財務與賬簿紀錄。

戊、多數水利會財務人員均缺乏超然地位而恆爲會長所左右。

己、實際上多數水利會均採用政府會計制度，對商業簿記方法缺乏了解。

　　（《中國農村復興聯合委員會工作報告》，第十五期，52／7／1－
　　53／6／30，頁66。）

[4:3-8]　一九六五年水利會業務改進：

　　台灣之農田水利會係各地農民爲提供其耕作所需灌漑用水而組成之團體。水利會會員除選舉職員管理會務外，並在每一百至一百五十公頃之地區內，組織一水利小組，負責區內灌漑用水之分配，灌漑設施之保養，水費之征收及參加各種業務訓練。水利小組原始設置之目的在從基層上協助水利會推行其業務並鼓勵農民自動參加灌漑管理。但實際上，

此類工作均由水利會人員辦理，而水利小組則徒具空名。結果各水利會員額增多，開支亦以增加。

本會於五十四年度協助各水利會完成第一次灌溉面積調查後，本年度復應水利局之要求，選定桃園、彰化、屏東三水利會，改進水利小組業務。本會共撥助經費三十萬元，辦理改組、訓練及加強三水利會 1,040 個水利小組之活動。三會所轄灌溉面積爲 12,000 公頃，會員 230,000 人。迄至五十五年六月底止，初步成果如左：

㈠灌溉管理：三水利會一律改由水利小組長輪流負責，不再另雇掌水人員。此一改制，使三會在五十四年一年中節省開支達一百五十萬元，計桃園水利會六十五萬元，彰化水利會三十二萬元，屏東水利會五十萬元。水利糾紛亦從而減少。

㈡協助徵收水費：三會水利小組長現亦參加水費徵收，協助水利會人員向農民分發水費徵收單。此舉使水費徵起數增加，徵收開支減少。彰化水利會五十四年之水費徵起數較以往提高百分之十七，屏東水利會提高百分之十。

㈢水路保養：三會水利小組共動員 180,000 工，辦理小給水排水工程之維護，包括浚渫水路、土方及砌石等，共值新台幣三百餘萬元。

㈣業務訓練：三會所辦各種業務訓練以出席率計，1,040 小組中，小組長參加訓練兩次，出席率達百分之九十五；班長參加訓練一次，出席率自百分之五○至九○不等；小組會員參加訓練兩次，出席率在百分之六十五至九十三之間。訓練項目包括灌溉管理、水費徵收手續、水路保養方法等。此外，三會之業務人員亦接受前項訓練。

農田水利會水利小組業務之加強係屬一項長期工作。在制度化前，

其效果不易經常保持。本會之協助，希望能灌輸一項灌溉管理之新觀念
及將此觀念予以制度化，成爲水利會管理業務之一部份。

　　(《中國農村復興聯合委員會工作報告》，第十七期，54／7／1-
　　55／6／30，頁72。)

第五章 農復會與台灣農村社會

第一節 農村衛生與醫療

[5:1-1] **衛生所的設立：**

設立全省性衛生所工作網

（民國）三十八年台灣全省僅有衛生所一〇四處，其中只五十四所或百分之五十六稍俱形式，其餘皆陷於停頓狀態。農復會計劃在兩年期間完成一鄉（鎮）或一區設立衛生所一所，關於衛生院所之增加情形，由下表可見：

項目	35－38年	39年	40年	41年	42年	43年
衛生院數目	17	18	22	22	22	22
衛生所數目	56	252	356	360	367	367
衛生院所工作人員	775	1,486	2,208	2,568	2,600	2,871
地方政府分擔款(新台幣：千元)	13,561	13,775	18,263	16,224	20,344	34,784
農復會補助款(新台幣：千元)	550	1,365	1,561	2,359	3,431	1,764

（《中國農村復興聯合委員會工作報告》，第五期，42／7／1-43／6／30，頁126。）

[5:1-2] 鄉村衛生的改善:

本會舉辦之各項鄉村衛生計劃, 旨在鼓勵民眾普設衛所以解決各種衛生問題並提高農村人民之健康與福利。經本會多年之協助已完成全省性衛生工作網, 台灣現已普遍設立衛生院、所、室等, 分別對農村人民供給最基本而必需之醫療衛生服務。又本會與其他機構合作舉辦瘧疾, 結核病, 性病, 痧眼及狂犬病等主要傳染病之防治計劃, 環境衛生改善計劃, 及婦幼衛生計劃等, 亦獲得顯著之成效; 農村人民之健康與生產力, 因而大為提高。

實施於金門馬祖等外島地區之衛生計劃, 包括衛生機構設備及醫療服務之改善, 鼠疫及其他特種疾病之防治、及環境衛生等工作, 以改善外島居民之一般生活情況。

民國三十七年至四十六年台灣人口之死亡率		
年度	粗死亡率	標準化死亡率
民國三十七年	14.3	18.1
民國三十八年	13.1	16.8
民國三十九年	11.5	15.2
民國四 十年	11.6	14.9
民國四十一年	9.9	12.8
民國四十二年	9.4	12.5
民國四十三年	8.1	11.4
民國四十四年	8.6	11.8
民國四十五年	8.0	11.6
民國四十六年	8.5	11.8
民國四十七年	7.6	10.7
附註:標準化之依據為「一九四〇年美國標準百萬人口」。		

各項公共衛生計劃之成效，已使人口之死亡率，自民國三十七年以來，逐年下降，詳細數字請參閱上表。

過去十年間，疾病之類型亦發生若干變化，傳染性疾病之致死率已降低，但慢性或變性性疾病之致死率卻相對逐漸增高，蓋公共衛生工作對慢性及變性性疾病之防治功效不若其對防治傳染性疾病之佳。茲將各種主要疾病之致死率列表如下：

致　死　原　因	民國 27 年至 31 年之平均數	民國 41 年	民國 46 年
瘧疾	716	274	2
結核病	846	915	656
梅毒	162	34	9
各種法定傳染病	167	31	28
肺炎及支氣管炎	4,865	1,595	1,274
胃腸炎	2,430	1,350	1,080
中樞神經系之血管病變	533	487	599
心臟病	436	465	563
腫瘍症	342	314	383

台灣各種疾病之致死率(按每百萬人計)

本年度內，本會共補助各種衛生計劃三九項——其中三四項在台灣及澎湖地區實施，其餘五項在金門馬祖等外島實施——計分下列六類：1) 加強鄉村醫療衛生機構，2) 鄉村衛生設備之改善與擴充，3) 協助國際機構及台灣省衛生機構辦理特種疾病防治計劃及衛生計劃，4)地方衛生工作人員之訓練及鄉村衛生教育，5) 其他衛生活動，6) 金門及馬祖等外島衛生計劃。

本會對上述三九項計劃，共補助經費新台幣 9,911,275 元，美金 32,954 元，主辦機構及受益單位自行負擔新台幣 13,815,207 元。

（《中國農村復興聯合委員會工作報告》，第十期，47／7／1－48／

6／30, 頁 30－31。）

[5:1-3]　人口增加:

　　本會在防治疾病與增進健康方面所作種種努力已收良好效果, 今後鄉村衛生計劃將致力於解決農村各種急切的需要。此可由本會過去所已推行之五十一項計劃見之。此等計劃, 可歸屬六大項目:

(甲)農村醫療暨衛生設施方面的加強;

(乙)農村衛生設施的改進;

(丙)與其他國際衛生組織合作下, 對於特殊病患之防治;

(丁)地方衛生人員之訓練及社區衛生教育之實施;

(戊)其他各種有關保健事項之活動;

(己)金門、馬祖等外島衛生計劃之推行。

　　本會在台灣本島完成四十二項計劃所動用之金額共為台幣 16,628,244 元, 對省、縣市政府及各社團方面以援助金額為 56,000 美元, 折合台幣 18,495,929 元。至其他九項計劃則在金門、馬祖等外島實施。本會補助外島款額計台幣 1,018,182 及 3,485 美元, 另由地方自籌經費台幣 436,390 元。

　　健康增進結果為人口的驟增, 例如一九一〇年, 出生率是千分之四一, 死亡率是千分之二七・三; 出生超過死亡 (基於自然的增加) 僅千分之一三・七, 然至一九六〇年, 出生率為千分之三八・九, 相差雖微; 但死亡率驟降至千分之六・八, 出生率乃超出死亡率達千分之三二・一。因死亡的大量降低, 甚多問題, 社會的、經濟的、以及衛生的——遂踵接而來。此等問題, 影響於全省人民實際生活者甚大, 茲列表說明之。

台灣人口之增加與密度（自一九一〇年至一九六〇年）

年份	人口（註）			每年增加率（百分比）	密度每平方公里
	總　數	男	女		
1910	3,299,493	1,739,158	1,560,335		91.8
1920	3,757,838	1,945,276	1,812,562	1.33	104.5
1930	4,679,066	2,396,730	2,282,336	2.23	130.1
1940	6,077,478	3,090,133	2,978,345	2.67	169,0
1947	6,495,099	3,271,504	3,223,595	0.96	180.6
1948	6,806,136	3,437,660	3,368,476	4.79	189.3
1949	7,396,931	3,766,018	3,630,913	8.68	205.7
1950	7,554,399	3,835,799	3,700,600	2.13	210.1
1951	7,869,247	4,016,708	3,852,539	4.17	218.8
1952	8,128,374	4,156,469	3,971,905	3.29	226.0
1953	8,438,016	4,326,708	4,111,308	3.81	234.6
1954	8,749,151	4,487,191	4,261,960	3.69	243.3
1955	9,077,643	4,647,207	4,430,436	3.75	252.4
1956	9,390,381	4,796,195	4,594,186	3.45	261.1
1957	9,690,250	4,942,534	4,747,716	3.19	269.5
1958	10,039,435	5,121,028	4,918,407	3.60	279.2
1959	10,431,341	5,336,555	5,094,786	3.90	290.1
1960	10,792,202	5,525,062	5,267,140	3.46	300.1

(註)年底人口

（《中國農村復興聯合委員會工作報告》，第十二期，49／7／1－50／6／30，頁39－40。）

第二節　家庭計劃與人口研究

[5:2-1]　**家庭計劃:**

台灣家庭計劃工作之發展可概分為下列數個階段:

1.中國家庭計劃協會時期:

　　該會係一民間團體,於民國四十三年成立,採用一般方法推行家庭計劃。

2.台灣省婦幼衛生研究所時期:

　　該所於四十八年至五十一年間沿用一般方法,推行節育,並以家庭計劃為婦幼衛生工作之一部份。

3.台灣人口研究中心時期:

　　該中心五十一年成立於台中市,在五十二年與五十三年間獲得美國人口研究局之經費支援及密西根大學人口研究中心之技術協助,從事有關推動家庭計劃之各項研究,特別著重在子宮內安裝樂普之研究。

4.省衛生處與中國婦幼衛生協會時期:

　　省衛生處與中國婦幼衛生協會,自五十三年起獲得相當數額之美援相對基金與美國人口研究局每年之贈款,合作承辦全省性五年家庭計劃方案。此項財源均經由本會撥付。

　　我國政府目前雖尚無明確之政策以調劑人口增殖,但一項全省性之五年家庭計劃方案業已順利推行至第三年。該方案之目的在使二十至三十九歲已婚婦女中之六十萬人安裝樂普,俾於短期間(五至十年)將高達百分之三之自然增加率降低至百分之一‧五。自第三年起,工作分由

民間與軍方衛生機構二方面推動。民間部份由省衛生處與中國婦幼協會主持。爲此衛生處共雇用孕前衛生工作人員三百名及村里衛生護士七十八名(另有二十二人爲中國紅十字會台灣省分會所雇用)，並由該處家庭計劃推行委員會負責推動。中國婦幼衛生協會負責訓練婦產科醫師五〇〇名與一般開業醫師一五〇名，並於訓練後與之訂定合約，辦理安裝樂普及醫學追蹤工作。安裝費用之半數新台幣三十元經由縣市衛生局撥付訂約醫師。另由省衛生處人口研究中心負責家庭計劃工作之評估與研究。軍方部份分爲兩種。一爲新兵訓練時給予兩小時之家庭計劃教育，使了解小家庭與間隔生育之重要。另一種爲軍眷村之家庭計劃教育及由軍方醫院辦理樂普安裝之工作。由於樂普停止使用率頗高（使用六個月者爲百分之二一·六至二六，十二個月者百分之三四·四至三九·五，十八個月者百分之四三·六至五〇，二十四個月者百分之五一·三至五九·六），故自五十五年開始採用口服藥片，免費分發停止使用樂普之婦女，每人每月僅收取手續費新台幣十元。惟口服片停止使用率頗高。使用一個月者爲百分之二九·八，三個月者百分之四一·二，六個月者百分之四七·八。現擬將口服片劑量予以減少以比較其效果。

　　（《中國農村復興聯合委員會工作報告》，第十八期，55／7／1－56／6／30，頁90。）

[5:2-2]　家庭計劃之調查工作：

　　家庭計劃工作之成效可藉智、態、用調查而予以評估。此種調查隨時顯示全面情況，指出將來發展之方向。

　　自五十四年起，台灣省衛處生家庭計劃推行委員會每隔兩年辦理全省性智、態、用調查一次。由下表可知民國五十四年至五十八年間，年齡廿三至四十一歲已婚有偶婦女曾實行節育者，由百分之二七增至百分

台灣家庭計劃智態用之演變(民國五四—五八年)

項目	第一次調查 54／10—54／11	第二次調查 56／10—56／11	第三次調查 59／1—59／2
調查時實行節育者	22.8%	33.5%	44.1%
樂　　普	5.0	9.4	14.2
子宮環	6.2	8.8	10.5
結紮手術	5.4	6.6	7.4
口服藥	0.7	2.4	2.8
傳統方法	5.6	6.4	8.9
曾實施節育者	26.6	41.5	54.7
贊成家庭計劃者	77.2	78.7	94.4
調查時正在懷孕者	12.1	10.6	9.6
至少曾墮胎一次者	9.5	12.3	13.8
有三個以上子女者	52.3	51.3	48.6
理想子女數	3.96	3.88	3.77
選樣調查人數	5.360	4.989	2.558

之五五，而調查當時實行節育者由百分之二三增至百分之四四。贊成家庭計劃者由百分之七七增至百分之九四。但一般婦女心目中之「理想子女人數」，則改變不大，五十四年平均爲四人，五十六年爲三‧九人，五十八年爲三‧八人。由此可見小家庭之觀念仍待加強灌輸。

(《中國農村復興聯合委員會工作報告》, 第二一期, 58／7／1-59／
6／30, 頁 89。)

[5:2-3]　李國鼎與家庭計劃：

在家庭計劃方面，我一九六一年在省立博物館開家庭經濟發展展覽
會，用圖表將經濟上和社會上的觀念表現出來，讓大家瞭解為什麼要儲
蓄、要投資，大家才能發展？我工作是研究：沒有美援我們如何生存？
中國人的自尊心很強，只需適當的疏導。蔣夢麟先生說石門水庫完成所
增產的水稻只夠應付一年的人口成長，但台灣有多少地方可以建水庫？
於是我和專家商量，畫一副圖，圖中一人站成「大」字要把石門水庫吞
下去。台灣一年增加一個高雄市──三十幾萬人，用這張圖讓人們了解
人口的壓力。我到農復會時，衛生署許世鉅先生說他已在農村開始實施
家庭計劃了，我對他大加鼓勵。一九六二年，南部濱海地區有霍亂流行，
影響香蕉的外銷日本。我們想法子撲滅的同時也注意到了家庭計劃的推
廣非常成功。接下來是如何把這種計劃延伸到都市，我與黃杰先生商量
結果，他也贊成控制人口成長率到千分之三點六，我向美援總署申請了
六千萬台幣，以五年時間推行節育。從民國六十年起，每年有一筆經費
用在農村地區的家庭計劃工作上，只要中美雙方同意，不須報行政院，
工作仍由許世鉅先生主持，結果成效非常好。

(1989 年 4 月 13 日李國鼎先生訪問記錄)

[5:2-4]　農復會的人口研究：

農復會之人口研究始於四十一年九月，當時普林斯敦大學人口研究
室獲得洛氏基金會一筆特別補助，該室即派遣巴克來博士來台從事此項
工作。農復會對此研究共核定五項計劃，計台幣 466,100 元。

　　巴克來博士於四十二年六月離台，在台期間，曾協助台灣省政府主
計處編纂出版三十九年之台灣第七次人口普查結果，由農復會補助主計
處於四十二年三月出版，名爲「台灣第七次人口普查結果表」並附民國
三十三、三十四年臨時戶口調查資料。

　　農復會已注意若干特殊問題，如婦女生育率與兒童死亡率對耕地面
積及住宅之比較，其目的在著手進行以計劃生育方式來解決人口問題，
藉以建立健全之家庭及減少兒童之死亡。四十二年二月至三月巴氏在桃
園試行一次百分之一戶籍人口選樣調查，（並非按戶調查）詳密研究五十
年來無中斷各戶之戶籍簿，因自結婚至調查時尚健在之婦女，其生育歷
史均詳細記載於戶籍冊上也。調查於四十二年七月至八月在雲林縣及四
十三年一月至二月在屏東舉行，復先後舉行與桃園同性質之調查。惟選
樣均增爲百分之三，從選樣中再選出百分之十至二十戶予以實地調查。

　　在此項人口調查中，大學學生較鄉鎭戶籍人員更爲有效可靠。雲林
之調查，由大學學生六人，並由戶籍員二十人協助於暑假完成。屏東之
調查於寒假中由大學學生十七人，並由戶籍員二十四人協助完成，雲林
縣戶籍選樣總數爲二、七八四戶，其中二七〇戶經實際調查，屏東縣選
樣爲二、五六二戶，其中五一二戶經實際調查，該項資料經加分析。

　　下列二表係雲林調查分析之結果，顯示婦女生育率、子女死亡及送
養，暨鄉村婦女之希望生育數。（見下頁）

表一：雲林縣婦女之期望生育數（四十一年底）

婦女年齡	期望生育數		一五—二九	三〇—三九	四〇—四九	五〇以上	總計
生育數合計	一—三		四、七一七	四、六一二	三、五九一	三、九四八	一六、八六八
	四—六		八三七	九五三	九一五	六〇二	三、三〇七
	七以上		一六三	三五四	五一三	二七八	一、三〇八
	合計		五、七一七	五、九一九	五、〇一九	四、八二八	二一、四八三
接受訪問婦女人數	實數		九、六八一	九、一三三	八、二五一	四、九二八	三二、〇五三
	佔本年齡組婦女總數之%		一〇.二四	九.八七四	九.七二九	一〇.六二四	一〇.〇六九
婦女期望之平均子女數			四.九四二／八.七八七	五.八五二／〇.六〇八	五.九四三／六.〇八〇	五.八五三／一.四〇〇	五.八四二／一.九九七

表二：雲林縣四十一年十五——四十五歲生存母親之生育數及其子女死亡送養百分比之比較

母親之生育數	母親人數 實數	母親人數 佔母親總數之%	子女人數及其死亡與送養 — 男 生育數合計	男 死亡人數 實數	男 死亡人數 佔出生數之%	男 送養人數 實數	男 送養人數 佔出生數之%	女 生育數合計	女 死亡人數 實數	女 死亡人數 佔出生數之%	女 送養人數 實數	女 送養人數 佔出生數之%
一—三	一、一五一	四七·九	一、一二九	一一二	九·九	三	〇·三	一、一〇二	一二〇	一〇·九	五	〇·五
四—六	七六四	三一·八	一、九六七	三五二	一七·九	一三	〇·六	一、八一六	三一六	一七·四	四五	二·五
七—九	三九七	一六·五	一、五三二	三五八	二三·四	二九	一·八	一、四七六	三二二	二一·七	六八	四·六
一〇以上	九二	三·八	五三二	一六八	三一·六	一一	二·一	四八七	一二六	二五·九	四八	九·九
總計	二、四〇四	一〇〇·〇	五、二三四	九九〇	一九·〇	五五	一·一	四、八八二	八八三	一八·一	一六六	三·四

（《中國農村復興聯合委員會工作報告》，第五期，42／7／1－43／
6／30，頁137，138－140。）

[5:2-5]　蔣夢麟主張節育:

台灣人口年增百分之三，若以本島人口六百五十萬為基礎，則十五
年後當增至一千萬，二十四年後當增至一千三百萬，即為現有本島人口
數之一倍。如此則現在平均每戶一甲半之耕地於廿四年後將減至七分半
（合十一畝二分五）。比較福建龍巖縣之每戶十五畝還要減少三畝七分
五，彼時台灣農民生活程度必將降低一倍，無論如何增加生產，如耕地
面積不夠，生活程度必然降落。

若現在我們多所避諱，不敢談生育節制問題，將來必蹈大陸上耕地
不足之覆轍。……大陸上人口之壓迫為近二百年來新發生之現象，前文
已一再言之。我國歷史家與政治家但見二千年來歷史之教訓，以為限田
與均田足以打消兼併之害。不知現在我們的限田政策，不過救目前之急，
非長久治安之道。因為耕地太少，人口太多。不限誠有大害，限亦祇能
達到吃不飽餓不死的苦境，無論如何增加生產，有其一定限度，且只能
救一時之急。無論政治如何改良，租稅如何減輕，兼併如何限制，土地
如何分配，此問題如不解決，人民生活程度無法大量改進，全民文化無
法提高。這人口加於土地的壓迫是從漢到明所沒有的問題，現在放在我
們跟前了。……至生育節制問題，未列入農復會政策之內，因此事反對
者頗不乏人。農復會所注重者，為謀目前生產之增加、與農民大多數之
福利。至百年大計，（除台灣森林問題已著手研究與補救外）本非在農復
會工作範圍之內，故只討論而不列入政策。時機未熟，不願以一時做不
到的遠景而害目前所急需的近謀。其對於政治問題，亦抱同樣態度，因
農復會的責任並不在此。

(蔣夢麟,〈土地問題與人口〉, 收入: 氏著,《孟鄰文存》, 頁 111 –
115。)

[5:2-6] 蔣夢麟對台灣人口問題的看法:

台灣之農民總人口為 3,578,175 人; 553,308 戶。平均每一農戶約六口稍強。

台灣之可耕地為 833,915 甲, 平均每戶耕作 1.5 甲, 或 3.75 英畝。為維持一合理之生活水準, 每戶應有 3 甲或 7.5 英畝之耕地。

台灣每年人口之增加率為千分之三十 (過去為千分之二十四, 但近年因醫藥進步, 死亡率已減少千分之六)。依三十七年人口調查為 6,500,000 人。自大陸被侵佔後由大陸陸續移入台灣之人口估計為一百萬(非農業人口)。以每戶所有耕地面積之狹小及可資墾殖土地之有限(不足六萬甲), 台灣之人口問題確屬嚴重。

農民由農復會協助及政府或地方合作機關辦理所得之利益, 如依上述人口增加狀況, 勢必逐漸抵銷, 終至一日, 生產所得盡為過度人口所消費。

依台灣人口之增加率, 則其人口 (大陸移入人口不計) 至民國四十四年時應為 7,502,000 人, 四十九年時應為 8,697,000 人, 至五十四年, 如無自然或人為限制, 則依理論推斷, 應增加為 10,082,000 人。

對此問題, 農復會曾經予以研究。但認為提供解決此一問題意見之時機, 尚未成熟。

(蔣夢麟,〈適應中國歷史政治及社會背景之農復會工作〉, 收入:
《孟鄰文存》, 頁 153-154。)

[5:2-7]　蔣夢麟對台灣人口問題的看法：

「台灣現有人口一千萬，每年正以 3.5% 的增加率在增加，亦即每年淨增三十五萬人，約略等於一個高雄市現在的人口。....如以現在的出生率推算，台灣的人口十年以後，即將達一千五百萬人，不出二十年就會增加一倍....我現在要積極地提倡節育運動，我已要求政府不要干涉我，如果一旦因我提倡這種運動而闖下亂子，我寧願政府來殺我的頭。」

（《香港自由人報》，民國 48 年 5 月 2 日。）

[5:2-8]　蔣夢麟對台灣人口問題的看法：

經過限田扶農後，生產必然增加，但增產的結果並不是就可解決人民生活。爲什麼？因爲這裡有一個嚴重的人口問題。原來生產和人口的增加，必然呈相互競爭形態。就是說，生產增加人口亦必隨之增長，而且後者的增加率必然超過前者。

依據過去的統計，台灣人口年增百分之三，所以在二十四年後，本省人口將增加一倍。何況現在農村衛生改進，生育率也許更大。而耕地的面積不會擴大，土地增產也有限度。因之人口與生產不平衡，生活水準永遠不能提高。這個挺現實的問題我們不能熟視無睹。農復會頃已請美國匹林司登大學一位專家，來從事研究這個問題，希望提供解決的意見。

（蔣夢麟，〈台灣三七五減租成功的因素及限田政策實施後的幾個問題〉，收入：《孟鄰文存》，頁 101。）

[5:2-9]　立法委員廖維藩反對節育：

近聞農復會已與台灣省衛生處、省立醫院、省立助產護理學校、及

所謂中國家庭計劃協會合作，在本省各地推行節育運動及所謂「孕前衛生」運動。異哉！果見諸實行耶？不佞迫不獲已，特向行政院提出質詢，分為三點說明：一、人口問題導源於個人主義經濟學，二、共產主義為中國人口之最大剋星，三、推行節育運動，違背國策，是否應予查禁？……

個人主義經濟學之人口限制論，表面似為悲觀之說，實乃世界人口之剋星。何以言之？依馬氏每二十五年增加人口一倍之說，十九世紀初，美國人口約九百萬，何以迄今僅有一億六千萬人左右？德國人口約二千四百萬，何以二次大戰前僅有七千餘萬人？英國本部人口約千餘萬人，何以迄今尚不足五千萬人？法國當時人口較各國為多，已達三千萬人，何以迄今僅有四千餘萬人？一方表示二十五年增加一倍之說，已不攻自破。一方表示節制生育邪術，已發生實效。其受影響之最大者，輒為法國。

大陸共匪，較諸蘇共，尤屬後來居上，青出於藍。當民國三十八年竊奪政權後不久，人民死於清算鬥爭及大量失蹤與黑夜運送郊野屠殺活埋者，即已達二千萬人。旋不斷而起之士改集體農場及三反五反而置人民於死地者，又不知有若干萬千人矣。而死於奴工營勞工營集中營以及修路修河開礦之苦役餓倒病倒者，更不知有若干萬千人矣。死於人禍所引起之天災，尤不知有若干萬千人矣。實行新婚姻法，號召天下淫亂，並推行節制生育運動(共產主義與個人主義合作)，制婦女之死命而犧牲人口者，亦不知有若干萬千人矣。迄民國四十七年八月二十九日以後，實行所謂「人民公社」制度，其悲慘情狀，尤甚於以前種種也。民居拆除，園地鍋畑碗筷桌椅板凳沒收，簇集公共宿舍，餓倒公共食堂，家庭破毀，父子兄弟妻兒離散，軍事編制，奴役山野，外人視為牛群羊群或動物園者，尚不能形容其怪象苦況於萬一也。共匪之為中國人口之最大剋星，中華民族之最大敵人，罪惡滔天，遺臭萬年，已成鐵之事實矣。

乃自由中國少數個人主義者，仍襲新馬爾薩斯主義之謬論，倡導節育運動，以圖減少人口，誠不知天下有羞恥事矣。

　　國父在民族主義第二講云：「自古來，民族之所以興亡，是由於人口增減的原因很多。」是人口增加，可使民族興盛，人口減少，可使民族衰亡，此天之理人之事也。人口增殖矣，人民生活究應如何充實？國父在建國大綱第二條云：「建設之首要在民生，故對於全國人民之食、衣、住、行四大需要，政府當與人民協力共謀農業之發展，以足民食；共謀織造之發展，以裕民衣；建築大計劃之各式屋舍，以樂民居；修治道路運河，以利民行。」人民生活充實矣，教育又將如何實施？國父在地方自治開始實行法云：「凡在自治區域之少年男女，皆有受教育之權利。學童書籍與學童之衣食，均當由公家供給。學校之等級，由幼稚園而小學而中學，當按級而登，以至於大學而後已。教育少年之外，當設公共講堂、書庫、夜學，為年長者養育知識之所。」又在民族主義第六講提出恢復「固有道德」及「固有知能」以為教學之方針。國父三民主義之人口政策，蓋亦孔子庶富教之遺意也。總統蔣公在三民主義之體系及其施行程序記國父之言曰：「中國有一個道統、堯、舜、禹、湯、文、武、周公、孔子相繼不絕，我的思想基礎，就是這個道統，我的革命就是繼承這個正統思想，來發揚光大。」今日三民主義已成為中華民國憲法之宗旨，第一條即云：「中華民國基於三民主義，為民有民治民享之民主共和國。」是庶富教之人口政策，即為中華民國之國策，亦即民族繁衍、經濟發達、及教育普及之國策也。今之食新馬爾薩斯主義之唾餘，而提倡節制生育運動者，實屬違背國策。何況人口政策應以整個國家為對象，何得在一隅之地施行。正值共匪在大陸大量毀滅人口之際，獎勵人口增殖之不暇，何得推行節育運動，減少人口。在台省單獨推行節育運動，豈錄為一國乎？兩個中國為國際之陰謀，吾人可安於兩個中國，不言反攻復國，而坐以待

斃乎？此種違背國策之節育運動，實為亡國滅種之運動，是否應予查禁？請行政院明白予以答復。

（《立法院公報》，第 25 會期，第 9 期，第 14 次會議，民國 49 年 4 月 15 日，〈本院委員廖維藩為人口問題向行政院提出質詢〉，頁 36－43。）

[5:2-10]　立法委員費希平贊成節育：

　　在亞熱帶的台灣，人口增加之速，實在使人驚奇。大陸上的家庭，有八九個子女的頗不多見，但在本省，卻是司空見慣了。一個中下級的家庭，如果子女眾多，父母勞碌終生，而生活不得改善。雖然土地改革，給本省的農村經濟，帶來了暫時的繁榮，但人口的壓力，會把土改的成果，漸漸抵銷。因此，蔣夢麟博士大聲疾呼的主張節育，而中外專家們也一致贊成。但是，我們的政府直到今天還沒有表示明確的態度，實在使我們大感困惑。

　　有一次，在宴會上，我曾向周主席提出這個問題，據他說：「提倡節育，有背國策，政府不能公開表示意見，最好由人民團體去推行。」我認為，國策是因時因地而制宜，不是一成不變的；在大陸時，地大物博，人口不會發生問題，當然沒有節育的必要；而今在台灣，情形恰恰相反，如果不及時提倡節育，將來不但糧食發生問題，就是教育設施，也很難適應人口增加的速度，最後，終免不了發生飢荒貧困，而陷於混亂狀態。所以，我們應該未雨綢繆，打破以往不正確的傳統觀念，立刻由政府發起提倡節育。

　　現在台灣的人口，正以百分之 3.3 之速度急速增加。國民學校的教室，年年有新的建設，而年年不敷分配。都市的地價，直線上升。這些事實，是在告訴我們，台灣的人口問題，已經迫在眉睫，何可忽視。今

天我們面對這樣鐵一般的事實，還談甚麼「見仁見智」。至於總理遺教中關於人口的理論，亦非千古不破之定理，死啃敎條，更非智者之所取。希望政府當局，高瞻遠矚，不要等到問題到來，束手無策。

　　(《立法院公報》，第 25 會期，第 1 期，第 1 次會議，民國 49 年

　　　2 月 16 日，頁 33－34。)

[5:2-11]　　立法委員楊一峰建議成立「人口政策研究委員會」：

　　書面質詢提出後，得到行政院的復函，說是據內政部擬具的書面答復而轉請查照的。本席對於此項書面答復，仍然未能滿意。因本席所轉引周主席及蔣夢麟先生的話，均有數字作為人口壓力的論據；如果這些數字不確，主管機關便應該公開予以澄清；如果確實，便應該迅謀對策。不應該時至今日，還不知人口之增加是否已構成人口壓力。如果強調人口之增加是否即構成人口壓力，尚須綜合人口生產就業、投資、房屋、糧食、政治、社會等因素加以研究，始能獲得確切結論。那便是本席所以要建議行政院考慮設一「人口政策研究委員會」一類組織的理由；因為人口政策係根據人口壓力之有無大小而決定，牽涉廣泛，似非內政部一部所能了事。至謂內政部已從事於蒐集資料之工作，以為研究人口政策之準備；亦望限期成功，早將研討所得宣示，以為制訂各種政策之依據！

　　(《立法院公報》，第 25 會期，第 1 期，第二次會議，民國 49 年

　　　2 月 19 日，頁 104－105。)

[5:2-12]　　行政院長陳誠對人口問題的看法：

　　楊委員關於人口問題的質詢，本人就政策上說明幾點。中國有歷史以來都是重男輕女的，所謂「不孝有三，無後為大」，所以節制生育的問

題，不是政府輕易下命令就可解決的，楊委員說我們應研究，我認爲研究是需要的。

要說人口問題是否一種壓力，這要看從那方面來講，從經濟方面來看，不能說沒有壓力。當然也只有用經濟方面的辦法來解決，最基本的是必須加速生產。我們預定第三期四年經濟建設計劃增產數字爲百分之八，人口增加三點五，生產增加百分之八，就可不受人口增加的威脅。除了經濟方法之外，祇有打回大陸。從最近五年的經濟建設計劃看，五年之內希望增加三十萬噸糧食，以此來維持人口增加的食糧，尚不成問題，可是以後再增產糧食就有困難，因爲農業增產將達到飽和點的程度。

人口問題，不僅關係經濟，與教育衛生、文化、社會、各方面，都有關係。不僅內政部應該研究，其他各方面也要研究，將來凡是應該做可以做的工作，我們一定一步一步的做去。爲了國家政府的需要，目前無論在國防生產方面，都感到人口愈多愈好，可是爲了家庭負擔，以及國家教育經濟各方面的負擔，生育過多，又增加了許多麻煩，這件事不是政府所能限制，祇好大家多多研究。

（《立法院公報》，第 25 會期，第 1 期，第二次會議，民國 49 年 2 月 19 日，頁 105。）

[5:2-13]　立法委員董微認爲人口增加是好現象：

台灣幾年來人口一天天增加，有一般人認爲這是一個很危險的現象，但我認爲這是好現象，因爲我們反攻大陸，需要兵源，可是有一個危機存在，人口愈來愈增加，大家這裡蓋房子，那裡蓋房子，良好的農田變成建地，農地愈來愈減少，糧食自然也隨之減少，假使一、二年之內，能夠反攻大陸，大陸有廣大的土地，當然沒有問題，假使一、二年內不能反攻大陸，糧食生產逐漸減少，這些人一定是餓死台灣，是不是內政

部應該計劃，以後儘量向山頂上蓋房子，以免佔用平地的農田。

　　（《立法院公報》，第 25 會期，第 2 期，第 4 次會議，民國 49 年
　　2 月 26 日，頁 69。）

**[5:2-14]　行政院函爲檢送廖委員維藩爲人口問題提出質詢之
　　書面答覆：**

<table>
<tr><td rowspan="2">行政院函</td><td>中華民國四十九年五月三十日</td></tr>
<tr><td>臺四十九編字第三〇一二號</td></tr>
</table>

受文者：立法院

　　前准

　　貴院四十九年四月十九日（四九）臺院議字〇八一八號函送廖委員
維藩爲人口問題提出質詢囑以書面答覆一案經交據內政部擬具書面答覆
到院茲檢同該項書面答覆三份函請查照轉送廖委員爲荷。

　　抄附書面答覆三份

　　　　　　　　　　　　　　　　院　長　陳　　　誠

　　對廖委員維藩爲人口問題質詢之書面答覆

　　一、個人主義經濟學之人口限制論以節育爲方法，匪黨承馬克斯唯
物史觀與階級鬥爭論之餘緒，以屠殺手段減滅人口，均屬摧殘人類生機，
腐化惡化不正之術，實爲人口之剋星，廖委員論證周詳甚表敬佩。

　　二、所謂「節育」，係自覺之志願行爲，非任何權力所能干涉。

　　三、本年四月二十六日中國農村復興委員會以農（四九）衛字第四
二六〇號函內政部略稱：婦嬰衛生，係該會推行農村建設工作中所列鄉
村衛生項目之一，對節育運動，該會既未列有預算亦未撥付任何經費補
助。至該會目前補助彰化天主教修女醫院，辦理婦嬰門診，花蓮基督教
門諾會，擴建醫院，收容山胞病人，以及台中省立婦幼衛生中心，推廣

婦嬰衛生工作等項，均爲推行農村建設之鄉村衛生工作，並非節育運動。

（《立法院公報》，第 25 會期，第 11 期，民國 49 年 7 月 12 日，頁 26。）

[5:2-15]　行政院對人口問題質詢之書面答覆：

一、自去年四月十四日蔣夢麟博士發表有關台灣人口問題言論後，曾引起各界人士之討論。在人口政策未訂定前人民對此問題之研究與發表意見，應享有自由。節育係自覺自動之志願行爲，人民是否實行節育，悉憑當事人自己之選擇，不能強加干涉，蔣夢麟博士之主張，自係其個人對台灣人口問題發表之意見。

二、最近農復會爲促進母性健康改善兒童福利，曾推行婦嬰衛生工作，台灣省衛生處所屬婦幼衛生研究所受理之孕前衛生案件，乃由人民自動請求而予以醫療上之指導，並非推行節育運動。

三、一個國家人口政策之擬訂，固須顧及經濟觀點，其他方面——尤如國防——亦應注意，故政策須經詳愼之研究始能決定。目前除須著重發展台灣工業、經濟、教育、公共衛生以及改善人口調查登記統計外，本院已飭內政部蒐集資料，愼予研究，以期將來擬訂適當之人口政策。

至潘委員對人口問題再質詢一案，茲一併答復如下：

關於潘委員對人口問題之再質詢，因所提七項問題，與經濟部、農復會及台灣省衛生處等有關，前由內政部函請各該機關表示意見，茲先就農復會及台灣省生處所提供意見節錄如次：

「㈠農復會（四九）衛字第四二六〇號函略稱：該會根據地方需要，以及技術及經費協助我國各級政府及社會團體，推行各項農村建設工作，該會目前推行之婦嬰衛生工作，即係鄉村衛生工作項目之一，並非節育運動，且對是項運動該會既未列有預算，亦未撥發任何經費補助，該會

並認爲社會團體，如計劃家庭協會與婦幼衛生中心，爲促進國民瞭解優生與教養等之重要，傳佈若干計劃，家庭之知識政府似不必加以干涉。

㈡臺灣省政府衛生處衛字第一二三〇五號呈略稱：臺灣省婦幼衛生研究所承辦孕前衛生，係以純由婦幼衛生技術觀點爲依據，以適當之預防措施維護婦幼健康爲宗旨。該所受理之孕前衛生案件均係依據民衆個人本身之切實需要，自動請求有關衛生機關，循醫療技術途徑予以指導辦理而已實非政策問題。」

（《立法院公報》，第 25 會期，第 12 期，第 26 次會議，民國 49 年 7 月 22 日，頁 4。）

第六章 農復會與外島農業發展

第一節 金門

[6:1-1]　金門土地改革：

　　金門土地改革計劃，可分為三個步驟：一為土地測量及地權登記，藉以明瞭該縣土地租佃及土地分配之實際情形。二為擬訂實施此項改革之辦法。三為徵收放領私有出租土地。該項計劃于四十二年九月實行。迄四十三年度底止第一、二兩期工作已次第完成，第三期工作正在籌備進行中。

鄉　　鎮	土地面積（市畝）	耕地面積（市畝）
金沙鎮	59,846	18,033.052
金湖鄉	62,432	14,578.000
金山鄉	26,412	15,448.000
金寧鄉	43,217	22,347.979
金城鄉	5,642	2,862.104
烈嶼鄉	21,451	7,778.530
共　　計	219,000	81,074.665

各測量隊在實地測量土地時曾測繪地籍圖二四一張。

第一期工作包括對于該島 156,000 筆土地（113,124 畝）之地籍測量及地權登記。爲推行此項工作起見，曾由當地軍人中選拔測量員及助理員共五十人予以訓練。編列爲十八至廿五隊，進行土地測量，所需測量器械，則由農復會供給。至四十三年度底全島地籍測量全部完成。計該島共有土地面積 219,000 畝，其中 81,074 畝爲耕地。茲將土地分佈情形列表如上。

地籍登記始于四十二年十二月。截至四十三年度底，大金門之兩鎮三鄉地籍登記已達 76,690 戶。此外金門縣政府復從事蒐集 81,000 畝耕地之地籍資料，估計徵收放領土地面積，統計農戶數字暨搜集有關土地移轉資料。各項工作截至四十三年六月底止仍在繼續進行中。

關于金門土地改革法規草案之擬訂開始于四十二年四月，並於同年九月間呈請行政院核示。嗣因行政院對於該項草案之法律根據有所諮詢，乃將草案發還重擬。經第二次改正後於四十三年三月呈復行政院。此後內政部曾於四十三年五月廿六日及六月十九日召開會議兩次，審查並修訂該項草案，以便呈請行政院作最後核定。

草案之要點如下：

一、凡超過五市畝之第五等則私有出租地由金門縣政府徵收，放領于現耕農民承領。

二、地主保留耕地面積最高額以第五等則耕地五市畝爲限，惟孤寡老幼殘廢之地主倚賴土地爲生者，可以保留十畝。

三、徵收之地價以兩年半內計五期作物收穫之總值計算之。

四、徵收之地價由省庫一次以現金償付，俟土地改革完成後再由金門縣政府于徵收之田賦項下歸還。故佃農毋須繳付承領地價。

其餘徵收放領土地程序大致與台灣實施耕者有其田計劃中所規定者相同。

　結　論

　　耕者有其田計劃在四十二年實施後，本省以往之耕地租佃及土地分配問題，大部已獲徹底解決。近五年來，政府在土地改革方面，一本和平，民主的精神，採用合理合法的措施，積極推進，顯然已獲得甚爲輝煌之成就。今後爲擴增現有土地改革之成果，所應繼續努力者，尚有下列各重要事項：

　　第一即現在尚有十萬甲出租耕地爲地主所保留。佃耕此項土地之農戶，在尚未獲有所耕土地以前，自必須由三七五減租政策繼續予以維護。但地主與佃農原有之三七五租約係在三十八年訂立，至四十三年底或四十四年上期，六年之租期即將屆滿，目前若干地主已準備趁此機會自佃農手中收回其耕地。預料在租期屆滿之後，將有若干租佃糾紛發生。故在原定租期未滿以前，租約之重新訂立，必須予以促成。此點政府似應從速決定，俾地主佃農雙方了解，以袪除農村可能發生之紛擾。再進一步言之，對此十萬甲出租耕地問題之根本解決，仍須依據實施耕者有其田條例第十二條或土地法第三十三條之規定，促使其爲現耕佃農所有，俾達成耕者有其田全面之實現，永絕農村社會問題之根源。

　　另一問題則爲土地等級分類。本省耕地分爲田藁兩地目，各分二十六等則。土地改革計劃之實施，即充分利用此項土地等級分類。例如在三七五減租計劃內，土地等則係用以評定作物收穫數量，作爲減租之根據。在公地放領及耕者有其田計劃內，土地等則係用以決定徵收放領土地之地價暨地主保留土地之面積。蓋土地等級分類與土地改革計劃之推行，關係異常密切，在技術上已形成本省土地改革方案之脊骨。所可惜者，若干筆耕地原定之等則殊不能代表實際土地之生產量，或嫌過高或嫌過低。因全省土地等則係於三十三年間核定，此後由于土地利用情形之變動，生產量亦隨之而有變更。其變更之程度如何，尚難臆測，惟若

干地主及農民對于土地等則之準確性時有不平怨言。由于此部份土地等則之不準確，若干地主及農民之田賦或其他負擔因以失平。台灣省議會曾促請省政府調整該項土地等則。此事似應早日辦理，以免影響土地改革之成就。

第三個問題為如何供給三十二萬戶承領土地農民所需要之資金，此係一土地改革之基本問題。百分之六十的農民每戶耕作一甲以下之土地，經濟力量自嫌薄弱，土地改革以後，彼等收入雖有增加，但仍多難適應其經營上之需要。如無適當資金以供周轉，將不易增加農產及收入。目前若干農民已不得不自私人高利貸款或從事掠奪耕種，此兩種方法均可使農民喪失其土地再度淪為佃農。為解除農民此種困難起見，台灣土地銀行於耕者有其田計劃完成以後，曾舉辦一項新台幣三千萬元之農貸。惟以求過於供，此項貸款，仍難普遍滿足三十二萬戶農民之需要。農民希望低利貸款之接濟，異常迫切，土地改革之成就如欲長期保持，對於農民低利貸款之要求，似亟應加以注意。

（《中國農村復興聯合委員會工作報告》，第五期，42／7／1－43／6／30，頁121－123。）

[6:1-2]　加速農村建設重要措施的金門農業工作：

行政院蔣院長於六十一年九月廿七日宣布政府將撥出新台幣二十億元，推行加速農村建設重要措施，經策劃小組核定以新台幣二千萬元，在金門馬祖地區辦理下列工作：

1. 加強農村公共投資。
2. 發展農牧綜合經營。
3. 推廣雜糧綜合技術栽培。
4. 充實試驗研究人員與設備。

5.建築馬祖漁船避風港。

6.改善漁具、充實農畜魚產加工及運銷設備。

本會正會同金門有關單位編擬細部計劃，於六十二年開始分三期推行。各計劃完成後將建立外島農業發展之良好基礎。

（《中國農村復興聯合委員會工作報告》，第二六期，61／7／1-12／31，頁50。）

[6:1-3]　金門農村建設概況：

本會歷年來不斷以技術與經費支援外島農業建設，外島地區主管單位及農民亦提供部份經費配合辦理，民國六十二年政府開始推行加速農村建設重要措施，外島農村建設經費之總金額亦較往年為多。

1.農業生產

六十二年春，金門地區動員各有關單位人員全力準備春作雜糧發展計劃，辦理組織農民、技術指導、充實設備、肥料分配等，並承軍方指派專輪由台灣運輸肥料至金門及時施用，高粱之全年產量，原可望突破歷年最高紀錄，惟七月二日及十月十日魏達及娜拉颱風在成熟前來襲，致未能達到預定產量。

2.農業試驗研究與推廣

金門農業試驗所在本會技術與經費支援下自行育種，其成果顯著而在推廣中者計有：

1）什交高粱金門五號，早熟、植株低、稈強硬、穗充實、根群旺盛、抗風力強，平均產量每公頃四、三七九公斤。

2）什交玉米金門一號，平均產量每公頃四、五〇〇公斤。

3）甘薯金門三號，平均產量每公頃三八、〇〇〇公斤。

4）蔬菜種籽：金門早生球莖甘藍，夏季早生（四十五日成熟）花

椰菜等，預定六十三年大量推廣。

5）果樹引進與推廣：

為配合果化金門政策，本年度選定果農五〇，並在學校機關等處種植由台灣引進之荔枝、龍眼、梨樹、柿、枇杷、印度棗、無花果及胡桃等計二六、五六六株，並已完成紅棗嫁接，六十三年度預定推廣五、〇〇〇株。

6）推廣教育：

遴選農業技術人員七人及農民四十五名，派赴台灣分別在農業改良場及畜產試驗所接受雜糧、果樹及畜牧等短期專業訓練。

7）土壤肥力測定：

全縣土壤肥力測定已辦理完畢，顯示金門地區之土壤有機質及鉀含量極低、酸性偏重、有效磷較高。經編製土壤有效磷、有效鉀及有機質 PH 值等資料分佈彩色圖，以供作物施肥依據。

3.林業生產

發展林業可保護農作，且具有經濟價值，多年來造林已有相當成就，但海岸地區荒山遼闊，每年仍須繼續造林及補植。六十二年辦理情形：

1）育苗：

濕地松	759,800 株
相思樹	1,010,600 株
木麻黃	988,000 株
桃花心木	80,000 株
麻六甲合歡	186,000 株
合　計	3,024,400 株

2）造林：

海岸防風林：

	在官沃等十二處所海灘，造植木麻黃	1,220,000 株
荒山造林：		
	在太武山等九處，造植松類等經濟林	1,319,619 株
行道樹：		
	在公路邊造植木麻黃	78,680 株
合　計		2,618,299 株

4.漁業生產

　　漁業為金門農業發展之重要環節，現有動力漁船二——五噸級者一三〇艘，四十九噸級二艘，從事漁撈作業，尚感不敷，正在加強發展中，本年度辦理主要項目：

1) 增造四九噸級二艘，五噸級一〇艘，並在四九噸級一艘加裝冷凍設備以確保鮮度，可在旺季將魚貨運往台灣銷售。

2) 興建料羅冷凍製冰廠，廠房土木工程及電力設備均已完成，正在辦理冷藏機械及防熱設備，完成後大小漁船皆可就地補給冰塊及油料、淡水等，並提供大容量冷藏設備，以利魚貨調節市場供應及外銷。

3) 漁船引擎汰舊換新一〇台。

4) 養殖魚：利用淺灘開闢為養場，血蚶、紅蟳及牡蠣養殖示範已告成功，正在擴大中。鰻魚苗採捕示範亦告成功，每年約捕獲二十萬尾，運銷台灣。

5.畜牧生產

　　金門毛豬及雞蛋生產量，已可自給自足。今後畜牧發展，將偏重在品質之改良及飼養技術之改善。肉牛為新興事業，金門牧馬場已興建肉牛肥育場一處，並由台灣引進聖達公牛五頭，選定一〇〇農戶參加犢牛生產計劃。為改進豬肉品質，由台灣引進純種公豬八頭，小母豬四七頭，

並選定三〇農戶參加養豬農牧綜合經營計劃，每年將飼養母豬四頭及肉豬三〇頭。

6.水利及鄉村自來水

1）興建沙美水庫，爲本年重要水利工程，於十二月一日動工，由兵工協建，預定六十三年四月底完工。完成後可解決金沙鎮全鎮一萬餘居民之自來水供應問題，且有餘水可供附近雜糧作物灌溉。

2）興建小型攔水壩十一座，由受益農民以支付工資方式參加建造。秋作高粱，已有部份利用該攔水壩供應灌溉。

3）在烈嶼（小金門）挖掘農塘四口，容量計六、五〇〇立方公尺。

4）在烈嶼開鑿深井三口，每口每分鐘出水量約三〇加侖，抽水機管線等在施工中。

7.衛生及家庭計劃

本會配合行政院衛生署辦理金門地區血絲蟲病防治工作五年計劃，第一年之成果如下：

1）訓練蚊蟲幼蟲控制及採血工作人員三十六名；

2）驗血九五、六二八人，其中九、二六〇人發現爲陽性（有血絲蟲病）；

3）在面積五九、二三三平方公尺之廁所、豬舍、水塘、灌溉池、排水溝等處，噴施殺蟲劑；

4）對三、二三六患者，給予藥物治療。

在家庭計劃方面，聘用二〇位青年婦女爲村里家庭計劃訪視員，由五位護產士負責安裝樂普，及一位醫師指導。在邊遠地區以此方式推行，既經濟又適用，農村安裝樂普者較使用其他方法者爲多。金門歷年來生育率爲：

54 年	55 年	56 年	57 年	58 年	59 年	60 年	61 年
4.20%	4.51%	3.35%	3.46%	3.56%	3.59%	3.27%	3.07%

（《中國農村復興聯合委員會工作報告》，第二八期，62／7／1-12／31，頁 50-53。）

第二節　馬祖

[6:2-1]　馬祖衛生計劃

馬祖衛生院因缺乏醫護人員，而當地又缺乏可資造就之人才，故該地區衛生工作之進展甚為遲緩。本年度本會曾撥贈價值新台幣 149,000 元之藥物，交由該區駐台辦事處轉運馬祖衛生院使用。最近赴衛生院醫務室及病室就診民眾日漸增加。本會又捐贈牛痘疫苗，供民眾接種。

為改善馬祖現有淺井及蓄水池 103 口，本會特撥款補助水泥 115 噸，新台幣 49,500 元。並撥贈木製書桌凳 177 套，木床 20 張，由馬祖駐台辦事處設法轉運。該縣國民學校 7 所，共有學童 1,868 人。本會業已捐贈書桌凳 372 套，下年度擬再捐贈 190 套。未來馬祖地區醫藥衛生工作之進展，端賴初級中學之設立。蓋接受護理、助產或其他職業訓練，最低限度須初中畢業程度始可勝任。

（《中國農村復興聯合委員會工作報告》，第八期，頁 39。）

[6:2-2]　馬祖漁業

本年度本會追加補助新台幣 65,000 元以完成馬祖建造舢舨四十艘之計劃。此外並在馬祖搭蓋鋁質棚屋二處，建立造船廠及增撥四至十馬力之引擎十一部，以供舢舨機動化之用。

　　在改進漁法及漁具方面，本會另撥款協助馬祖漁民恢復釣捕沙魚及海鰻之滾釣漁法，並試用「可樂隆」製蝦皮網。為改進舢舨夜間作業信號燈之光度，本會復協助在馬祖設立六瓩之蓄電池充電所一處。

　　為便利漁民蝦皮乾製起見，本會又撥達總價三分之一以上之補助款，協助購買竹篾晒蓆 1,500 張，分發馬祖漁民應用。此外並在北竿及南竿兩島建造鋁質倉庫四棟，以供貯藏漁產及漁用物資之用。

　　（《中國農村復興聯合委員會工作報告》，第九期，頁 75－76。）

第七章　農復會與國際農業交流

第一節　亞洲各國

[7:1-1]　一九五五年開始國際農業合作：

本會應中美當局之請，自四十四年開始，協助促進我國與各友邦間之農業技術合作。此項工作分為下列數要類：

1.亞洲國家在美援「第三國訓練計劃」項下遣派來華農業技術人員之訓練。

2.亞非國家在我國「國際技術合作計劃」項下遣派來華農業技術人員之訓練。

3.外賓來台考察我國農業建設。

4.在美援「第三國訓練計劃」項下派遣我國農業技術人員前往美日等國受訓。

5.派遣我國農業技術人員或農民協助友邦發展農業。

上述工作本會協助之範圍包括：

1.為來訪之外賓及農業專家舉行簡報及供應有關資料。

2.配合有關單位安排友邦人員在台考察，或訓練等事宜。

3.遴選出國受訓之農業人員。

4.組訓我國援外農業技術團。

　　5.支持本會派遣援外農業技術團之各項需要。

駐越南農業技術協助團

　　在本會參與之技術合作工作中，最重要者為本會與越南政府簽訂合約派駐越南工作三個技術團（1.農會組織技術團，2.作物改良技術團，3.水利技術團）。各該團經費係由美國國際開發總署撥助。農會團自四十八年十二月成立以來，已協助當地政府建立四十八個農會（其組織及業務與台灣之農會相似），為農民服務。作物改良團成立於四十九年七月其任務為協助越南農務部從事作物之改良與示範。由該團自台灣引進水稻、玉米、大豆、花生及蔬菜等作物，其單位面積產量，均較越南本地品種高出數倍，對越南農業增產，貢獻至鉅。水利技術團於四十九年十一月在越南開始工作，已協助越南政府規劃及審核百餘件水利工程計劃，此外並對若干工程在施工方面協助督導。該三團工作皆有良好之表現，因此，服務期限一再展延。迄目前為止，各該團之合約已分別續訂三、四次不等。本會應越方之要求，並將自五十三年度起，將作物改良團原有團員九人增至十八人，其工作範圍擴及畜牧改良。

　　（《中國農村復興聯合委員會工作報告》，第十四期，51／7／1-52／6／30，頁94－97。）

　　[7:1-2]　越南：

　　本會應越南政府要求，本年度將原派駐該國之「水利」、「農會組織」及「農作物畜牧改良」三團合併，改組為「中華民國駐越南農業技術團」以加強原各團間工作上之聯繫，並增加推廣人員四十餘名從事科學耕作法及農村手工藝之示範。該團共擁有團員八十六名，由金陽鎬先生擔任團長。除上述示範工作外，該團並協助越方：1.訓練農業改良場及畜牧改良場技術人員；2.改善種子技術、耕作方法以及病蟲害防治法、家畜飼養

技術等; 3.規劃水利灌溉措施; 4.釐訂各項為適應現階段農村經濟及社會動盪不安所需之工作計劃並予以實施。本年度本會復負責辦理贈送越南政府價值新台幣三百萬元之農機具以協助推行「區域性農業改良綜合示範」計劃。

　　(《中國農村復興聯合委員會工作報告》, 第十六期, 53／7／1－
　　54／6／30, 頁 109－110。)

[7:1-3]　菲律賓:

　　本會根據中菲二國政府換文, 於五十三年八月派遣由專家一人及技農三人組成之農耕示範隊至菲律賓邦邦加省作稻米增產示範。該隊應用科學耕作法, 於為期僅三個月之短時間內完成單位產量倍增之示範, 其成就之獲得重視, 可於邦邦加省省長送呈菲國家經濟委員會之報告中窺見一般:

　　「不受暴風雨, 壞氣候影響之優良品種, 其產量增加達百分之六十至二○○。台灣專家攜來之優良品種, 每公頃平均產量達一一四『加萬』, 而我農民所慣用之品種, 每公頃僅收割二四至三十『加萬』, 即吾人公認為最佳之『朋沙』品種, 每公頃亦僅獲四五『加萬』。」

　　國際稻米研究所 Bradfield 博士對該隊卓越成就極表讚揚, 尤對該隊應用台灣耕作方法而增高單位產量更為欽佩。

　　(《中國農村復興聯合委員會工作報告》, 第十六期, 53／7／1－
　　54／6／30, 頁 110。)

[7:1-4]　越南:

　　由本會組派, 並由美國國際開發總署撥助經費之我駐越農技團現有團員七十二人, 其中百分之七十係推廣人員, 工作範圍深達各窮鄉僻壤。

另百分之三十資深人員則派駐各試驗場室協助越方人員從事研究工作。推廣人員共組成六隊，三隊分駐於越南中部各省邑，另三隊則分駐南越各地。渠等均能與越方人員密切合作，協助農民增產，成績斐然。至研究試驗工作方面亦成效卓著。甚多改良品種(包括高產新品種)，改良耕作法，耕作制度，施肥方法等皆已在越南各地採用，茲將新舊品種產量列表比較如下：

作物名稱	改良品種數	較本地品種產量增加百分比
米	26	10－60
大　豆	3	29－195
甘　蔗	4	24
甘　藷	3	143－577
花　生	3	57.7
玉　米	2	40－83

此外，在該團專家與越方工作人員共同努下，業已成功推廣若干種適宜平原地區栽培之抗熱性蔬菜，如小白菜及花椰菜等。又如洋葱、番藷、大蒜等過去必須仰賴國外進口者目前皆能自給，為越南節省不少外匯。

第三屆中越經濟合作會議於五十四年十月在台北舉行。我國同意協助越南建立三個「改良農村」。距西貢四十里之邊和省將為第一個「改良農村」實施地區。其餘二地區尚在勘選中。根據計劃，每一「改良農村」中將由我農技團協助推行下列各項工作以造福農民（少數工作則由越方自行籌辦）：

1.農業增產。

2.鄉村衛生。

3.農民組織。

4.訓練農技人員及農民。

5.公共建設，包括興建農路、橋樑、水利設施等。

6.土地改革。

7.其他活動如手工藝、農產品加工等。

該團工作雖因戰局影響，未能達到預定目標，惟目前成就業已獲得越南政府及人民之一致讚揚。

（《中國農村復興聯合委員會工作報告》，第十七期，54／7／1－55／6／30，頁104－105。）

[7:1-5]　越南：

一九六〇年六月我離開台大，農復會便派我率領了一個由11人所組成的「中華民國駐越南作物改良團」到越南去工作，我擔任團長，副團長為土壤專家朱海帆先生，其他成員包括水稻專家林克明（台中區農業改良場技正）、雜糧專家蘇匡基（台南區農業改良場技正）、甘蔗專家駱君驌、朱德琳、張灝（台糖公司）、蔬菜專家郁宗雄（鳳山農業試驗所分所技正）、病害專家洪章訓（省農業試驗所技正）等十一位先生在當時他們都是權威級的專門人才，由我分別親到他們服務單位力邀參與的，幸好也很順利得到他們上司的首肯，而能在一九六〇年七月成行。

改良團到達越南之後，陸續成立了五個改良場，其中水稻、雜糧、蔬菜各一個、兩個甘蔗試驗場，我在那裡工作了一年三個月，其中蔬菜種植時間最短，而成效最快。越南外匯很少，一年卻要花25萬美金買包心菜和洋蔥，我們一次試驗就種成了，等於替他們一年節省25萬美金。另外華裔越南人很多，他們喜歡吃的西洋菜，以前始終沒有種植成，我們也幫他們種成了。

駐越南期間曾先後兩次晉見當時的總統吳廷琰，吳先生對我們駐越

作物改良團的成效相當嘉許。不過，越南地區到晚上，越共出沒頻繁，所以我們團員都在白天出差，以避免在夜間發生意外。有一次我從位於 Dalat 的蔬菜改良場返回西貢寓所，途中因車子故障一直耽擱到晚上八、九點才到達，等我在市區吃了飯回到家時，已經晚上 10 點，沒想到家中燈火通明，還擠滿了人，原來大家以為我在路上遇到越共，出了意外；當時應該在吃晚飯時先打電話回家報平安的，未料一時疏忽卻惹來一場虛驚。在越南期間，還有一件事也是令我至今記憶猶新的：有一位在美國大使館工作，負責監聽大陸廣播的朋友告訴我，中共的廣播報導稱馬保之帶了一隊情報人員來到了越南，因此這位朋友特別提醒我要注意安全，千萬不可大意。

　　就整體上說，在越南期間是相當愉快的，當時住所在西貢市紅十字路，由於越南的民間習俗和台灣大致一樣，因此沒有覺得是生活在國外。我們和華僑處得很好，遺憾的是華僑團體（那時有 7 個）彼此之間並不融洽，比如有二個以上的華僑團體同日宴請時，必須每個團體都去參加，否則會被誤解厚此薄彼，造成困擾。在越南雖然只有一年三個月，卻目睹一次失敗的政變，吳廷琰政府在當時曾僱用一群來自中國廣西的傭兵，平時不著軍服，有事時才加入部隊作戰，據說每平定一次政變都可以領取一筆數目豐厚的獎金。到了一九六一年的十月，吳廷琰政府轉趨逆勢，我也因應邀到聯合國農糧組織（FAO）擔任計畫主持人，奉派到賴比瑞亞執行計畫而離開越南，並正式辭去了農復會的工作，結束了在農復會的服務，長達十二年四個月的經歷半數以上時間是擔任外調工作，這留給我一生中最珍貴難忘的回憶。

　　　　　　（1989 年 5 月 10 日馬保之先生訪問記錄）

第二節　非洲各國

[7:2-1]　非洲:

　　我進入農復會是在民國四十四年，初期擔任技術指導和稻作推廣工作，經常出差，奔馳於全台灣省各縣市及鄉村之間，與農會、公所人員接觸頻繁，當時農業生產量頗感不足，於是集中力量幫助農民改進栽培技術，改良種籽，以達到增加產量的目的；於是趕寫計劃幾至日以繼夜，又到窮鄉僻壤四處奔波，工作雖然忙碌辛勞，精神卻十分愉快。以後我的工作更加重，任務逐漸擴大，若干行政性的工作也慢慢增多，加之那段時間，我國對外的農業技術合作，也越來越重要。外交部推動「農業外交」主動推行以農技援外，爭取未開發國家的關係，有「非洲先生」之譽的當時外交部楊西崑次長（現任駐南非大使）首先邀我陪同他前往東非洲肯亞、薩伊等六個國家訪問考察，回國後作報告，組農耕隊前去協助彼等國家開展農作，由此起步，我國對外農技合作即如雨後春筍，蓬勃發展起來，當時有句俚語:「農業出國，外交下鄉」，楊大使發起的農業外交構想，作得十分有成效，他曾得意的作了一個比喻，他說：台灣的農技好像神話中的阿拉丁神燈，多年來埋沒在穀倉之內，被灰塵覆蓋，也不爲人所知，偶然一天被人無意中發現，一經擦拭，不但光潔燦爛，而且發出神奇的力量，效果非凡，可以說非常之恰當。由於對外農技合作計劃增加頗快，我出差國外的機會越來越多，大半爲落後國家，考察當地農業情況，第一步選定那些項目對他的確有需要，當地農民容易接受，同時考慮我們自己的農業技術人員的專長和實地經驗，是否有足夠的能力去傳授他們某些項目的技巧。然後預算經費，作成計劃，一

切決定後，就要選擇合作示範地點，一不能太偏僻，如果交通不便，日後示範成果出來，不易為當地政要所觀賞，徒然白白浪費金錢、時間及人力；二又不能選地於都市，因農業工作需要較寬土地，又牽涉排水、施肥、空氣、陽光等等關係，所以得在鄉下，在落後國家往往難以兼顧以上兩點，因而在合作之前的考察各項條件是必須十分週密而慎重的。決定示範地點，挑選人員，一旦作成計劃後，即與該國簽訂合作契約，派員赴任展開艱辛的拓荒工作，以後則經常督導考核，評估該項合作所收之效果，是否值得繼續簽約等等，這一連串的任務，都涉及到我的工作項目之內了。那期間我經常出國，非洲、中南美洲、越南、印尼等處都有我的足跡，由於我在農復會服務已有十年以上，我的職位也由技正調整升任為秘書長，當年工作可說是忙碌緊張，但因工作推展順利，成效顯著，所以精神上十分愉快，至今回味，仍覺懷念不已！

（張訓舜，〈我和台灣的農業發展〉，《中華農學會成立七十週年紀念專集》，頁 263—264。）

[7:2-2] 非洲：

農業援外的計劃，並不是農業專家原先的構想，而是在政府整個加強外交關係，發現到以農技援外的「農業外交」大有可為，因為非洲國家一般農業都很落後，而台灣的農業很進步，於是請他們派人來參觀考察，考察後他們即提出農技方面給予協助的要求，外交部進而與農復會洽商，由於當時中央沒有農業機構，只有省政府有農林廳遠在台中，農復會對農業方面很熟悉，且與農業機關均有聯繫，對農技援外也很熱心。首先派人前往考察，了解他們產量低落的原因，而後具體地組團前去協助，這個團稱為「農業示範團」（Agriculture Demonstration Team），即強調示範的性質，因為據我們所知，過去許多國家雖然都有對外經濟

及技術的援助，但他們的做法都是派很高級的專家去調查、考察，然後寫一份詳詳細細的大計劃，建議如何增產水稻蔬果等，寫完交給他們政府即離開。非洲國家等拿到這個計劃卻根本無法執行，因他們缺乏專家，有計劃也只有擱置一旁。我們那時即決定要援外絕對不能採用作計劃的方式，而改派一個團前去實地示範；團長具有農業技術方面較佳的訓練，團員則各有專長，可能包括農專畢業，甚至是優秀的農民，農技團在當地所闢農場的產量很高，使當地農民極感興趣而加入，收穫時也請當地農業官員前來共襄盛舉，使這項工作變成農業推廣，稱爲示範團的目的即在於此。最盛時期我們大約有幾十個農技團在非洲，最初第一個團是到賴比瑞亞。農技團派出後，我們仍會經常派人去督導考核，評估合作成果，回來後了解那方面需要加強或替換團員等。這種合作的方式是最實際的，對於受援國家的幫助也是最大的，因爲我們派去的人未攜帶家眷、不要求很好的待遇、住宿也因陋就簡，均未加重當地政府的負擔。我在〈我和台灣的農業發展〉一文中也提到一段；有「非洲先生」之譽的當時外交部楊西崑次長（曾任駐南非大使，現已退休，我第一次到非洲即同他前往），曾作一個比喻：「台灣的農技好像神話中的阿拉丁神燈，多年來埋沒在穀倉裡，爲灰塵蒙蔽，不爲人所知，偶然一天被人無意中發現，一經擦拭，不但光潔燦爛，而且發出神奇的力量、效果非凡。」可以說非常恰當。後來農技團受到中共阻擾，非洲國家又多數貧窮，主政者很容易就受中共收買。

目前農技團對外交還是很有幫助，因爲平常駐外大使與當地政府連繫有限，農技團前去正好使彼此的接觸大爲增加，而許多農技團的團長、團員與當地執政者的關係都非常良好，親如兄弟，對外交部形成莫大的幫助。此外另有兩個好處：第一，讓彼等國家對台灣農業的發展有一認識，第二，農業工作人員也多一個出路，那時美金的兌換比率還很不錯，

待遇較國內好，這也是一個鼓勵。

(1988 年 12 月 6 日張訓舜先生第一次訪問記錄)

第三節　亞洲蔬菜研究發展中心

[7:3-1]　成立經過：

　　溯自民國五十二年（一九六三）春，農復會接美國駐華開發分署來自美京總署電文，徵詢對在亞洲地區設立蔬菜研究機構以改善該地區人民營養之意見，筆者乃簽呈委員會應表示贊同並希該署考慮在台設立擬議中之研究機構。至五十三年春，筆者赴美在康乃爾大學研究院進修期間，接農復會蔣秘書長電報，囑草擬設立蔬菜中心計劃文稿，就近與總署主辦本案之派克博士（Frank Parker）取得聯繫。計劃書草擬期間，獲康大師長威廉凱來（William Kelly）等之協助始得完成。其後由美京總署將計劃分送東南亞各國徵求意見，反應良好，獲各國支持。

　　爲期愼重展開設立此區域性機構，總署除先與農復會訂立合作計劃，資助美金四萬元外，並選派林舍勃朗（Lindsay Brown）、霍華勒夫（H. Love）及西貞夫博士與筆者四人於民國五十五年春，聯袂至東南亞各國實地訪問並瞭解蔬菜產銷情況，事後召開研究機構籌設預備會議並參考考察報告，修正籌設計劃。自民國五十六年至六十年間，美方開發總署派員來台偕同蔣彥士委員同赴各國磋商籌設事宜，研討各國經費分攤比例等。先後幾經折衝，終於協調完成，至六十年秋正式簽訂合約，第一個設立在我國的國際研究機構，亞洲蔬菜研究發展中心於焉正式成立。自發起至成立先後歷經八年之久，計劃期限自十年縮減爲五年，預算亦作大幅削減。可謂已歷盡滄桑面目全非。

中心董事會由沈宗瀚博士擔任，首任主任聘羅勃姜德樂博士（Robert Chandler Jr.）出任。中心用地徵得台糖公司座駕農場壹佰壹拾陸公頃爲基地，至六十一年秋即展開研究發展業務，以迄於今（民國七十五年秋）。

（陸之琳，〈我國近代農學界人物與事蹟追憶〉，收入：氏著，《平常圍丁四十冬——七旬憶語》，台北：作者自印，1989，頁352-353）

第八章　農復會與戰後台灣經驗

第一節　農復會人員的觀點

[8:1-1]　張憲秋的看法:

　　光復以來「台灣發展經驗」，應分兩段考慮。第一階段為光復至一九六五年夏為止。該二十年間，前五年修復戰時損毀，農產低落。一九四九年復建加速，一九五一年稻米生產恢復戰前水準。一九五三年開始第一期四年計劃，直至一九六四年第三期四年計劃結束，一九六五年七月一日起美經援停止，台灣經濟自立。整個時期內農業快速增產，產品多樣化，輸出累增，同時支援工業成長，達成「以農業培養工業」之任務。第二階段為自一九六五年至現在。一九六五年國內生產淨值與出口外匯金額中，工業品所佔百分比均已追平農業，其後即超越農業愈來愈多。同時務農勞力之絕對人數，一九六五年作歷史上首次下降，以後逐年減少，迄未中止。農業勞力外移在一九七〇年代加速，農村工資上漲，農業生產成本增高，利潤降低。一九六五年以後之台灣農業發展經驗，為如何適應上述不利因素，迄今尚在演變之中，故第二階段經驗與第一階段截然不同。

　　我認為在光復至一九六五年此一段時間內，台灣農業所以遠較日本以外各亞洲國家快速之原因，並非由於我國試驗研究優於各國，而係由

於下列我國完成各國未做之改革工作：土地改革、農會水利會改組、建立使農業智識、農用物資、灌溉用水、農貸公平到達全體農民之管道，與針對台灣自然環境，發展獨特技術之能力。

上述各點，係我於一九六五年九月進入世界銀行工作後，多次因公視察除印尼、柬埔寨、高棉、尼泊爾以外之各亞洲國家後，所得結論。茲分別說明如下：

(1)土地改革：地主對農業發展之阻礙，不獨限於以地租剝削佃農，使喪失增產意願。彼等亦為農村債主，收購佃農產品中間商資金之來源或伙伴，與以私利為前提之農村發言人，凡有所言，佃農唯唯否否。故在地主橫行之國家內政府諸事難辦。調查農民需要時，所得答案，常含地主個人利益之偏差。難辦推廣，因佃農收穫一半交租，不願施肥噴藥。僅改良品種之種子，取得一把，即可繁殖，為唯一可被佃農接受之科技。難辦貸款，因佃農無抵押品，且即使向銀行貸款收穫後仍須先繳地租與償還過去積欠地主之貸款，對銀行而言，還款無保障。

國際援助機構，如聯合國糧農組織、世界銀行、美國安全分署與各強國援外機構，四十年來，未推動土地改革，認為過於敏感。且土地租佃需要改革為地少人多國家之特徵，各已發展國家極少此種人才。彼等之土地問題為水土保持、水土污染、大都市敗壞區（黑人區）之重建發展……等。若干發展中國家自行辦理土地改革則各有偏差：或視地主為萬惡，去之務盡，將土地收歸國有，如中國大陸、緬甸與共產越南。或辦法失之過寬，如以前之菲律賓。或未計及大地主土地瓜分後之相關管理問題，如錫蘭將大茶園分割後，無人管理合理施肥，修剪茶樹，亦無委人管理製茶廠，以致出口外匯銳減。伊朗國王實行土改後，農業銀行，教育部，水利單位均不及開分支銀行，派遣鄉村學校教員與派遣工程師管理水井灌溉系統。以上種種缺陷，使立意良好之土地改革計劃，未為

農民帶來眞正福利。總言，地主雖應去除，但彼等平時所辦之事，政府須事先設計於土改實施後立即補足，以免脫節。

台灣自一九四九至一九五三年分三步完成土地改革，去除地主對租佃之控制，亦去除農村債主與政府和農民間溝通之中間障礙。同時改組農會，強化農會各種服務。使地主除去後農民所得服務，較地主以往所供應者更好，使免繳之地租成爲實質之收入增加。

(2)農會改組：在殖民地時代，南亞與東南亞各國（泰國非殖民地，除外）均由殖民帝國（英、法、荷蘭）引入歐洲式之信用合作社。歐洲爲合作社制度之創始者，對合作社有兩項堅持原則。一爲農民應任其自願入社爲會員，政府不應強迫。二爲除開創時政府可予補助，助其成立，貸予「種子貸款」助其開業外，合作社應財務自立，不應依賴政府經常補助，否則對一般民營商販業與銀行業不公。在亞洲殖民地所倡合作社，亦以此爲律。其實亞洲農村社會，權威階層分明，總督府倡導成立之合作社所訂各項辦法，奉行不誤。故殖民時代各國信用合作社，均頗成功。殖民帝國引爲德政。第二次大戰後，亞洲各殖民先後獨立。總督府權威一去，地主與農村富戶立即把持信用合作社。以公濟私，吃裡扒外，無數年，信用合作社紛紛虧損，自巴基斯坦、孟加拉、錫蘭、越南半島三國，馬來西尼、印尼等國，無一倖免。僅印度情況略佳。信用合作社敗壞後，農民唯有向私人（地主）借貸。政府均曾努力擴充農業銀行分支行，以謀補救。但無一國家能於短期間在農村遍設銀行分支行。銀行對小農貸款，因成本高，償還率不可靠，興趣不高。唯馬來西亞曾完全摹做台灣建立農會，成效頗佳。

台灣光復後省政府曾在一九四六年與一九四九年兩次改組農會，雖組織上改爲民主方式，由理事會作業務決策。但因會員資格未予妥善界定，理事會乃爲住在農村而非農民之「領袖」把持。鄉鎮農會亦普遍虧

損，與南亞、東南亞各國信用合作社情況並無二致。如一九五三年第三次改革農會前未界定正副會員資格，並限定全體理事，三分之二監事與負責選舉理監事之代表，均必須爲正會員（眞正務農，收入百分之五十以上來歸農業），則台灣農會之命運，可能與他國信合社殊途同歸。

台灣鄉鎮農會信用部，非但可用本身資金貸予會員，亦經手糧食局、農復會、農民銀行等委託辦理之貸款。農會隨時有何種貸款可貸、辦法條件如何、農會推廣人員可在農事研究班說明。農會信用部人員多爲本鄉鎮籍。農民存款亦在信用部開戶，故農民向農會信用部接洽貸款，毫無其他亞洲國家農民赴銀行分支行申辦貸款時惶恐自卑之心理。赴農會信用部存款、取款、貸款、還款，對台灣農民而言已成家常便飯。地主與農村債主被土地改革消除後，對農民並無絲毫不便。其貸款功能爲農會取代！

(3)水利會改組：南亞與東南亞各國之水利灌漑區，往往僅有公約分水辦法，但無組織完善之水利會。水利工程建成後多由政府水利機關（如台省水利局）管理養護。國際援助或貸款興建之水利工程，通常限於開國際標、用機械、包工承建之工程：如水源工程（壩、攔河壩、抽水站等），主渠、分渠、支渠、渠旁道路等。在大農國家中，水利工程興建，到此爲止。個別農民在分支渠設水門引水。自己農場上之灌排系統，由農民自造。但在亞洲小農國家，在分支渠以下，尚須挖掘小給水路與小排水路系統，方能公平引水至每一農田及排水。國際機構（如世銀）通常在貸款合約內訂明條款，政府必須於工程完畢之後，儘速組織灌漑區內農民共同挖掘小給水路與小排水路，並妥善養護之。常因此一工作，遲遲未能完成使工程效益延緩實現，原計算之經濟效益減低。即使小灌漑排水路均完滿築成，政府水利機構事實上無法雇用足夠掌水人員管理每一小水路及小水門，並作日常養護。水利機關亦常收入不足水費，必

須每年請求編列鉅大預算，雇工養護。如國家預算困難，即發生工程失修（坍方、淤塞、生草）效益減低。受影響之農民亂挖水路、擊毀小水門，以引水至其田塊。凡此問題，均因無水利會組織也。

在一九六五年以前台灣水利會之下，農民組成小組。各小組負責維護組員田地用水之小給水路，小排水路與其間小分水門。組員每日輪流，肩荷鋤頭，臂佩標帶，步行田梗，巡視水路，按時開關水門，見有淤泥、坍方、生草，隨手清理，使復原狀。等於全省用灌溉水之農民義務勞動經常養護與自己田地有關之小水路。水費交予水利會，而非政府之收入。其他亞洲各國所遭遇之水利工程管理問題，在台灣不成問題。近年因農村勞力外移、工資高漲，上述小水路之週全養護制度，如何繼續，成為問題。有人建議，農民免繳水費。事實上繳水費與如何養護小水路為兩個問題。亞洲其他小農國家多年來已証明政府水利機構無法週全養護小水路。

⑷建立通達農民之管道：

甲）農業技術推廣管道——南亞與東南亞國家，因無有效之農民組織，政府推廣人員需直接向農民推廣。但普遍有兩重困難。一為推廣人員人數不足，又乏交通工具，無法常去農村。二為農村民意，為地主所操縱，凡與其無利之措施，均不熱心贊助。同時因佃農如花錢買肥料農藥，增產部份，一半須繳地租，如有災害，則須負擔全部損失。故在一九七〇年以前，各該國農業進步甚緩，雖然各國均已有施肥標準與病蟲害防治方法之建議與各主要作物改良品種，僅改良種子發生作用，施肥與噴藥則難普遍。即令農民願意使用，推廣單位亦無法普遍供應，多須向商店購買。台灣則於一九五〇年代初農會改組後，即建立「農復會、農林廳(區改良場)，省農會推廣課，縣市政府農林科，縣農會，鄉鎮公所農業主辦，鄉鎮農會推廣部，農會村里小組，農事研究班，模範農民，

辦理示範田與繁殖採種田農民」之技術推廣管道。故任何新品種、新肥料、新農藥、新方法，均能迅速普及。

乙）農用物資與農貸通達農民之管道——在南亞與東南亞其他國家推廣人員辦公室，農業銀行，肥料農藥倉庫，不一定每一「鄉鎮」都有。即使有，亦分設一鎮各地。農民須分別排隊等候，甚不方便。如須碾米，須另去一處私人米廠。

台灣自一九五三年起，農復會與糧食局即不斷協助各鄉鎮農會加強其服務能量與能力。至一九五〇年後期時，鄉鎮農會已具農民超級市場之型態。舉例言之如下：農民將袋裝稻谷裝在牛車上（當時均用牛車），平均走五公里即可到達鄉鎮農會。在農會可一次辦完下列各事：

　　　　A）將部份稻谷交予農會供銷部米谷倉庫換取在肥料倉庫之肥料，同時辦理七成肥料實物貸款之手續，將肥料裝上牛車。

　　　　B）將部份稻谷在稻谷倉庫繳納，耕者有其田方案下承領田地分二十期攤還之地價谷。

　　　　C）將部份稻谷售予農會。

　　　　D）以牛車上所餘稻谷送至農會碾米廠碾米。農會不收費，但留下米糠，白米裝還牛車上，帶回食用。

　　　　E）將台糖公司分糖棧單款項與出售稻谷憑單，存入農會信用部自己戶內。

　　　　F）提出若干現款，供銷部門市部購買甘藷簽與豆餅（當時尚無混合飼料）放在車上，帶回飼豬。另購各種家庭日用品。

　　　　G）去推廣部與指導員談水稻新品種種籽與優良種乳豬購買問題。

　　　　H）其他事項。

諸事辦完，加入其他農民，在農會廣場路邊飲食攤吃點心、吸煙、

大聲喧笑，然後趕牛車回家。總之，台灣農民能在一處地方，辦完各種事務。當我在南亞或東南亞國家在推廣處，銀行分支行等地見到農民零落之況，腦際常縈繞一九六五年前在台灣所見鄉鎮農會廣場一片熱鬧之映畫，輒爽然若失，亦爲在我心中「台灣發展經驗」最清晰之寫照。

但國際援助機構中歐美專家，鑒於殖民時代在亞洲殖民地所設信用合作社於國家獨立後普遍虧損，認爲社會腐敗，使合作社不適落後國家。除對印度極大之酪農合作社例外貸款外，對南亞與東南亞農民組織，一般不熱心支持。一般仍持政府不應補貼合作社之原則。在台灣則非獨政府（糧食局）當年經常以增建倉庫與付給各項委託事業手續費方式，支持農會財務收入，即美援款項亦經農復會美籍委員、組長與技正之支持，不斷投入農會，以充實其服務能力。實爲一獨特之案例，亦發展快速與緩慢之關鍵也。

(5)針對台灣自然環境，研究發展獨特技術之能力：

農業試驗所研究之方法，多爲歐美國家所發展。亞洲學生前往留學，學會後返國加以應用。故我在南亞與東南亞各國所見試驗研究，大致相倣。自一九六○年菲律賓國際稻米研究所（洛氏基金主持，用各國一流研究人員）成立後，與各亞洲國家進行合作試驗，並每年在該所舉辦各種訓練班，訓練各國水稻研究人員，使各國水稻試驗，更趨一律，人員水準亦較前提高。印度有一亞熱帶國際旱作試驗所，亦爲旱地作物從事同樣工作。但似乎因此之故，各國試驗均在同一範圍內進行。

台灣則有針對本省自然環境，發展獨特技術之能力。此種技術並無高深學理，亦不師承歐美。但均對台灣農業發展具有特殊貢獻。茲舉數例說明之：

甲）裡作糊籽栽培——農民先在中部試行，面積不廣，三七五減租後，因裡作不交租，農復會補助農林廳各區改良場試驗：

A）適宜糊籽栽培冬夏兩季裡作之作物

B）最適宜之栽培方法

C）一年兩季水稻，加一季或兩季裡作之總耕作成本，總收益與總利潤。並擇對農民最有利之作物與方法推廣。逐年面積增加。複種指數於一九六五年達到最高，以後因工資上升而面積漸減。人口年增加率超過百分之三，而工商業尚未能大量吸收勞力之際，一年多作使本省耕地與勞力之生產力均提至最高。農家收入自亦隨之增加。國際稻米研究所當年農藝系主任於一九六〇年代中期來台參觀後，返菲律賓該所試驗，然後以「種植制度」（cropping system）之名稱，在東南亞各國示範推廣，成爲改良品種、肥料、植物保護以外之另一種增產途徑。

乙）輪流灌溉——光復初期台灣有相當面積之一期單作、二期單作水稻田，與陸稻。以後單作田與陸稻面積漸減，雙季田增加，但雨少之年，仍有缺水地區。農復會水利組周禮技正乃設計輪流灌溉之法，補助水利局擇水利會試驗適宜之輪灌週期（因各地土壤保水力而不同）測定後，乃補助量水儀與分水箱之安裝，開始田間應用，並訓練水利會水利小組農民管理之。面積逐年擴增。曾由美援介紹至其他國家。世界銀行於一九七八與七九年曾由我介紹，三次派團來台參考我國水利會對小水路之管理與養護制度，與輪流灌溉之法，盼能應用於其他國家。

以上兩則，足見此種本土啓發之技術，非我國師承歐美，而爲歐美專家來台學習也。

丙）不經試驗之推廣，黃麻纖維品質改良——日治時代台灣一向自印度進口黃麻，在台織造麻袋裝運糖米赴日，與供省內貯運之處。台南有一棉麻繁殖場，繁殖棉花與少量黃麻種子。黃麻當時僅在台中、彰化一帶種植專製塌塌米縫線之用。台灣迄未做過黃麻試驗。但一九五〇年中共在大陸成立政府後，印度外長梅農即在聯合國大會中不斷提出中

國席位應由中共取代之建議。農復會植物生產組鑒於糖米出口當時佔整個外匯收入百分之九十以上，所需麻袋原料，仰賴每年自印度進口，不甚安全，乃亟謀黃麻自給。但世界進步國家，均不種黃麻，研究資料唯印度有之。如去函索寄，恐投鼠忌器。乃決自想辦法。乃與農林廳特產科棉麻股，共同設計一套問卷調查包括自犁田整地直至收穫剝麻浸麻、晒乾，每一耕作與調製作業方法。調查三類麻農，麻株生長最好，中等與不良者。由農林廳棉麻股與棉麻繁殖場同仁於黃麻生長尾期與收穫浸麻期間，調查種麻成績最好之農民，與中等及不佳者作業之差別何在。據以編寫推廣小冊，目的為使種植欠佳者照最好麻農所用方法作業。其中主要為五點：除化肥外，多施堆肥，用條播，並於發芽、幼苗略生長後間拔，使株距均勻(以後麻株粗細，麻皮厚薄，與浸麻後腐酵率均勻)；大雨後立即排水；與收穫後剝下麻，綑紮浸水時用重物壓頂，勿使麻綑浮起(一半乾，一半濕，發酵不勻，麻絲上紡機後廢料特多)。在推廣之前，一只重一公斤之米袋，需原麻一·四公斤。推廣改良三年後祗須一·〇五公斤原麻，廢料減少甚多，成本降低，工廠出價增高。棉麻試驗場在辦理推廣後始改為農試所之棉麻試驗分所。我去世銀後，見及一本印度出版之黃麻小冊，內稱世界甚多國家均有麻袋廠，但不產麻。產麻而又織袋者唯印度、孟加拉與台灣 (其實中國大陸亦種麻又織袋)。

　　丁) 洋菇事業之軔發——法國最早種植洋菇，用馬糞製堆肥在廢棄之礦洞內種植，取其冬暖夏涼，溫度無驟變也。以後他國種植，咸倣行之。一九五〇年農試所陸之琳 (尚未加入農復會) 與胡開仁先生與農復會錢天鶴組長 (後升委員) 商量後，農復會以不足新台幣一萬元之經費，補助陸胡二君用稻草與化肥製堆肥，種植洋菇。一試而成，以後改用豬糞堆肥，先由商人在台北附近種植，在菜市鮮銷。一九五〇年代中期，鳳梨製罐廠開始收購製罐，成為本省繼鳳梨後第二項進入國際市場

之大宗罐頭食品。舉世認同之種洋菇必需用馬糞用礦洞之迷信乃不攻自破。

戊）光復之初，台灣南部鳳梨萎凋病甚爲嚴重，鳳梨大片發黃死亡。鳳梨公司聘請日治時代在台灣工作之日本專家渡邊先生返台視察，以求防治之道。渡邊考察後，認爲防治困難，建議鳳梨公司放棄南部原料區，並嚴禁鳳梨苗自南部運入中部原料區。農復會抵台後，植物生產組劉廷蔚技正（一九六二年十二月起組任組長）請鳳梨公司暫緩決定，容彼研究。劉技正親自指導鳳梨公司農務人員在該公司屏東老埤農場鳳梨園中直接試驗。數度換藥，結果於一年內選出有效農藥防治集中鳳梨花芽之粉介殼蟲，及將粉介殼蟲在鳳梨株間搬運之螞蟻。鳳梨萎凋病乃霍然而癒，南部鳳梨區在其後二十年中，爲台灣爭得與維持鳳梨罐頭在國際市場之地位，有不可磨滅之貢獻。設當年因日本專家建議放棄，即予放棄，則鳳梨罐頭產量，勢必減半。非獨如此，以後洋菇罐頭產量亦必減少。因鳳梨採收製罐約在四至十月之間，洋菇季節則爲十一至次年三月。兩相銜節，使加工廠設備除中間維護調整外，終年運用。人工與成本，均達最經濟之程度。

己）農復會植物生產組歐世璜技正，爲病理專長，一九六一年去菲律賓國際稻米研究所任植病系主任達二十餘年，蔚爲世界水稻病理之領袖。在台時對水稻與各種作物之病害防治，均有卓著貢獻。但我最佩服者爲於一九五○年末期開始台灣推行田間滅鼠運動時，歐先生與農林廳植物保護科同仁經田間調查研究後，所設計之辦法。其要點有四：計爲選擇毒藥，調製毒餌之方法，盛裝毒餌之容器，與在田間放置置毒餌器之地點。毒藥有國際文獻可查，無足爲奇。毒餌用菜油炒糙米，拌糖鹽與毒餌，香送四野(純爲中國常識)，田鼠八方來歸。盛裝毒餌之容器用毛竹削製，農民均能自製。放餌季節選在第二期水稻收穫以後。田鼠

集中於尙有農作物覆蓋之田塊就食，如甘蔗、甘薯、大豆及其他各季裡作。放餌之面積乃可集中。事前巡視尋覓鼠穴。多在堤岸、道路斜坡（不被水淹）上，週圍可見田鼠足跡，乃在鼠穴至冬季作物田之沿線與冬作內作物行間放置毒餌容器。台糖公司則如法調製毒餌，壓成餅狀，投於蔗田內。對田鼠設下天羅地網，食餌之機會極大。毒餌爲華福靈（Walforin），食後田鼠並無強烈痛苦，但胃腸出血，疲萎而死，沿途可見，亦有返穴後死亡者。事後統計鼠數目，鼓勵農民埋掩死鼠前，剪下鼠尾，拌石灰曬乾後，每一千條裝塑膠袋，送各縣農會集中統計全縣殺鼠頭數，並以縣爲單位，舉行競賽。全省爲數驚人，確數已不記憶。

當年因亞洲其他國家，均有田鼠爲害。台灣所設計之方法，美援安全總署特致函農復會讚許。

庚）農村社會改良與農業計劃——以上爲少數台灣自發農業技術，在一九六五年以前，曾對農業增產有重要貢獻之案例。其實前文所述我國重要農村社會改良措施，如土地改革、農會改組、農會服務加強與農業四年計劃之各項辦法，亦非參照任何歐美模式，而係針對台灣農村實況而設計者，而每一項對一九四九至一九六五年一段時間之農業發展均有基本性之貢獻。

辛）正規農業試驗研究之重要性：以上七節，並非謂正規農業試驗研究不重要。反之，台灣各試驗單位在該段時間內之試驗成果，仍爲光復後農業發展之主要因素。例如至一九五〇年代中期時，日治時代所遺稻米、甘蔗與其他重要旱作物品種，多已爲光復及各場所育成之品種替代。農藥亦已完全爲光復後試驗引進之新藥所取代。至一九六〇年時本省平均每公頃稻田每期施用之氮素已達九十六公斤，磷酸（PO）已達三四公斤，鉀素（KO）已達二十六公斤。以肥料計，全年已達六六〇公斤。同年甘蔗每公頃施用肥料，每公頃已超過一千公斤，均爲正規試驗

研究之具體貢獻。所以特別敍述「自發技術」與社會改革與農業計劃之「自發措施」，係因鑒於若干南亞與東南亞國家中若干農業人員年復一年從事試驗工作，對外國研究方法與技術文獻，頗爲熟悉。對其本國自然環境之特殊因素，則未加鑑別。似乎對追隨國際研究技術之關心，甚於爲本國農業解決問題。亦似乎對自己解決其本國現實問題之能力，缺乏自信，而長期停留在博士候選人之心態。因此之故，我對台灣農業同仁，能自想辦法解決特殊問題之能力，極感欣幸，並認爲係「台灣發展經驗」中值得一提之項目。我於一九八〇年十二月返國，至一九八四年六月退休再度來美期間，又見到此類「自發技術」。小者如土地銀行花蓮場所發展之家蠶平面吐絲，一反繅祖以來，數千年育蠶吐絲之法。大者爲多種水果經試驗而推廣之產期調節；以前從未成功之若干種魚蝦人工孵化達成商業性應用；坡度在百分之十五至百分之四十之坡地上各種農業水土保持田間處理方法之設計完成並廣泛應用（美國在坡度百分之十三以上之土地，即不准用爲農田，故其水土保持作業方法，限於緩坡，我國與多半亞洲國家，不適應用）。我國爲小農國家中，已完成各種峻坡上水土保持處理方式之極少數國家之一。日本亦已完成，但其降雨遠不若台灣強烈。

　(6)南亞與東南亞國家一九七〇年後之好轉：

　　　以上各節，均以各該國戰後至一九七〇年與台灣在一九六五年以前之情況相較。同在低發展之情況下各國遲滯不進，較台灣落後甚多。台灣自一九六五年後開始農村勞力外移，農村工資上漲。一九七〇後速度加快，農業進入劇烈調整之保衛戰。新問題接踵而來。農業同仁「自發技術」與「自發措施」之能力，適時發揮，奮鬥尚未結束。

　　南亞與東南亞各國之農業則於一九七〇年後有突破之進展。蓋因國際稻米研究所與各國合作育種試驗，至一九七〇年左右，已在各國育成

矮株耐肥而含有各該國舊種優良性狀之新品種。同時，世銀與亞銀貸款各國在一九六〇年代中開始興建之大型水利工程在一九六〇年代末期與一九七〇年代初期先後完工放水。農民原依兩季季節種稻。生長期長達五個半至六個月，產量偏低。在新落成灌溉區內，普遍改種兩期作新品種、施肥、灌溉，每一期之稻穀產量已超出原用高等品種甚多。兩期相加，每公頃產量較前不止加倍。但新品種必須施肥，方能發揮高產量效果，故即令佃農，亦由不願施肥，變爲極願施肥。其次，有人工灌溉與一年兩期作之後，作物之災害損失機會大減。使政府農業銀行，較前熱心向農民貸款。私人貸款與商店借貸之利率，均較前降低甚多。，故在一九七〇年代中，南亞與東南亞各國稻穀增產率均超過人口增加率，稻米進口量普遍減少，菲律賓與印度，均於一九七八年自稻米進口變爲少量出口，泰國原已每年出口二百餘萬噸食米，一九八〇年中期已出口三百餘萬噸。但因各國仍無健全農民組織，農村勞力外移亦尚未達嚴重之階段，故雖農民增產意願，業已醒覺，其推廣、農貸、供銷管道，仍難及一九六五年以前台灣之暢通。貸款與供銷賴私人債主、地主與商店者多。

　　一九七〇與一九八〇年代，台灣農村勞力日少日昂，機械對耕日增。一九六五年以前艱辛締造，以勞力密集小農經營爲對象之推廣、農貸、供銷、灌溉制度，均在蛻變調整之中。至西曆二千年時，台灣農村勞力外移應臻穩定。屆時台灣經濟能否如所有已開發國家，維護一小而康健之專門農業，固爲農委會、農林廳與全體農業同仁未來十年中奮鬥之鵠的，亦端視工商企業社會大衆對農業之基本重要性能否遠見與平心支持也。

　　不論未來十年台灣農業如何變化．必爲「台灣發展經驗」精彩之一章。南亞與東亞國家，可仰望如昔，以爲模楷，亦可浩嘆一度壯苗繁榮，曾經「培養工業」之小農典範，竟任凋零如斯，而引爲殷鑒。

(7)農業發展過程中，農業經濟重要性之嬗變，亦應為「台灣發展經驗」之一部份。

甲）台灣經驗——光復以來，農村勞力絕對人數逐年上升，至一九六四年達最高峰，以後因農村勞力外移漸減。農地複種指數亦逐年增加，至一九六五年達最高峰，以後漸減。足見農村工資在一九六五年以前均維持低廉。農產品在國內外市場競爭力均強。當時我國國民生產毛額尚低，外國尚無壓迫我國開放市場之企圖，對我國鳳梨、洋菇、蘆筍罐頭，與香蕉逐一大宗出口，尚慰勉有加，並使美國經援停止之日期提前。當時凡有增產，外銷之餘，國內均可消化，並有改善人民膳食營養之功。農復會糧食肥料組美籍組長葛理遜先生（Ralph Gleason）每年編製〈糧食平衡表〉（Food Balance Sheet），顯示每人每年可消費之熱量蛋白質、脂肪、各種維生素與重要礦物質年有增加，但當時無一項超過健康標準，引為農業增產具體貢獻之一。換言之，當年凡能增產，即對國家經濟與民生有益。以農民而言，因無生產過剩，提高每公頃產量，即提高每公頃毛收入。在工資不漲，物價平穩之情況下，亦即提高公頃純利與農家收入。換言之，當時情況，農業增產，與國家收入增加成正比關係。在第一、二、三期四年計劃執行期間，全力增產，祗顧及生產經濟，未將宏觀經濟因素溶入四年計劃之中，而能獲致良好之經濟發展效果，即此之故歟？

但一九六五年以後，農村勞力開始加速外移，工資逐年上漲，至一九七○年我國農業貿易已由大量出超變為入超。農產品動輒過剩。增產與國家經濟與農民經濟失去正比關係。農業經濟在農業計劃中乃愈來愈重要，應用愈來愈廣。我於一九八一年八月起任農發會主委，不自覺邀約經濟企劃處同仁商談公務之時間，超過與生產各處商談之時間。因問題幾乎天天有，或預計將來問題，須事前準備資料，以明究竟。我於一

九八四年六月退休前，向兪院長推薦王友釗先生繼任主委，經兪院長欣然同意，爲農復會於一九四八年十月成立以來，經濟學者首次出任主委。邱茂英先生任副主委，現任余玉賢先生任主委，均農業經濟專家，足見農業經濟在農業發展中重要性因經社環境改變而提昇。農業主政人才，亦隨之更替，與農復會正視現實之傳統相符。

　　乙) 南亞與東南亞國家──一九六五至一九七〇年間，我在世銀時曾見到外國顧問團協助若干國家所擬經濟發展五年計劃。其中電力交通、工業部份均較具體。與農業有關部份，以水利工程與化肥工業較具體。農業本身之生產計劃，多係依經濟因素過去趨向伸延設定未來需要。對達到目標，列舉應辦優先工作項目，但不能列舉某年舉辦某些具體個別計劃，自亦不能開列具體預算。故農業機構之一般「生產出身」之同仁，均不甚了，亦不甚關心。我之觀察爲各該國家之農業統計尚不完整，勉強套入公式作經濟分析，固然提高計劃形象，能否實用，殊堪疑問。一九七〇年後和各國農業獲致之進步，則係由於灌漑工程之完成與新品種之育成，與五年計劃似無關連。

　　鑒於亞洲多數國農業尚在台灣一九六五年以前之階段，故未來發展趨向恐仍將以增產爲先。泰國與馬來西亞，近年來外人投資甚多，工業發展甚速，如台灣一九六五年以後至一九七〇年初期情況。農村勞力外移，恐已開始。則台灣一九七〇年代之調整經驗，已可供參考。但泰國與我國不同，其本身非但稻米大量出口，玉米與樹薯粒亦大量出口，爲飼料作物出口國家。如農村工資上漲，美國與歐洲是否會在其國內競爭玉米市場，故泰國今年農業發展途徑極堪注意也。

　　(1989 年 6 月張憲秋先生訪問記錄)

[8:1-2]　張憲秋的看法：

農復會之工作爲協助政府農業機關，凡有成就，其實際工作均經由各機關、農會、水利會、青果合作社、漁會工作人員之手。農復會所產生之作用，爲協助上述各單位打破各種限制因素，使其人員各能發揮其功能，彙集而成巨流，積年乃見成果。何謂限制因素？⑴新技術之灌輸——此項作用在光復初年以至一九六〇年代最爲重要，以後留學生返國漸多，各大學教授中有博士學位者大增，農復會與政府機關與大學之學識水準，差距已大見接近。⑵經費之限制——至今農復會所輔助之經費仍爲重要因素。⑶建立新制度——新制度之難於建立，爲一般發展中國家之嚴重問題，蓋政府決策階層一、需確定該新制度原則正確；二、需有一詳細可行之實施方案與執行細則；三、需詳細考慮實施一種新制度後對其他方面之影響；四、需籌措經費財源，四面顧到，方可著手。許多其他國家推行新制度失敗，多係未能做到二、三、四點。農復會之貢獻最重要者爲在上述四點，均協助政府，使新制度順利建立。台灣之農業改進，較其他發展中國家均成功者，實係由於土地改革、農會、水利會改組之成功。在農民自發力加強後，技術改進乃可順利進行。

（1979 年 2 月 12 日張憲秋先生致黃俊傑函）

[8:1-3]　畢林士的看法：

關於「戰後台灣經驗」，以我的經驗，我觀察到三點印象最爲深刻：

㈠台灣人民工作勤奮。我初來台灣時，看到台灣工廠裡的女工每天的工資只等於當時美金 15 分，但她們那種工作的勤奮態度，至今仍使我留下深刻印象。

㈡光復以後，大量日籍的技術人才撤出台灣，這時有許多受過西方

科技教育的技術人才，投入台灣的建設工作之中。例如我所認識的李國鼎先生在英國劍橋大學受教育返回台灣，就是一個例子。

㈢光復以來國民政府一連串政策的引導，當然也是創造「台灣奇蹟」的基本關鍵。

(1988 年 12 月 6 日畢林士先生第一次訪問記錄)

[8:1-4]　謝森中的看法：

至於台灣經驗的問題，我在"A Sequntial and Integrated Approach to Economic Development"那篇文章中提出農業發展過程中常遭到忽視的環結(missing links)；我們比較知道「什麼」(what)及「爲什麼」(why)，卻比較不完全了解「如何去做」及如何將「計劃落實」(how)對於要什麼；要有肥料、水利、農民教育、農會組織等等，談理論不成問題，但是爲什麼要這些？最難的則是實務工作如何執行。大多數教科書及教材都未能指引開發中國家關於「如何做」的問題。我自己也算是很幸運，不論在農復會或在亞洲開發銀行，從來都是實際去做，同時接觸「什麼」和「爲什麼」了，很多人二十年、三十年都只停留在談理論階段，沒有機會實際去做。

(1988 年 11 月 19 日謝森中先生第二次訪問記錄)

[8:1-5]　李崇道的看法：

在很多場合我曾與美援總署或各分署首長辯論，有關其他國家能否學習農復會的工作經驗，我覺得我的看法是絕對可以成立，但是有幾個基本條件：假如是完全開發國家，可以按照現行的法規、依據民主法治社會的模式逐步漸進去做，根本不需要像農復會這種特種部隊去打仗。特種部隊有其優點和缺點，用人得當則好。這幾個條件一定是要在開發

中國家，而其政府首長有遠見、有誠意，全心要來為農村、農民解決問題，並且選對人，能選用確實具有高尚的品德、非常良好的訓練背景的人來領導，同時訂定一種政策，這個政策必須能夠在其現行的行政系統和法律許可範圍之內有效運作，並通過當地執行機關來執行。

另外，如果美援方面擺出我是老闆的姿態，就會失敗。當年農復會裡面美國專家，論學歷、口才、經驗往往都並不比我們強，在農復會裡就技術觀點進行時，自然低聲下氣，當然真正好的專家來時相互一體多半容易溝通立即就知道，沒有話講。在本行範圍的專家們有意見常互不相讓，大家辯論，或由試驗證明來改進，所有委員都不幫組裡的任何專家，不論是那一國人。

韓國的所謂農村開發運動，有些像農復會的工作方法，不是美援計劃。至於在開發中國家利用美援發展農村工作之成功與否，要論當地元首與部會首長有無雅量、決心與誠心。若有私心，辦任何事都不會成功，貸款下來，先給自己親戚或屬下，一有偏差，就沒有辦法了。在台灣，當時美援物資指定十分之一款項收入歸給農復會，農復會有錢又有專門技術，乃能在各項計劃中發揮力量。不過，話說回來，能移轉台灣經驗，也只能是那一個很抽象的「哲學」的部分，而很具體的工作執行細節部分則須因地制宜。桃園土地改革訓練所那麼多非洲國家的人來學，想整套帶回去應用是不行的。關於土地改革，不要認為就是依狹義的土地改革就能奏效的，我在〈論第一階段與第二階段農地改革政策〉的文章裡面也提到，土地改革應連同其他配合措施整體發展、綜合推行。同樣也不要以為地主就都是那麼壞。在有很多的服務如貸款、運銷等地主盡了他們的責任。台灣的第一階段土地改革確是將土地所有權轉移或改變了，但佃農們的耕種情形多沒有什麼變動，同時在土地改革之後，又有各方面的配合方案來支援，這一些發展中國家都沒有，好像把車子開進泥巴

地裡，沒有好的公路系統，好車子也是沒有用的。土地沒分還好，分了
更亂。很多人學土地改革學不成，應依每個國家自己的情況好好地做，
也要看當事人是否有這種見識。

（1988 年 11 月 3 日李崇道先生第二次訪問記錄）

[8:1-6] **蔣夢麟的看法：**

至於台灣，雖經日人五十年統治，然對於國人之生活並未發生多大
影響。日治時代生活在台之國人，一如生活於香港、澳門、鼓浪嶼、菲
律賓、馬來西亞、印尼、越南、泰國、美國等地之國人。無論居住何地，
生活何處，中國人始終為中國人。且日本人與中國人之生活頗多共同之
點，故其改變生活之影響更少，此所以根據在大陸時所定之原則與所得
之經驗，能順利在台推行，與在大陸實無二致。

日人在台曾在各種建設方面進行若干工作，此等工作正農復會所欲
進行者。日人在台推行之現代科學技術與組織，將農復會之工作進程縮
短甚多。現代技術與組織乃農復會推行計劃之重要方法。

日人在台之各種成就，可於下述數事見之。如現代化之公路網、農
村之電氣化、義務教育之幾乎普及等，此除日本以外，在遠東其他地區
所不易見到者。此外，則為全省之安定與和平。

台灣電力雖已十分普及，但並無工廠製造電氣用具，化學肥料在台
灣早已大量應用，然而無大規模之肥料製造廠。此為一極饒意味之事實。
理由何在，一言以蔽之，殖民政策是也。

由殖民政策產生之另一問題，目前本會所遭遇者，乃地方領袖人才
之不敷分配。本省遣回日人之際，所有技術部門之日籍領袖及專家亦均
遣送返國。多數中國人均在日籍技術人員領導下協助工作。欲使之遞補
日人所遺之缺，除若干人能勝任愉快外，其餘則尚須予以進一步之經驗。

　　基於上述理由，故農復會正進行一專門人員訓練之計劃。第一期計劃將選送學生四十名赴美研究及實習，另一計劃則在本省就地予以研究機會。

　　　　（蔣夢麟，〈適應中國歷史政治及社會背景之農復會工作〉，收入：
　　　　《孟鄰文存》，頁 143－158，引文見頁 155－156。）

[8:1-7]　　沈宗瀚的經驗：

　　我在台灣第一年，因農復會工作尚未展開，得多看台灣農業文獻並與同事多往農業試驗場、農會與農村考察，常詢問優秀農民關於栽培水稻、甘蔗、鳳梨、香蕉等方法，增加我對熱帶農業的瞭解。有時我約省農林廳顧問日本磯永吉博士同行。他在台灣四十餘年育成台灣蓬萊米品種，並在農業試驗所及台中農事改良場主持水稻品種及栽培方法之改良，對於台灣稻米增產之貢獻甚多。我與他實地觀察討論後，對於日據時代的農業政策，更為瞭解。

　　民國三十九年七月起，美國政府開始對我國積極援助，農復會工作始漸展開。我們協助省農林廳改進農業生產技術、試驗與推廣並進。如舉行作物肥料試驗並協助農民多施肥料。改良水稻、小麥、鳳梨、菸葉等品種並推廣已有的改良品種。研究並實地防治病蟲害。試驗新栽培方法，並協助農民在二季水稻收穫後多種多季作物。在畜牧方面，撲滅牛瘟、研究並防治豬瘟，推廣第一代雜交豬。林業方面，促進大規模造林、改良苗圃。在水利方面，協助水利局興修灌溉、築堤防洪。在地政方面協助省地政局推行三七五減租及耕者有其田。協助省政府改組農會並修建農會倉庫及碾米設備。與省衛生處合作訓練鄉鎮衛生所醫師、護士、助產士，並充實其設備加強其醫療與衛生工作，並防除瘧疾及其他重要傳染病。總之在此時期農復會工作力謀增加生產外，並求將增產所得公

平分配，使農民普遍得到利益，即經濟發展與社會改革並重。協助方式以技術與訓練爲主，經費爲副。經費大多以補助方式支付，祇有興建灌溉，包括一部分貸款。

（沈宗瀚，《晚年自述》，收入：氏著《沈宗瀚自述》，頁 45－46。）

[8:1-8]　　**沈宗瀚的看法：**

二十年來農復會的工作成績…，其成功的原因甚多，其主要者如下：

㈠本會中國職員多係碩士或博士，曾在大陸或台灣工作多年，成績卓著，工作環境安定便利，行政手續簡單，薪金較高於政府機關，使職員可以全心在事業上發展。

㈡本會組織與工作範圍可因時因地之宜隨時調整，無繁瑣呆板的人事規則與組織規程以束縛事業的發展。又由於中美聯合的委員會，工作計劃可依科學技術而決定，很少外界政治勢力的干擾。

㈢本會主任委員由於委員會選舉，非由政府派任，負行政總責，…故本會有委員會組織的優點，亦有主管首長（如部長）的優點。

㈣本會由中美委員與中美職員共同組織，在設計與工作方面有集思廣益的優點，無孤陋寡聞的缺點。

㈤本會工作以科學性質如：農、畜、林、漁、水利、衛生、經濟、農民組織、農業金融等而分，不以社區而分，惟環境衛生工作以社區而分。農業改進工作先行示範以據點爲單位，繼爲面積的推廣，與各有關的機關合作，普及全省。

由於上述的特點，二十年來農復會對於本省與外島的農業改進與農村建設做了不少工作，贏得了政府與人民的信任與支持。

本會極大多數的單位計劃屬於成功，但有極少數屬於失敗。在民國四十六至五十六年間共有 2,733 個單位計劃，用了補助費新台幣 1,646,

793,129 元與貸款 982,057,961 元，其間有三十一個單位計劃屬於失敗，用了補助費 27,147,967 元及貸款 54,877,133 元，如以百分率計算，失敗者有 1.1%單位計劃與 1.6%的補助費及 5.6%的貸款。

我們詳加檢討失敗的原因如下：

(1)在計劃時預料不到環境的變化與限制。

(2)合作機關的人員不能善用本會所供給的設備。

(3)合作機關設備與儀器不足。

(4)產品的需求比較預估爲少，因爲有價廉的代替品。

(5)國外市場不能擴展。

(6)合作機關經費不足。

(7)合作機關技術人員缺乏，計劃不能完全實施。

(8)所購的儀器不適實用。

(9)未設示範的農產加工廠，而遽設很大的加工廠，沒有經驗而致失敗。

(10)引用外國機器設備，價貴而不適台灣實用。

(11)因外島或其他特殊環境而失敗。

(12)協助高山同胞新設農會，因他們沒有經驗而致虧損。

(13)因農民技術不足，以致失敗。

　　　（沈宗瀚，《農復會與我國農業建設》，頁 260－262。）

[8:1-9]　郭敏學在 1963 年對農會的看法：

農會各項業務，乃農民所共同經營，利於相輔相成，綜合發展，藉以解救其在生產生活上所遭遇之困難與問題。切忌利用農會爲競技場所，打擊其他部門，而單獨扶持其所監督指導之某一部門，以爭取圓桌武士式之光榮勝利。因此任何寄附於農會而推行之計劃，均不應忽視農會體

制之完整。切勿因增加某一計畫，即將該計畫所隸屬之部門劃分於自己管束下，而陷該部門於有形無形之解體，並犧牲其他部門利益以圖近功。

年來信用部收益已成為支持農會預算之重要來源，惟因有關機關為促使信用部財務獨立，一方面予以無息資金，他方面嚴格限制對其他部門之經費負擔與內部透支。收入增加而支出緊縮，今後信用「一部」之盈餘增多，與累積資金之增加，自無困難。但總務會計乃至總幹事亦為推行業務之必要機構與必要人員，推廣業務更為加強會員關係所不可或缺。亦如人體為達成生命目的之各種器官活動，任何器官均無法脫離本體而獨存。如有某醫生因專力協助某人手臂粗大肥壯，而致兩腿瘦小枯萎，甚至破壞心臟運行能力，實乃促成病態，愛之適所以害之，非良醫之所應為。又如有某法官認為人體兩手勞動而口腹享受有欠公允，於是製訂法律，嚴格限制勞動所得必須累積於手內，不得納入口中。然待其飢腸轆轆不能容忍時，此種限制仍難長期有效，徒增亂源，並非良法。何況勞動所得，乃全身運行之結果，亦不能全部歸功於兩手。斯乃事理之最為明顯者，可惜竟有人昧於此種關係。

台灣農會當前供銷、信用與推廣三部，信用部關緊大門，擁資自肥；推廣部少不更事，需索無饜；而供銷部乃成夾心麵包，焦頭爛額，剜瘡補肉。然抽血吸髓，終有窮時，待至血枯髓乾之後，供銷推廣勢須同歸於盡，信用部腦滿腸肥總能傲然獨存，然失卻供銷推廣後之信用業務，祇擁資自肥而與國家農業增產政策及農民生產與福利脫節，則農民亦何貴乎參加此種信用部？

（郭敏學，《台灣農會發展軌迹》，頁 217－218。）

[8:1-10]　農復會成功原因的檢討㈠：

㈠農復會五委員，分隸中美兩不同國籍，但由於彼此相互了解背景，

語言等，故模式、觀念等得以融洽合作無間。㈡技術上瞭解怎樣，自是
重要。但祇是機械的範圍。而更重要的是社會的瞭解怎樣？這就需要更
多社會學的、心理學的與文化背景的認識，這些都極重要。如果一個人
擁挾他的全部技術的知識，及對世界美好目的走入任何社區，卻缺乏對
這一社會的認識，就不能成功某一件工作。這對於落後地區人民更是非
常的重要。晏更舉例說明：外國商人在中國推銷留聲機，用一張圖畫上
繪一狗聆聽主人的聲音形像。西方人都了解：狗是主人的好朋友。但在
東方，狗就是狗，是受輕視的動物。東方人很難了解這幅畫的涵義。這
就是西方人將他自已觀念加在東方人心目中。不瞭解其社會怎樣？又如
何能成事？尤其知識份子與農民間鴻溝寬深，必須深入農村與農民共同
生活，向農民學習，才可對農村改造有所盡力的地方。知識份子不經過
這樣「再教育」，也就很難在落後地區工作。晏曾在中國鄉村工作多年，
他的經驗心得是農復會主要憑藉。在五名委員中只有他具備深入農村「再
教育」的條件。㈢農復會不僅注意人民物資生活的改善，也著重社會的
革新。如偏重前者忽略後者，遲早會出現富者愈富貧者愈貧現象。英國
統治印度三百餘年，若干物質曾加以改良，也引入工業；但今日以社會
觀點或教育立場來說：當地人民仍生活於可憐狀態，貧窮和文盲占總人
口數百分之九十。病患與骯髒，隨地可見。各級政府更是腐化。再如美
國統治菲律賓約五十年，今日虎剋黨（The Huks）仍形強大。何故？即
因社會極不公平，土地持有狀況非常不良。這就美國對菲律賓太著重改
善物質情況，不甚注意社會革新。如果兩者同時並重，這些國家今日應
已完全改觀。

　　　　(James Yen′s talk with W. R. Espy, a staff of Readers′
　　　　Digest, April 6, 1951. 收入：吳相湘編著，《晏陽初傳》，台北：
　　　　時報文化版事業有限公司，1981，第十一章，註(2)，頁652－653。)

[8:1-11]　農復會成功原因的檢討㈡:

　　農復會成功的原因有:㈠蔣先生要我們做「草根大使」, 不要坐著空想問題, 要我們一半時間辦公, 一半時間請教農民, 提出的問題要針對農民的需要。㈡蔣先生非常尊重專家的意見, 有人找他談農業, 他說我不懂, 請你到樓下找馬博士, 當時我雖然只是個組長, 但有很大權力, 議案通過後如何付款, 如何追回來, 都是我負責, 因此我有責任不得不努力。而那時的農復會有權、有錢、又有技術, 做事當然有效率。同時要感謝沈宗瀚先生替台灣帶來一批一流的技術專家。㈢農復會每星期一、三、五開會, 每位委員一定要到, 不能請假, 對每個議案都詳細討論, 一定要五位委員無異議全數通過才能執行, 他們是真正在思考問題, 如採取什麼政策, 如何來推動等等, 這點很令我佩服。㈣農復會同仁們的研究工作很多, 個個都很用功, 極少有外務和應酬。若想請客也要經過五位委員同意批准, 不能隨便使用公款請客。農復會可以說是上下一心, 分工合作, 所以成功不是一件容易的事。

　　　　(1989 年 5 月 10 日馬保之先生訪問記錄)

[8:1-12]　農復會成功原因的檢討㈢:

　　我認為農復會之成功, 主要由於下列因素:

(1)中美雙方政府授予農復會最大工作自由。在美方, 美籍委員, 係由美國總統直接派任, 並非由安全分署署長派任。農復會雖動用不超過百分之十美援經費, 卻無須向安全分署請示。每年僅送一大項目預算供安全分署參考。該會自行通過任何計劃, 與在總數限額自行核撥經費。一切工作政策方針, 均由農復會委員會自定, 無須經安

全分署核准。中國方面，農復會中國委員亦由總統直接任命，而非由行政院長派任。因其經費全部來自美援，該會經費無須經主計處財政部審核，立法院通過，審計部稽核。立法院不正式質詢農復會。農復會年報，分送總統府，行政院，各有關部會。

農復會另一自由，即我國政府同意農復會可與各級政府農業水利機關與農漁民團體商補助計劃。

由於上述極大幅度之工作自由，農復會得以避免各種公文與行政手續。發掘問題，迅速協助最適宜之機構予以解決。或協助不同機構，從各方面進行，達成一項總的目標。使當時各界一致公認，農復會辦事效率遠高於一般機構。在此種自由之下，同仁乃可針對業務，全力以赴。

(2)蔣夢麟主任委員領導有方。前節所述農復會之高度自由，與職員之待遇，當時較公教人員高出甚多，農復會極易招人之忌，但因蔣主任委員之人望，與先總統蔣公與陳故副總統對其信賴有加，使農復會樹大而未招風。當年蔣夢麟先生掌農復會，胡適之先生掌中央研究院，梅貽琦先生掌教育部，以前均曾任北京大學或清華大學校長，多年故交，人稱三老博士，均為陳故副總統經常諮詢之人。當時財經首長嚴前總統、徐柏園先生、尹仲容先生與楊繼曾先生等則對蔣先生持長者之禮。立法委員中多北大畢業生，蔣先生為老校長。對內蔣先生常向其他委員謂我不懂農業，需你們多作建議。事實上蔣先生在緊要關頭，每作睿智之判斷，令人折服。蔣先生對農林漁牧生產方面均尊重沈錢二委員意見。對社會問題如土地改革，鄉村衛生，人口政策等則常有自己之主張。

在對內行政，協調中美同仁意見，與對外公共關係，農復會首任秘書長蔣彥士先生熱誠無私之服務精神，功不可沒。非獨會中中

美同仁，一致稱道。對農復會與行政院，各部會，省政府之間關係均甚融洽。

　　由於蔣主委與蔣秘書長之良好對外公共關係，使農復會十餘年來，工作環境如行雲流水，了無風波，使上起沈錢二委員，下至技正技士，均能發揮全力，無後顧之憂，均能凡事針對是與否，好或壞，而不必因怕得罪人而不做對的事或欲示好而做錯的事。

(3)農復會對各項計劃之補助，均由簡單技術開始，逐步提高技術水準。此係因農復會要求「所補助之計劃符合農民大眾之需求」之政策使然。最早農民之要求均為簡單之改良、滿足之後，第二批需求出現，一批又一批，所需技術逐步升高。約一九五五年以後試驗研究與引進科技繼續提高台灣農業水準。農民、農會推廣人員、農林廳科、室、場、所同仁，與農復會同仁亦必需熟諳越來越高之技術，方能訓練教育農民。此整體人員應用科技之逐步升高，實為國家農業人力資源發展之眞諦。茲舉數例以說明：

　　漁業：舢舨加裝馬達——興建小漁港與岸上設備——貨款購近海
　　　　　漁船——訓練船員——貸款購遠洋漁船——造遠洋漁船
　　　　　港。

　　豬種改良：進口盤克夏公豬、分配篤實農家飼養、其他農家趕發
　　　　　情母豬走去交配——村里長裝設電話後，改為農會養種公
　　　　　豬，採新鮮精液裝保冷罐由獸醫騎機車赴村里做人工授精
　　　　　——用冷精液做人工授精——由雙雜交改為飼養三雜交乳
　　　　　豬。

　　肥料：推廣堆肥與綠肥——三要素分別施用—尿素代替部份硫酸
　　　　　錏——(現在) 複式肥料。

　　秧田：自塊條改為條狀，村里稻種消毒池——共同浸種，共同秧

田，共同噴藥——(現在)機械播種，匣式秧床，機械插秧。

黃麻: 改良栽培（條播間拔，多施堆肥，雨後排水）——改良浸
麻——改良品種——推廣種麻（與黃麻混織麻袋）——
一九七〇年後漸停止種植，麻袋為塑膠袋或散裝所取代。

鄉村衛生: 撲滅瘧疾、肺結核與學童砂眼——推廣家庭衛生，與
農舍環境衛生——家庭計劃——(現在)農村膳
食營養。

水利: 修復河海堤，灌排系統——輪流灌溉，土地重劃——區域
排水，新建水庫——灌排系統水污染監視站。

其他例證，莫非自簡而繁，不及一一備載。

(4)農復會鼓勵技正出差下鄉，深入農村之政策，一新農村耳目。該會
非但自遣技正下鄉，並補助農林廳科室場所與農會推廣人員交通工
具，使亦常能下鄉。農復會技正出差時經常用該會出差車帶同農林
廳主辦人員，至縣府建設局，帶動縣府主辦人員再至各鄉鎮公所或
農會帶同鄉鎮主辦，然後同車視察計劃所在農家。一家去畢，再去
一家。一鄉完畢，再去一鄉，一縣完畢，再去一縣。車行途中，農
復會技正得同時聽取省、縣、鄉鎮主辦人員之意見，計劃遭遇之問
題及現場人員對問題如何解決之意見。如此數日旅行，農復會與農
林廳主辦人員，對所視察之計劃（一次不止一個計劃）近況，滿載
而歸。所發現之問題，農林廳可迅速通知縣府與鄉鎮如何解決。此
種速戰速決之辦法，與鄉鎮公所用公文上達縣府建設廳，縣府以公
文上達農林廳、農林廳秘書處公文主辦科、股，由其簽辦，再由農
林廳覆縣府，再令鄉鎮公所之辦法，其效果自然不同。如各項農村
問題，能迅速解決，增產或改良，自必見效。雖然「左右聯繫，上
下貫通」為經安會第四組為執行農業四年計劃所創口號，但如前述，

農復會技正在四年計劃中扮演最重要之角色。彼等出差時，帶同省
縣鄉鎮主辦人員縱橫阡陌之際，實「上下貫通」之寫照也。

(5)農復會兼重農林漁牧生產與農村社會改良，使政府在大陸時未及實
　現之願望，得以實現。亦令農民感到政府措施優於日治時代。並使
　台灣戰後農業發展之速度超越日本以外各亞洲國家。　　　　(1989
　年6月張憲秋先生訪問記錄)

[8:1-13]　農復會成功原因的檢討㈣：

　　關於農復會成功因素很多，從大至政治、經濟、地理環境，以至農
復會內部的組織、經費、工作計畫以及聘用的人員都有關係。當時的政
治、經濟情況頗爲危急，每個人都積極都想做好，台灣面積較小，只要
有好的計畫，就容易見到效益，日本人也留下一點基礎(如：鄉村道路、
農會組織、農民教育)，我可大膽的說：若待在大陸，不可能在短短時間
內，表現出和在台灣一樣好的成績。其中最主要原因是：農復會的特殊
組織與優良的領導人才和工作人員，及實際有效的工作方針和計畫。關
於組織上之特殊處是：農復會不是政府機構，故有獨立性及機動性，工
作當然有效率。因其獨立性，所以沒有政府機構一般的人事制度、會計
制度，內部機構簡潔而有效。工作方面亦可依需要而改變。如當時台灣
肥料不夠，需大量進口肥料，就成立肥料組，分配給農民（肥料分配要
做得好非常不容易，在大陸上有過經驗，許多人都知道），但一到工作完
成，不再須要時，肥料組就取消，而漁業、森林重要了，就成立漁業組、
森林組，此種機動性是政府單位做不到的。農復會的內部組織，主要是
以工作效率著想，至今還有部份制度存在。事情靠人做，農復會之成功，
人的因素最大。當時，委員是很重要的，委員會內，我個人以爲蔣夢麟
先生任主任委員，有極大的貢獻，他是歷史家也是政治家，看得比較遠

大，所以在把握大方針上(要均富不是均窮)，把人口、森林、土地問題看得非常精確。當然，其他委員參加各種政策討論，也有很大貢獻。

另一方面，蔣先生對農復會的貢獻，靠他的政治關係，陳誠副總統是他好友，很多事情可以直接向老的蔣總統報告說明。農復會工作了幾年後，有一點成就，待遇也比較好，所以很受外界攻擊和批評，但因蔣先生之政治背景，故農復會沒受到什麼影響。

農復會用人唯才，很少有大官介紹來的親戚朋友。大陸撤退到台灣時，農業人才不少，農復會用的人，素質都很高，當時大家感到台灣危險的局面，工作非常努力，技術人員也都能了解並參照當時情況，提出有效的計畫，徹底執行。二位美國委員對農復會也有其特殊貢獻，除了與美方協商外，對農復會內部組織及工作效率頗有助益。

另外，農復會的工作原則也很重要。農復會決定，工作不要自己攬來做，不另設單位，所有的工作計畫都是與當地機關合作或委託辦理，如此，農復會的人員及經費都節省很多，同時也可避免和當地機構發生競爭及磨擦。此種原則，我認為是非常恰當的，也是農復會成功的因素之一。

關於台灣發展經驗中最為成功的經驗，我不知如何回答，大體上說，農復會最大的成就，是在到台灣初期。當時政治、經濟情況不安定。80%左右是農民，若農村經濟能安定，整個台灣的經濟也可得到安定，經濟安定能帶動政治及社會上一切安定。農復會在農村做的努力，於初期，我認為是很有功勞的。農復會是一個政府以外的組織，在短期間內得到農民信任，使農業生產快速增加，農村經濟及政治都穩定，在這樣的基礎上才能建立工業。

　　　(1989 年 6 月歐世璜先生訪問記錄)

[8:1-14]　農復會成功原因的檢討㈤：

關於農復會成功的原因，是多方面的。光復以前，徐慶鐘和李連春兩位先生，在日據時代即參與農業活動，所以光復之初，農業的接收工作進行得很順利。另外，他們把秧苗分配到農業試驗所，再到示範農家，再到示範田，當時每一鄰設有一個示範田。這是台灣稻米生產所以能在光復之初很快恢復的原因。

除了品種改良之外，日本人所留下來的一些基層建設，也是戰後農業發展迅速的原因之一。水利會、農會也都是從日本人的基礎上發展而來。這些基本設施為農復會工作的推行，提供了有利的條件。我們看看亞洲四條龍全是殖民地，是有其原因的。農復會的組織與工作方式，也是農復會成功的原因之一。當時上班不必簽到簽退，出差之交通費也是由出差人自己填報。農復會的每個人一心一意做研究，只想到要如何做才能幫助農民，因此很快就能掌握到台灣的農業問題。

除了工作風格可取之外，農復會的技術人才之多也是成功的原因之一。當時農復會對政治問題保持中立，全心致力於技術層面研究開拓，吸收了不少人才。加上當時陳誠副總統的支持，以及美援的幫助，各種計劃都能順利展開。

此外，政治的領導、策略的運用與對現況的分析了解也是成功的關鍵，因此基本上，農業問題並不是理論問題，而是策略問題。我最初也多從策略運用的角度去看農業問題。從康乃爾大學進修回來之後，我才比較能從理論的角度去思考問題，所以寫了關於農工資本流通的論文，雖然這篇論文是要探討台灣在一八九五年到一九六〇年之間農工部門之間，資本流通的方向與數量，但仍企圖從這個實證分析的研究上導出一般理論，以便作為當代各發展中國家釐定經濟發展計劃的策略參考。

　　不過，如果把台灣農業改革成功全歸功於農復會也並不公平的，農民本身事實上也貢獻良多。我們當時常常下鄉，到農村考察，與農民接觸，發現問題，回來再設法解決。台灣的農民非常聰明，看看黃大洲先生所寫《大地的呼喚》書中所寫的成功農家就可以知道。一坪土地能種多少枝苗（如一百枝），從選苗、選種、到每一枝成長之後有多少收成，須施多少肥料等各種細節，台灣農民都可以事先算好，很有企業家的精神。今日台灣的企業家，就有不少是從農家出身的。

　　其次，台灣農民非常勤奮，雖然收入已經可以溫飽，仍然拼命賺錢，與開發中國家農民非常不同，這一點是台灣經驗無法移植的地方。

　　農復會在技術層面可以說非常成功，但在社會層面上（socially）、文化層面上（culturally）並不完全成功。農復會的限制之一就是沒有作文化政治經濟的研究，如果要對歷史有所交代，當然不能不談農復會的限制。

　　關於農村文化的問題，我們可以說，文化生活是人生很重要的一部分，所以我是一向非常重視文化思想問題，以及民眾生活中的美學成分。

　　今天的農村經濟很好，但是文化生活水準卻很低，而且日漸金錢化、商業化，這是一件非常值得注意的問題。

　　談到中國文化要往何處去這個問題時，首先要考慮究竟有那些重要文化是值得保留下來的。我們也許可以召開一、二次像「中國文化往何處去」之類的學術研究會，藉由大家的討論找出一個可行的方向來。另外我們應該注意保留地方性鄉土性的文化特色，雖然地方文化是分流，不是主流，但有其獨特性，更不宜把一切地方性的文化一致化。

　　　　（1990 年 12 月 3 日李登輝先生訪問記錄）

第二節 《中國農村復興聯合委員會工作報告》的觀點

[8:2-1] 台灣與大陸的對比：

茲將在大陸各省辦理農業改進所遭遇之各種困難，條述如下：

1.缺乏作物推廣制度；

2.缺乏健全農民組織；

3.農民對於現代化科學方法及材料多表示懷疑而不願接受；

4.缺乏當地政府官吏之合作；

5.農業應用物資須仰賴外國輸入，例如殺蟲藥劑、化學肥料、血清及防疫苗、農業機械及儀器等，國內均難自製自給；

6.軍事情形不穩定；

7.經濟困難情形日漸加深。

本會在執行各項農業計劃時，曾努力設法儘可能解決上述各種困難，以完成各項工作。

三十八年初春本會委員及專家曾來台灣各地考察，研究如何補助台灣農村復興工作。視察結果咸認為台灣情形與大陸不同，台灣被日本佔領五十年，最近三十年來在工業與農業建設上頗有進步。在此時期全島和平安全，開發各種資源，尤其對於農業之開發與工業之發展，同時並進，台灣之土壤與氣候適宜甘蔗、香蕉、鳳梨及茶之栽培，上述各種產品每年均有出口，換取外匯，以供台灣農工業發展之資金，故對台灣之經濟甚為重要。

日本人治台灣不用重稅政策暴斂人民財富，以避免人民怨恨，其經濟來源則多取自數種重要日用品之專賣，例如酒、菸、鹽、樟腦。此類

專賣品之收入一部份用在教育、修路、及建設現代化城市之用，對於人民智識之開發，運輸交通之改進，公共企業之補助均有關係，使農工業均日有進步。

日本最初佔領台灣時人民智識幼稚，缺乏組織，而以農民為尤甚。應用科學方法改進農業甚感困難，日人有鑒於此，乃著手組織農民，設立農會，購買農民需要之廉價物品保障出售農產品之合理價格，指導農民栽種利益較大或政府大量需要之作物。

三十八年八月本會遷設台北後，發覺日治時期有許多良好制度已被廢除，各地農會業務衰落，機器與儀器之設備多被搬走或須要修理。各地農事試驗場所及推廣機關亦復如此，本會有鑒於此，乃決定恢復日治時期之農業機構為農業生產之先決條件。

對日治時期之各種政策各方面批評甚多，一般多指日政府只注意於台灣資源之搜刮，以供日本之享受。但本會對於日治時期所建立之制度頗覺完善實用，適合人民需要，如變更其搾取侵略之目的而以人民利益為出發點，彼所建立之農業制度仍可採用。因此本會對台灣之農業政策首重恢復日治時代之制度，同時加以利用及改進。

（《中國農村復興聯合委員會工作報告》，37／10／1－39／2／15，頁12。）

[8:2-2]　台灣農村地方組織健全

就本會在台灣工作之經驗與在大陸時比較，或將獲致較佳之成果。即以合約而言，所有合約係本會與地方之水利委員會或與其他地方組織所簽定。是較在大陸時之工作更能接近民眾，雖則此地方水利機構之技術未能盡達理想，尚待改進。若以工程推進情形而言，台灣省向極注意灌溉工程。就款額與工作情形而言，均較大陸為多。而本會以能與地方

水利機構訂約原因，較密切之合作，經常之視察，直接之消息，均較在大陸時易于獲致也。

（《中國農村復興聯合委員會工作報告》，37／10／1-39／2／15，頁39。）

第三節　非農復會人士的觀點

[8:3-1]　梁啓超游台灣的動機：

編輯部諸君鑒：僕等以二月二十四日成行矣，茲游蓄志五年，今始克踐，然幾止者且屢，若有荏苒，則彼中更炎歊不可住，又當期諸一年以後，故毅然排萬冗以行，首塗前蓋數夜未交睫也。吾茲行之動機，實緣頻年居此讀其新聞雜誌，咸稱其治台成績，未嘗不愀然有所動於中，謂同是日月，同是山川，而在人之所得，乃如是也。而數年以來，又往往獲交彼中一二遺老，則所聞又有異乎前，非新見又烏乎辨之，此茲行所以益不容已也。大抵茲行所亟欲調查之事項如下：

一、台灣隸我版圖二百年，歲入不過六十餘萬，自劉壯肅以後，乃漸加至二百餘萬，日人得之僅十餘年，而頻年歲入三千八百餘萬，本年預算且四千二百萬矣。是果何道以致此？吾內地各省若能效之，則尚何貧之足爲憂者。

二、台灣自六年以來，已不復受中央政府之補助金，此四千餘萬者，皆台灣本島之所自負擔也。島民負擔能力何以能驟進至是？

三、台灣政府前受其中央政府補助數千萬金，又借入公債數千萬金，就財政系統言之，則台灣前此之對於其母國，純然爲一獨立之債務國，今則漸脫離此債務國之地位矣，此可謂利用外債之明効大驗也。吾國外

債可否論，方喧於國中，吾茲行將於茲事大有所究索。

四、台灣為特種之行政組織，蓋沿襲吾之行省制度，而運用之極其妙也。吾國今者改革外官制之議，方嘵嘵未有所決，求之於或可得師資一二。

五、吾國今復言殖產興業，要不能不以農政為始基，聞台灣農政之修，冠絕全球，且其農政、事習慣，多因我國，他山之石，宜莫良於斯。

六、台灣為我國領土時，幣制紊亂，不可紀極，日人得之，初改為銀本位，未幾逐為金本位，其改之次第如何，過渡時代之狀態如何，改革後之影響如何，於我國今日幣制事業，必有所參考。

七、日本本國人移殖於台灣者，日見繁榮，今日我國欲行內地殖民於東三省、蒙古、新疆諸地，其可資取法者必多。

八、台灣之警察行政，聞與日本內地系統不同，不審亦有適用於我國者否。我國舊行之保甲法，聞台灣采之而卓著成效，欲觀其辦法如何。

九、台灣之阿片專賣事業，自詡為禁煙之一妙法，當有可供我研究者。

十、台灣前此舉行土地調查，備極周密，租稅之整理，其根本皆在於此，何以能行，而民不擾。又其所行之戶口調查，係適用最新技術，日人自誇為辦理極善，今者日本本國將行國勢調查，即以為法，欲觀其實際詳情如何。

吾茲游所調查之目的略如右，其他則俟臨時當更有所觸發也。首塗以來，入夜必為游記，歸後當更布之，或亦吾國治政聞者所急欲睹乎。

（梁啓超，〈游台灣書牘第一信〉，收入：《飲冰室文集》卷4，頁14。）

[8:3-2]　對肥料換穀制度的看法

耕者有其田，表面上自耕農增加了，可是農民的實際收入並未增加。地租、水租都必需用穀子來繳，連肥料也必需用穀子來換。這交換比率是肥料一斤比穀子兩斤半。戰前，只要賣出一斤穀子，便可以買回兩斤半硫安的。換一種說法，肥料的價格比戰前漲了 6.25 倍。而總有「應繳田賦實物」、「附徵教育經費」、「隨賦徵購」等，全部都必需繳穀，而穀價則是「公定價格」，低廉時，以總物價指數為一百，則米價僅及 42.7，且有朝三暮四的狀況。農人即使成為自耕農，生活也不可能豐裕些。

（吳濁流，《台灣連翹》，台北：台灣文藝出版社，1987，頁 252。）

[8:3-3]　一九七一年農民生活狀況：

現今農家，光靠稻作是絕對無法維持家計了，假定一個自耕農，一家五或六口，耕作一甲田，普通情形是食米有了，其他費用都無著，穿的費用、醫藥費、教育費，還有其他雜費等，農作收入絕無法負擔。還好，各地方多半有工廠，讓家族去做工，靠低廉工資，勉強彌補不足。工廠月薪一千五、六百元，就已經比一甲田地的收入還多。萬一碰上歉收，糧食都要不足了。可怕的是近年來災害特別多，水災、旱災、作物病蟲等，數也數不盡。還有稅賦的負擔也大成問題。以目前民國六十年現在的五則田為例（四則田、三田更重），一甲的年間課稅額如下：

一、田賦年額：一、三九〇台斤——約四千三百元。

二、教育捐：二五台斤——約一百一十元。

三、隨賦收購穀：三八〇台斤——收購價約為市價七五％，每台斤損失約七角，計損失約三百元(在日本，收購價高於市價)。田賦的課稅率，在民國三十五年時是每賦元八・〇五公斤，民國

五十七年增加爲二十七公斤。一甲是二十七賦元，故年額是一、二一五台斤。此外僅對戶稅及不動產課稅，有失公平，應該是全國國民視其身分收入來負擔爲是。

四、水租：年額八〇〇元，換成穀則爲約二七〇台斤。

五、綜合所得稅：每一賦元的生產額爲一、〇〇〇元，一甲爲二七賦元，即二萬七千元，夫婦二人免稅額是一萬四千元，沒有收入的子女一人免稅額六千元，如果子女超過二人，所得稅可免。生產額扣除免稅額後如果有餘，則扣千分之六的所得稅。每賦元的生產額，十幾年前是四百元，以後每年增加，現今是一千元。水田的生產不可能每年增加，光米價的漲高，還達不到這個增加率。米穀價格是每一百斤每年漲十到二十元左右。歉收年米穀漲率大些，但農家因歉收，不但無穀可出售，反須以高價購入不足食糧，當然更爲不利。

其次是每甲年間的耕作資金如下：

一、耕作費用：年額四千五百台斤穀，換成現款則爲約一萬三千五百元。

二、肥料費：年約四千二百元，換成穀是約一、四〇〇台斤，早期肥料是用穀來換的。最嚴重的時期，需二斤半才可換得一斤肥料。這是李連春當糧食局長的時代。

三、農藥費及工資：約三千五百元，換成穀是一、二〇〇台斤。

四、穀種費：年二百台斤，約當六百元。

五、農機農具的設備費及消耗費，也是相當可觀的。其次，五則田年間收穫量，平均作首期六千五百到七千台斤，二期五千五百到六千台斤。碰上病蟲害或風害時，往往只有一、二千到三、四千台斤。民國五十八年二期作每甲二、三千台斤之譜；五十

九年二期每甲三、四千台斤，好的大約五千台斤左右。

如此，農家非有副業便無法維持下去了。說到副業，養雞、養豬無利潤，只要細加核算便知毫無賺頭。於是青少年只有到工廠去了，如果月收入有一千四五百元，簡直比耕作一甲田的農家更舒服。因此，再也看不到三十歲以下青年在田裡工作了。並且，工資一年比一年漲，農家的未來可想而知了。

（吳濁流，《台灣連翹》，台北：台灣文藝出版社，1987，頁232－234。）

[8:3-4]　楊懋春一九七六年所見的農會：

台灣的農會至今尚未能有效的、正當的實現其改組後所釐定的理想、計劃與目標。更可惜者，有不少農會，在其活動上或業務中有愈走愈偏離其原有理想與目標的趨勢。雖無需在此一一列舉其所犯錯誤，但必須指明其基本偏差是其所用心謀求者是理監事、總幹事、職員等人的權益，與那座農會辦公大樓的美觀、豪華。有些農會總幹事，有辦法與鎮上的非農民商號拉關係，誘導他們到農會存款。放款也以鎮上的小型工商業人士爲主。至於農民，他們的存款卻爲數甚微，近年來，農村生活水準提高，有不少農家壯起膽子向農會借款購置新傢具、音響設備，能提高社會地位的奢侈品、女兒的嫁粧等。農會得到土地契紙爲抵押品後，也毫無問題的將款貸出。結果，近年以來，有百分之八十以上的農家對農會負這種性質的債。他們的土地契紙都被收在農會的保險箱內。稍有頭腦的農民，稍加思索，就懍然覺悟到他們已經是喪失了土地權狀的人了！

（楊懋春，《近代中國農村社會之演變》，台北：巨流圖書公司，1980，頁221－222。）

[8:3-5] 一九六三年省議員對農會問題的看法：

關於農會問題，農會原應為農民樂園或農友之家，在未改組之前尚存理想，自從兩次改組後，農會已變質，追溯原因歸繫於總幹事人選問題。關於總幹事人選，依照規定需三分之二理事同意才能罷免，因為地方派系支持與反對，罷免非常困難，事實上等於終身職業。很多總幹事利用法令保障，非法亂為，報紙常有報導農會總幹事勾結職員套購肥料數萬包之情事發生，足以證明政府對農會改組後不能達到理想之表現。張廳長（作者按：張訓舜廳長）或許不瞭解地方實情，現在地方上農民倘支持某甲當選為總幹事者，逕往農會繳納稻穀，生產貸款，田賦或肥料換穀等，可以在農會抽煙喝茶，自由出入，愉快萬狀。可是沒有支持某甲的人，有事逕往農會，不敢走進辦公廳，看到農會總幹事或職員就避開，視農會為畏途，進出從後門，情況至為可憐。政府原意把農會作農民之家；事實上現已成為農民最討厭的地方，實成為一利一害。

（《台灣省議會公報》，第 9 卷第 21 期，頁 1028。）

[8:3-6] 一九七六年省議員提出「農業統一產銷計劃」：

建議政府制定「農業統一產銷計劃」，以確保農民收益。

說明：目前本省農作物之栽培技術較過去有顯著進步，單位面積生產量，亦普遍提高；唯一般農民因不明白國內外市場需要農產品種類與數量，多是盲目栽種，往往偏重於某一種農作物之栽培，致原可有所收益之作物，由於生產過剩而滯銷，損失慘重，是故政府亟需透過我國駐國外之商務代表團或領事館參事，隨時調查國內外市場所需農產物品種類與數量，制定「農業統一產銷計劃」；包括：

㈠提供消費地該年內所欠缺農產品或農產加工品情形，以期事前了

解，充分栽培，適應需要，爭取外匯（如大豆、馬鈴薯主要產地
美國，今年水災減，東南亞各地需貨孔急）。

㈡非必要地區或遠離本國地區，政府應考慮技術合作；不可予無限
度提供種籽或栽種指導，以免自絕國產品出路。

㈢隨時將情況，由國貿局或有關機關，通知全國商聯會蔬菜輸出業
公會，青果合作社或農會作適當處理，以保障農民利益。

㈣省撥專款分設大規模公營冷凍廠（庫），旺產期予以收購、銷售，
作適當調節，免使菜農或果農瀉價損失，俾安定生活。

㈤採取自由競銷制度，自由市場買賣，以免假某一指導機構名稱，
形成中間剝削，減少農民利益。

（《台灣省議會公報》，第 34 卷第 13 期，頁 993。）

[8:3-7]　一九六九年省議員對農工不平衡的批評：

無論糧食局或農林廳都在避重就輕。明明知道農業就是要生產，但
是農民所得並沒有隨著增加生產而增加。所說的都是農產的增產，並沒
有提起提高農民的生活。如果有提起的話，只有象徵式的農民貸款、農
民住宅貸款、耕耘機械貸款等等。說什麼工業培養農業，農業培養工業，
甚至於農業培養貿易，這一切都是口號，不切實際。在這我無意唱反調。
我的意思，應該是以工業來救濟農業更為適切。

（《台灣省議會公報》，第 21 卷 22 期，頁 1066。）

[8:3-8]　一九七三年省議員反映農民收入低：

為什麼現在的農民不能享受工業化的成果，是甚麼原因？我個人的
感覺是這樣：現在的農民並不一定完全不能享受工業化的成果；譬如
說：現在工業化的成果是摩托車、電冰箱、電視機等是可以享受的。唯

一的問題就是農民的收入比較偏低, 恐怕負擔不起這種享受。....在這種
情況之下, 就難免要負債才能享受工業化成果, 我想主要原因是農場面
積太小的關係。第二個情況是因為我們的商業、工業發達, 所以工商業
的勞力就不足, 那麼我剛才所報告的, 農場的面積小, 所以就要用「精
耕」, 我們所謂「精耕」, 就是完全用人工做得非常精細, 不計人工, 拚
命地做下去, 就可以提高收入。但是因為現在勞力缺乏, 要用精細的方
式, 勞力的代價太高了, 就變成成本提高了, 收入當然就降低了。

　　(《台灣省議會公報》, 第 28 卷第 14 期, 頁 529。)

[8:3-9] 一九六三年農林廳長對農業困境的分析:

1. 農村中勞動力短缺: 台灣由於經濟繁榮, 工商業發達, 勞動需求急
   劇增加, 且因工作報酬高, 工作條件較優, 農村青年紛紛脫離農
   村, 轉入工商界服務, 以致勞動力大量外流, 引起農村工資上漲,
   影響農業生產。

2. 農業投資呈現不足: 由於農產品價格長期穩定, 使農業生產利潤
   低微, 就投資利潤而言農業不如工商業, 故農家從事生產再投資
   者較少, 而農業以外的資金, 亦以農業投資; 收回緩慢而裏足不
   前, 至於政府財力亦屬有限, 故觀乎整體經濟發展, 農業投資顯
   見不足。

3. 農業收益相對降低: 因農產品價格穩定, 農家收入不變, 但其他物
   價經常變動, 如農用資材價格上昇, 工資亦上漲, 致使生產成本
   提高, 利潤更顯下降, 目前農家收益雖略有增加, 但如與非農業
   部門比較, 則呈相對偏低。

4. 農場經營面積過小: 本省農場面積, 因家族繼承關係, 田坵分割愈
   來愈細小, 目前農家平均耕地面積不過 1.03 公頃, 實嫌太小, 不

獨影響機械作業，抑且增加生產成本。

5.工商業與農業不能配合：農業在發展之中，愈發生困難，其所仰賴於工業支持配合者愈多，比如目前農業必須利用機械操作，農村需要甚多農機具，及爲促進作物增產，農村需要甚多化學肥料，而工業方面尚不能廉價大量製造，以配合降低農業生產成本。在商業方面，由於出口商目前多重私利相互競爭。結果，不惜以低價外銷手段，轉而抑低原料收購價格，罔顧農民血本，且於外銷價格上漲時，獨佔商業利潤，這些，都是工商業不能與農業相配合之事實。

（張訓舜，〈加速農村建設重要措施推動情形〉，《台灣農業》，9 卷 2 期，1973，頁 1-6。）

引用書目

一、工作報告：

1. 《中國農村復興聯合委員會工作簡報》，（自民國三十七年十月一日至三十九年二月十五日）。

2. 《中國農村復興聯合委員會工作報告》，第一期，（自民國三十七年十月一日至三十九年二月十五日）。

3. 《中國農村復興聯合委員會工作報告》，第二期，（自民國三十九年二月十五日至四十年六月三〇日）。

4. 《中國農村復興聯合委員會工作報告》，第三期，（自民國四十年七月一日至四十一年六月三〇日）。

5. 《中國農村復興聯合委員會工作報告》，第四期，（自民國四十一年七月一日至民國四十二年六月三〇日）。

6. 《中國農村復興聯合委員會工作報告》，第五期，（自民國四十二年七月一日至民國四十三年六月三〇日）。

7. 《中國農村復興聯合委員會工作報告》，第六期，（自民國四十三年七月一日至四十四年六月三〇日）。

8. 《中國農村復興聯合委員會工作報告》，第七期，（自民國四十四年七月一日至四十五年六月三〇日）。

9. 《中國農村復興聯合委員會工作報告》，第八期，（自民國四十五年七月一日至民國四十六年六月三〇日）。

10.《中國農村復興聯合委員會工作報告》，第九期，（自民國四十六年七月一日至民國四十七年六月三〇日）。

11.《中國農村復興聯合委員會工作報告》，第十期，（自民國四十七年七月一日至民國四十八年六月三〇日）。

12.《中國農村復興聯合委員會工作報告》，第十一期，（自民國四十八年七月一日至民國四十九年六月三〇日）。

13.《中國農村復興聯合委員會工作報告》，第十二期，（自民國四十九年七月一日至民國五〇年六月三〇日）。

14.《中國農村復興聯合委員會工作報告》，第十三期，（自民國五〇年七月一日至民國五十一年六月三〇日）。

15.《中國農村復興聯合委員會工作報告》，第十四期，（自民國五十一年七月一日至民國五十二年六月三〇日）。

16.《中國農村復興聯合委員會工作報告》，第十五期，（自民國五十二年七月一日至民國五十三年六月三〇日）。

17.《中國農村復興聯合委員會工作報告》，第十六期，（自民國五十三年七月一日至民國五十四年六月三〇日）。

18.《中國農村復興聯合委員會工作報告》，第十七期，（自民國五十四年七月一日至民國五十五年六月三〇日）。

19.《中國農村復興聯合委員會工作報告》，第十八期，（自民國五十五年七月一日至民國五十六年六月三〇日）。

20.《中國農村復興聯合委員會工作報告》，第十九期，（自民國五十六年七月一日至民國五十七年六月三〇日）。

21.《中國農村復興聯合委員會工作報告》，第二十期，（自民國五十七年七月一日至民國五十八年六月三〇日）。

22.《中國農村復興聯合委員會工作報告》，第二一期，（自民國五十

八年七月一日至民國五十九年六月三〇日）。

23.《中國農村復興聯合委員會工作報告》，第二二期，（自民國五十九年七月一日至十二月三十一日）。

24.《中國農村復興聯合委員會工作報告》，第二三期，（自民國六〇年一月一日至六月三〇日）。

25.《中國農村復興聯合委員會工作報告》，第二四期，（自民國六〇年七月一日至十二月三十一日）。

26.《中國農村復興聯合委員會工作報告》，第二五期，（自民國六十一年一月一日至六月三〇日）。

27.《中國農村復興聯合委員會工作報告》，第二六期，（自民國六十一年七月一日至十二月三十一日）。

28.《中國農村復興聯合委員會工作報告》，第二七期，（自民國六十二年一月一日至六月三〇日）。

29.《中國農村復興聯合委員會工作報告》，第二八期，（自民國六十二年七月一日至十二月三十一日）。

30.《中國農村復興聯合委員會工作報告》，第二九期，（自民國六十三年一月一日至六月三〇日）。

31.《中國農村復興聯合委員會工作報告》，第三〇期，（自民國六十三年七月一日至十二月三十一日）。

32.《中國農村復興聯合委員會工作報告》，第三一期，（自民國六十四年一月一日至六月三〇日）。

33.《中國農村復興聯合委員會工作報告》，第三二期，（自民國六十四年七月一日至十二月三十一日）。

34.《中國農村復興聯合委員會工作報告》，第三三期，（自民國六十五年一月一日至六月三〇日）。

二、公文及未刊調查報告:

1. 〈耕地三七五減租條例〉, 收入:《中華民國行政法規彙編》〈第四編・行政〉, 頁 903-904。

2. 〈實施耕者有其田條例〉, 收入:《中華民國行政法規彙編》〈第四編・行政〉, 頁 904-907。

3. 〈雷正琪博士函爲公地放領事〉, 收入:《土地改革史料》〈下編: 遷台後時期〉〈貳、公地放領〉, 台北: 國史館, 1988, 頁 543-545。

4. 〈台糖土地節略〉, 收入:《土地改革史料》〈下編: 遷台後時期〉〈貳、公地放領〉, 頁 546-549。

5. 〈台糖公司土地放領, 須俟行政院通盤考慮後決定〉, 收入:《土地改革史料》〈下編: 遷台後時期〉〈貳、公地放領〉, 頁 551-552。

6. 《台灣省農業組織調查報告書》, 台灣省政府農林廳編印, 1950年1月, 油印未刊本。

7. 安德生著,《台灣之農會》, 提交美國經濟合作總署中國分署、中國農村復興聯合委員會之報告, 1950年12月, 油印未刊本。

8. Background Information on Fertilizer and Rice Bartering System in Taiwan, 原件係行政院農委會檔案。

9. 沈宗瀚,〈台灣農業四年計劃〉, 中國國民黨中央委員會 總理紀念週報告, 1953年12月14日。

10. 《中美農業技術合作團報告書》, 1946年11月。

11. 〈加速農村建設重要措施〉, 收入:《台灣經濟發展論文集・台灣經濟發展重要文獻》, 台北: 聯經出版事業公司, 1976, 頁 79-99。

三、民意機構公報：

1. 《立法院公報》，第 25 會期，第 1 期，第 1 次會議，1960 年 2 月 16 日。

2. 《立法院公報》，第 25 會期，第 1 期，第 2 次會議，1960 年 2 月 19 日。

3. 《立法院公報》，第 25 會期，第 2 期，第 4 次會議，1960 年 2 月 26 日。

4. 《立法院公報》，第 25 會期，第 9 期，第 14 次會議，1960 年 4 月 15 日。

5. 《立法院公報》，第 25 會期，第 11 期，1960 年 7 月 12 日。

6. 《立法院公報》，第 25 會期，第 12 期，第 26 次會議，1960 年 7 月 22 日。

7. 《台灣省議會公報》，第 9 卷第 21 期。

8. 《台灣省議會公報》，第 21 卷第 22 期。

9. 《台灣省議會公報》，第 28 卷第 14 期。

10. 《台灣省議會公報》，第 34 卷第 13 期。

四、口述歷史記錄及私人函件：

1. 王友釗先生口述歷史訪問記錄，1989 年 8 月 11 日。

2. 朱海帆先生口述歷史訪問記錄，1989 年 8 月 7 日。

3. 李崇道先生第一次口述歷史訪問記錄，1988 年 10 月 24 日。

4. 李崇道先生第二次口述歷史訪問記錄，1988 年 11 月 3 日。

5. 李國鼎先生口述歷史訪問記錄，1989 年 4 月 13 日。

6. 李登輝先生口述歷史訪問記錄，1990 年 12 月 3 日。

7. 邱茂英先生口述歷史訪問記錄，1989 年 7 月 26 日。

8. 馬保之先生口述歷史訪問記錄，1989 年 5 月 10 日。

9. 陳人龍先生口述歷史訪問記錄，1989 年 6 月。

10. 張訓舜先生口述歷史訪問記錄，1988 年 12 月 6 日。

11. 張憲秋先生口述歷史訪問記錄，1989 年 6 月。

12. 畢林士先生第一次口述歷史訪問記錄，1988 年 12 月 6 日。

13. 畢林士先生第二次口述歷史訪問記錄，1989 年 9 月 30 日。

14. 楊繼曾先生口述歷史訪問記錄，1989 年 3 月 23 日。

15. 蔣彥士先生第一次口述歷史訪問記錄，1988 年 11 月 1 日。

16. 蔣彥士先生第二次口述歷史訪問記錄，1989 年 1 月 18 日。

17. 歐世璜先生口述歷史訪問記錄，1989 年 6 月。

18. 謝森中先生第一次口述歷史訪問記錄，1988 年 10 月。

19. 謝森中先生第二次口述歷史訪問記錄，1988 年 11 月 19 日。

20. 謝森中先生第三次口述歷史訪問記錄，1988 年 12 月 17 日。

21. 謝森中先生第四次口述歷史訪問記錄，1989 年 8 月 28 日。

22. 杜魯門先生致蔣中正先生函，1946 年 6 月 17 日，收入：黃俊傑編著，《沈宗瀚先生年譜》，台北：巨流出版公司，1990。

23. 蔣中正先生致杜魯門先生函，1946 年 7 月 31 日，收入：黃俊傑編著，《沈宗瀚先生年譜》，台北：巨流出版公司，1990。

24. 沈宗瀚先生致胡適之先生函稿㈠ (中文)，未註明日期。

25. 沈宗瀚先生致胡適之先生函稿㈡ (英文)，1953 年 5 月 29 日。

26. 胡適之先生致 Dean William I. Myers 先生函，1953 年 7 月 22 日。

27. 張憲秋先生致黃俊傑先生函，1979 年 2 月 12 日。

28. John Earl Baker, ′JCRR Memoris,′ *Chinese－American*

Economic Cooperation, Jun. 1952, vol.1, no.1, pp.1−11; no.2, pp.59−68.

五、其他:

1. 朱海帆,《肥料論文集》,《台灣肥料股份有限公司叢刊第三十七種》, 台北: 台灣肥料股份有限公司, 1984。

2. 沈宗瀚,〈晚年自述〉, 收入: 氏著,《沈宗瀚自述》, 台北: 正中書局, 1975。

3. 沈宗瀚,《農復會與我國農業建設》, 台北: 台灣商務印書館, 1972。

4. 郭敏學,《台灣農會發展軌迹》, 台北: 台灣商務印書館, 1984。

5. 吳濁流,《台灣連翹》, 台北: 台灣文藝出版社, 1987。

6. 張憲秋,〈政府播遷台灣前中國農業改進之重要階段〉, 收入:《中華農學會成立七十週年紀念專集》, 台北: 中華農學會, 1986, 頁 73−94。

7. 張訓舜,〈我和台灣的農業發展〉, 收入:《中華農學會成立七十週年紀念專集》, 頁 259−272。

8. 張訓舜,〈加速農村建設重要措施推動情形〉,《台灣農業》, 9 卷 2 期, 1973。1984。

9. 謝森中,〈憶念沈宗瀚先生〉, 收入:《沈宗瀚先生紀念集》, 台北: 沈宗瀚先生紀念集編印委員會, 1981, 頁 267−296。

10. 冷彭,〈農學團體對於農事立法之貢獻〉, 收入:《中華農學會成立七十週年紀念專集》, 頁 155−172。

11. 謝森中,〈中國農村復興聯合委員會〉, 收入: 章之汶著, 呂學儀譯,《邁進中的亞洲農村》, 台北: 台灣商務印書館, 1976, 頁

416－417。

12. 王光遠,〈記最早獲得本會褒獎的三個團體會員——台糖公司、獸醫血清製造所、台肥公司〉,《中華農學會成立七十週年紀念專集》, 頁 209－248。

13. 蔣夢麟,〈土地問題與人口〉, 收入: 氏著,《孟鄰文存》, 台北: 正中書局, 1974, 頁 102－120。

14. 蔣夢麟,〈適應中國歷史政治及社會背景之農復會工作〉, 收入:《孟鄰文存》, 頁 143－158。

15. 蔣夢麟,〈台灣「三七五」減租成功的因素及限田政策實施後的幾個問題〉, 收入:《孟鄰文存》, 頁 94－101。

16. 陸之琳,〈我國近代農學界人物與事蹟追憶〉, 收入: 氏著,《平常園丁四十多——七旬憶語》, 台北: 作者自印, 1988, 頁 337－353。

17. 梁啓超,〈游台灣書牘第一信〉, 收入: 氏著,《飲冰室文集》, 卷 4。

18. 楊懋春,《近代中國農村社會之演變》, 台北: 巨流圖書公司, 1980。

19.《香港自由人報》, 1959 年 5 月 2 日。

大 學 用 書

大 學 用 書

大 學 用 書

大學用書